国家级一流本科专业建设点
江苏高校品牌专业建设工程二期项目
江苏高校一流本科专业

绿色催化有机合成

房忠雪　等编著

Green Catalytic Organic Synthesis

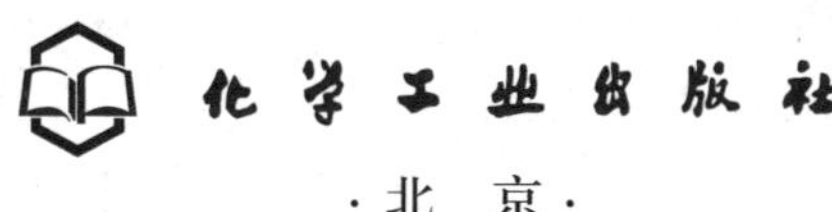

·北京·

内容简介

《绿色催化有机合成》共七章，第 1 章绪论介绍了绿色有机合成化学的基本概念与研究内容及实际应用与现状，第 2 章为离子液体催化有机化学反应，第 3 章为固相催化有机化学反应，第 4 章为有机小分子催化有机化学反应，第 5 章为电催化有机化学反应，第 6 章为不对称催化有机化学反应，第 7 章为光催化有机化学反应。

本书在理论阐述基础上引入了大量可操作性实例，可作为化学、应用化学、精细化工、化学工程与工艺、制药工程等领域科研工作者的参考书。

图书在版编目（CIP）数据

绿色催化有机合成 / 房忠雪等编著. —北京：化学工业出版社，2022.10

ISBN 978-7-122-41964-4

Ⅰ. ①绿… Ⅱ. ①房… Ⅲ. ①催化-有机合成 Ⅳ. ①O621.3

中国版本图书馆 CIP 数据核字（2022）第 142085 号

责任编辑：宋林青
文字编辑：向　东
责任校对：李　爽
装帧设计：史利平

出版发行：化学工业出版社
（北京市东城区青年湖南街 13 号　邮政编码 100011）
印　　装：大厂聚鑫印刷有限责任公司
787mm×1092mm　1/16　印张 12　字数 294 千字
2022 年 11 月北京第 1 版第 1 次印刷

购书咨询：010-64518888
售后服务：010-64518899
网　　址：http://www.cip.com.cn
凡购买本书，如有缺损质量问题，本社销售中心负责调换。

定　　价：68.00 元

前言

随着现代经济的高速发展，能源消耗日益增大，传统的化石资源接近枯竭，环境污染及生态恶化问题等日渐严重。2020年9月22日，国家主席习近平在第七十五届联合国大会上的讲话中提出：“中国将提高国家自主贡献力度，采取更加有力的政策和措施，二氧化碳排放力争于2030年前达到峰值，努力争取2060年前实现碳中和。”有机合成化学以“理性、高效、高选择性、原子经济性、环境友好、低能耗、可持续地创造具有无限可能的分子结构和具有丰富功能的新物质”为总体目标，着重关注前沿科学及技术发展需求，解决与国计民生相关的重大基础科学问题，探索物质结构与性能的关系和内秉规律，为建立完善的物质科学知识体系提供丰富的研究对象和手段，为发展变革性与战略性功能材料提供物质基础，为推动我国相关产业升级提供创新原动力。因此需要有机化学工作者在研究工作中，引入绿色化学理念，实现有机合成的高效性和经济性。绿色有机合成化学是实现碳中和的重要途径和方法之一。

本书共分7章，第1章介绍了绿色有机合成化学的基本概念与研究内容以及绿色有机合成化学的实际应用与现状；第2章介绍了离子液体催化有机化学反应，综述了离子液体的发展、分类和制备，把离子液体参与催化的有机化学反应进行了系统分类，对离子液体催化有机化学反应的发展前景进行了展望；第3章介绍了固相催化有机化学反应，通过各种载体负载金属或对载体进行化学修饰，制备固相催化剂，实现有机反应的高效催化；第4章介绍了有机小分子催化有机化学反应，重点介绍了利用有机小分子催化不对称合成反应，构建手性化合物；第5章介绍了电催化有机化学反应，着重阐述了用过渡金属修饰阳极和阴极电极，催化一些有机氧化还原反应；第6章介绍了不对称催化有机化学反应，重点介绍合成手性催化剂和手性配体的方法和原理，可将大量前手性底物对映选择性地转化为手性产物；第7章介绍了光催化有机化学反应，并对其发展进行了展望。

本书在进行理论阐述的同时列举了大量可操作性实例，可供科研人员选题和开展实验时参考，还可作为化学、应用化学、精细化工、化学工程与工艺、制药工程等师生的参考书。

本书由盐城师范学院房忠雪、王彦卿、钱存卫、董军、沙新龙、朱大亮、孙世新、杨笑根据自己的科学研究方向，共同编著。

本书初次出版，加之编著者水平有限，难免有疏漏和不妥之处，欢迎各位专家批评指正，以便在再版过程中得以改正。

作者

2022 年 04 月

目录

第 4 章 ▶ 有机小分子催化有机化学反应 74

第 5 章 ▶ 电催化有机化学反应 104

第 7 章 ▶ 光催化有机化学反应 169

第1章 绪论

1.1 绿色有机合成化学的基本概念与研究内容

1.1.1 绿色有机合成化学的基本概念

绿色有机合成化学是指选择无毒、无害并且对环境不会造成污染的原料，运用对环境友好、高转化率、高选择性的且不产生或少产生副产品的反应进行加工合成，目的是降低环境污染，减少资源和能源的消耗。绿色有机合成化学的含义十分丰富，它既包括环境友好型化学，同时也包括清洁有机合成化学以及无害有机合成化学。绿色有机合成化学是一种新兴的合成技术，在合成过程中，必须遵循绿色环保的原则。绿色有机合成化学的产生主要是为了解决化学工程中所产生的环境污染问题，绿色有机合成化学包括对合成反应条件、反应原料和反应过程等各方面的研究，整个反应过程以绿色环保和获得绿色产品为最终目标[1-6]。

1.1.2 绿色有机合成化学的研究内容

绿色有机合成化学的研究目的是降低对环境的污染，所以化工企业的首要工作是开展绿色有机合成技术的研究。绿色有机合成技术的研究不仅要重视对当前已有化学产品的开发与研究，而且要研发出对人类社会健康生活有益，同时也对环境友好的化学产品。

化工企业若想降低有机合成过程中对环境的污染，可以通过改变有机合成反应的条件，实现对反应过程中产生的排放物进行回收与利用，还可以对排放的污染物施以科学、绿色环保的手段，从而避免或减少对环境的污染。另外，还可以通过改变有机合成反应中的反应原料以及催化剂，使整个有机合成过程更加绿色环保。

总而言之，绿色有机合成技术的最终目标是实现化学过程的绿色环保与安全，并且要求有机反应过程中所用到的反应原料及催化剂对人体无害，且不会对环境产生负面影响，只有有机反应中使用的反应原料及催化剂是绿色的，才能够实现化学工业绿色化，人们的生活环境才不会受到影响。

1.2 绿色有机合成化学的实际应用与现状

1.2.1 选择绿色环保的反应原材料进行化学反应

化工企业若想运用绿色有机合成技术来实现化工产品的生产，首先，应当重视有机反应过程中所选的原材料。要想实现绿色环保的目标，就应当使用绿色环保的反应原材料，就是上面所提出来的无毒、无害且对环境无影响或影响较小的原材料。有机反应中所选择的原材料将直接决定反应类型和具体有机反应过程，只有使用绿色的有机反应原材料才能降低风险，且能减少对环境的污染和对实验者造成的伤害，若有机反应中所选择的原材料具有毒性，会有很大概率在实验中造成严重的后果。

此外，过去大部分传统的化工企业，在生产化工产品时，大多数使用的是不可再生资源，因此造成了资源浪费与不可再生资源紧张。为了减少资源的浪费，解决不可再生资源紧张的问题，保护不可再生资源成为当前化工企业首要解决的问题，选择化学反应原料时，应选择可再生资源和可重复利用的原材料。例如在芳香胺进行合成时传统化工企业选择的反应原料是氯代芳烃，但是氯代芳烃如果长期接触就会积聚在实验者的身体内，因此对进行该类化工实验的实验者身体健康造成威胁，当前化工企业可以使用低毒的芳烃类物质替代有毒有害的氯代芳烃物质。

1.2.2 开发绿色环保的有机合成反应催化剂

化工企业在进行有机合成反应时，需要使用催化剂，使用催化剂的目的是加快化学反应的速率，使有机反应的速率和生产出的产物达到预期的要求。早期传统的化工企业进行化学合成反应时，通常使用的催化剂是液态的酸和碱，因为该类催化剂催化效果较好，价格更便宜也较为容易获取，但是液体的酸和碱仍有弊端，该类化学催化剂会腐蚀金属制的反应设备，还会造成严重的环境污染，从而造成各种资源的损失，在化学反应完成之后，残留催化剂的处理也是一大难题。为了解决该类液体酸碱催化剂对人体健康的影响、对环境的污染以及对化学反应设备的腐蚀等问题，就必须开发出绿色环保、无毒、无害的新型化学合成反应催化剂，例如当前已开发出的固体强酸、强碱催化剂和离子液体催化剂以及分子筛催化剂等。

1.2.3 选择绿色环保、无毒、无害的化学反应溶剂

在传统的有机合成反应过程中，一般情况下使用有机溶剂作为反应介质，因为有机溶剂有较好的溶解性，它能够将有机化合物充分溶解在反应试剂中。但是大部分有机溶剂也有弊端，就是具有毒性，在化学合成反应完成后，必然会残留有毒性的物质，而残留的有毒性物质的收集也成为一大难题，并且该类有毒物质很难回收再利用，而且还会造成环境污染。部分有机溶剂的性质非常不稳定，在进行化学合成反应时很有可能会发生爆炸，对实验者造成人身伤害，也会对实验室造成破坏。

反应介质是进行化学合成反应的必要条件，但是，反应介质不一定是有机溶剂，还可以用超临界流体或水等绿色溶剂来代替反应中所使用的介质。首先，不会因为反应过程中产生有害物质而污染环境；其次，节省了化学合成反应结束后对溶剂的后续处理工作的时间；更重要的是，不会对实验者的身体健康造成影响。当前这些绿色溶剂主要包含水、超临界流体等，大部分化工企业在进行有机合成反应时，一般会选择价格便宜又容易获取的水作为

反应溶剂。

1.2.4 绿色有机合成化学的发展现状

首先，我国有越来越多的科研工作者投入到绿色有机合成化学的研发中，已经有很多专家的科研成果在国际范围内被认可，使得我国的有机合成化学在国际有机化学研究中拥有话语权。其次，我国拥有先进的实验设备和舒适的工作环境，我国与发达国家在研发绿色有机化学技术方面不相上下。再次，我国已有很多研究成果排在世界前列。比如，我国在有机化学与金属合成的研究等方面，以北京大学为首的国内各大高校，已经发表了数百篇有关绿色有机合成化学的相关论文。虽然我国的有机绿色合成化学较为成熟，并且我国也正在积极推进绿色有机化学合成技术的研发，但是我国目前仍然有大部分科研人员缺乏专业性。例如，部分科研人员缺乏对绿色有机合成技术的专业知识，并且缺乏相关的经验，进而对环境造成污染。所以，只有科研人员提高专业素养，才能使绿色有机合成技术发挥到极致。我国的绿色有机合成技术在工业上实际应用较少，当前大部分化工企业仍然使用传统的化学合成方法，使得工厂的生产效率低、生产成本高且会造成环境污染。

目前我国对绿色有机合成化学的研究仍存在很多问题，缺少创造性的思维是其中最大的问题，这成了影响我国绿色有机合成化学发展的最大阻碍，为此国家和政府出台了许多相关的政策来解决该类问题。当前，我国大力支持绿色有机合成化学的研究，倡导建设可持续发展的社会，为此我国应树立创新性的思维，对原有的研究理念进行改良与完善，为绿色有机合成化学的发展做贡献。

参考文献

[1] 道格西, 哈奇森. 绿色有机化学[M]. 任玉杰, 译. 上海：华东理工大学出版社, 2005.

[2] Sutter M, Silva E D, Duguet N, et al. Glycerol ether synthesis: A bench test for green chemistry concepts and technologies[J]. Chem Rev, 2015, 115: 8609-8651.

[3] Alonso F, Moglie Y, Radivoy G. Copper nanoparticles in click chemistry[J]. Acc Chem Res, 2015, 48: 2516-2528.

[4] Anastas P, Eghbalia N. Green chemistry: Principles and practice[J]. Chem Soc Rev, 2010, 39: 301-312.

[5] Li C-J, Anastas P T. Green chemistry: Present and future [J]. Chem Soc Rev, 2012,41: 1413-1414.

[6] Simon M-O, Li C-J. Green chemistry oriented organic synthesis in water[J]. Chem Soc Rev, 2012, 41: 1415-1427.

第2章 离子液体催化有机化学反应

2.1 离子液体发展概述

1914 年，Walden 通过浓硝酸和乙胺反应制得了人类史上第一个离子液体：硝基乙胺$[(EtNH_3)NO_3]$，但是，该发现没有引起科学界的关注，因为其在空气中很不稳定而极易发生爆炸，它是最早的离子液体，也是第一代离子液体。随后，在 1951 年，Hurley 和 Wiler 首次合成出在室温条件下是液体状态的离子液体，他们将 *N*-乙基吡啶加入 $AlCl_3$ 中，这两种固体的混合物在加热后变成了无色透明的液体。该离子液体的阳离子是 *N*-乙基吡啶，合成出的离子液体是溴化乙基吡啶和氯化铝的混合物[1]。但这种离子液体的液体温度范围比较狭窄，而且，氯化铝离子液体遇水会放出刺激性的氯化氢气体[2]。

20 世纪 70 年代早期，美国科学家 Osteryoung 等人在研究导弹及空间探测器的电池时，无意中发现了一种新的离子液体——丁基氯化吡啶，该化合物是可以作为电介质使用的高氯酸盐体系。该离子液体的还原状态不稳定，且应用上存在一些限制，也属于第一代离子液体[3]。

1982 年，Wilkes 等人发现了由三氯化铝和二烷基咪唑氯化物反应形成的离子液体，这种离子液体具有很好的吸收性，可以与苯、甲苯等有机溶剂混合[4]。1992 年，Wilkes 等人合成了一种应用比较广泛的离子液体$[Emin][BF_4]$，其在水和空气中表现稳定[5]。这种高稳定性的离子液体属于第二代离子液体。

第三代离子液体主要是二烷基咪唑侧链官能团化形成的离子液体，还有酸与有机碱反应生成的酸碱液。

近几年来，随着社会经济和科学技术的不断发展，人们对有机合成绿色化的需求愈来愈高，离子液体作为一种潜在的绿色催化剂，可从源头上有效控制污染，已经成为国内外学者研究的热点。目前，离子液体已经在有机化学领域得到了广泛应用。

2.1.1 离子液体的概念

一般而言，液体指在某一温度和压力范围内呈现液态的物质。微观层面上，分子与离子都是液体的两种运动微粒，而离子液体可以概括为在一定温度和压力范围内运动的微粒。离子液体通常被认为由有机或无机的阳离子和阴离子构成，在室温或近室温下都是液体状态。

离子液体具有许多优良的性能，是常用的催化剂和溶剂。其熔点通常较低，常温下一般是液体，具有良好的溶解性[6]，可溶解多种有机物、无机物特别是金属有机化合物，不溶于烷烃，因而可使用在两相系统中。常温下黏度较普通有机溶剂高出数个数量级，在有机溶剂和水之间的三元体系中，离子液体黏度可以大大降低，离子液体不可燃，蒸气压接近零，不挥发，热稳定性好[7]，比热容大，电导率高，导电性好，适用于多种反应介质，且可以重复使用。

2.1.2 离子液体的分类

离子液有很多类型，其分类方法也多种多样，根据离子液体中阳离子的种类，可分为三类，即有机离子液体、配位离子液体、超分子离子液体。配位离子液体主要是过渡金属配合物。超分子离子液体通常由季铵盐组成，常用于不对称合成反应的催化剂，和过渡金属配合物不同，它们经常用作萃取剂和溶剂，有时用于合成手性化合物。有机离子液体已得到广泛研究，其中合成离子液体种类较多，尚处于细分阶段。一般而言，可分为普通有机离子液体和功能化离子液体。通常情况下，常用的离子液体有烷基取代的吡啶、咪唑、季铵盐等[8]。功能化离子液体（TSIL）是用来满足设计者的一种或多种目的、有特殊要求的一类离子液体。有机离子液体比其它两种离子液体的应用更为广泛，主要作为溶剂、催化剂、电解液、萃取剂等，如图 2.1 所示。

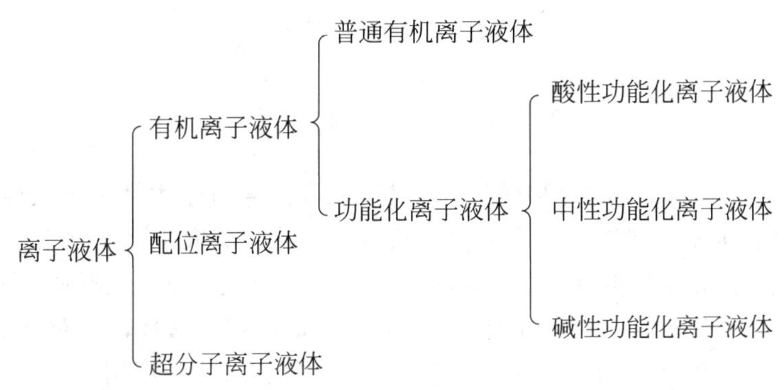

图 2.1 离子液体分类

离子液体的功能化是随着离子液体技术的发展而发展起来的一大趋势。功能化主要分为两类：一为物理功能化，二为化学功能化。功能化的目的在于将功能基团导入到具有特定功能的阳离子或阴离子中，它们赋予了功能化离子液体的特性。实践证明，其主要特点是改变熔点、提高催化剂效率、改变反应途径等。最终目的是完成特定有机合成过程的优化。根据有机化学反应需要，可以在设计合成离子液体催化剂时引入—$Si(EtO)_3$、—COOH、—OH、—COOR、—NH_2、—CN、—SO_3H 等基团[9]。

因为功能化离子液体具有许多优点，它的种类也逐渐增加。按其酸碱度不同，可以划分为酸性功能化离子液体、碱性功能化离子液体和中性功能化离子液体。酸性功能化离子液体通常作为催化剂或溶剂使用，或者作为有机反应的助剂，具有较高的稳定性和催化活性，比一般酸性催化剂和溶剂好。因此，功能化离子液体是目前开发最广泛的一种离子液体。

2.1.3 离子液体的制备

2.1.3.1 普通有机离子液体的制备

随着对离子液体研究的不断深入，有些离子液体已工业化生产，可直接采购。但是，出于成本的考虑，仍需要在实验室中合成所需的离子液体。离子液体一般有三种合成方法：复分解法、碱中和法以及直接合成法。对单一咪唑离子液体，一般采用复分解法，利用卤代烷烃与咪唑烷进行烷基化反应，分离产物，在真空干燥箱中干燥，可获得比较纯净的离子液体。

有机离子液体有很多种，但是大部分的有机离子液体中含氮，其中以咪唑、吡啶为主。咪唑类离子液体是目前应用最为广泛的离子液体，相关研究较多。常用的有机离子液体是分步骤合成的，制备过程中，分离离子液体主要是通过改变阴、阳离子的结构来实现的，常用的合成方法有一步合成法、两步合成法和其他辅助合成法。

（1）一步合成法

离子液体的一步合成主要有两种方法，一种是通过烷基化作用，另一种是咪唑与酸类发生中和反应合成。

Mahtab Hejazifar 课题组采用一步法合成了十二烷基咪唑离子液体[10]，该离子液体具有很好的表面活性，并能在水与庚烷的混合物中形成微乳。但是，一步合成方法有其局限性，难以用于制备阴、阳离子结构的离子液体，从而限制了离子液体的制备，如图 2.2 所示。

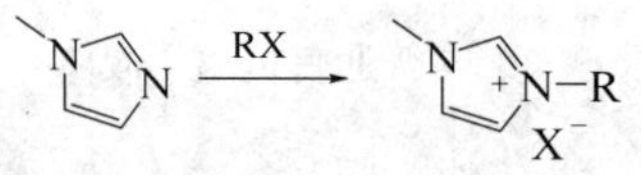

图 2.2 一步合成法制备咪唑类离子液体

Jonathan 等[11]用 1-甲基咪唑和卤代烷一步合成了一系列亲水性和疏水性的 1-烷基-3-甲基咪唑离子液体，并对烷基链长度和阴离子进行了修饰，研究了影响含水率、密度、黏度、表面张力、熔点及热稳定性的因素。Ignatev 等[12]以三（全氟烷基）三氟磷酸阴离子（FAP^-）取代 PF_6合成了烷基铵、烷基膦、吡啶、吡咯烷酮、胍等离子液体，并对其物理化学性质进行了测定。这类离子液体作为一种新的介质，在现代催化技术的应用、化学合成及电化学设备等方面显示了很强的竞争力。Bonhote 等[13]发现了三氟甲磺酸酯与烷基咪唑一步反应，制得亲水性咪唑基三氟甲磺酸酯离子液体。

孟丹等[14]用吡啶和卤代烷一步反应制备了系列吡啶盐离子液体，通过将固体［HyEtPy］-Cl（*N*-羟基乙基吡啶氯化盐）与水和 DABCO（1,4-二氮杂［2.2.2］辛烷）以一定比例混合，即可制备可循环使用的质子离子液体溶剂-催化剂复合体系（［HyEtPy］Cl-H_2O-DABCO）。该复合体系在 50℃条件下可促进 Knoevenagel 缩合反应。另外，［HyEtPy］Cl-H_2O-DABCO 在 6 个循环周期后均无明显失活。该法具有反应后处理简单、操作方便、离子液体可循环使用等特点，适合于多功能缩合物的制备。进一步用 4-甲基-5-噻唑乙醇和卤代烃合成了系列含羟基的噻唑类离子液体催化剂，该催化剂在 75℃条件下，以苯甲醛作为底物可顺利地发生安息香缩合反应，反应产率可达 99%。以此为催化剂，合成了溴代 4-甲基-3-苄基-5-(β-羟乙基)噻唑盐，可以很好地替代维生素 B_1。

（2）两步合成法

有些离子液体无法用一步法制备，需用两步法制备。首先通过季铵化反应制备含目标阳离子的阳离子型离子液体，然后用目标阴离子（Y^-）置换出阳离子型离子盐中的阴离子（X^-）

或加入 Lewis 酸（MX_y）来得到目标离子液体。金属盐 MY （AgY 或 NH_4Y）与取代的负离子（X^-），在体系中生成沉淀 AgX 或生成 NH_3、HX 等气体，很容易分离提纯。以靶向阴离子 Y^-替代 X^-时，必须确保反应的完成，并且离子液体中没有 X^-的残留。此外，也可用离子交换树脂的离子交换特性制备高纯二元离子。

[Bmim][PF_6]、[Bmim][BF_4]等都是采用两步法合成[15]。如图 2.3 所示。

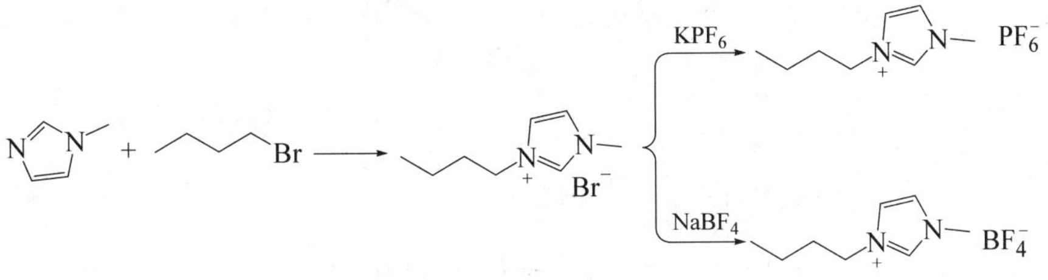

图 2.3　[Bmim][PF_6]和[Bmim][BF_4]离子液体的制备流程

乌云和常宝[16]首次发现，利用季铵化反应合成离子型带正电荷的中间产物，使金属卤化物盐类在预定温度下以预定比例与中间产物混合，可制得酸性双咪唑离子液体。他们合成了六种双咪唑离子液体，并对双咪唑离子液体催化的傅-克烷基化和傅-克酰基化反应进行了深入研究，并考察了六种双咪唑离子液体的催化性能。他们考察了离子液体的种类、用量、温度、时间等因素对反应的影响，发现酰化反应产率高、选择性好、副反应少。因此，双咪唑离子液体更适用于催化傅-克酰基化反应。

Akihiro Noda 等人[17]介绍了用两步法合成的离子液体 1-乙基-3-甲基咪唑四氟硼酸盐（[Emim][BF_4]）和 1-丁基吡啶四氟硼酸盐（$BPBF_4$）。关卫省等[18]按照两步法合成了离子液体 1-丁基-3-甲基咪唑六氟磷酸盐，探究了不同工艺条件对离子液体收率的影响。

Kallidanthiyil Chellappan Lethesh 等人[19]使用 1，8-二氮杂双环[5.4.0]十一碳-7-烯（DBU）与相应的烷基卤化物反应，通过两步法合成了 12 种新的 DBU 基离子液体，并测试了密度和表面张力。

（3）其他辅助合成法

微波与超声波辅助的有机合成无论在提高产量，提高产品纯度，或缩短反应时间方面均显示出无可比拟的优势。

超声技术：通过超声波空化，在反应物中形成高温高压环境，再用超声搅拌加快反应速度。Rajender S. Varma[20]对利用微波和超声在无溶剂条件下辅助卤代烷基咪唑离子液体的合成进行了研究。试验证明，该方法与传统方法比较，几分钟就可以获得产物，而且产品纯度较高，加速了离子液体在绿色环保有机合成中的应用。

微波法：主要用在极性分子无规则运动和互相碰撞时产生热能来加热离子液体的迅速变化的电磁场中[21]。微波法加热速度快，反应速度快，合成离子液体纯度及产率均有很大提高。例如，Maggel 等人[22]报道了用微波法在无溶剂条件下合成[Bmim][BF_4]离子液体。

Toshiki Nokami 等人[23]使用简单、实用的微反应器系统，连续流动合成了具有 2-甲氧基乙氧基甲基/甲氧基甲基取代基的新型离子液体。与间歇式反应相比，微反应器中的氮素与三丁基膦反应速度较快，能有效地制备高纯度离子液体。该法可大量生产离子液体，对环境污染小。

Hua Rong 等人[24]用微波辅助一步法合成了一系列含有谷氨酸（Glu）阳离子的离子液体。

另外，Moulton[25]提出了一种电化学合成离子液体的方法。此法脱水后离子液体纯度可达99.9%，但存在设备安装烦琐、操作复杂等缺点。

熊兴泉和易超等人[26]，介绍了一种利用微波辅助技术制备 PEG 基咪唑双核离子液体的方法，如图 2.4 所示，并用碘作反应介质，高效地催化糖类及衍生物的乙酰化反应。

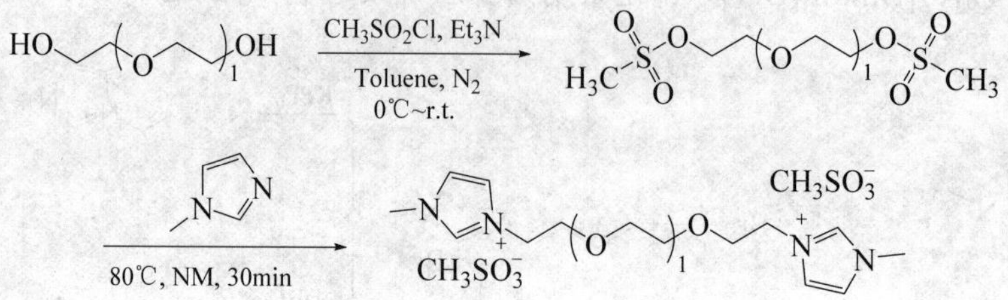

图 2.4　微波辅助法制备 PEG 400 双核离子液体

2.1.3.2　功能化离子液体的制备

一般的，制备常规的离子液体其催化活性具有局限性，因此需要调节离子液体的理化性质，使其具有良好的性质，可使阳离子与阴离子成对，从而达到理想的设计效果。离子液体所需要的物理化学性质就称为功能化离子液体[27]。功能化离子液体按其化学性质可分为酸、碱、手性功能化离子液体和固定化离子液体等几种类型[28]。酸性功能化离子液体根据阴离子和阳离子所表现出的不同酸性又可分为 Brønsted 酸、Lewis 酸以及兼具 Lewis-Brønsted 酸双功能化离子液体[29]。按阴离子、阳离子功能化的不同，可以划分为阴离子功能化、阳离子功能化以及阴阳离子双功能化。

功能化离子液体和一般离子液体合成方法的最大差别在于原料的选择，一般说来，功能化离子液体是由研究者所需的含功能基团的化合物合成。功能化离子液体和普通离子液体的主要区别在于其有无特殊的官能团结构，因此，将功能化基团和离子液体的结合是功能化离子液体合成的关键。功能化处理可以分为三类：阳离子烷基侧链功能化、阴离子的功能化、双官能团的功能化。这是目前实现离子液体功能化最常用的方法。

（1）阳离子烷基侧链的功能化

制备的离子液体可按所引入的功能基团为—OH、—SH、—COOH、—SO_3H、—NH_2 等不同，得到的离子液体也可是羟基功能化离子液体、巯基功能化离子液体、羧基功能化离子液体、磺酸基功能化离子液体、氨基功能化离子液体等。截至目前，磺酸基离子液体是目前发现的一种酸度最高的质子酸离子液体。

① 含磺酸基的功能化离子液体

阳离子中含磺酸基的烷基侧链端，可通过烷基化和叔胺反应得到阳离子上含磺酸基的功能化离子液体。Liang 等人利用乌洛托品与丁烷磺酸的叔胺化反应，制备出一种含四个烷基磺酸盐为阳离子的离子液体[30]，并用它作为制备生物柴油的催化剂。其用量小，催化效果好，且有较好的回收率。

② 含羟基的功能化离子液体

通过烷基化，得到了阳离子烷基侧链上带有羟基的功能化离子液体。羟基的加入使得阳离子液体在水中的溶解度增加，而在非极性溶剂中较难溶解，这是由于它与极性溶剂易于形成氢键。通常用氯乙醇作为反应物，在阳离子中引入羟基，即氯乙醇与烷基咪唑反应，生成含羟基的阳离子型咪唑氯化物盐，并用阴离子液体代替目标离子化合物[31]。如图 2.5 所示。

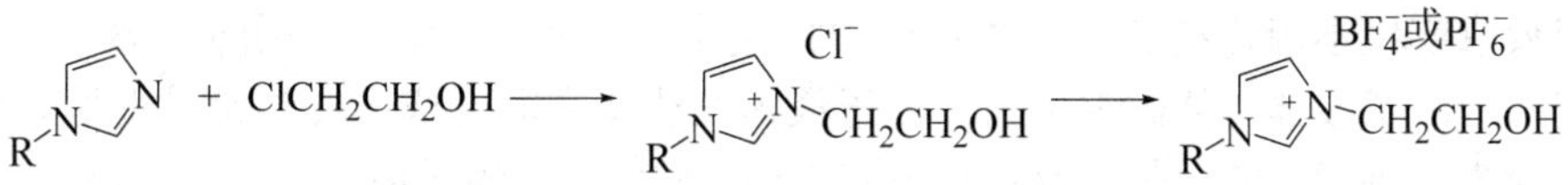

$$\text{R-N(咪唑)N} + ClCH_2CH_2OH \longrightarrow [\text{R-咪唑}^+\text{-}CH_2CH_2OH]Cl^- \longrightarrow [\text{R-咪唑}^+\text{-}CH_2CH_2OH]\ BF_4^-或PF_6^-$$

图 2.5 含羟基的功能化离子液体的制备流程

③ 含氨基的功能化离子液体

还可以用阳离子烷基化制备含氨基的功能化离子液体，一般是用含有氨基的卤代烃作为氨基的供体，在有机阳离子中引入氨基。例如 Yue 等人以 *N*-甲基咪唑和 3-氯丙胺盐酸盐为反应物[32]，通过回流、搅拌、蒸馏去除杂质，可获得需要的含氨基的功能化离子液体[APmim]Cl。如图 2.6 所示。

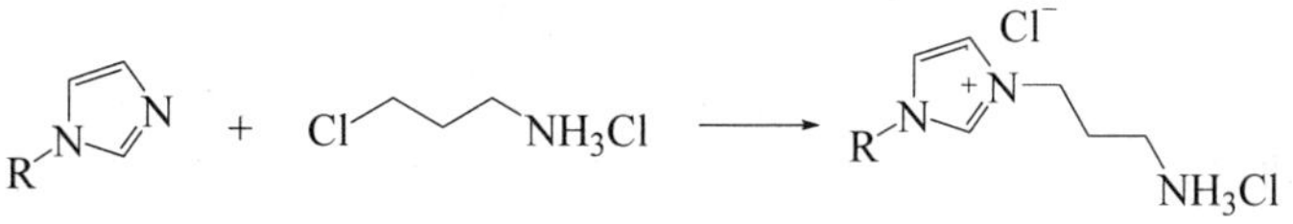

$$\text{R-N(咪唑)N} + Cl(CH_2)_3NH_3Cl \longrightarrow [\text{R-咪唑}^+\text{-}(CH_2)_3NH_3Cl]Cl^-$$

图 2.6 *N*-甲基咪唑与 3-氯丙胺盐酸盐制备含氨基的功能化离子液体[APmim]Cl

（2）阴离子的功能化

相对于阳离子型，阴离子结构控制范围小，可以引入的功能基也非常有限，主要是由磺酸和金属配合物组成。阴离子的功能化一般以置换反应来实现。正常情况下，由阳离子 K^+、Na^+和 NH_4^+盐与前体反应获得。

① 酸性离子液体

通常用两步法取代离子，引入酸性基如 $AlCl_3$、—COOH、—SO_3H 等，或无需离子替代，直接利用反应原料引入酸性基团。离子液体就有类似于或比普通无机酸更高的酸性，而且由于不易挥发而具有固体酸的不挥发性[33]。

② 碱性离子液体

将碱基引入离子液体后，就可得到碱性目标离子液体，但是对于碱性离子液体的研究很少，碱性离子液体种类很少[34]。因其具有无机碱的强碱性和离子液体的性质，因而对有机合成单元的反应具有至关重要的含义。

（3）双官能团的功能化

随着科学技术的发展，对材料的需求也不断提高，离子液体的研究已不再局限于单一功能的离子液体，而是逐步探索同一类离子液体引入多个功能性基团。由于多种功能基团的存在，使得离子液体同时具有许多独特的催化性质，保证了离子液体之间不能互相抑制或互相补充，成为研究的重点。2004 年，Walker 等人[35]合成了一种在阴、阳离子中都含有羟基的离子液体。实验中，先将咪唑官能化，使咪唑的烷基侧链上含有羟基，再与所选择的阴离子原料通过取代反应，成功地得到二羟基功能化离子液体。

通过这种简单而有效的合成方法不断扩展离子液体的设计，出现了许多具有特定功能的新型结构离子液体，如 Brønsted 酸性离子液体、Lewis 酸性离子液体、选择溶解功能化离子液体以及具备离子导电各向异性的离子液体，这些功能化离子液体显示出较好的应用前景。

功能化离子液体的合成是离子液体合成的一个重要发展方向。

① 键合固定化离子液体的制备

近些年来，人们开始对固定化离子液体（supporting ionic liquid，SIL）进行研究。SIL 可通过物理吸附或化学键将离子液体固定于固体载体上。所以，SIL 包括两个部分：固定物和分散在其中的离子液体。从微观上看，离子液体在载体表面形成了一层液体薄膜，催化反应就在液体薄膜上进行，催化效率高；从宏观上看，SIL 催化的反应多为固-液反应，反应完成后分离简便，所以 SIL 同时具备均相催化和非均相催化的特点。与自由态离子液体比较，SIL 具有以下优点：结构可调性增大，SIL 既可以通过改变固载材料也可以通过改变离子液体的分子结构来优化离子液体的结构和性质；提高了离子液体催化效率，离子液体可通过在载体上形成液膜来增大比表面积，增加与反应物接触面积，提高反应速度，减少催化剂用量，缩短反应时间，降低成本；工业生产前景好，SIL 催化剂分离纯化步骤简便、重复利用率高，在连续生产中潜力巨大。

离子液体既可通过阳离子部分也可通过阴离子部分与固载材料键合。固载材料包括介孔材料、纳米材料、高分子材料等。将离子液体固载到各种载体上，根据它们之间的作用方式不同，一般可以把它们分成两类：离子液体和固载材料是通过非化学键力结合在一起的，这就是所谓的非黏结固载；离子液体和固载材料通过共价键结合在一起，称为键合固载。

② 非键合固定化离子液体的制备

非键合固定化离子液体的制备主要可通过以下 3 种方法：初湿含浸法、冷冻干燥法和喷涂法。

i 初湿含浸法

利用离子液体（及催化剂）为原料，慢慢地将它滴入一种溶剂，再缓慢地将它加入固体载体材料，然后在真空条件下从混合物中去除它，即可得到 SIL。此法简单易行，适用广泛，如图 2.7 所示。

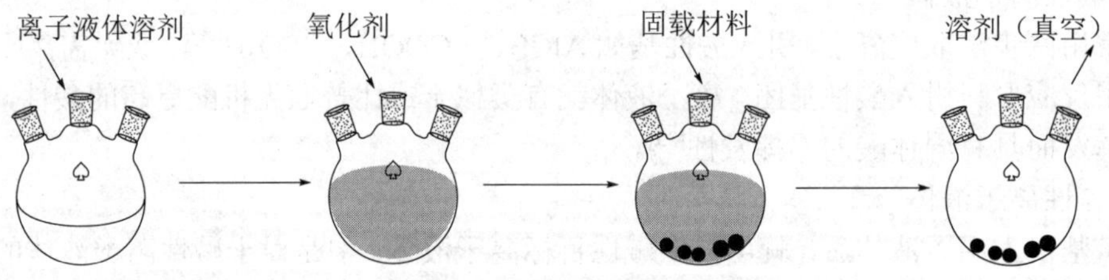

图 2.7　初湿含浸法操作流程

ii 冷冻干燥法

广泛用于药物、生物制剂和食品工业。可通过以下步骤制备：将浸渍的样品迅速冰冻，减压条件下缓慢升温使溶剂挥发，最后升温彻底清除溶剂。该方法最大的优点是使离子液体均匀分布在固载材料上，避免了离子液体在固载材料局部浓度过高、分散不均匀。

iii 喷涂法

广泛应用于工业催化和气体提纯等。流动床注塑工艺极大地提高了 SIL 的生产效率，为 SIL 的工业化生产奠定了基础。该过程通过控制温度下惰性载气（氮气、氢气等）推动固载材料微粒流动，将溶有催化剂和离子液体的溶液不断喷涂到固载材料上，溶剂迅速蒸发并被气流带走，离子液体均匀分布于固体物质中。通过调整喷雾量，可控制离子液体（及催化剂）的固体含量。

应安国课题组[36]设计了一种新型磁性纳米颗粒负载离子液体催化剂，即 1,5,7-三氮杂二环[4.4.0]癸-5-烯，通过反应共沉淀的方法获得，磁性为可回收性提供了可能，磁核外连接的硅壳防止催化剂的团聚，同时外壳上的 Si—O 键连接离子液体，增加催化剂总体表面积，提供更多的活性位点。制备的催化剂可以在无溶剂条件下催化 *N,N'*-取代脲的合成以及氮杂迈克尔加成反应的发生。该催化剂不仅适用于芳香胺与碳酸二甲酯（DMC）或碳酸二乙酯（DEC）反应合成取代脲，也适用于环胺与各种复杂结构的 α,β-不饱和羰基化合物的氮加成反应。在相同反应条件下，Im-TBD@MNPs 催化反应可使产率达到 70%，比 TBD@MNPs 和 TBD 催化反应的收率提高 3%~11%。根据 Im-TBD@MNPs 催化的 *N,N'*-取代脲类物质和环胺的氮杂-迈克尔加成类物质，结果显示，氮原子的孤立电子吸引胺中氢原子，进而增强 Michael 供体的亲核功效，使这种活性氮亲核试剂能顺利地与碳酸二乙酯或 α,β-不饱和脂肪羰基化合物顺利反应，得到目标化合物。另外，离子环境可加速该类化合物合成过程。多种实验结果显示，离子标识的 Im-TBD@MNPs 具备更好的催化活性，这促使离子标识催化剂的研究更为系统。必须注意的是，该催化剂可根据外接磁体吸附回收利用，循环使用 6 次，活性无明显降低，使有机反应更环保、高效。

2.2 离子液体催化有机化学反应分类

2.2.1 缩合反应

1896 年，Knovenagel 发现了醛类活性亚甲基化合物的缩合反应。β-不饱和羰基化合物通过 Knovenagel 反应可生成 α,β-羰基化合物，可以进一步用于合成精细化学品、药物和功能高分子材料等，所以对该反应的研究一直是有机合成研究的热点。近年来，为了改进 Knoevenagel 反应，各种新型催化剂如功能化金属有机骨架化合物、功能化纤维素、简单分子配合物溶胶、C_3N_4、笼型物、铜粉、沸石、酶、牛血清白蛋白、磁性纳米粒子、石墨烯氧化物和铵盐等被用于该反应。这一反应尽管获得了一些可喜的结果，但是即使是对于以上所述反应体系来说，反应往往要用到昂贵的催化剂，而且催化剂制备较为麻烦。操作过程复杂，反应时间长，使用有机溶剂或有毒重金属。因此，有必要发展一种基于绿色化学的高效方法来改进 Knoevenagel 缩合反应。

Ossowicz 等人发现了一种氨基酸离子液体（AAIL），可以作为醛和丙二腈缩合反应的催化剂[37]。该反应用水作溶剂，合成出 8 种天然氨基酸型四丁基铵离子液体，并应用于催化缩合反应。结果表明，反应产率高，后处理简单，产物分离效率高。另外，溶解在水中的氨基酸离子液体可以反复使用，催化活性没有影响。如图 2.8 所示。

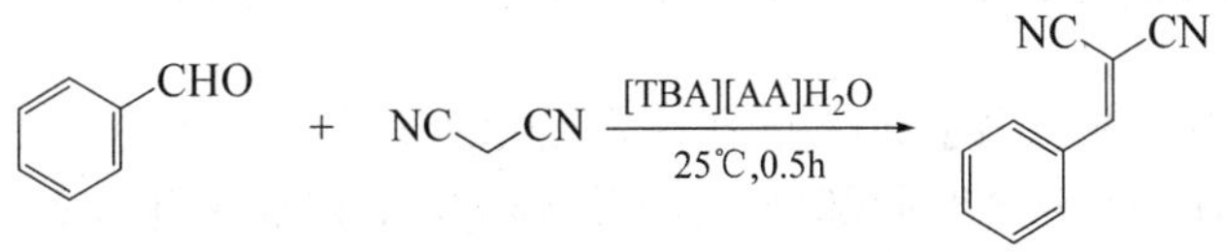

图 2.8　AAIL 催化苯甲醛和丙二腈的 Knoevenagel 缩合反应

张永红等人对一种高效、环保型 Biginelli 缩合反应体系进行了研究[38]。Brønsted 酸性离子液体（[Btto][*p*-TSA]）催化醛缩合反应，在无溶剂条件下使用β-酮酯与尿素/硫脲缩合反应。

反应迅速，高产率得到目标化合物，对改善 Biginelli 反应效果明显，如图 2.9 所示。

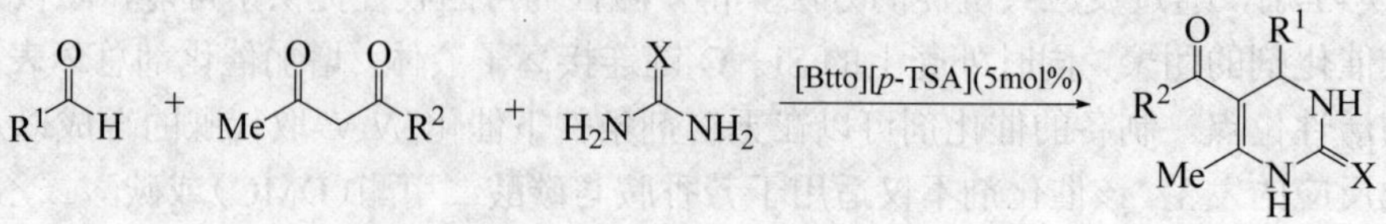

图 2.9　[Btto][p-TSA]催化 Biginelli 缩合反应

Pedro Verdía 等[39]报道了基于离子液体作为有机反应的溶剂和催化剂，适用于有机化学本科课程的实验。制备甲基硫酸二甲基咪唑鎓离子液体，然后将其用作苯甲醛和丙二腈的 Knoevenagel 缩合反应的可循环使用的催化剂/反应介质。最后，将离子液体的应用扩展到 3-(甲氧基羰基)香豆素的制备。如图 2.10 所示。

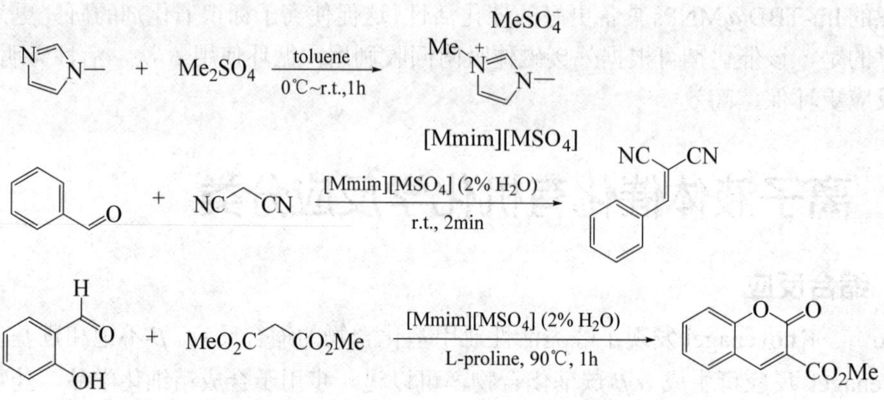

图 2.10　离子液体催化实现 3-(甲氧基羰基)香豆素的制备

Ying 等人用三亚乙基二胺（DABCO）和 3-氯-1,2-丙二醇合成了离子液体[DABCO-PDO][$CH_3COO/PF_6BF_4/CF_3SO_3$][40]，并阐释了[DABCO]的催化性能，以选定 Brønsted 碱性[DABCO-PDO][CH_3COO]离子液体是一种最佳的催化剂。这种离子液体的用途很广，可以用来与含亚甲基芳香烃或杂环芳香烃的反应，也可以用在芳香醛和杂环芳香醛上。在室温下，用水作溶剂可以快速得到较高的收率，且反应简单、易于操作、产品容易分离，同时离子液体也有很好的回收率。如图 2.11 所示。

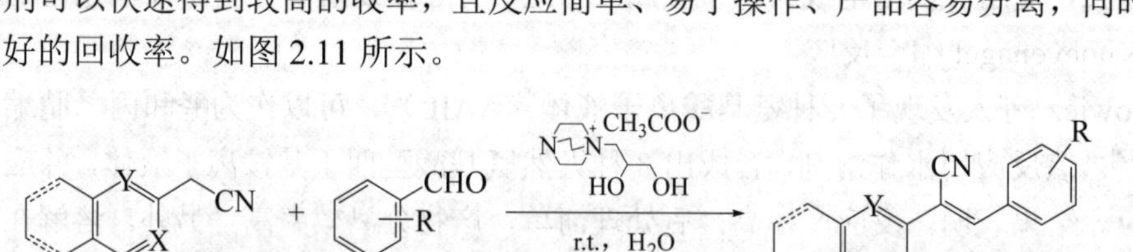

图 2.11　[DABCO-PDO][CH_3COO]催化芳香醛与含活泼亚甲基的芳烃或杂环芳烃的 Knoevenagel 反应

王兰等[41]对于由碱性阴离子和咪唑阳离子组成的离子液体，提出一种利用碱性阴离子捕获咪唑阳离子 C_2—H 的方法。在此基础上，利用该方法，对氮杂环卡宾（NHC）的缩合剂进行了研究。以一种新型离子液体为催化剂，在温和条件下，将 NHC 原位生成一种高效环保的碱性咪唑类化合物。结果表明，以 1.0 倍量的[Bmim][Im]为反应介质和催化剂，在 80°C反应 24h 后，安息香缩合率达 91.6%。对比之前的合成路线，发现传统催化剂氰化钾/钠液有毒害作用。该法相对于现有络合 NHC 盐加碱法，且不需加入有机溶剂、强碱，降低了对设备及环境的腐蚀和污染，使反应过程变得更加绿色。离子液体是一种反应介质，同时也是一种催化活性物质 NHC 的原料。由此推断，离子液体的碱性阴离子和咪唑离子在反应过程中可能发生相互作用，从而产生 NHC。在引入苯甲醛的基础上，NHC 亲核进攻反应底物苯甲醛，生成 NHC-PhCHO，苯甲醛极性翻转，最终生成目标产物。另外，在反应体系中引入水和有机溶剂，会破坏离子液体阴离子间的相互作用，从而阻止 NHC 的生成，降低反应产率。如图 2.12 所示。

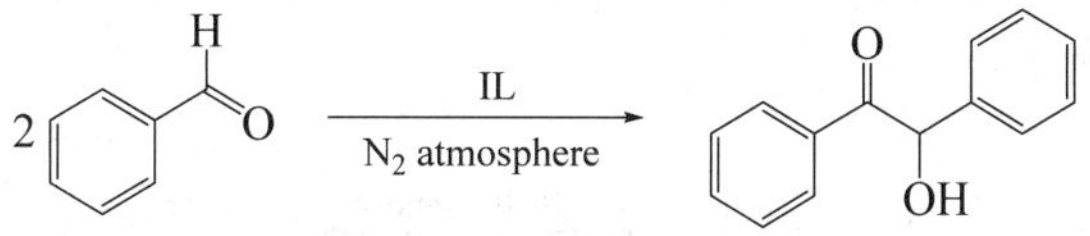

图 2.12 [Bmim][Im]催化苯甲醛生成安息香的缩合反应

于丽梅等[42]，将合成的 8 种酸性离子液体催化剂用于苯甲醛和苯酚的缩合，考察了一系列离子液体催化剂的催化性能。第一，采用单因素分析法，优化了苯甲醛在合成过程中的反应条件，以[$(CH_2)_3SO_3HBth$][HSO_4]为催化剂，确定了苯甲醛的转化率和产物选择性。酚类、苯甲醛和离子液体的摩尔比分别为 2.5∶1∶0.375，反应温度 80℃，反应时间 5h，在上述的最佳反应条件下，同样以苯甲醛转化率和目标产物选择性为指标，评价了八种离子液体的催化效果，实验结果显示，酸度较低（酸强度函数 H_0 接近 1.5）、阴离子为 $H_2PO_4^-$的离子液体催化剂参与的缩合反应，苯甲醛转化率较低，甚至不发生反应。对于离子液体催化剂，阳离子结构的不同，会对苯亚甲基双酚合成过程中苯甲醛的转化率有较大的影响，其中苯并噻唑基离子液体催化反应的苯甲醛转化率可达 100%。具有相同的阳离子结构的一系列离子液体催化剂，对目标产物亚苄基对双酚类化合物的选择性几乎没有影响，其选择性小于 3%。H_0 与硫酸大致相等的离子液体催化的缩合反应中，对应的目标产物选择性变化不大；而苯甲醛转化率差异较大，在结构上，含硫噻唑基离子液体催化剂有较多的酸性中心，因而催化效果较好。[$(CH_2)_3SO_3HBth$][HSO_4]离子液体是催化作用最为明显的催化剂，催化剂循环使用 9 次后，其活性依然较高，方程式如图 2.13 所示。

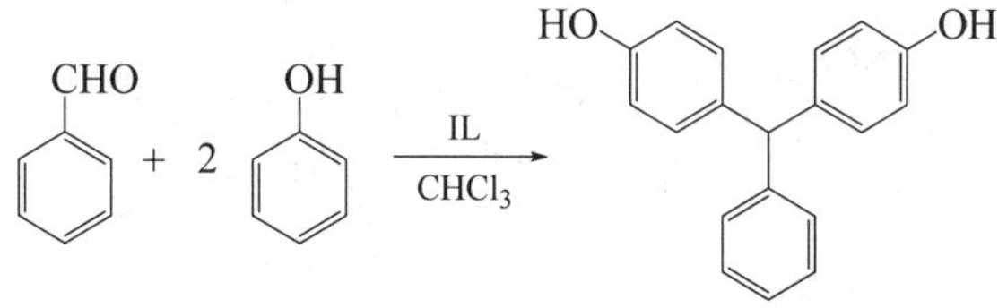

图 2.13 [$(CH_2)_3SO_3HBth$][HSO_4]催化苯甲醛与苯酚缩合

2.2.2 傅-克反应

Friedel-Crafts（傅-克）烷基化是碳骨架与芳基连接的重要途径。傅-克烷基化反应是构建苯、萘、杂环化合物等芳香族烷基取代物的有效方式，是合成有机染料中间体的一种通用方法。二苯甲烷是一种重要的有机合成中间体，是生产香料、药物、杀虫剂、塑料和喷气燃料添加剂的重要原料。苯和苄基氯工业合成二苯甲烷是典型的 Friedel-Crafts 烷基化反应。在 Friedel-Crafts 反应中经常使用的催化剂是 Lewis 酸和质子酸（$AlCl_3$、H_2SO_4）。$AlCl_3$ 具有很强的催化活性，反应温和，但是对水很敏感，有腐蚀性，容易引起环境污染，这与当今绿色化学的要求不相符。在 Friedel-Crafts 烷基化反应中，离子液体为绿色溶剂，具有很大的应用潜力。

常宝等[16]报道了双咪唑离子液体催化傅-克烷基化和傅-克酰基化的反应，也是在二苯甲烷的合成过程中最经典的 Friedel-Crafts 反应，对其催化作用进行了研究。结果表明，双咪唑离子液体具有良好的催化活性，$[C_6(mim)_2](InCl_3\text{-}Br)_2$ 催化剂催化效果最佳，二苯甲烷收率可达 84%。在实验中，考察了离子液体类型、容量、温度、反应时间等因素对合成二苯甲烷的影响。$[C_6(mim)_2](InCl_3\text{-}Br)_2$ 离子液体具有两个咪唑环，可同时除去两个氢原子。在一系列芳香烃烷基化反应中，氯化苄烷基化会受到电子效应和位阻效应的影响，多环烷基化也导致产率下降，如图 2.14 所示。

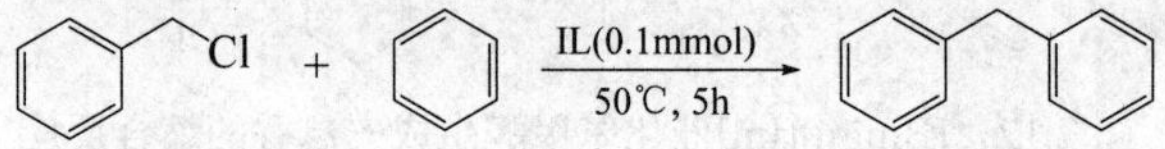

IL(0.1mmol)
50℃, 5h

图 2.14 $[C_6(mim)_2](InCl_3\text{-}Br)_2$ 催化合成二苯甲烷

其次以双咪唑离子液体为催化剂制备二苯甲酮，考察了离子液体的种类、用量、温度、反应时间等因素对反应的影响。实验研究表明，添加 0.1mmol $[C_6(mim)_2](InCl_3\text{-}Br)_2$ 作为催化剂，在 80℃反应 6h，二苯甲酮的收率达 90%，揭示了苯与苯甲酰氯傅-克酰化的可能反应机制。该研究显示$[C_6(mim)_2](InCl_3\text{-}Br)_2$ 催化芳香烃傅-克酰化反应的电子化效果显著，引入推电子基团，产品产率得以提高。

在离子液体$[Bmim]Cl/AlCl_3$中，5-氰基吲哚与 4-氯丁酰氯发生傅-克酰化反应，主产物为 5-氰基-3-(4-氯丁酰基)吲哚[43]。在催化所用的离子液体$[Bmim]Cl/AlCl_3$中，当合成$[Bmim]Cl/AlCl_3$时的[Bmim]Cl 和 $AlCl_3$ 的摩尔比为 2∶1~3∶1 时，其催化反应的选择性最好。如果$[Bmim]Cl/AlCl_3$离子液体和 5-氰基吲哚的摩尔比低于 1∶1 时，该傅-克酰化反应不能很好地进行，因为 5-氰基吲哚不能完全溶解或分散在$[Bmim]Cl/AlCl_3$离子液体中。因此，傅-克酰化反应的最优条件是：$n(AlCl_3)$∶n([Bmim]Cl)=2.5∶1，$n([Bmim]Cl/AlCl_3)$∶n(5-氰基吲哚)=2∶1，在常温下反应时间为 24h。实验结果表明，5-氰基-4-氯丁酰基吲哚的产率为 71.7%。如图 2.15 所示。

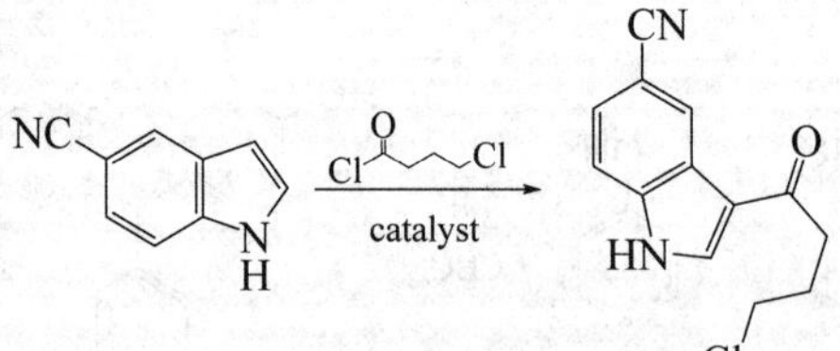

NC CN Cl O Cl O N H HN catalyst Cl

图 2.15 $[Bmim]Cl/AlCl_3$ 催化 5-氰基吲哚与 4-氯丁酰氯的傅-克酰化反应

2.2.3 环加成反应

Diels-Alder 环加成反应是离子液体应用到有机反应中较早的一个典型实例。Diels-Alder 反应即共轭二烯烃与亲二烯体的双烯合成反应。例如图 2.16。

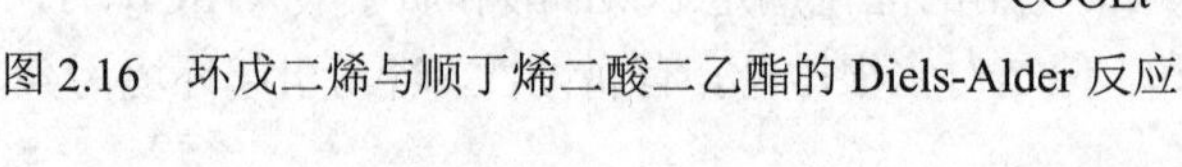

COOEt EtOOC COOEt COOEt

图 2.16 环戊二烯与顺丁烯二酸二乙酯的 Diels-Alder 反应

陆国平等[44a]研究了在咪唑类离子液体介质中的1,3-偶极环加成反应。其中，叔丁基过氧化氢（TBHP）、Na_2CO_3的添加能高效地提升反应的转化率。进一步，通过对照实验和核磁追踪实验也表明，咪唑离子液体与生成物间有多种非共价键，能高效地促进反应。生成物烯烃的最好反应条件是3.0eq Na_2CO_3、2.0eq TBHP，反应温度110°C，反应时间24h，反应溶剂[Omim]Br，收率最大可达90%。反应物为炔烃时最佳反应条件：Cs_2CO_3 1.2倍，反应温度50°C，反应时间6h，产率最大达97%。该方法具有反应条件温和、产率较高和后处理简单等优点，并且反应介质可以通过萃取分液即可回收再利用，可以实现规模生产，如图2.17所示。

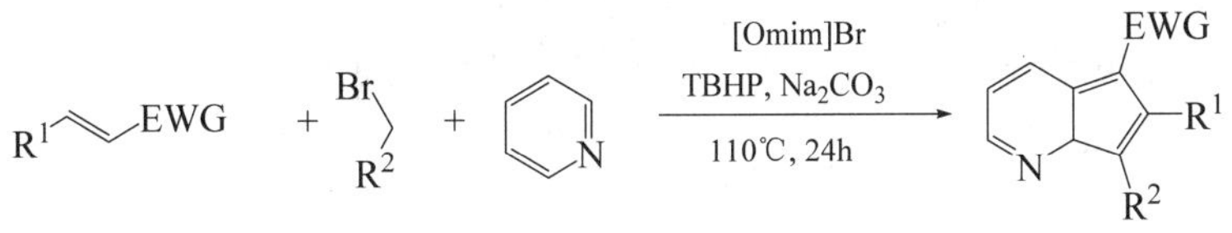

图2.17　[Omim]Br促进1,3-偶极环加成反应

2020年，朱新瑞等[45]合成了一系列吡唑铵盐类离子液体，其中$[EP_2PNH_3]Br_2$催化活性最高，在70℃、CO_2压力0.5MPa的条件下，只需要1.0mol%催化剂，反应24h，环氧丙烷和二氧化碳的环化收率为96.1%。优良的催化性能归因于强静电与氢键的相互作用。CO_2通过$[EP_2PNH_3]Br_2$吸收，转化为$[EP_2PNH_2COOH]Br_2$，然后$[EP_2PNH_3]Br_2$与$[EP_2PNH_2COOH]Br_2$共同催化后续反应。开发具有吸收二氧化碳能力和具有活泼氢原子的离子液体将可能提升相应的催化效果。

李重录等[46]对咪唑型离子液体功能性金属卟啉催化剂开展环氧化物与CO_2环化反应的催化特性研究，通过一系列的催化实验，证明合成的这类金属卟啉在催化环氧化物与CO_2的环加成反应中具有较高的催化活性。如图2.18所示，其中Zn-TMeImP为最好催化剂。与RSM试验的方差分析结果紧密结合，表明温度和反应时间对反应收率有较大影响，而压力对反应影响较小。根据Zn-TMeImP催化氧化苯乙烯与CO_2的反应活性，发现其他四种常见环氧类和CO_2的催化试验结果显示，其他四种反应产物的收率都超出了90%。除此之外，Zn-TMeImP能在常压下催化苯缩水甘油醚和CO_2的环化，其TOF值能达到125.8h^{-1}。

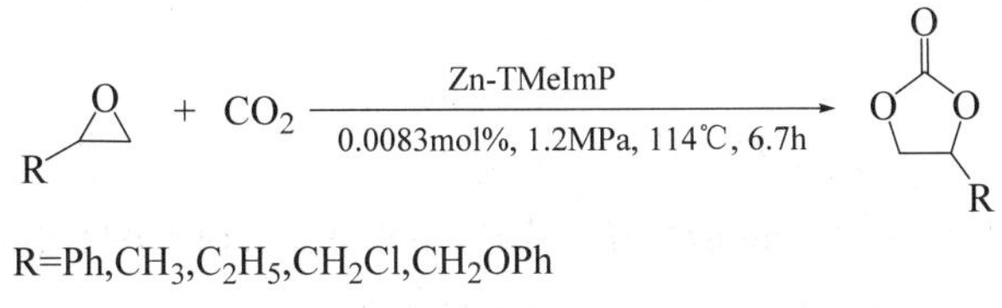

R=Ph,CH_3,C_2H_5,CH_2Cl,CH_2OPh

图2.18　Zn-TMeImP催化环氧化物与CO_2环化反应

高国华等[47]通过优化酸性聚离子液体催化甲酸和环己烯反应的条件，发现所合成的酸性聚离子液体PILs-C_8-2.5DVB-HSO_4在80℃、3h、摩尔比为7∶1、催化剂用量6%的反应条件下，催化剂活性最高，环己烯转化率达到93%。其催化活性与甲基苯磺酸、浓硫酸等均相催化剂相近，且远远高于异相催化剂如交换树脂Amberlyst-15。原因是酸性聚离子液体在甲酸中溶胀，使酸活性中心与底物（甲酸和环己烯）充分接触。进一步研究了酸性聚离子液体对甲酸和其它烯烃的加合作用，发现酸性聚离子液体PILs-C_8-2.5DVB-HSO_4也有较好的催化活

性。但是，当催化环己烯与其它脂肪酸进行加成反应时，其活性较低。鉴于甲酸的活性和酸性都比其它脂肪酸高，而且以硫酸为酸的活性中心具有局限性。酸性聚离子液体的催化活性具有很好的底物普适性，为绿色、高效的酸类催化剂的生成提供了新的研究思路。

Morita 等[48]发现了一种亲氧金（Ⅲ）催化的对苯醌与 1-苯基丙烯的分子间[3+2]环加成反应，高立体选择性地得到 2,3-二氢苯并呋喃。该反应为合成 2,3-二氢苯并呋喃新木脂素提供了一种新的、环境友好的方法。如图 2.19 所示。

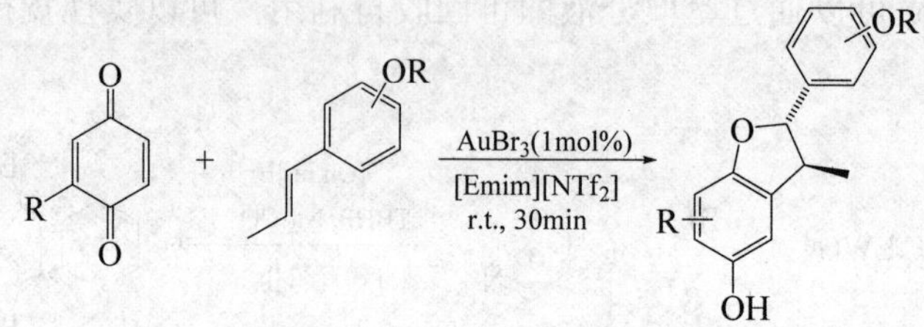

$AuBr_3$(1mol%)
$[Emim][NTf_2]$
r.t., 30min

图 2.19 亲氧金（Ⅲ）催化的对苯醌与 1-苯基丙烯的分子间[3+2]环加成反应

2.2.4 亲核取代反应

陆国平等[44b]探究了咪唑离子液体介质中的芳香亲核取代反应。用咪唑离子液体作为反应介质，替代传统的有机溶剂，添加无机碱后，可以有效地提高反应收率。对照实验和核磁追踪实验表明，咪唑离子液体与反应物之间形成了氢键，通过亲电-亲核双活化机制促进反应。最佳反应条件是 K_3PO_4 1.1eq、反应温度 80℃、反应时间 12h、反应溶剂为[Omim]Br，产品产率达到 99%。与传统方法相比，具有反应产率高、溶剂可回收，避免使用有毒、挥发性有机溶剂，操作简便等特点。通过芳香亲核化反应生成芳香族碳-杂原子（硫、氮、氧）键，主要是经[Omim]Br 与底物间的氢键所引起的亲电-亲核双活化作用完成。添加无机碱可改善反应环境，而某些有机氟化物及多种缺电子有机氯化物均可用于此方法。结果表明，咪唑离子液体和反应物之间存在着非共价的氢键，对反应有很好的促进作用。该方法不需要使用有毒、挥发性有机溶剂，且反应产率高，底物适用范围广，反应后处理简便，环境友好，极大地增加了大规模生产的适应性。如图 2.20 所示。

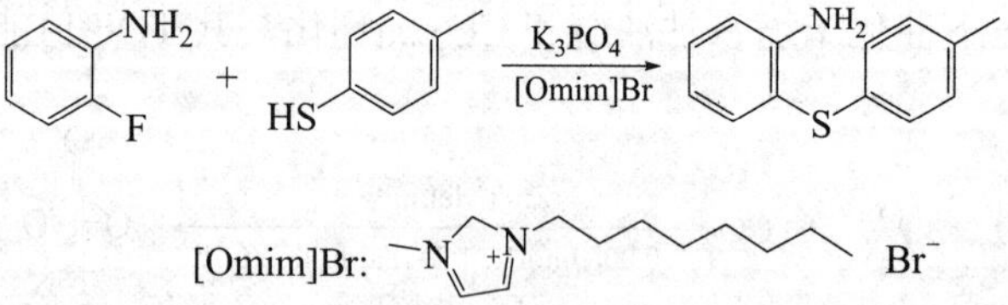

K_3PO_4
[Omim]Br

[Omim]Br: Br^-

图 2.20 在[Omim]Br 中通过芳香亲核取代反应构建芳烃碳-硫键

在有机合成过程中，亲核性取代反应是重要的反应之一，此类反应可有效地构建碳-碳键，可获得多种高附加值的化学品。选择高效率、洁净的催化剂和绿色溶剂，在温和条件下进行亲核取代反应是绿色化学的重要研究内容。以简单易得的二氧化硅作载体，合成了固载双层离子液体，用双层离子液体作为催化剂在纯水介质中进行亲核取代反应[49]。本反应不需使用有机溶剂，且干净、安全、简便，如图 2.21 所示。

$$\text{R−L} + :\text{Nu}^- \xrightarrow[\text{neat } H_2O]{\text{IL Brush}} \text{R−Nu} + \text{L}^-$$

图 2.21 固载双层离子液体催化纯水介质中的亲核取代反应

邵国强[50]制备了离子液体 1-正丁基-3-甲基咪唑四氟硼酸盐([Bmim][BF_4])，用于催化苄基溴和叠氮化合物反应。对照反应结果表明，在[Bmim]BF_4^-存在下，反应速度快、温度缓和、操作简便，而且产品产率高、易于分离。如图 2.22 所示。

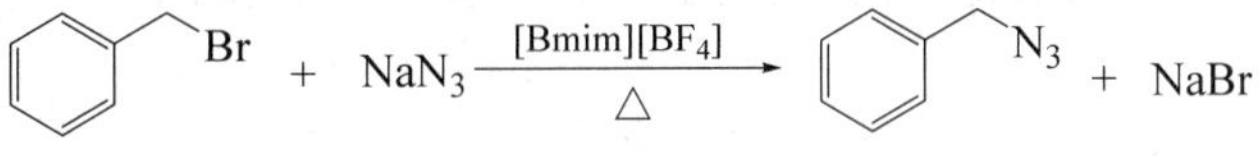

$$\text{PhCH}_2\text{Br} + NaN_3 \xrightarrow[\triangle]{[Bmim][BF_4]} \text{PhCH}_2N_3 + NaBr$$

图 2.22　[Bmim][BF_4]催化溴化苄与叠氮化钠的亲核取代反应

2.2.5　氧化反应

离子液体经常应用到有机氧化反应中，其氧化反应需要在氧化剂如氧气的作用下完成，使用时溶剂配比不当，会导致爆炸。为了防止爆炸，需合理地使用离子液体。在以氧气为氧化剂的过程中，离子液体在芳香烃类化合物的氧化、烷烃的催化氧化等方面起重要作用。

张慧真等[51]，利用氯过氧化物酶（CPO）催化 H_2O_2 氧化环己烯的生物转化，可获得两个产物——环氧环己烷和环己二醇，反应利用效率高，对环境友好。因其酶用量很少，所以在工业上有很好的应用前景。酶促反应动力学参数表明，在添加少量咪唑并吡啶离子液体时，CPO 对底物的亲和性以及识别底物的专一性增强，有效地提高了产物产率。离子液体在反应体系中具有催化相转移、诱导酶分子结构优化、调控产物组成等作用。如图 2.23 所示。

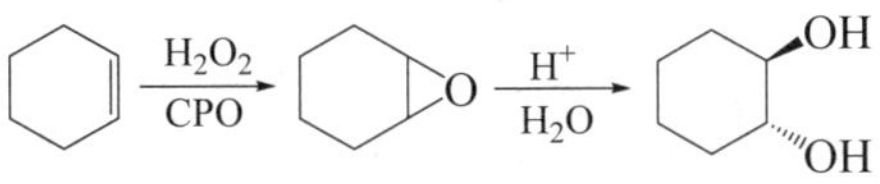

$$\text{环己烯} \xrightarrow[CPO]{H_2O_2} \text{环氧环己烷} \xrightarrow[H_2O]{H^+} \text{环己二醇(OH, OH)}$$

图 2.23　CPO 催化 H_2O_2 氧化环己烯

吴文远等[52]，在回流反应条件下，以内酰胺型离子液体[CP]HWO_4 为催化剂、30%的双氧水为氧化剂，催化氧化环己酮合成己二酸，添加配体和调节体系的 pH 值对己二酸的产率有很大影响。当 30% H_2O_2 44.5mL、环己酮 100mmol、离子液体 5mmol、水杨酸 5mmol，反应初始液 pH 值为 0.8 条件下反应 8h，己二酸的分离产率可达 85.3%，并且该催化体系在合成己二酸的过程中表现出良好的重复使用性。如图 2.24 所示。

$$\text{环己酮} + H_2O_2 \xrightarrow{[CP]HWO_4} \text{(CH}_2)_4\text{(COOH)}_2$$

图 2.24　[CP]HWO_4 催化双氧水和环己酮合成己二酸

2020 年，王文华[53]发现离子液体催化不同醇氧化的反应，用 O_2 作氧化剂，IL-TEMPO-NO_2/[PyS][OTf]体系催化多种伯醇、仲醇、长链脂肪醇氧化。乙醇与仲醇的氧化效果最佳，转化率、选择性均达到 99%；芳香醇的空间位阻对催化反应无明显影响。结果表明，在无过氧化的情况下，氧化收率高于 90%，且无过氧化现象，氧化反应不受链长、空间位阻的影响。对二元醇及环烷醇的催化氧化效果不佳，其氧化收率最高为 56%。结果显示，IL-TEMPO-NO_2 的独立催化活性较低，而促进剂不具有催化作用。用 IL-TEMPO-Cl 作催化剂，其氧化收率只有 4%。将 *N*-丁基吡啶离子液体上引入磺酸基生成的[PyS][OTf]具有极强的酸性，作为助催化剂，为反应提供一个较强的酸性中心。因此推测，IL-TEMPO-NO_2/[PyS][OTf]体系的优异催化性能，源于 IL-TEMPO-NO_2 和[PyS][OTf]的协同作用，另外也与 NO_2 有关。在酸性条件下，NO_2 能直接将 IL-TEMPOH 氧化成强氧化性的氮羰基阳离子，自身被还原成 NO，O_2 又将其氧化成 NO_2，NO_2 与 NO 中间的转化是氧化反应的重要因素。如图 2.25 所示。

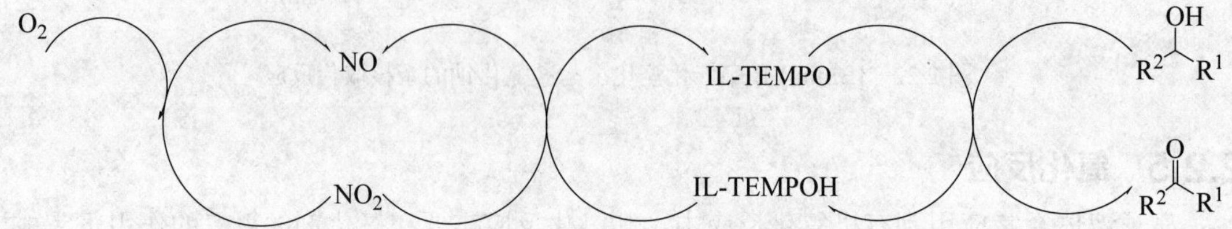

图 2.25　IL-TEMPO-NO_2 和[PyS][OTf]的协同作用

Lissner 等[54]设计了 5 种不同类型的咪唑功能化离子液体（图 2.26），模拟化合物的脱硫，考察了阳离子上各基团对脱硫活性的影响，结果表明，与加乙酸相比，阳离子与羧酸连接更为有利。另外，脱硫活性与反应温度成正比关系。该多相硫化物的萃取氧化脱硫活性顺序为 DBT（二苯并噻吩）>BT（苯并噻吩）>2,5-DMT（2,5-二甲基噻吩）>T（噻吩）。实验结束后，离子液体和硫化物会被氧化沉积至下层，对氧化物层进行简单的倾倒和反萃取操作，离子液体可被回收再利用，甚至在重复使用 10 次后，萃取率、氧化性、脱硫活性基本不降低。

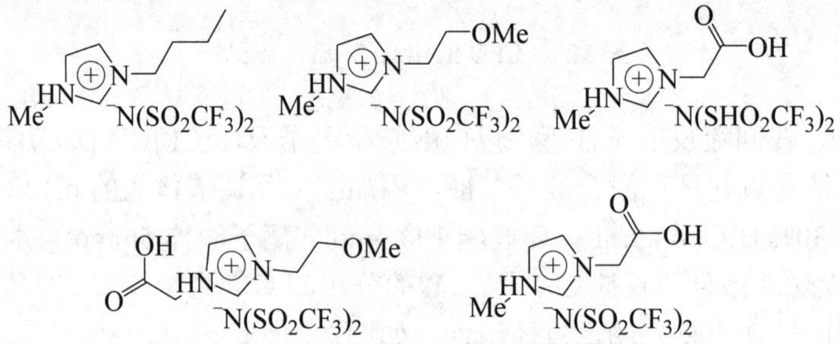

图 2.26　5 种咪唑功能化离子液体

咪唑类离子液体应用的一个著名的氧化反应实例是在[Bmim][BF_4]中，可待因甲基醚（CME）被 MnO_2 氧化成蒂巴因的反应。蒂巴因具有重要的医药用途，因此开发合成蒂巴因及其衍生产品成了人们研究的热点。Singer 等[55]利用[Bmim][BF_4]的特殊溶解性，成功地将 MnO_2 氧化反应后的杂质去除，得到的蒂巴因的收率达到 98%。如图 2.27 所示。

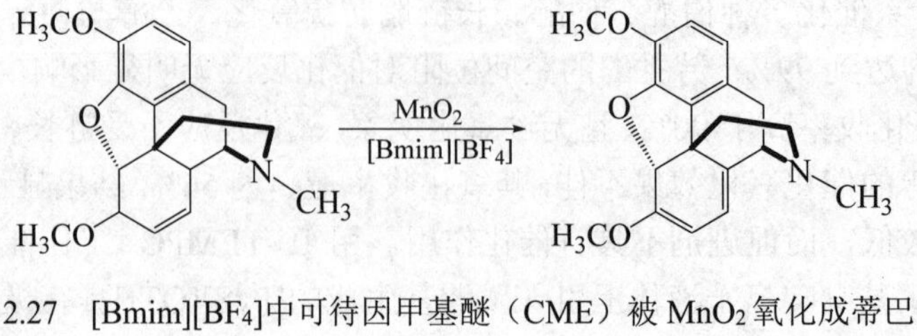

图 2.27　[Bmim][BF_4]中可待因甲基醚（CME）被 MnO_2 氧化成蒂巴因

2.2.6 还原反应

在有机合成中，还原反应也是一类重要反应，有些有机化学反应必须使用还原剂促进反应进行。离子液体能够具有还原剂的功效，在有机合成的过程中，需要离子液体起到还原作用，提升离子液体的扩散率，加速离子液体催化作用。

Hollingsworth 等[56]利用超强碱性离子液体在低过电位下将 CO_2 还原成甲酸盐。CO_2 还原的主要能垒是将线形 O═C═O 变成弯曲的自由基阴离子（COQ），而 COQ 与超强碱性离子液体的阴离子发生化学作用后，键角改变，可以降低还原电位。以 Ag 为工作电极，以 $[P_{66614}]$[124Triz]为催化剂，在饱和 CO_2 的乙腈溶液中进行电化学测试，结果显示：CO_2 在–0.9V（vs.Ag/$AgNO_3$）开始发生还原，还原电流的进一步增加在–1.5V 处；–1.5V 处还原电流，可看作是 CO_2 与[124Triz]结合体发生的还原；–1.9V 处的还原电流，是阳离子$[P_{66614}]^+$通过物理吸附固定下来的 CO_2 发生还原提供的。如图 2.28 所示。

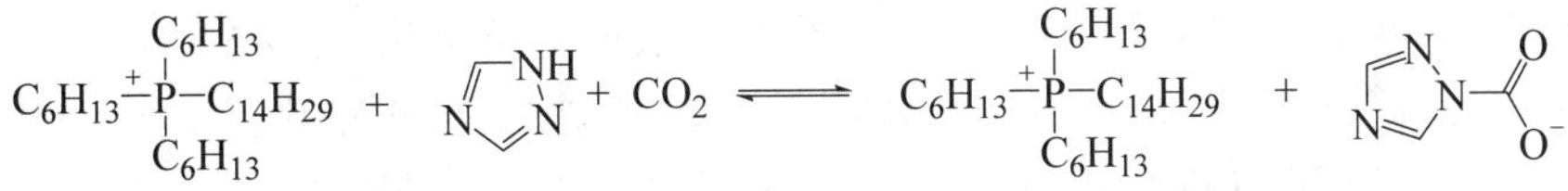

图 2.28 $[P_{66614}]$[124Triz]在饱和 CO_2 的乙腈溶液中催化 CO_2 还原

许祝兵等[57]，用制备出比较稳定的、可循环使用的水性囊状钯催化剂，使咪唑类离子液体在相对温和的条件下还原芳香硝基化合物合成芳胺，如图 2.29 所示。此外，选用动态光散射和 TEM 等方法表征了离子液体在水相中的形状，得到了以下结论：a. 相位稳定纳米微粒应用到有机反应中；b. 咪唑环烷基链长和囊泡规格越小，越有利于纳米粒子的稳定性；c. 水相囊泡粒径与离子液体浓度值成反比，并与产品产率成反比；d. 用水作溶剂，避免有机溶液的应用，降低离子液体的使用量，符合绿色化学观念，催化剂易于回收。

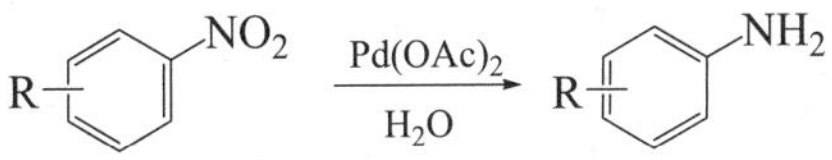

图 2.29 咪唑类离子液体还原芳香硝基化合物合成芳胺

程东等[58]，通过溶胶-凝胶法以 Ti 表面修饰 TiO_2/CNT/ZrO_2 复合膜层为原材料，制备离子液体 1-甲基-3-乙基咪唑四氟硼酸盐([EMI]BF_4)的复合膜电极。应用于 2-吡啶甲醛电催化还原反应，具体结果表明，复合膜为多孔网状结构，粒径约 20nm 的 TiO_2 和 ZrO_2 晶粒负载在管径 40~60nm 的碳纳米管（CNT）上，纳米 TiO_2 中掺杂 ZrO_2 和 CNT 后电极催化性能显著改善，复合膜电极在离子液体([EMI]BF_4)中对 2-吡啶甲醛具有异相电催化还原活性。在[EMI]BF_4 中，控制电位为–1.40V，复合膜电极作阴极，而 Ti(Ⅳ)/Ti(Ⅲ)氧化还原电对用以间接电还原 2-吡啶甲醛转化成 2-哌啶甲醇，平均法拉第效率为 85.6%，产率为 83%。反应机理为电化学偶联，随后进行化学催化反应。

刘德英[59]以季铵盐为催化剂催化电还原 CO_2 时，四甲基季铵盐与四乙基季铵盐、四丙基季铵盐、四丁基季铵盐等相比，起始还原电位最高，但其在乙腈中的溶解度较小，导致 CO_2 的还原电流较小；四乙基季铵盐电催化 CO_2 的起始还原电位仅次于四甲基季铵盐，且 CO_2 还原电流较大。季铵盐电催化还原 CO_2 的机理是季铵盐阳离子与 $CO_2^{\bullet-}$ 配对形成离子对，降低 CO_2 得电子的活化能，其中配对效应主要体现 $CO_2^{\bullet-}$ 中氧原子与季铵盐阳离子中 α-H 之间的静电吸引。烷氧基是给电子体，其诱导带负电的 α-C，使 α-C 带电量增加，进而增大 α-H 的带电量，$CO_2^{\bullet-}$ 中氧原子与季铵盐阳离子中 α-H 之间静电引力增强，离子对更稳定，进一步降低 CO_2 得电子的活化能。双季铵盐阳离子带有两个正电荷，可以与 2 个 $CO_2^{\bullet-}$ 配对形成离子对，增大了 CO_2 还原量，提高了反应电流。季铵盐阳离子如图 2.30 所示。

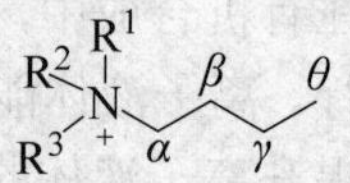

图 2.30　季铵盐阳离子

2.2.7 碳-碳偶联反应

碳-碳偶联反应是构建有机化合物的重要方法，普遍应用于有机合成。其中，在碳-碳偶联反应中 Pd 催化剂稳定性较差，且消耗相对较大。离子液体在碳-碳偶联反应中具有很好的促进作用，可以克服以上缺点，适用于 Heck 偶联反应和 Suzuki 偶联反应。

Heck 碳-碳偶联及其相关反应是有机合成的重要反应。Heck 偶联反应也是构建 C—C 键的重要途径之一，并被广泛应用于芳环官能团化。Heck 反应存在一个严重问题——钯基催化剂的损失很大，因而开发能使催化剂体系恢复的方法成为研究热点。在这个基础上，Beletskaya 等人[60]利用酸碱中和，合成了四丁基膦（TBP）离子液体，并对这种离子液体催化的卤代芳烃与丙烯酸叔丁酯的 Heck 反应开展了探讨，反应收率较高，离子液体多次循环使用后反应活性依然较高。

Rauber 等人[61]合成了一种高氟膦阳离子离子液体，并把它同半氟及无氟类似物进行了对比，发现该离子液体与有机溶剂发生热变性混合，使之与半氟及无氟类似物发生热变性，可作为全氟化溶剂的替代物用于氟双相催化反应，可用于 Heck 反应。

Seddon 研究组[62]报道在离子液体[Bmim][PF_6]中卤代芳烃或苯甲酸酐发生偶联反应。在[Bmim][PF_6]中加入 2mol%$Pd(OAc)_2$，以促进卤代芳烃（如碘苯）和丙烯酸乙酯的反应，肉桂酸乙酯的收率为 95%~99%。如图 2.31 所示。

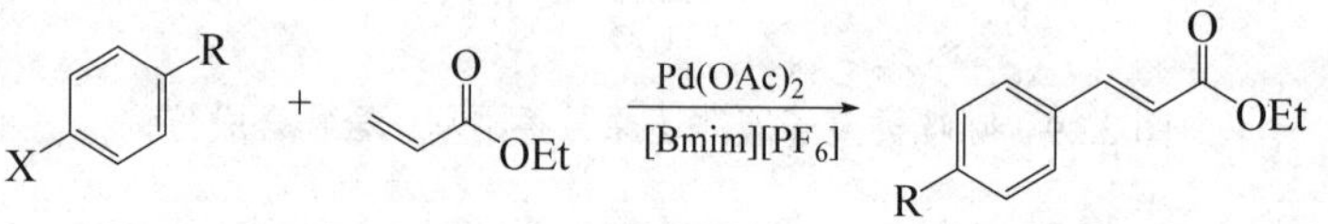

图 2.31　卤代芳烃与烯烃的 Heck 偶联反应

在[Bmim][PF_6]中加入氯化钯，丙烯酸叔丁酯和苯甲酸酐发生偶联反应，得到反式肉桂酸酯，收率为 90%～95%。如图 2.32 所示。

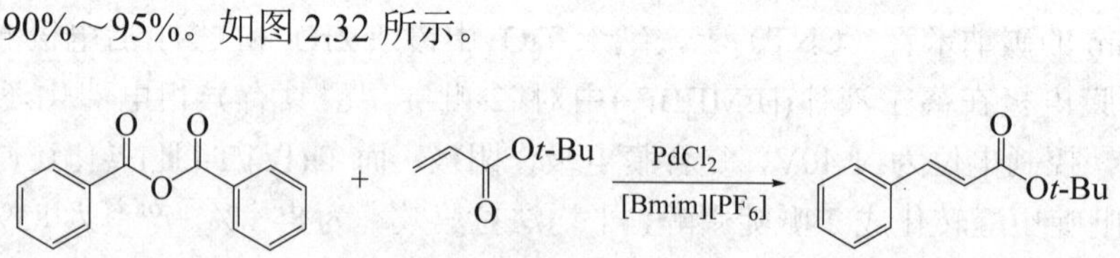

图 2.32　苯甲酸酐与丙烯酸叔丁酯的 Heck 偶联反应

魏俊发等[63]发现了负载离子液体催化剂及其催化纯水介质中的有机合成反应，设计合成了一系列新型的固载离子液体催化剂，使一些经典有机反应能够在纯水相体系中进行。合成了一类双层离子液体修饰的硅胶负载环钯催化剂，并于纯水相体系中催化卤代芳烃和丙烯酸的 Heck 偶联反应。如图 2.33 所示。结果表明，反应无需惰性气体保护，催化剂用量仅为

0.1mol%就能高收率得到偶联产物肉桂酸。催化剂经过简单过滤、洗涤可以重复使用，而且具有高的使用寿命。催化剂重复使用 5 次，催化活性没有明显降低，催化碘苯和丙烯酸反应的平均收率达到 93%。该反应体系仅以水作溶剂，条件温和，底物适用广泛，催化剂可以高效、多次循环使用，具有良好的工业应用前景。

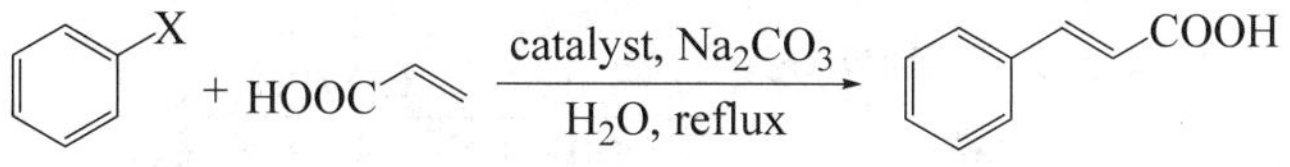

图 2.33 卤代芳烃和丙烯酸的 Heck 偶联反应

Suzuki 反应是有机合成中一类重要反应，通常是以有机硼酸与卤代芳烃在贵金属钯等催化剂催化下实现 C—C 键偶联。该反应在以 Pd 为催化剂时，实现芳环的偶联。催化过程中 Pd 的损耗大，反应的能耗、成本高，限制了 Suzuki 反应的应用。

王宏宝等人[64]研究了 $Pd_2(dba)_3$ 催化体系对 Suzuki 反应体系的应用。在较温和的条件下，在离子液体[Hmim]NTf_2/超临界 CO_2 体系中进行 Suzuki 反应，获得了较高的产率，该催化剂能循环利用，且活性不受影响。如图 2.34 所示。

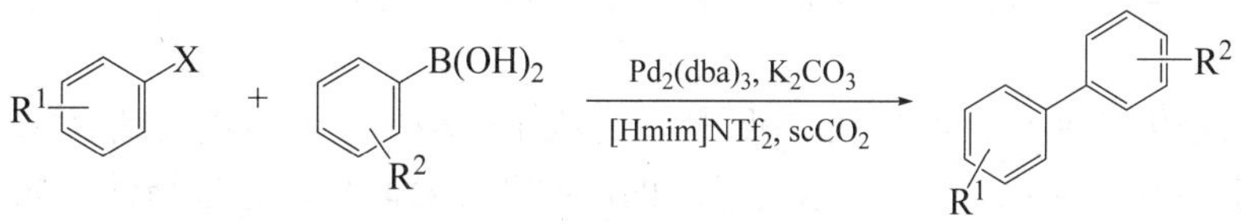

图 2.34 在离子液体[Hmim]NTf_2/超临界 CO_2 两相体系中的 Suzuki 反应

王曼等人[65]实现了在离子液体中，*β*-二酮和 PPh_3 配体存在下，$Ni(TFA)_2$ 催化的芳基卤化物和芳基硼酸的 Suzuki-Miyaura 交叉偶联反应。此体系的催化性能良好，双芳基交叉偶联产物收率较高。如图 2.35 所示。

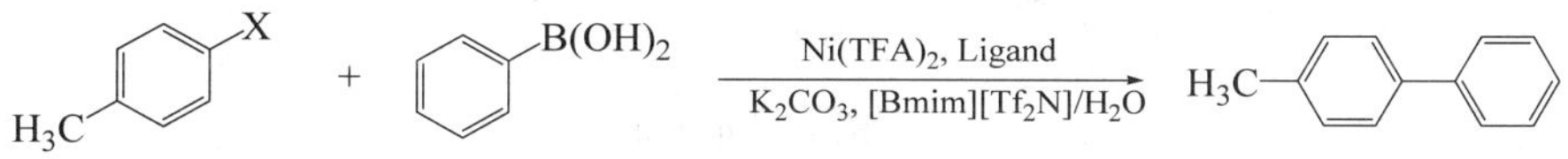

图 2.35 离子液体参与的 $Ni(TFA)_2$ 催化的芳基卤化物和芳基硼酸的偶联反应

Wei 等人[66]发现 SiO_2 基咪唑类离子液体以水为反应溶剂，使苯基硼酸与溴化芳烃发生 Suzuki 偶联，反应产率较高。以骨架离子液体为载体，催化剂有较好的回收效果，循环 10 次后，催化剂性能并未显著降低。如图 2.36 所示。

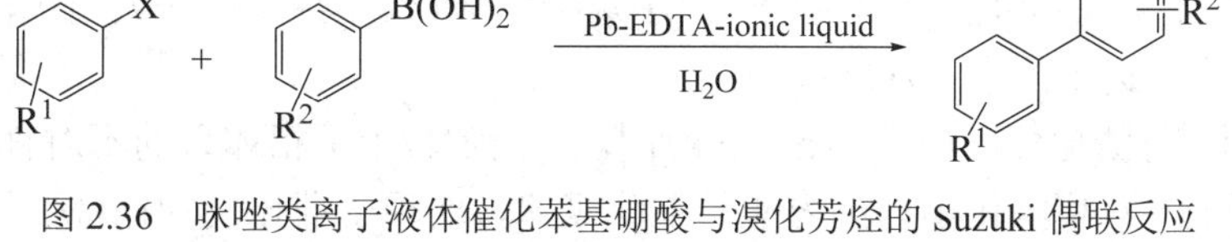

图 2.36 咪唑类离子液体催化苯基硼酸与溴化芳烃的 Suzuki 偶联反应

2019 年，黄艳丽等人[67]采用 Na_2PdCl_4 作为钯源，用还原诱导自组装法成功地制备出一种氨基离子液体（1-氨基丙基-3-甲基咪唑溴化物）。以 Pd 负载石墨功能化气凝胶（3D IL-rGO/Pd），并以碘苯和苯硼酸的 Suzuki 偶联反应为模型反应，考察了其催化性能。循环试验表明，3D IL-rGO/Pd 复合催化剂可以循环使用 10 次，催化活性不会显著下降，添加氨基离子液体提高了催化剂的稳定性和回收率。所制得的 3D IL-rGO/Pd 复合催化剂在生产效率、生产成本、反应时间及再生能力等方面均优于常规异相 Pd 基催化剂（见图 2.37）。

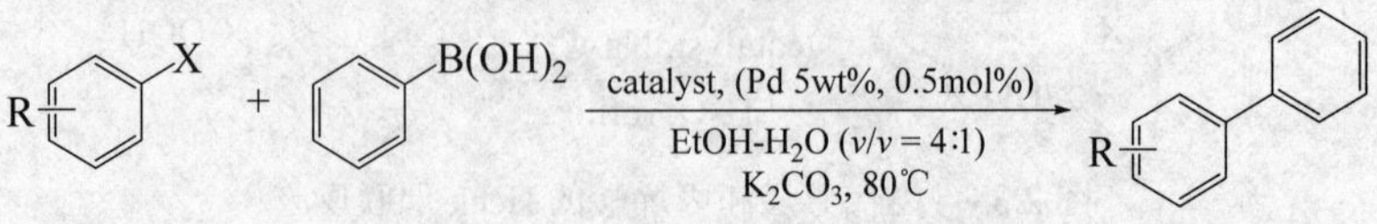

图 2.37 碘苯和苯硼酸的 Suzuki 偶联反应

2.2.8 不对称合成

虽然 SIL 用于不对称合成反应时间较晚，但近几年来已取得了显著的进展。2015 年，吕志果等人[68]用手性离子液体[Emim][His]催化不对称羟醛缩合反应，合成了(*R*)-3,3-二甲基-2-羟基-4-氧代丁酸乙酯。研究了在 L-组氨酸类手性咪唑离子液体催化下，乙醛酸乙酯与异丁醛的羟醛缩合反应。考察了反应时间、催化剂用量、重复使用催化剂等对产率的影响，优化了反应条件。以 43.1%的收率得到光学效率值为 45%的(*R*)-3,3-二甲基-2-羟基-4-氧代丁酸乙酯。

梁永民课题组[69]利用 L-脯氨酸为原料，合成了一种离子液体接枝脯氨酰基磺酰胺有机催化剂，用于不对称 Aldol 反应，取得了高的产率和非对映异构体选择性。如图 2.38 所示。

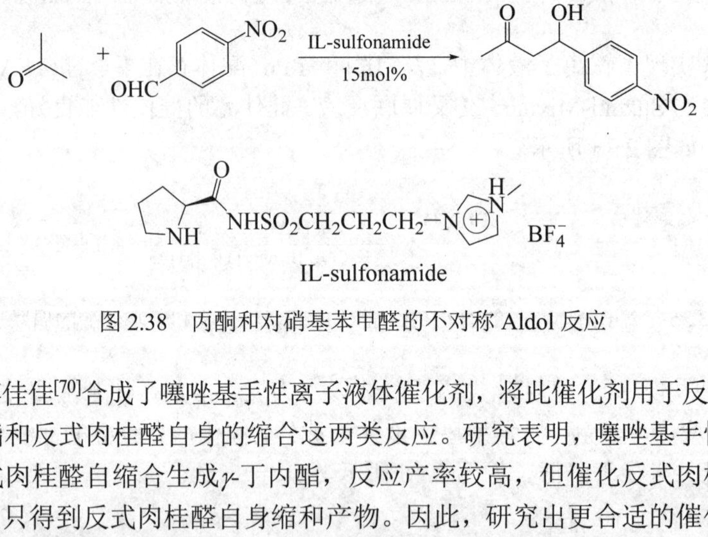

图 2.38 丙酮和对硝基苯甲醛的不对称 Aldol 反应

2011 年，蒋佳佳[70]合成了噻唑基手性离子液体催化剂，将此催化剂用于反式肉桂醛与对甲酰基苯甲酸甲酯和反式肉桂醛自身的缩合这两类反应。研究表明，噻唑基手性离子液体催化剂能够催化反式肉桂醛自缩合生成γ-丁内酯，反应产率较高，但催化反式肉桂醛与对甲酰苯甲醛酯的反应，只得到反式肉桂醛自身缩和产物。因此，研究出更合适的催化剂变成重要的研究方向。近几年来，具备特有作用化合物的功能离子液体始终是科研人员关注的研究方向，是离子液体生成和运用的最新发展趋势。

金欣等人[71]将膦配体应用于 Rh 在咪唑基离子液体/苯两相体系的不对称氢化酮基泛内酯反应，考察了不对称氢化酮基泛内酯的催化规律，实现了催化剂的循环利用。结果显示，对于带有氨基酸标记的配体，其在氨基酸中的手性中心位置对其催化效率有至关重要的影响。随着氨基酸手性中心远离吡咯烷环，催化活性和对映体的选择性下降，这可能是由于氨基酸中手性中心与 Rh 之间的负相互作用。配体在[Emim][BF_4]/苯两相体系下的催化活性和对映选择性最高。循环实验表明，将 n（配体）∶n（Rh）增加至原来的 2 倍，同时将反应时间延长为之前的 2 倍，能有效减少金属 Rh 的流失，在[Emim][BF_4]/苯两相体系下催化剂回收循环 5 次仍能够保持较高的催化活性和对映选择性。

2.2.9 贝克曼重排

张伟等[72]利用[Bmim][BF_4]离子液体中 PCl_3 催化液相贝克曼重排反应。在由[Bmim][BF_4]和甲苯组成的两相体系中，用 PCl_3 作催化剂，实现了液相环己酮肟贝克曼重排反应。在 90℃条件下，重排效果较好，反应时间越长，重排效果降低。优化的反应条件：2mL [Bmim][BF_4]，5mL 甲苯，0.3mL PCl_3，5mL 2mol/L 环己酮肟-甲苯溶液，90℃，反应 10～30min，此时环己酮肟转化率达 98.96%，生成己内酰胺的选择性达 87.30%。张伟等[73]在 1-丁基-3-甲基咪唑六氟磷酸盐（[Bmim][PF_6]）离子液体和甲苯组成的两相体系中，用 PCl_5 作为高效催化剂，将环己酮肟重排为己内酰胺，这是一种高选择性液相 Beckman 重排反应。该两相系统有利于反应控制和散热。分别考察了环己酮肟用量、PCl_5 用量、离子液体体积、反应温度和反应时间对环己酮肟转化率、己内酰胺选择性和 PCl_5 的催化转化数的影响。优化的重排反应条件是：2.0mL [Bmim][PF_6]，5.00mL 甲苯，0.405g PCl_5，10.0mmol 环己酮肟，80℃，反应时间 10～30min。结果表明，环己酮肟转化率为 99.7%，己内酰胺选择性达 98.90%，PCl_5 的转化数达 5.14，99.5%以上的己内酰胺在离子液体相。

2016 年，赵江琨等人[74]用不同的阴、阳离子，制备出多种不同类型的酸性离子液体，见图 2.39。结果表明，含磺酸基的咪唑离子液体具有较好的催化活性，并对离子液体的催化反应条件进行了优化，从而达到较好的催化效果。主要研究了离子液体[HSO_3Bmim][HSO_4]和 Lewis 酸 $ZnCl_2$ 构成的催化体系，考察了离子液体用量、溶剂、反应时间、温度、催化剂用量以及助催化剂 $ZnCl_2$ 用量等单个因素对环己酮肟发生贝克曼重排反应的影响。用 BBD 软件对响应面的模块化设计进行了验证，证明了反应时间、温度、离子液体用量、$ZnCl_2$ 剂量的交互作用，研究了环己酮肟参与的贝克曼重排反应制己内酰胺的最佳反应过程。

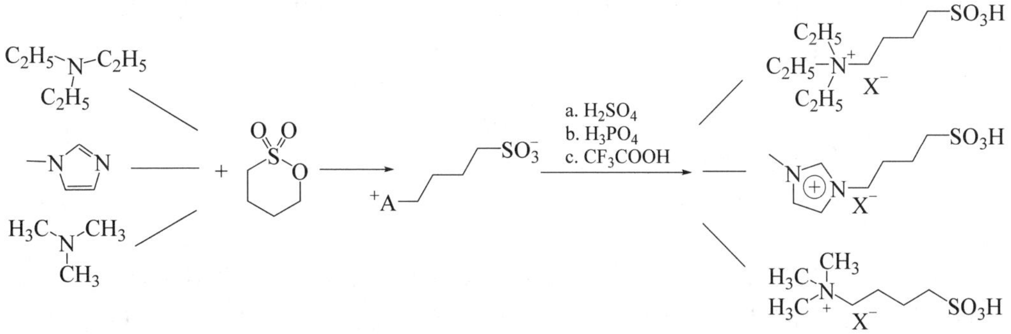

图 2.39 不同的阴离子和阳离子制备几种功能酸性离子液体

2021 年，金鑫雷等人[75]用环己酮肟作己内酰胺合成的底物，将咪唑基酸性离子液体催化剂固定于硅胶表面，使之保持良好的催化性能。该反应物分离简单，可以直接回收使用，对环境友好，有很好的应用前景。实验结果表明，该反应的最优条件是催化剂用量为环己酮肟的 10%，反应时间 4h，反应温度 90℃，催化剂重复使用 5 次活性未见明显降低，反应收率保持在 85%以上。

2.2.10 酰基化反应

酰基化反应能把羰基引入到有机分子中，并能生成芳香酮化合物，广泛应用于药物、燃料、农业化学品等重要领域，因此被普遍用于有机化学。用常规的催化剂，会产生大批量的废料，反应产率低，所以需研发更高效、绿色的催化剂。

Cao 等人[76]首次选用传统的杂环化合物离子液体[DC_4SO_3Im][HSO_4]作为三氮烯与乙腈的酰胺化反应促进剂，生成酰胺类物质，并扩展到杂环化合物的合成，拓展了离子液体在有机化学中的运用。主要是通过筛选助剂、催化剂、氧化剂、溶剂，以及优化催化剂的添加量、氧化剂使用量、反应时间等来明确最优反应条件。对不同取代基的芳基三嗪底物在最佳反应条件下反应，实现了底物范围的普适性。除此之外，对反应进行克级实验研究，发现所得的酰胺类产品的收率逐步提高。除此之外，根据对离子液体促进剂[DC_4SO_3Im][HSO_4]的回收率进行研究，发现离子液体促进剂循环使用 5 次，收率并没有明显降低。该工艺反应条件温和，实际操作简单，如图 2.40 所示。

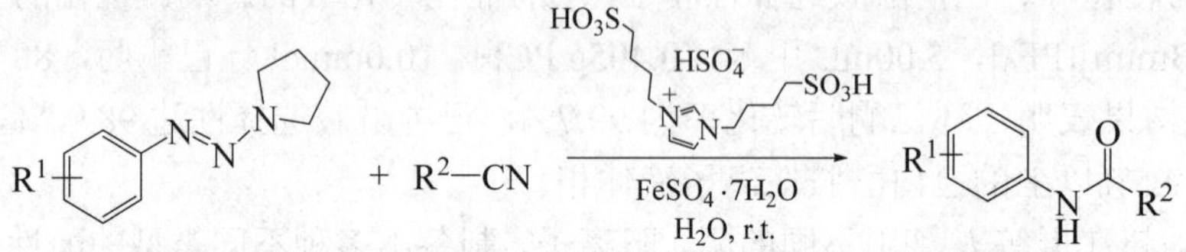

HO_3S HSO_4^- SO_3H R^1 N=N–N + R^2—CN $\xrightarrow[FeSO_4\cdot7H_2O,\ H_2O,\ r.t.]{}$ R^1 N(H)C(=O)R^2

图 2.40 [DC_4SO_3Im][HSO_4]作为促进剂用于三氮烯与乙腈的酰胺化反应

2020 年，刘志敏等人[77]发现 Ru/C[Bmim][OAc]催化剂能高效地催化 CO_2/H_2 与有机胺的 *N*-甲酰化反应，并对伯胺、仲胺、芳香胺底物实现高活性催化，能够高收率地获得一系列 *N*-甲酰化产物，见图 2.41。实验证实，除 CO_2 的吸附、活化外，离子液体还能与氨基发生反应，进而激活有机胺。除此之外，离子液体还能吸附在 Ru/C 表面，并通过调控纳米 Ru 的电子态，来加快 Ru 对 H_2 的活化。另外，Ru/C 催化剂把电子传递到吗啉分子上，促进吗啉的活化和进一步转换。离子液体 Ru/C 催化剂体系是融合离子液体和碳基材料的优越性而制备的，提供了一种高效的 CO_2 还原转换方法。

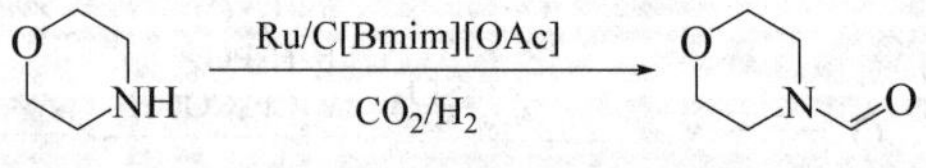

O NH $\xrightarrow[CO_2/H_2]{Ru/C[Bmim][OAc]}$ O N–CHO

图 2.41 Ru/C[Bmim][OAc]催化有机胺与 CO_2/H_2 的 *N*-甲酰化反应

2019 年，吕志果等人[78]以手性配体 BINAP 与功能化羰基铑离子液体催化剂相结合的方法，将含膦的手性配体 BINAP 转换成聚醚羰基官能化离子液体{[$CH_3O(CH_2CH_2O)_n$-mim][$Rh_x(CO)_y$]}形成一种新的铑膦手性离子液体催化剂。这种催化剂既能产生非对称诱导和控制作用，又能产生极好的区域选择性和立体选择性，且具有多种优良特性，因而可用于苯乙烯的不对称加氢甲酰化反应，其催化效果优异，如图 2.42 所示。经考察对比，最优的反应条件是甲苯作溶剂、邻苯二酚作阻聚剂。用 ^{1}H NMR、MS、FTIR 等技术对催化剂及产物进行了定性、定量分析，确定了反应的主要产物是 2-苯基丙醛。通过实验发现，苯乙烯转化率为 84.9%，2-苯基丙醛收率为 76%，*ee* 值为 84%；并且，手性离子液体催化剂可以直接循环使用，满足现代绿色化学的需求。

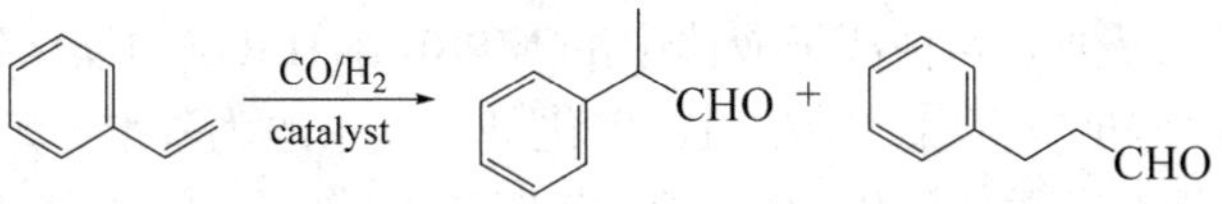

图 2.42　苯乙烯的不对称加氢甲酰化反应

兰鲲等人[79]合成了离子液体[PY-BS][TsO]，催化 2-甲氧基萘与乙酸酐进行酰基化反应，表现出良好的催化活性和选择性，如图 2.43 所示。正交试验结果证明，影响酰化反应的重要因素排列：反应时间>反应温度>催化剂质量>反应物比例，并且离子液体可以循环使用。

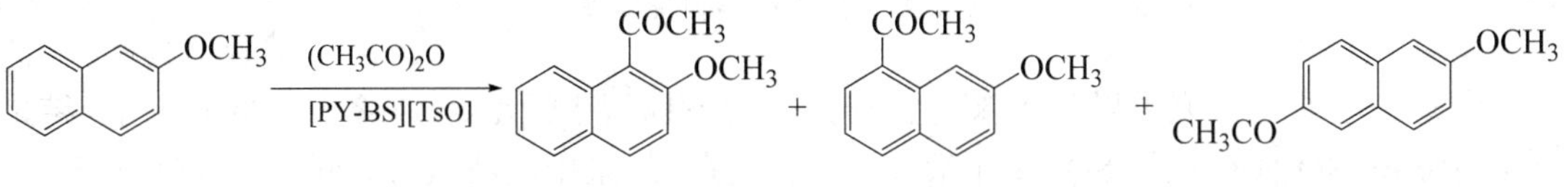

图 2.43　[PY-BS][TsO]催化 2-甲氧基萘与乙酸酐酰基化反应

陈平等人[80]进行了离子液体[Py]Tsa 的合成与表征。以*β*-萘基甲基醚为反应原料，在不同离子液体为催化剂和溶剂的情况下，研究了对*β*-萘基甲基醚乙酰化反应的催化活性。在图 2.44 中，研究发现离子液体[Py]Tsa 对*β*-萘甲醚与乙酸酐的酰化反应具有优良的催化活性和选择性。反应条件温和，*β*-萘甲醚转化率达 58.88%，主要产物 2-甲氧基-1-萘乙酮的选择性为 98.28%。此外，还将催化剂[Py]Tsa 与其它几种固体酸催化剂进行了对比，发现催化剂[Py]Tsa 酸性适中、选择性好、重复使用效果好。

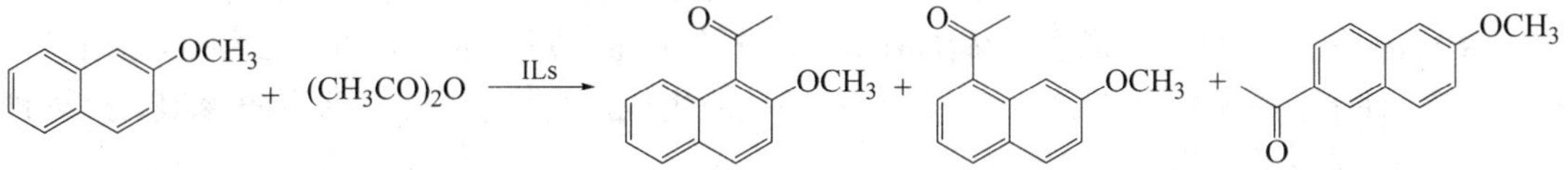

图 2.44　离子液体[Py]Tsa 催化*β*-萘甲醚的乙酰化反应

2.2.11　酯化反应

酸和醇的酯化是工业上应用最多的酯化法，一般需要使用催化剂催化酸和醇发生酯化反应。王昌梅等人[81]研究了由 L-天冬氨酸与硫酸生成的新型氨基酸离子液体[Asp][HSO_4]，表明其对月桂酸和硬脂酸酯化均有良好的催化性能。其催化效率与 H_2SO_4 相仿，且化学反应温度低。催化剂再生功能优良，可循环使用 4 次，催化剂的效率依然超出 90%。

苗长林等人[82]用制备的 1-丙基磺酸-3-甲基咪唑对甲苯磺酸离子液体（[mimPS][$C_7H_7O_3S$]）为催化剂，研发了一套持续酯化和持续甲醇回收再利用的酯合成实验装置。用酸值为 120mg/g 的酸性油作原料，开展酯化实验。利用单因素和正交试验确定了最佳工艺条件，酸化油 50g、甲醇通入量 0.99mL/min、反应温度 105℃、催化剂用量 2.5%、反应时间 3h，在此条件下酸化油转化率可达 98. 42%，预酯化油酸值为 1.9mg/g，满足后续酯交换制备生物柴油酸值小于 4mg/g 的指标要求。催化剂可循环使用 9 次，转化率可以达到 75%之上，表明该催化剂对高酸值油脂酯化有很好的催化活性，且该离子液体在 200℃下具有较好的稳定性。

2020 年，秦春曦等人[83]，采用两步法合成了不同阴阳离子的 6 种 Brønsted 酸性离子液体。如图 2.45 所示。同时将离子液体与硫酸进行催化反应活性对比，并考察了其对于 2,6-萘二甲酸（2,6-NDA）酯化过程的催化性能，筛选了较优的离子液体催化剂并对反应工艺进行了优化。实验研究结果表明，6 种离子液体中，[MPSIm] [HSO_4]的催化活性最高；反应温度为 137℃，反应时间为 4h，醇酸比为 7.5∶1，催化剂（以甲醇为基准）为 2%，2,6-NDA 转化率达 99.1%；且该催化剂在循环使用 10 次后，其催化性能没有变化；[MPSIm][HSO_4]可显著降低体系中的甲醇醚化副反应，具备良好的工业生产应用前景。

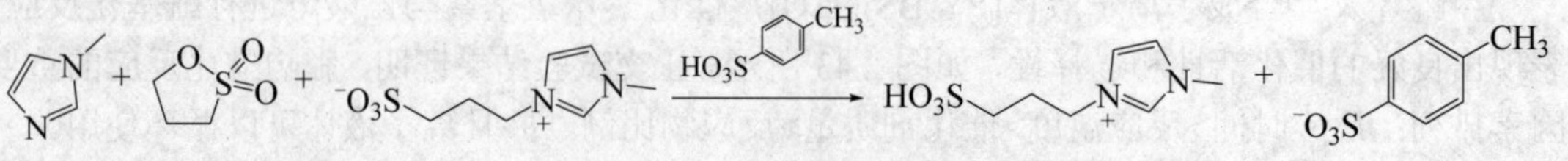

图 2.45 离子液体制备步骤

蔡志锋等人[84]研究了以磺酸咪唑基离子液体催化乙酸酯化反应制备三乙酸甘油酯，结果表明，[(*n*-Bu-SO_3H)mim][HSO_4]离子液体催化性能最好。采用浸渍法将其固载在 SiO_2 的表面，利用 FTIR 对催化剂结构进行表征，考察化学反应工艺条件对甘油转化率及三乙酸酯可选择性的影响，在催化剂用量 8%、乙酸与甘油摩尔比 6∶1、110℃条件下反应 8.0h，甘油转化率可达到 97.2%，对应的三乙酸甘油酯选择性可达 21.2%。回收的催化剂经重复使用 4 次，甘油转化率和三乙酸酯的选择性无明显降低。

2.2.12 Henry 反应

Henry 反应是利用碳-碳键生成得到双官能团化合物的反应，用于合成β-硝基醇。β-硝基醇是一种应用广泛的有机合成中间体。近些年来，有关 Henry 反应的催化剂已成为有机化学中的一个热门研究领域，有无机物、有机碱、大分子聚合物、生物酶、离子液体等。

Ribeiro 等人[85]合成了离子液体[Ni(tap)$_2$]，作为 Henry 反应的催化剂，如图 2.46 所示。在 25℃条件下，以苯甲醛为原料，与硝基乙烷反应生成产物硝基醇。该反应产率高，后处理简便，且产物易于分离。

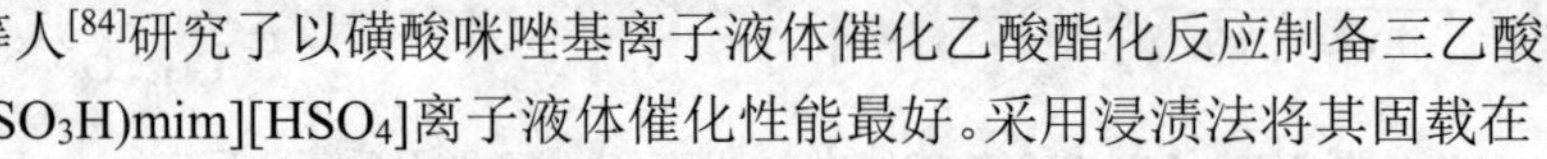

图 2.46 [Ni(tap)$_2$]催化醛与硝基乙烷反应生成硝基醇化合物

程琥等人[86]，运用离子液体 1-甲基-3-(2-羟乙基)咪唑四氟硼酸鎓盐为载体，生成了一类新型的带有脯氨酸的离子液体，将其作为配体应用到铜催化的不对称 Henry 反应中。选用硝基甲烷与 4-硝基苯甲醛反应，考察了金属铜盐、配位比值、反应温度、碱收率、对映选择性等要素。结果显示，在 0 ℃的离子液体中，醋酸铜为铜源，三乙胺为碱，反应 2h，收率及对映选择性分别达到 81%和 24%。在反应完成后，用简便的萃取剂可回收配体和铜盐，可以重复使用 4 次之上。

张阳等人[87]研发了可重复再利用的催化剂。一类为树枝状分子负载小分子胺催化剂，另一类是胍盐离子液体催化剂，将催化剂应用于 Henry 反应，重点研究了催化剂的分离回收效果。以四甲基胍与卤代烃为原料合成 4 种胍卤盐离子液体，再经过离子交换反应合成了 10 种带有不同阴离子的胍盐离子液体，对其进行了 ^{1}H NMR、^{13}C NMR 和 MS 的表征。研究了胍盐离子液体含有的不同阴、阳离子结构对催化性能的影响。试验结果显示，四甲基胍离子液体[BTMG][OAc]对芳香醛的 Henry 反应具备较强的催化活性，产率达 93%。根据简单的提取分离，催化剂可重复使用 6 次，催化剂的活性基本上不会改变。如图 2.47 所示。

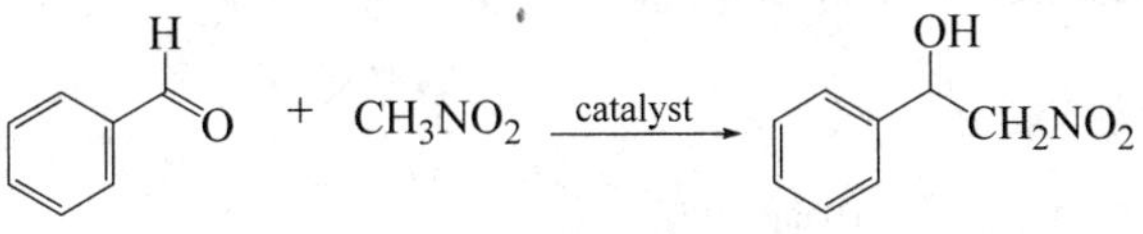

图 2.47 [BTMG][OAc]催化芳香醛的 Henry 反应

2012 年，张瑞等人[88]制备了一系列具备不同阴离子的新卤化五烷基胍离子液体，并将其用于芳醛和硝基甲烷的 Henry 反应。带有乙酸胍的离子液体，在常温状态下一般具备优良的催化特性，其中 *N,N,N′,N′*-四甲基-*N″*-丁基胍乙酸盐离子液体（[BTMG][OAc]）的催化性能最好。如图 2.48 所示，在 Henry 反应中，硝基醇的收率可以达到 93%。此外，反应后经简便萃取分离，胍离子液体可再用于催化 Henry 反应，催化效果基本上没有变化。进一步，运用胍离子液体与手性酒石酸和薄荷醇反应，生成一类便宜易得的含酒石酸和薄荷醇基团的手性化合物，使其具有手性诱导效应，并应用于催化不对称 Henry 反应。以 2-硝基苯甲醛和硝基甲烷为模型反应底物，用手性离子液体催化 Henry 反应，探讨了催化剂构造及溶剂对催化剂特性的影响。结果显示，含手性酒石酸和薄荷醇基团的离子液体催化活性不高，对映选择性差，仍需对手性离子液体结构进行修饰。

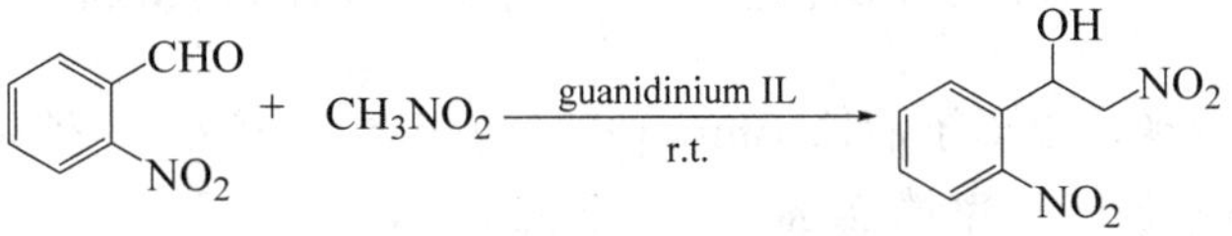

图 2.48 [BTMG][OAc]催化 2-硝基苯甲醛与硝基甲烷的 Henry 反应

2015 年，刘海涛[89]研究了硅胶负载离子液体/手性双齿胺类金属催化剂的构建及其在不对称 Henry 反应中的应用。以硅胶为载体，制备了以二氧化硅为载体的离子液体薄膜/手性双齿胺金属催化剂，并将其用于 2-硝基苯甲醛和硝基甲烷的反应，如图 2.49 所示。研究了离子液体及配体负载量、催化剂表面和孔径、催化剂制备方法、配体结构、金属盐、溶剂、反应温度、反应时间等因素对反应结果的影响，结果表明：当配体、离子液体及硅胶三者比例为 0.8∶0.3∶1 时，以 CuL1@ILs/Silica 作催化剂，无水乙醇为溶剂，在 0℃下反应 48h，催化效果最佳，产品收率可达 95%，对映选择性达 82%；在最优化条件下，进行了底物拓展研究，取得较好的收率和对映选择性，产品收率达 95%，选择性达 91%。考察了该催化剂的回收性能，该催化剂可以循环使用 5 次。

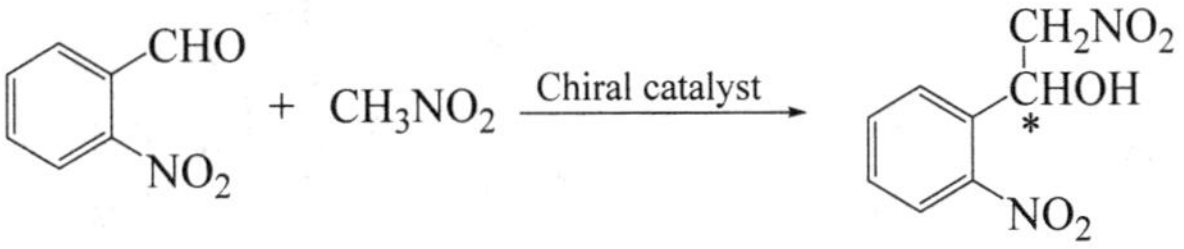

图 2.49 CuL1@ILs/Silica 催化 2-硝基苯甲醛和硝基甲烷不对称 Henry 反应

2.2.13 加成反应

离子液体可应用于如 Michael、Reformatsky、Malkolnikov 等加成反应，应用范围十分广泛。Michael 加成反应经常被用来合成天然化合物和有机合成单元反应。Monfared 等人[90]用离子液体作溶剂，选用 Michael 加成方式生成 Warfarin 阻凝剂及其环合化合物，具体结果表明，使用离子液体可减少反应时间、提升反应收率，如图 2.50 所示。

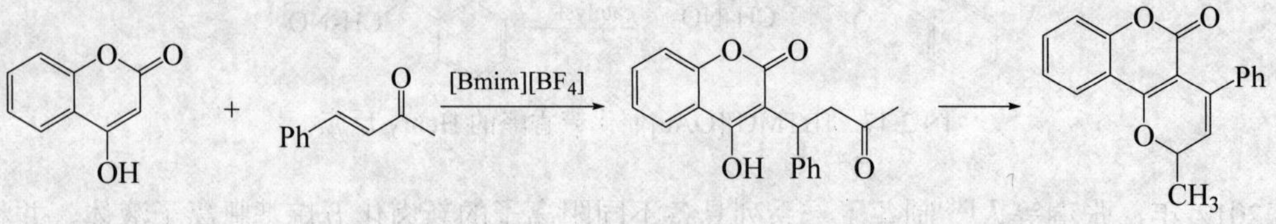

图 2.50　在离子液体中的 Michael 加成合成 Warfarin 阻凝剂及其环合衍生物

Liu 等[91]合成了一种新型无卤素含—SO_3H 的 Brønsted 酸性离子液体，[DDPA][HSO_4][3-(*N*,*N*-二甲基十二烷基胺)丙磺酸硫酸氢盐]作为催化剂，催化芳香胺与 α,β-不饱和化合物在室温下生成胺类化合物的 Michael 反应。如图 2.51 所示。该反应产率高，催化剂的反复使用效果好。

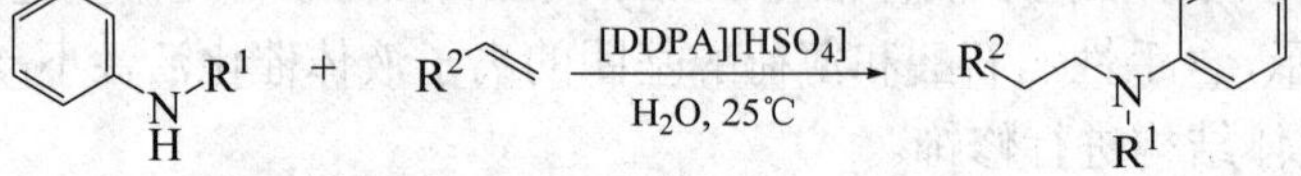

图 2.51　芳香胺与 α,β-不饱和化合物生成胺类化合物的 Michael 反应

Nobile 等人[92]发现，以离子液体[Bmim][PF_6]为介质，$Ni(acac)_2$ 催化乙酰丙酮和甲基烯基酮的 Michael 加成反应，收率达 94%，如图 2.52 所示。

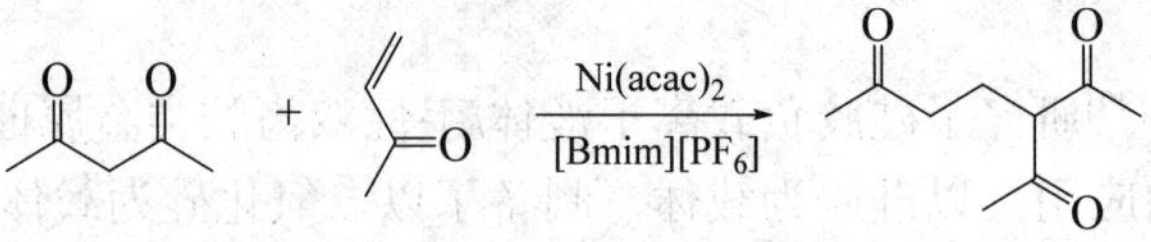

图 2.52　乙酰丙酮与甲基烯基酮的 Michael 加成反应

Bukuo 和 Allan 等[93]在 2007 年合成了一类脯氨酸衍生化的咪唑类离子液体，并用以催化硝基芳乙烯类化合物和醛的 Michael 加成反应，如图 2.53 所示，*ee* 值可以达到 82%，*dr* 值最大可以达到 97∶5，产物收率则保持在 60%~80%。该催化剂催化环己酮和(*E*)-β-硝基苯乙烯反应，*ee* 值能够达到 88%，*dr* 值也达到 95∶5，产品收率却仅有 38%。用不同溶剂优化硝基苯乙烯类化合物和醛的 Michael 加成反应，发现在乙醚中 *ee* 值最大。

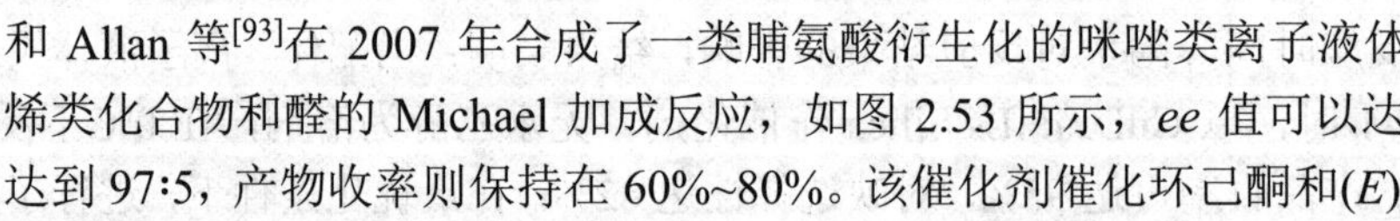

图 2.53　硝基芳乙烯类化合物和醛的 Michael 加成反应

刘硕等[94]开发了一类以磁性纳米颗粒为媒介的手性离子液体催化剂，并将它用于异丁醛和硝基烯烃的不对称 Michael 加成反应，如图 2.54 所示。试验结果显示，该催化剂具备非常好的催化反应活性，与已有反应对比，产率和对映选择性明显提升。此外，因为此类反应常

用的原料硝基烯烃价格比较贵，设计了一类新的多重酸性离子液体[SFHEA][NO_3]、[SFHEA][CH_3SO_3]、[SFHEA][CF_3COO]和[SFHEA][HSO_4]，应用于催化芳香醛和硝基甲烷的氢化反应，展现了良好的催化性能。

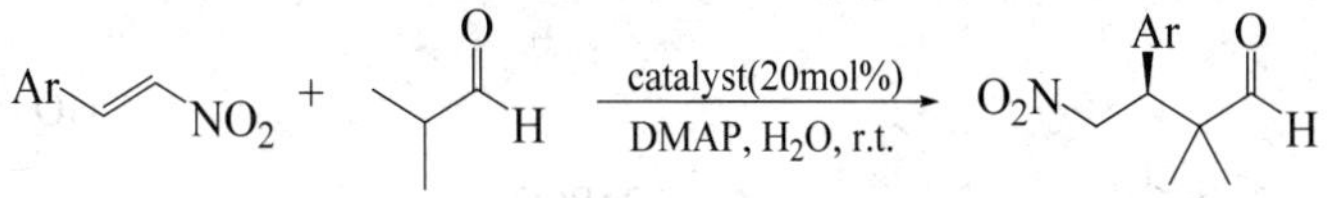

图 2.54 异丁醛和硝基烯烃的不对称 Michael 加成反应

孙慧超等人[95]用离子液体催化醛、酮对(*E*)-*β*-硝基苯乙烯类的不对称Michael加成反应，在催化环己酮与(*E*)-*β*-硝基苯乙烯的反应时，环己酮与(*E*)-*β*-硝基苯乙烯的摩尔比为 20∶1，反应收率最高，选择性很好，*ee* 值超过 95%，*dr* 值超过 95∶5，如图 2.55 所示。离子液体催化中，溶剂对模型反应的影响较大，有着较高的选择性，但是收率不同。离子液体催化的模型反应受不同酸的影响较大，且反应产率和选择性存在显著差异，其中三氟乙酸效果最好。离子液体能够与反应体系分离并循环使用。而含有支链苯环的环丙基催化剂与支链苯环催化剂相比，其催化作用显著优于直链烷烃催化剂。

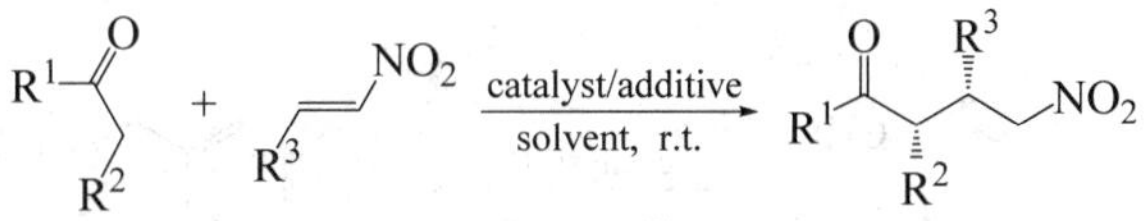

图 2.55 醛、酮对(*E*)-*β*-硝基苯乙烯类的不对称 Michael 加成反应

Kitazume 研究小组[96]研究了[Bmim][BF_4]和[Bmim][PF_6]催化的 Reformatsky 加成反应。在 50～60℃的反应温度下，[Bmim][BF_4]和[Bmim][PF_6]促进溴代二氟乙酸乙酯与苯甲醛进行反应，所得产物醇酯的收率为 61%～93%。如图 2.56 所示。

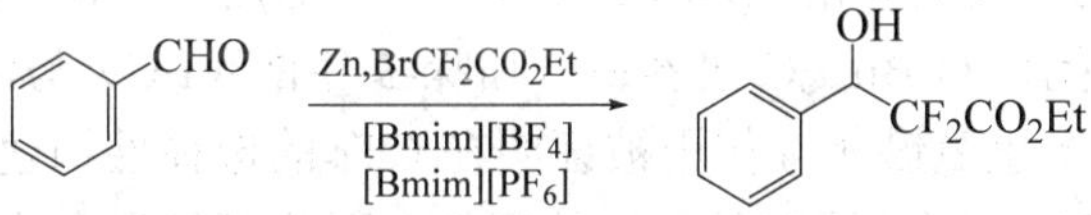

图 2.56 [Bmim][BF_4]和[Bmim][PF_6]促进的溴代二氟乙酸乙酯和苯甲醛的加成反应

Xu 等[97]制备了[Bmim][OH]（氢氧化 1-甲基-3-丁基咪唑盐）作为催化剂，催化 *N*-杂环与乙烯基化合物的 Markovnikov 加成。如图 2.57 所示。

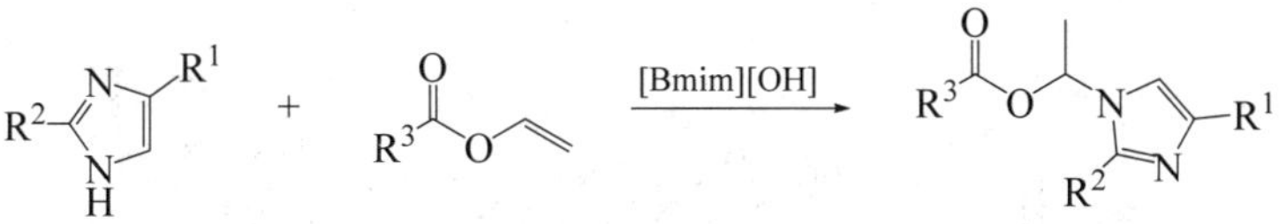

图 2.57 *N*-杂环与乙烯基化合物的 Markovnikov 加成反应

2.2.14 Morita-Baylis-Hillman 反应

Morita-Baylis-Hillman 反应，也称为 M-B-H 反应，是一种常见的碳-碳键构建反应，产物有很多功能基团，在有机合成中得到广泛运用。Meng 等[98]以 1,4-二氮杂双环[2.2.2]辛烷

（DABCO）为底物，合成了一系列含氮杂环离子液体之后，它和甘油混合得到一组 Morita-Baylis-Hillman 反应所使用的共晶溶剂，用于 M-B-H 反应。实验结果显示，溴化 *N*-2-羟乙基 DABCO∶甘油（1∶2）为深度共熔溶剂，除了芳环上连有给电子基—OH、—$N(CH_3)_2$ 的芳醛外，其他芳香醛类化合物的产率都超过了 90%以上。如图 2.58 所示。

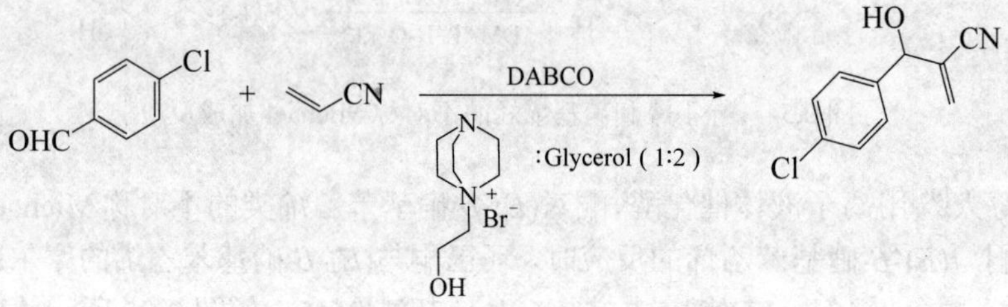

图 2.58　含氮杂环离子液体与甘油共晶溶剂用于 M-B-H 反应

2.2.15　氢化反应

Brünig 等人[99]合成了氢化铁（Ⅱ）PNP 配合物为基底的碱性离子液体，如图 2.59 所示，并且用它作为醛和醇加氢反应催化剂。实验说明，这类离子液体有着良好的催化效果，并有较高的产率。

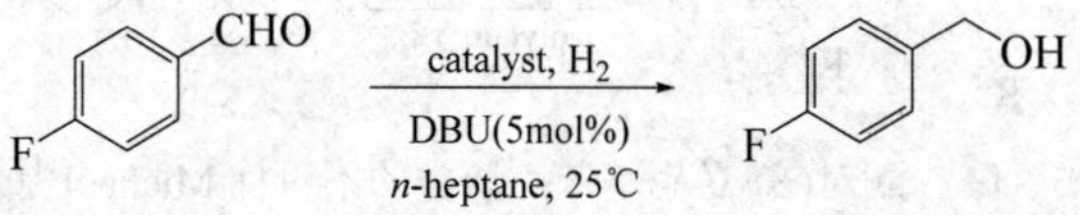

图 2.59　离子液体催化的对氟苯甲醛的氢化反应

CTr（5,6,11,12,17,18-hexahydrocyclononal[1,2-*b*:4,5-*b*′:7,8-*b*″]triindole）是一种独特的吲哚稠合九元环烷烃生物碱，但其供应问题仍未解决，因此限制了其进一步的探索。Liu 等人[100]使用[Emim][HSO_4]作为催化剂和溶剂，从 3-[(苯基甲氧基)甲基]-1*H*-吲哚（O-Bn-I_3C）高效合成了 CTr，如图 2.60 所示，O-Bn-I_3C 很容易从吲哚-3-甲醇（I_3C）与溴化苄反应制备。O-Bn-I_3C 与[Emim][HSO_4]的多重氢键相互作用被证明在 CTr 的选择性构建中起决定性作用。该方法是选择性的、可持续的、可扩展的且易于处理的，因此可作为合成生物碱的方法。大量合成的 CTr 样品，使我们能够研究其溶剂依赖性构象及其抗肿瘤活性，指出 CTr 还具有抗人骨肉瘤细胞系 H_2O_2 的活性，IC_{50} 值为 1.0μmol/L。总的来说，这项工作揭示了[Emim][HSO_4]的催化特性和能力，并建立了 CTr 的有效合成，从而扩展了多氢键催化在离子液体中的应用，并促进了这种结构在治疗剂领域的进一步开发。

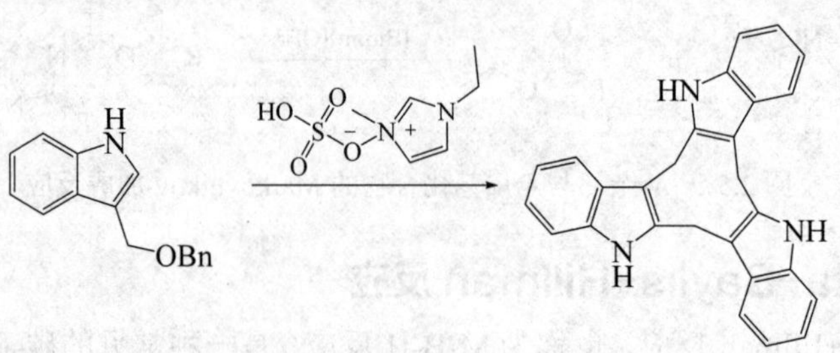

图 2.60　3-[(苯基甲氧基)甲基]-1*H*-吲哚（O-Bn-I_3C）高效合成 CTr

2.2.16 Mannich 反应

醛类、胺类化合物与活性氢的化合物在酸性条件下脱水缩合形成β-氨基化合物，也就是 Mannich 反应。

韩雪峰等人[101]用 Brønsted 酸性离子液体 1-(3-磺酸基)丙基-3-甲基咪唑磷酸盐为催化剂，催化含硝基的芳醛、环己酮和苯胺等进行了 Mannich 反应。这个反应是在微波条件下发生的，收率较高。Wang 等人[102]将 Brønsted-Lewis 双酸型离子液体固定于比表面较大的 SiO_2 表面，固定化离子液体活性较高，反应产出率高，回收特性好，反应操作简单。

Majid 等人[103]用 Brønsted 酸性离子液体 1-十二烷基-3-甲基咪唑硫酸氢盐为催化剂，在室温条件下，水作溶剂，可以较好地选择性催化环己酮的 Mannich 反应，如图 2.61 所示。然而，该催化剂对环戊酮的 Mannich 反应是无效的。

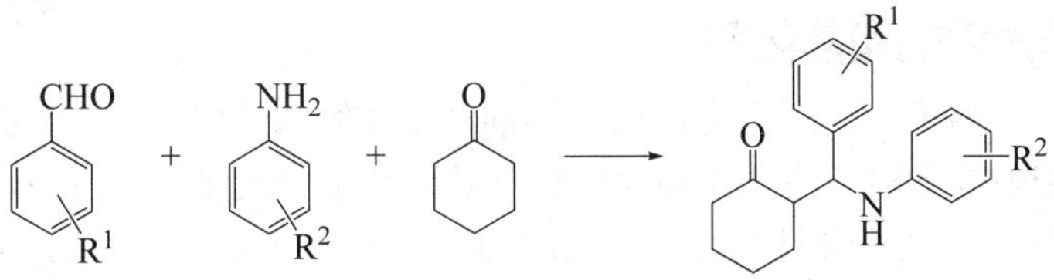
CHO
R1
NH2
R2
O
+
+
O
R1
N
H
R2

图 2.61　酸性离子液体催化的芳醛、环己酮和苯胺的 Mannich 反应

2.2.17 硼氢化反应

在离子液体中进行的有机硼反应具有许多优点，比传统的有机溶剂具有更快的反应速率和更高的产品收率。因此，如果在优化的离子液体介质中进行反应，则通过减少废物的量可以获得满意的有机硼化合物。硼基活性组分与离子液体的结合及其在可持续化学中的应用成为生物质转化领域的新前沿。如图 2.62 所示。此外，离子液体极其稳定且可回收，从而降低了整体合成成本。

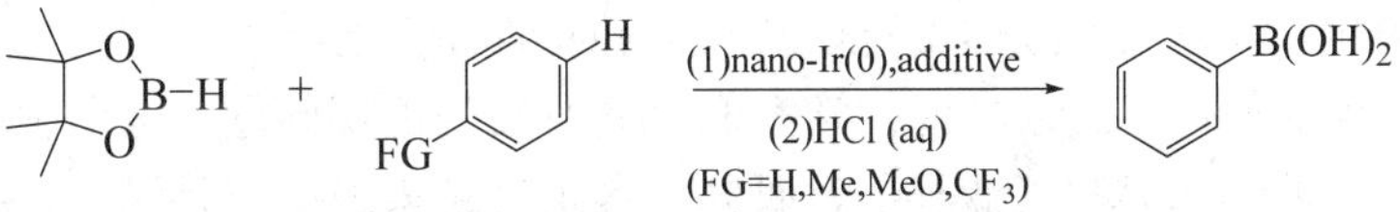
O
B−H
O
+
H
FG
(1)nano-Ir(0),additive
(2)HCl (aq)
(FG=H,Me,MeO,CF3)
B(OH)2

图 2.62　硼基活性组分与离子液体的结合

2.3 离子液体催化有机合成化学的发展前景

离子液体是一种低熔点的盐，一般不挥发，蒸气压低，沸点高，热稳定性好。此外，与普通无机盐和有机液体相比，它们具有独特的物理和化学性质，包括高变黏度。因此，它们在广泛的绿色化学领域和作为电解质有着潜在的应用。组成离子液体的阴离子主要是无机阴离子和有机阴离子，阳离子是有机阳离子，常温下是液态盐。传统的高温熔盐只能在高温下转变为液体，离子液体比普通有机溶剂有更明显的优势。十多年来，离子液体因其独特的物理/化学性质而被公认为化学界的绿色溶剂或催化剂，实现了各种各样的化学和生物化学转化。

2.3.1 作为溶剂

在现代的有机合成中，因具有价格低廉、不含卤素、弱配位及亲电催化中心、低黏度、高水解稳定性等优势，离子液体主要作为有机溶剂使用。

虽然四氟硼酸盐和六氟磷酸盐等离子液体均相催化剂已经得到了广泛研究，但是它仍有很大的局限性。虽然氯化铝的水解率比以前研究过的要低很多，但是水解依然存在，而且对水解依然很敏感。六氟磷酸盐与四氟硼酸盐都会有少量水解，生成氟化氢对于过渡金属催化反应会产生很大影响。含 CF_3 及其它氟代烷基团的离子液体也有很多其它良好的特性，如高水解稳定性、低黏度、高热稳定性、低水溶性，由于在水中的溶解性差而容易制备成无卤形式等，将大大改善现有情况。

离子液体可与其它阴离子结合，作为过渡金属催化剂的溶剂，通过调节溶解度，提升反应效率。通过在催化剂溶剂中优先溶解一种反应物或从催化剂层原位萃取反应中间物，而提高多相催化的选择性。化学合成时需要考虑具体情况，才可以达到现代离子液体发展的要求，也是化工行业发展趋势的要求。

2.3.2 同时作为溶剂和催化剂

在有机合成中，离子液体既作为反应的溶剂，又可作为催化剂，进而加速化学反应的过程，推动有机合成发展。离子液体作为化学原料的催化剂，催化化学反应，在有机合成中起着促进作用，提升了反应的选择性，具备相应的实际应用意义。如 $AlCl_3$ 催化剂采用酸性氯铝酸根离子液体形式作为反应溶剂和催化剂，但水解稳定性仍亟待提高。使用离子液体修饰过渡金属催化剂，可在离子液体中引入过渡金属离子的阴离子，或将过渡金属配合物直接与离子液体结合，固定于离子液体中，进一步通过调节配体结构，提升反应的选择性。离子液体可以被认为是一种液体的催化剂固定相，可以将传统均相催化剂的特点，应用到非均相催化反应当中，提高催化活性，并且从离子液体催化剂层进行产物分离也很容易。

2.3.3 展望

离子液体作为一种新的溶剂体系，只有发展工业化应用，才会有更加广阔的前景，这些年来，国内外学者不断研究扩展着这一新体系的应用前景。离子液体还处在研究的初期，没有实现大规模应用。因为离子液体本身所具有的独特性质，已经成为人类可再生能源发展的希望，肩负了巨大的使命，已经成为化学家们研究发展的迫切问题。这个领域会引来更多的关注，包括来自更多学术界和工业界的，研究内容也会越来越广泛且深入。离子液体作为一种新型溶剂和催化剂，由于其在常温下既有液体的性质，又具有离子化合物的性质，决定了离子液体在一些特殊场合具有极大的应用价值。目前，对离子液体的研究已渗透到化学领域的各个方面，然而对离子液体的结构和一些反应或催化机理研究得还不是很透彻，另外其工业应用的尝试也不多，尚有待于进一步研究。

参考文献

[1] Tait S, Osteryoung R A. Chem inform abstract: Infrared study of ambienttemperature chloroaluminates as a function of melt acidity[J]. Chem Infort, 1985, 16 (13): 4352-4360.

[2] (a) Wilkes J S. A short history of ionic liquids-from molten salts to neoteric solvents[J]. Green Chem, 2002, 4(2): 73-80; (b) Wilkes J S, Levisky J A, Wilson R A, et al. Chem inform abstract: Dialkylimidazolium chloroaluminate melts: A new class of room-temperature ionic liquids for electrochemistry, spectroscopy and synthesis[J]. Cheminform, 1982, 13 (25): 1263-1324.

[3] Chum H L, Koch V R, Miller L L, et al. Electrochemical scrutiny of organometallic iron complexes and

hexamethylbenzene in a room temperature molten salt[J]. J Am Chem Soc, 1975, 97 (11): 3264-3265.

[4] (a) Wilkes J S, Levisky J A, Wilson R A, et al. Chem inform abstract: Dialkylimidazolium chloroaluminate melts: A new class of room-temperature ionic liquids for electrochemistry, spectroscopy and synthesis[J]. Cheminform, 1982, 13(25): 1253-1263; (b) Antonia E, Justine E, Nieuwenhuyzen M, et al. Precipitation of a dioxouranium(Ⅵ) species from a room temperature ionic liquid medium[J]. Inorg Chem, 2002, 41(7): 1692-1694.

[5] Wilkes J S, Zaworotko M J. Chem Inform Abstract: Air and water stable 1-ethyl-3-methylimidazolium based ionic liquids[J]. Cheminform, 1992, 23(43): 965-967.

[6] (a) Chen L, Bryantsev V S. A density functional theory based approach for predicting melting points of ionic liquids[J]. Phy Chem Pccp, 2017, 19(5): 4114-4124； (b) Wasserscheid P, Keim W. Ionic liquids-new solution for transition metal catalysis[J]. Angew Chem Int Ed, 2000, 39: 3773-3789.

[7] (a) Shirota H, Jr C E. Why are viscosities lower for ionic liquids with—$CH_2Si(CH_3)_3$ vs—$CH_2C(CH_3)_3$ substitutions on the imidazolium cations[J]. J Phy Chem B, 2005, 109(46): 21576-21585; (b) Olivier-Bourbigou H, Magna L. Ionic liquids: Perspectives for organic and catalytic reactions[J]. J Mol Catal A Chem, 2003, 34(4): 419-437; (c) Ohno H, Yoshizawa M, Ogihara W. Development of new class of ion conductive polymers based on ionic liquids[J]. Electro Acta, 2004, 50(2-3): 255-261; (d) Jiang X C. Synthesis and application of ionic liquid 1-butyl-3-methyl imidazolium dibutyl phosphate[J]. Anal Bioanal Chem, 2006, 410: 1647-1656.

[8] 王均凤，张锁江，陈慧萍，等. 离子液体的性质及其在催化反应中的应用[J]. 过程工程学报，2003, 3(2): 177-185.

[9] (a) 李雪辉，赵东滨，费兆福，等. 离子液体的功能化及其应用[J]. 中国科学：化学，2006, 36(3): 181-196; (b) 王强，梁洪泽，包伟良. 功能化离子液体的制备及其在合成中的应用[J].应用化学，2007, 24(2): 117-123; (c) 张晟卯，李健，张春丽，等. 羧基功能离子液体修饰 Pd 纳米微粒的制备及结构表征[J]. 无机化学学报，2007, 23(4): 729-732; (d) 杨文龙，许丹倩，刘宝友，等. 酰胺功能化咪唑型离子液体的合成、性能及应用[J]. 精细化工，2007, 24(8): 737-742; (e) 代闯，张晟卯，李健，等. 羟基功能化离子液体中 Pd 纳米微粒制备与结构表征[J]. 无机化学学报，2007, 23 (9): 1653-1656; （f）李标模，喻宁亚，王平军，等. 硫醚功能化离子液体固定纳米金粒子的制备及其催化性能[J]. 催化学报，2007, 28(10): 875-879.

[10] Hejazifar M, Earle M, Seddon K R, et al. Tonic liquid-based microemulsions in catalysis[J]. J Org Chem, 2016, 81(24): 1232-1239.

[11] Huddleston J G, Visser A E, Reichert W M, et al. Characterization and comparison of phydrophilicand phydrophobic room temperature ionic liquids incorporating the imidazoliumcation[J]. Green Chem, 2001, 3: 156-157.

[12] Ignatev N V, Biermann U W, Kucheryna A, et al. New ionic liquids with tris(perfluoroalkyl) trifluorophosphate(FAP) anions[J]. Flour Chem, 2005, 126(8): 1150-1159.

[13] Bonhote P, Dias A P, Armand M, et al. Hydrophobic, highly conductive ambient-temperature molten salts[J]. Inorg Chem, 1996, 35: 1168-1178.

[14] Meng D, Qiao Y S, Wang X, et al. DABCO-catalyzed Knoevenagel condensation of aldephydes with ethyl cyanoacetate using phydroxy ionic liquid as a promoter[J]. RSC Adv, 2018, 8 (53): 30180-30185.

[15] Wilkes J S, Zaworotko M J. Air and water stable 1-ethyl-3-methylimidazolium based ionic liquids[J]. Chem Commun, 1992, 13: 965-967.

[16] 常宝，乌云. 双咪唑离子液体$[C_6(mim)_2](InCl_3\text{-}Br)_2$催化合成二苯甲烷的研究[J]. 广东化工，2018, 45(5): 26-27.

[17] Noda A, Watanabe M. Highly conductive polymer electrolytes prepared by in situ polymerization of vinyl monomers in room temperature molten salts[J]. Electrochim Acta, 2000, 45: 1265-1270.

[18] 关卫省，李宇亮，茹静，王倩. 1-丁基-3-甲基咪唑六氟磷酸盐离子液体的合成[J]. 应用化工，2010,

39(6): 818-822.
[19] Lethesh K C, Shah S N, Mutalib M I A. Synthesis, characterization, and thermophysical properties of 1,8-diazobicyclo[5.4.0]undec-7-ene based thiocyanate ionic liquids[J]. J Environ Chem Eng, 2014, 59 (6): 1788-1795.
[20] Varma R S. Expeditious synthesis of ionic liquids using ultrasound and microwave irradiation[J]. ACS Symp Ser, 2003, 856(7): 82-92.
[21] 张锁江，吕兴梅. 离子液体：从基础研究到工业应用[M]. 北京：科学出版社, 2006: 150-157.
[22] Deetlefs M, Seddon K R. Improved preparations of ionic liquids using microwave irradiation[J]. Green Chem, 2003, 5: 181-186.
[23] Nokami T, Matsumoto K, Itoh T, et al. Synthesis of ionic liquids equipped with 2-methoxyethoxymethyl/methoxymethyl groups using a simple microreactor system[J]. Org Process Res Dev, 2014, 18(11): 1367-1371.
[24] Rong H, Li W, Chen Z Y, et al. Glutamic acid canon based ionic liquids: microwave synthesis, characterization, and theoretical study[J]. J Phys Chem B, 2008, 112(5): 1451-1455.
[25] Moulton R. Electrochemical process for prodicing ionic liquids: US, 20030094380[P]. 2003-05-22.
[26] 易超，韩骞，熊兴泉. 多重点击反应制备拓扑结构聚合物[J]. 高分子学报, 2014, 5: 584-603.
[27] Davis J H. Task-specific ionic liquids[J]. Chem Lett, 2005, 36(1): 1072-1077.
[28] 唐文莉. 酸性功能化离子液体合成及固载技术研究[D]. 福州：福州大学, 2014: 33-38.
[29] 李臻，赵应伟，韩峰，等. 功能化离子液体的催化作用及其应用[J]. 中国科学：化学, 2012, 4(42): 502-524.
[30] Sun X, Xiao H, Du Y, et al. Synthesis of a novel multi-SO_3H functionalized ionic liquid and its catalytic activities for biodiesel synthesis[J]. Green Chem, 2010, 12: 201-204.
[31] Xue Z, Zhang Y, Zhou X Q, et al. Thermal stabilities and decomposition mechanism of amino-and hydroxyl-functionalized ionic liquids[J]. Thermochim Acta, 2014, 578: 59-67.
[32] Yue C, Su D, Zhang X, et al. Amino-functional imidazolium ionic liquids for CO_2 activation andconversion to form cycfic carbonate[J]. Catal Lett, 2014, 144(7): 1313-1321.
[33] Tao D-J, Li Z-M, Cheng Z, et al. Kinetics study of the ketalization reaction of cyclohexanone with glycol using Brønsted acidic ionic liquids as catalysts[J]. Ind Eng Chem Res, 2012, 51: 16263-16269.
[34] 钟涛，乐长高，谢宗波，等. 碱性离子液体在有机合成中的应用研究进展[J]. 有机化学, 2010, 30: 981-987.
[35] Walker A J, Bruce N C. Combined biological and chemical catalysis in the preparation of oxycodone[J]. Tetrahedron, 2004, 60: 561-568.
[36] Ying A, Liu S, Li Z, et al. Magnetic nanoparticles-supported chiral catalyst with an imidazolium ionic moiety: An efficient and recyclable catalyst for asymmetric michael and Aldol reactions [J]. Adv Synth Catal, 2016, 30: 2116-2125.
[37] Ossowicz P, Rozwadowski Z, Gano M, et al. Efficient method for Knoevenagel condensation in aqueous solution of amino acid ionic liquids (AAILs)[J]. Pol J Chem Tech, 2016, 18(4): 90-95.
[38] Zhang Y, Wang B, Zhang X, et al. An efficient synthesis of 3,4-dihydropyrimidin-2(1*H*)-ones and thiones catalyzed by a novel Brønsted acidic ionic liquid under solvent-free conditions[J]. Mol, 2015, 20 (3): 3811-3820.
[39] Verdía P, Santamarta F, Tojo E. Synthesis of (3-methoxycarbonyl)coumarin in an ionic liquid: An advanced undergraduate project for green chemistry[J]. J Chem Educ, 2017, 94(4): 505-509.
[40] Ying A, Ni Y, Xu S, et al. Novel DABCO based ionic liquids:Green and efficient catalysts with dual catalytic roles for aqueous knoevenagel condensation[J]. Ind Eng Chem Res, 2014, 53: 5678-5682.
[41] Wang L, Min Z, Zhao Y. Application of basic imidazolium ionic liquids as *N*-heterocyclic carbene (NHC) catalyst in benzoin condensation reaction[C]. COIL-8, 2019: 156-157.

[42] 罗世康. 于丽梅. 功能化酸性离子液体催化苯甲醛和苯酚缩合反应的研究[J]. 大连理工大学网络学刊, 2017: 6-11.

[43] 蒋云霞. 离子液体[bmim]Cl/$AlCl_3$ 催化 5-氰基吲哚酰化反应[J]. 化学研究与应用, 2015, 27 (5): 737-740.

[44] (a) Zhang X, Lu G-P, Xu Z-B, et al. Facile synthesis of indolizines via 1,3-dipolar cycloadditions in [Omim]Br: The promotion of the reaction through noncovalent interactions[J]. ACS Sustainable Chem Eng, 2017, 5: 9279-9285; (b) Zhang X, Lu G-P, Cai C. Facile aromatic nucleophilic substitution (SNAr) reactions in ionic liquids: An electrophile-nucleophile dual activation by [Omim]Br for the reaction[J]. Green Chem, 2016, 18: 5580-5585.

[45] Zhu X, Zhang J, Zhang Z, et al. One-step preparation of ammonium-specified pyrazolium ionic more popular pathway for the studies [J]. J Mol Liq, 2021, 328(15): 458-461.

[46] Li Z, Su Z, Xu W, et al. Cycloaddition reactions of epoxides and CO_2 by the novel imidazolium-functionalized metalloporphyrins: Optimization and analysis using response surface methodology[J]. ChemCatChem, 2020, 12 (19): 4839-4844.

[47] 高国华, 马三罐, 陈必华, 等. 一种可溶胀酸性聚离子液体催化甲酸与烯烃酯化制备甲酸酯的方法:CN 108689838A[P]. 2018-10-23.

[48] Morita N, Ikeda K, Chiaki H, et al. Gold-catalyzed formal [3+2] cycloaddition of *p*-quinones and 1-phenylpropenes in ionic liquid: Environmentally friendly and stereoselective synthesis of 2,3-dihydrobenzofuran neolignans[J]. Heterocycles, 2021, 103(2): 714-722.

[49] 李靖, 曹静静, 石先莹, 等. 固载双层离子液体催化纯水介质中亲核取代反应[R]. 中国化学会学术年会, 2010, 43(1): 99-100.

[50] 邵国强. 离子液体在亲核取代反应中的应用[J]. 浙江教育学院学报, 2003, 3: 41-44.

[51] 张慧真, 蒋育澄, 胡满成, 等. 咪唑/吡啶离子液体辅助氯过氧化物酶催化氧化环己烯的研究[J]. 化学学报, 2011, 10: 1239-1246.

[52] 王晓丹, 吴文远, 涂赣峰, 等. 内酰胺型离子液体催化环己酮氧化合成己二酸[J]. 有机化学, 2010, 30(12): 1935-1938.

[53] 王文华. 离子液体负载 TEMPO 催化醇氧化[D]. 泰安：山东农业大学，2020.

[54] Lissner E, de Souza W F, Ferrera B, et al. Oxidative desulfurization of fuels with task-specific ionic liquids[J]. Chemsuschem, 2009, 2(10): 962-964.

[55] Singer R D, Scammells P J. Alternative methods for the MnO_2 oxidation of codeine methyl ether to the aine utilizing ionic liquidst[J]. Tetrahedron Lett, 2001, 42(39): 6831-6833.

[56] Hollingsworth N, Taylor S F, Galante M T, et al. Reduction of carbon dioxide to formate at low overpotential using a superbase ionic liquid[J]. Angew Chem Int Ed, 2015, 54(47): 14164-14168.

[57] Xu Z B, Lu G P, Cai C. Palladium nanoparticles stabilized by aqueous vesicles self assembled from a PEGylated surfactant ionic liquid for the chemoselective reduction of nitroarenes[J]. Catal Commun, 2017, 99: 57-60.

[58] 秦国旭, 程东, 李雷, 等. 纳米 TiO_2/CNT/ZrO_2 膜电极的制备及其对 2-吡啶甲醛的电催化还原[J]. 过程工程学报, 2015, 15(4): 683-687.

[59] 刘德英. 季铵盐阳离子电催化还原 CO_2 的研究[D]. 上海：华东理工大学，2018.

[60] Beletskaya I P, Cheprakov A V. The Heck reaction catalysis[J]. Chem Revie, 2000, 31(43): 3009-3066.

[61] Rauber D, Philippi F, Hempelmann R,et al. Catalyst retention utilizing a novel fluorinated phosphonium ionic liquid in Heck reactions under fluorous biphasic conditions[J]. J Flu Chem, 2017: 200-201.

[62] Carmichael A J, Earle M J, Holbrey J D, et al. The Heck reaction in ionic liquids: A multiphasic catalyst system[J]. Org Lett, 1999, 1(7): 997-1000.

[63] 李靖, 魏俊发. 纯水体系中固载离子液体-环钯催化剂催化的 Heck 偶联反应[C]. 中国化学会·全国第十二届有机合成化学学术研讨会, 2015: 162-163.

[64] Wang H B, Hu Y L, Li D J. Facile and efficient Suzuki-Miyaura coupling reaction of aryl halides catalyzed by $Pd_2(dba)_3$, in ionic liquid/supercritical carbon dioxide biphasic system[J]. J Mol Liq, 2016, 218: 429-433.

[65] Wang M, Yuan X, Li H, et al. Nickel-catalysed Suzuki-Miyaura cross-coupling reactions of aryl halides with arylboronic acids in ionic liquids[J]. Catal Commun, 2015, 58: 154-157.

[66] Wei J F, Jiao J, Feng J J, et al. Pd-EDTA held in an ionic liquid brush as a highly efficient and reusable catalyst for Suzuki reactions in water[J]. J Org Chem, 2009, 74(16): 6283-6286.

[67] Huang Y, Wei Q, Wang Y, et al. Three-dimensional amine-terminated ionic liquid functionalized graphene/Pd composite aerogel as highly efficient and recyclable catalyst for the Suzuki cross-coupling reactions[J]. Carbon, 2018, 136: 150-159.

[68] 王金金，郭振美，吕志果. L-组氨酸咪唑手性离子液体合成及催化乙醛酸酯不对称羟醛缩合反应[J]. 青岛科技大学学报(自然科学版), 2015,36 (4): 373-376.

[69] 杨尚东，梁永民. 离子液体接枝的有机催化剂脯氨酰基磺酰胺的合成及其催化的不对称 Aldol 反应[C]. 全国催化学术会议, 2006: 686-687.

[70] 蒋佳佳. 新型噻唑基手性离子液体催化肉桂醛合成 γ-丁内酯[J]. 青岛科技大学学报, 2011, 32(6): 569-572.

[71] 朱琳，崔菲菲，金欣. 咪唑型离子液体/苯两相体系下不对称催化氢化合成手性泛内酯[J]. 化工科技, 2020, 28(4): 19-22.

[72] 张伟，吴巍，张树忠，等. [bmim][BF_4]离子液体中 PCl_3 催化的液相贝克曼重排[J]. 过程工程学报, 2004, 4(3): 261-264.

[73] 张伟，吴巍，张树忠，等. 1-丁基-3-甲基咪唑六氟磷酸盐中 PCl_5 催化的两相贝克曼重排反应[J]. 石油炼制与化工, 2004, 35(1): 47-50.

[74] 赵江琨，王荷芳，王延吉，等. 酸性离子液体-$ZnCl_2$ 催化环己酮肟液相 Beckmann 重排反应[J]. 高校化学工程学报，2011, 25: 838-843.

[75] 金鑫雷，徐勇存，范伟赠，等. 键合法固载酸性离子液体催化贝克曼重排合成己内酰胺[J]. 工业催化, 2021, 29(2): 73-76.

[76] Cao D, Zhang Y, Liu C, et al. Ionic liquid promoted diazenylation of *N*-heterocyclic derivatives with aryltriazenes under mild conditions[J]. Org Lett, 2016, 18: 2000-2003.

[77] 吴云雁，赵燕飞，李瑞鸥，等. 离子液体促进 Ru/C 催化有机胺与 CO_2/H_2 氮甲酰化反应研究[J]. 中国科学: 化学, 2020, 50(2): 299-305.

[78] 宋雅宁，吕志果，郭振美. 手性离子液体催化苯乙烯不对称氢甲酰化反应[J]. 化工科技, 2019, 27(4): 1-6.

[79] 陈少奇，陈平，兰鲲. 吡啶-对甲苯磺酸功能化离子液体催化 2-萘甲醚的酰化[J]. 辽宁石油化工大学学报, 2017, 37(2): 6-9.

[80] 付万里，陈平，兰鲲，等. 酸性离子液体催化 β-萘甲醚酰化反应[J]. 精细化工, 2014, 31(8): 1046-1052.

[81] 汪文伟，赵振兴，郑礼，等. L-天冬氨酸离子液体催化不同脂肪酸酯化的实验研究[J]. 现代化工, 2021, 41(5): 153-157.

[82] 李惠文，杨铃梅，吕鹏梅，等. 离子液体对高酸值油脂的催化乙酯化降酸效果研究[J]. 生物质化学工程, 2020, 54(4): 9-15.

[83] 秦春曦，陈亮，赵玲. Brønsted 酸性离子液体催化酯化 2,6-萘二甲酸二甲酯的合成[J]. 现代化工, 2020, 40(6): 179-180.

[84] 蔡志锋，张彩凤. 负载型离子液体催化酯化法合成三醋酸甘油酯[J]. 工业催化, 2020, 28: 55-59.

[85] Ribeiro A, Karabach Y, Martins L, et al. Nickel(Ⅱ)-2-amino-4-alkoxy-1,3,5-triazapentadienate complexes as catalysts for Heck and Henry reactions[J]. Rsc Adv, 2016, 6: 29159-29163.

[86] 程琥，董娴，陈卓. 功能化离子液体支载脯氨酸的铜配合物催化不对称 Henry 反应的研究[J]. 应

用化工, 2017, 46 (7): 1340-1342.

[87] 张阳，易兵，党丽敏，等. 新型胍离子液体的合成及在反应中的研究[J]. 湘潭大学自然科学学报, 2011, 2: 73-77.

[88] Yi B, Zhang Y, Zhang R, et al. Development of novel guanidinium-based catalysts and their application in Henry reaction[J]. Adv Sci Lett, 2012, 10: 375-378.

[89] 刘海涛. 硅胶负载离子液膜催化体系的构筑及在 Henry 反应中的应用[P]. 湘潭: 湘潭大学, 2015.

[90] Monfared A, Esmaeeli Z. Synthesis of warfarin by ionic liquid catalysis and a one-pot condensation for synthesis 2-methyl-4-phenylpyrano[3,2-*c*]chromen-5(4*H*)-one[J]. Ira J Phar Res,2016, 15(3): 343-367.

[91] Liu X B, Lu M, Lu T T, et al. Functionalized ionic liquid promoted aza-Michael addition of aromatic amines[J]. J Chin Chem Soc, 2010, 57: 1221-1226.

[92] Gallo V, Mastrorilli P, Nobile C F, et al. Metal catalysed Michael additions in ionic liquids[J]. Chem Commun, 2002, 5: 434-435.

[93] Ni B, Zhang Q, Headley A D. Functionalized chiral ionic liquid as recyclable organocatalyst for asymmetric Michael addition to nitrostyrenes[J]. Green Chem, 2007, 9: 737-739.

[94] 刘硕，应安国，倪宇翔，等. 功能离子液体在 Michael 加成中的应用[J]. 化学进展, 2013, 25(8): 1313-1324.

[95] Sun H, Ge W, Yan X, et al. Chiral pyrrolidine quaternary derivatives as organocatalysts for asymmetric Michael additions[J]. Res Chem Intermed, 2012, 38: 1501-1509.

[96] Kitazume T, Kasai K. The synthesis and reaction of zinc reagents in ionic liquids[J]. Green Chem, 2001, 3(1): 30-32.

[97] Xu J M, Liu B K, Wu W B, et al. Basic ionic liquid as catalysis and reaction medium:a novel and green protocol for the Markovnikov addition of *N*-heterocycles to vinyl esters, using a task-specific ionic liquid [bmim]OH[J]. J Org Chem, 2006, 71: 3991-3993.

[98] Dan M, Qiao Y, Wang X, et al. DABCO-catalyzed Knoevenagel condensation of aldehydes with ethyl cyanoacetate using hydroxy ionic liquid as a promoter[J]. RSC Adv, 2018, 8 (53): 30180-30185.

[99] Brünig J, Csendes Z, Weber S, et al. Chemoselective supported ionic-liquid-phase (SILP) aldehyde hydrogenation catalyzed by an Fe(Ⅱ) PNP pincer complex[J]. ACS Catal, 2018: 1048-1051.

[100] Liu D, Jiang N, Huang W, et al. Ionic-liquid-catalyzd access to CTr: An antitumor agent[J]. ACS Sustainable Chem Eng, 2021, 9(14): 5138-5147.

[101] 韩雪峰，季丹丹，李亚楠. 酸性功能化离子液体 1-(3-磺酸基)丙基-3-甲基咪唑磷酸盐的制备及在 Mannich 反应中的应用[J]. 廊坊师范学院学报(自然科学版), 2014, 14(6): 56-58.

[102] Hong B W, Nan Y, Long W, et al. Brønsted-Lewis dual acidic ionic liquid immobilized on mesoporous silica materials as an efficient cooperative catalyst for Mannich reactions [J]. New J Chem, 2017, 41: 10528-10531.

[103] Vafaeezadeh M, Karbalaiereza M, Hashemi M M, et al. Surfactant like Brønsted acidic ionic liquid as an efficient catalyst for selective Mannich reaction and biodiesel production in water[J]. J Iran Chem Soc, 2017, 14: 907-914.

第 3 章

固相催化有机化学反应

为了实现社会的可持续发展，开发高选择性和高活性的催化剂是必不可少的，多相催化剂比均相催化剂更可取，因为它们易于操作、可重复使用、耐用，并且产品与催化剂易于分离。均相催化剂的固载化，是制备非均相催化剂的主要手段，近十年来已经成为热点研究课题[1–3]。在固定工艺中，催化剂载体的选择是决定催化剂性能的重要因素[4]，常用的载体种类如下：无机载体、天然高分子、合成高分子。本章以载体作为线索，重点介绍廉价易得的非均相催化剂及其催化的有机反应。

无机载体材料由于具有良好的热稳定性和机械强度，在许多领域得到广泛应用[5,6]。无机催化剂载体材料主要有 SiO_2、分子筛（SBA、MCM 和 ZSM）及金属氧化物（Fe_2O_3、Al_2O_3、水滑石）等。许多无机材料中，小分子之间通过分子间力作用形成一级结构，而小颗粒之间的孔隙则使得材料多孔。另外，金属氧化物表面及内部组成不均匀，存在金属粒子的缺陷结构。

3.1 二氧化硅载体多相催化剂

二氧化硅作为一种价格低廉、易得的载体材料，具有高比表面积、均一孔径分布等特点，被广泛地应用于非均相反应催化剂中。另外，由于二氧化硅上含有大量硅烷醇的官能团，因此，采用硅烷偶联剂改性后，可以通过共价键[7–9]或溶胶聚结，将均相催化剂固定于材料表面。该方法是一步实现金属催化剂固定化的方法。例如，Moghadam 研究小组[10]于 2017 年通过 3,5-苯并噻唑基吡啶配体和 3-氯丙基三甲氧基硅烷偶联剂合成 TMSP-$n$$SiO_2$ 材料，再与 $CuBr_2$ 结合，得到均相法合成 SiO_2，铜载体多相催化剂（图 3.1）。该催化剂能有效地催化苯乙炔、卤化物、叠氮化钠三组分反应。该催化剂具有高活性、制备步骤简单、成本低廉、易于制备等特点，且催化剂可以重复使用 5 次，且活性基本保持不变。

Wang 研究组[11]利用 *N*-（2-氨基乙基）-3-氨基丙基三甲氧基硅烷功能化二氧化硅和 $Cu(OAc)_2$ 配位催化剂（图 3.2），在 DMSO/KF 系统中，有效地催化卤代芳烃偶联反应（Ullmann 反应）。结果表明，偶联产率为 93%，催化剂可以重复使用几次，且活性基本稳定。

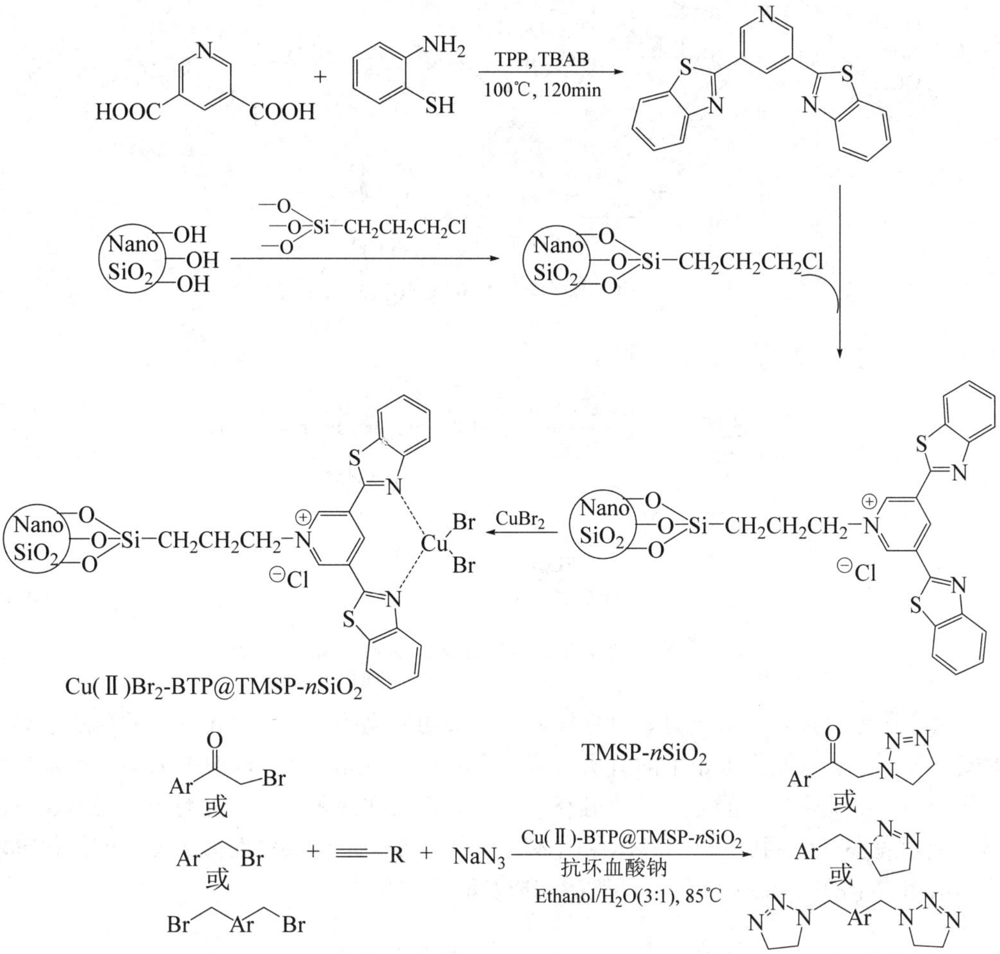

图 3.1　Cu（Ⅱ）Br_2-BTP@TMSP-$n$$SiO_2$ 催化剂的制备及催化

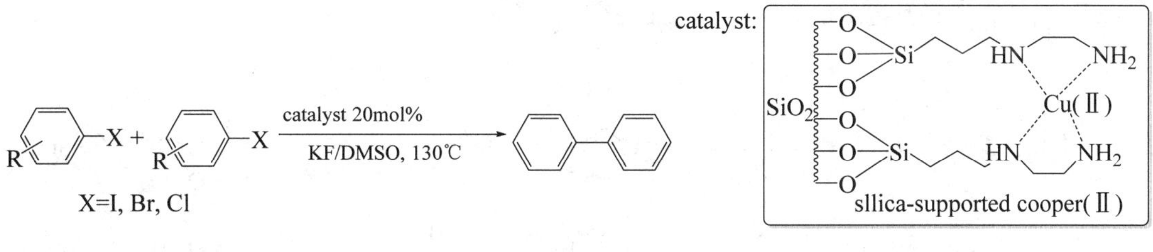

图 3.2　二氧化硅负载的 Cu（Ⅱ）络合物催化乌尔曼反应

笔者课题组[12(a)]以 3-氯丙基三甲氧基硅烷为偶联剂成功地将氮杂环卡宾（NHC）催化剂固载到 SiO_2 薄膜上，生成了固载的 NHC（图 3.3）。该固载催化剂在 CH_3OH/KOH 体系中可以催化多种芳香醛的安息香反应，这些安息香反应的收率在 56%～86%之间。同时，该催化剂性能稳定，可以重复使用 5 次以上，且催化剂活性仍较好。

除以硅烷偶联剂修饰二氧化硅外，Jayaram 等人[12(b)]还采用一步反应方法，将 CuO 加载于 HMS 载体上，利用硅胶-凝胶法制备 CuO/HMS 多相催化剂，参见图 3.4。研究结果表明，该催化剂能够有效地催化水相苯甲醛和苯甲酰胺。结果表明，在催化剂用量为 31%的情况下，得到 92%的收率，催化剂 TON 值达到 3655%，催化剂是稳定的，重复使用几次仍然具有良好的催化性能。

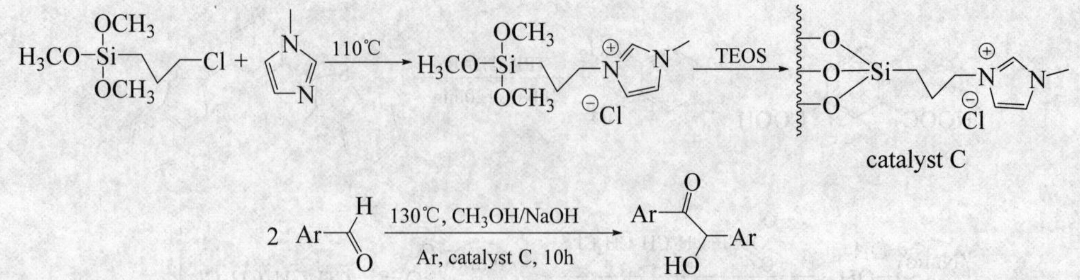

图 3.3　SiO_2 薄膜固载 NHC 催化安息香反应

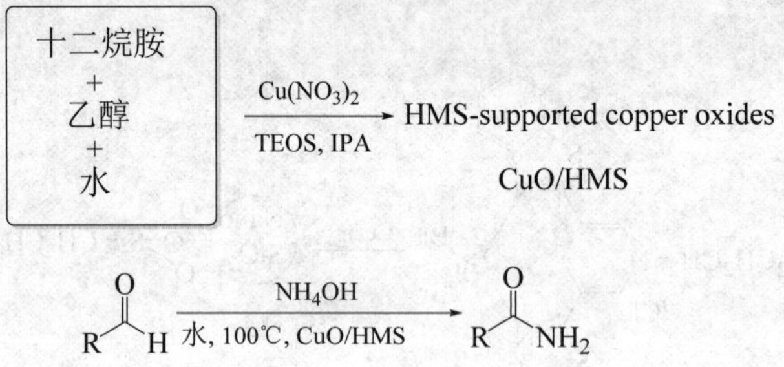

图 3.4　CuO/HMS 催化剂的制备及其催化醛的酰胺化反应

除对金属催化剂进行固定外，可将硅烷偶联剂功能化的二氧化硅酸化，并用疏水离子液体涂覆于表面，从而催化水相中的有机反应。Francois Jérôme 等[13]以 H_2SO_4 氧化巯基功能化二氧化硅，获得了磺酸功能化二氧化硅材料，然后在表面涂覆一层疏水性离子液体[C_8mim]-NTf_2 材料，见图 3.5。利用离子液体在固体材料表面形成一种疏水性微环境，使催化剂能有效催化水相二苄醇的 Prins 环化、环氧醚加成及脱水醚化。

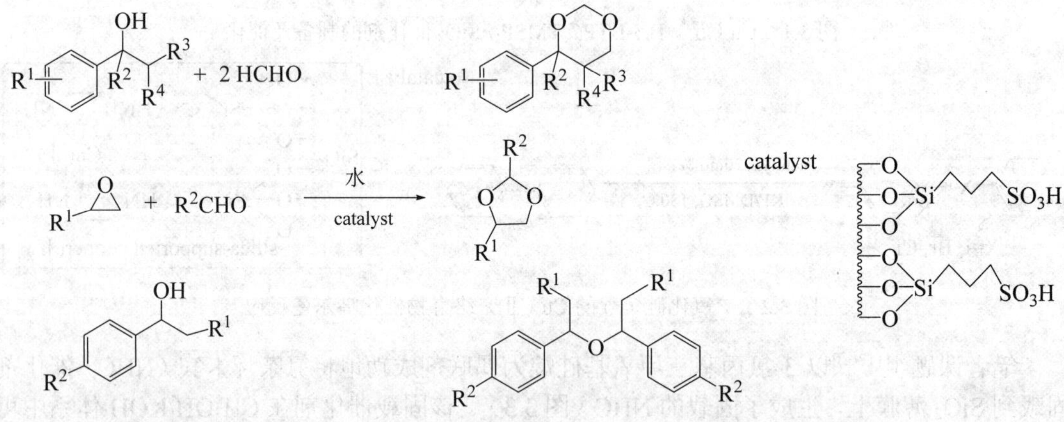

图 3.5　磺酸功能化二氧化硅表面涂覆离子液体以及其催化的水相中的有机反应

用 SiO_2 负载金属催化剂时，除多种硅烷偶联剂外，还可通过金属有机配体与 SiO_2 直接作用而制得功能化催化剂。最近，Francisco 研究组[14]将 UVM-7 作为载体和金属有机配体 $[Pd_2\{\mu\text{-}(C_6H_4)PPh_2\}_2(CH_3CN)_4](BF_4)_2$ 合成了以硅氧烷为载体的纳米簇合物（见图 3.6）。结果表明，该钯纳米簇合物是一种高分散、高活性、小粒径的催化剂，对卤代苯和苯基硼酸偶联反应具有优良的催化性能。而且，这种催化剂可以多次使用，并且 Pd 金属没有明显损失。

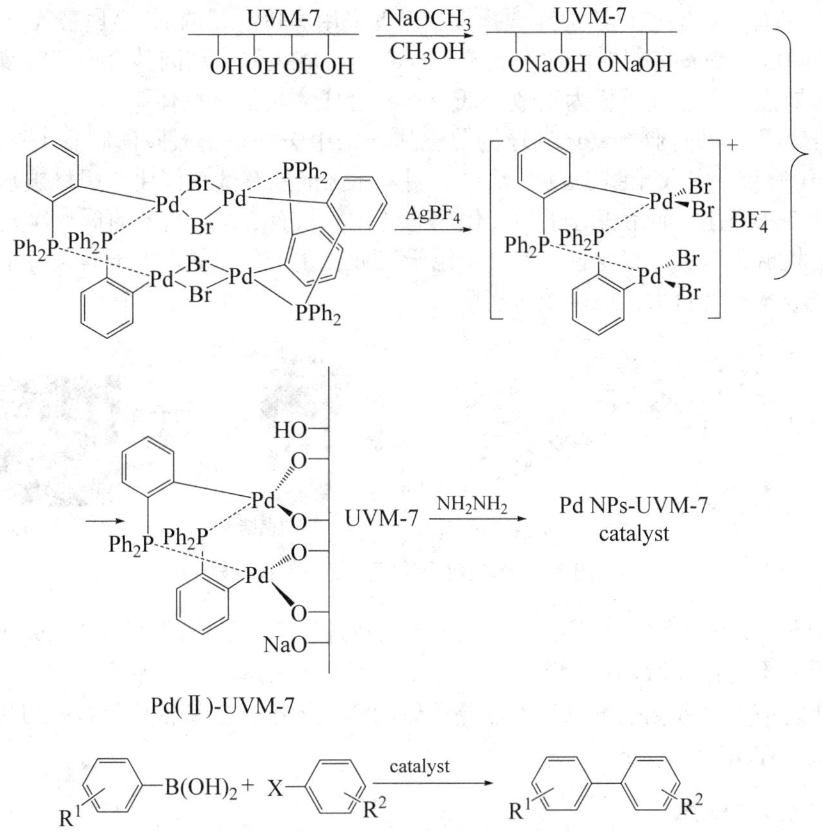

图 3.6　Pd NPs-UVM-7 催化剂的制备及在 Suzuki 偶联反应中的应用

综合来看，二氧化硅材料的价格较低，而且各种功能化硅烷偶联剂的价格低廉且易于获取，因而成为研究热点。Fierro J L G[15,16]、Tokonami Keiichi[17–19]、Che Michel[20,21]及其他研究小组还将二氧化硅多相催化剂开展了大量的研究。多相催化剂是推动这一领域进步的重要催化剂。

3.2　分子筛载体催化剂

分子筛是结晶硅铝盐类材料，其结构上的孔洞尺寸规整，孔径分布均匀[22]。通过对 Si/Al 比值的变化，可获得不同种类的沸石。分子筛因其独特的晶孔结构、可调酸、水热稳定性好等特点，具有良好的催化、吸附分离特性，在有机化工、石油化工等领域有着广泛的应用[23–25]。本节将介绍分子筛作为载体材料用于制备多相催化剂。

Ryoo 等[26]采用结构指示剂水热合成法制备 MFI、MRE 和 TON 分子筛，所述高分辨率、分散性组分通过载体与 Ni 金属发生作用，如图 3.7 所示。结果表明，Ni/MFI 能有效地催化氢异构化反应，与文献所报道的 Pt 基沸石催化剂相

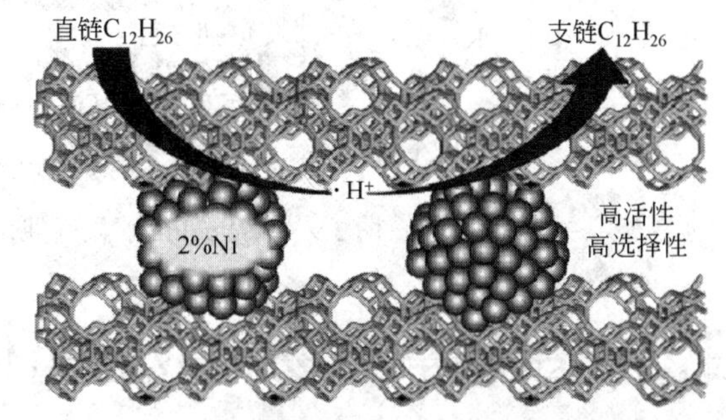

图 3.7　介孔分子筛负载 Ni 催化直链烷烃加氢异构化过程

比，Ni/MFI 具有良好的催化活性和选择性。作者采用廉价易得的 Ni 金属替代价格昂贵的 Pt 金属，大大降低了制备多相催化剂的成本。但是，Ni/MFI 催化剂因其合成工艺复杂、结构化试剂昂贵等缺点，不能真正成为高效、低成本的合成多相催化剂体系。

Liu 研究组[27]以商业二氧化硅球为前驱体，采用胺助型干凝胶法制备了微米级 MOR-TEAOH 分子筛催化剂（见图 3.8）。结果表明，催化剂能有效地催化二甲醚羰基化反应，转化效率达到 90%以上，而常规分子筛催化剂的转化率只有 23%。制备的球状丝光沸石分子筛具有良好的机械强度和热稳定性，有希望用于工业化生产，但是，由于其制备工艺复杂、要求高，制造成本和耗材大，应用范围有限。

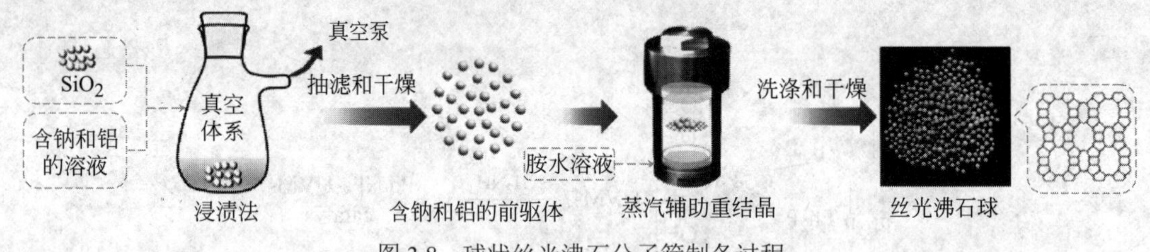

图 3.8　球状丝光沸石分子筛制备过程

Gnanaprakasam 课题组[28]通过简单的浸渍法制备分子筛载体，制备了 Fe-Zeolite 催化剂。持续流动反应不需添加碱、氧化剂，催化剂能有效地催化硝基衍生物转化为醛基（见图 3.9）。扩展到克级反应时，催化剂可以在不需要还原的情况下继续保持催化活性，可以重复使用 5 次以上，最大 TOF 为 5.93h^{-1}。

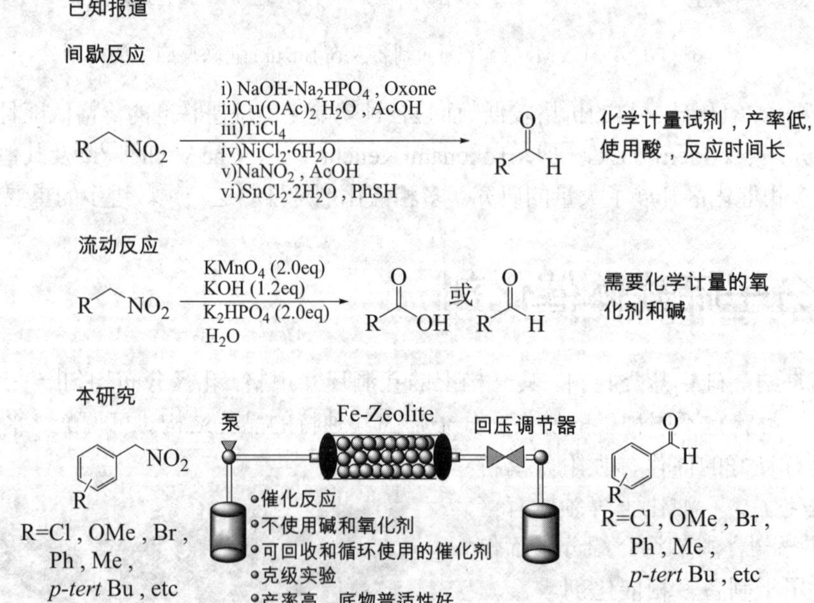

图 3.9　Fe-Zeolite 催化剂催化硝基转化为醛基的反应

3.3　金属氧化物（或氢氧化物）载体材料催化剂

金属氧化物（或氢氧化物）是无机载体材料的主要成分，它具有比表面积高、渗透能力强、物性可调、限域效应强等特点，应用范围广[29]，在多相化催化领域应用较多[30]。该催化剂具有很好的稳定性，能够维持其体积结构，并具有独特的电化学性质。与此同时，金属氧化物表面存在着各种各样的缺陷和环境，这些缺陷与环境对催化剂的性能有着很大的影响[31]。金属氧化物或氢氧化物载体材料主要有 Al_2O_3、Fe_3O_4 磁性材料、水滑石等。

（1）Al_2O_3 载体材料

Zhang 研究组[32]发现一种 2K-Ag/Al_2O_3 型固体催化剂，在 65℃条件下，可有效地催化 HCHO 向 CO_2 和 H_2O 的全部转化，并可达到 100000mL/[g(cat)/h]，如图 3.10 所示。最后，通过对 Ag/Al_2O_3 催化剂 Ag 和 O 活性组分的测定，发现 K 的掺杂能够有效地提高模型反应中 Ag/Al_2O_3 催化剂的含量。

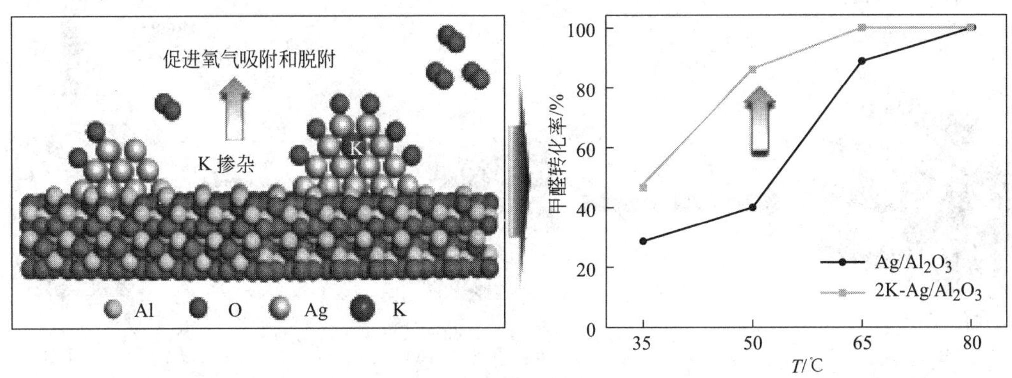

图 3.10　钾元素掺杂促进 Ag/Al_2O_3 催化甲醛的氧化

Lykakis 研究组[33]研制出 Au/Al_2O_3 双功能多相催化剂系统，并在 2-氨基吡啶和硝基烯烃反应中得到一系列 2-氨基-3-芳基-咪唑并吡啶衍生物（见图 3.11）。实验结果表明，γ-Al_2O_3 载体材料还能有效地促进模型反应，但其催化效果不如 Au/Al_2O_3；反应体系条件温和、洁净、高活性；Au/Al_2O_3 在重复使用 5 次后，仍然具有较好的催化活性。

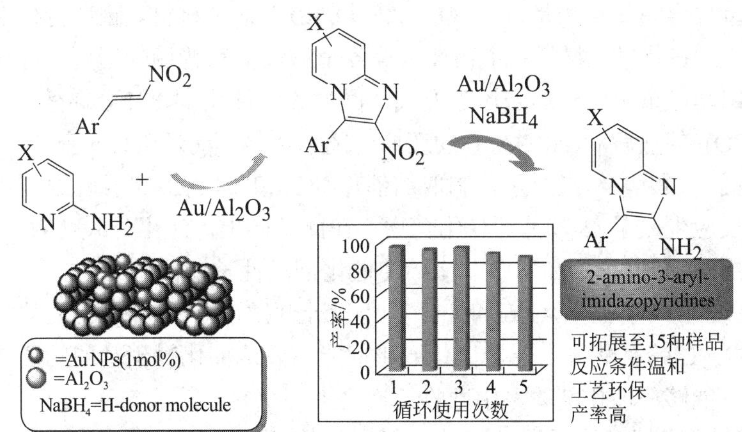

图 3.11　Au/Al_2O_3 双功能催化剂催化 2-氨基吡啶和硝基烯烃合成咪唑并吡啶衍生物

除加载贵金属催化剂外，Al_2O_3 还可作为一种能够催化经典有机反应的多相催化剂。如图 3.12 所示，Bhaumik 等[34]用 P123 作结构指示剂合成了介孔氧化铝材料 MPA-1。这类物质在其表面存在大量酸性和碱性中心，可作为醛缩聚与丙二腈反应的催化剂，并能在较高的收率下得到不同取代基的亚苄基丙二酸。进一步，如果原料是二腈产物，这种方法同样适用于合成重要的香豆素骨架衍生物。

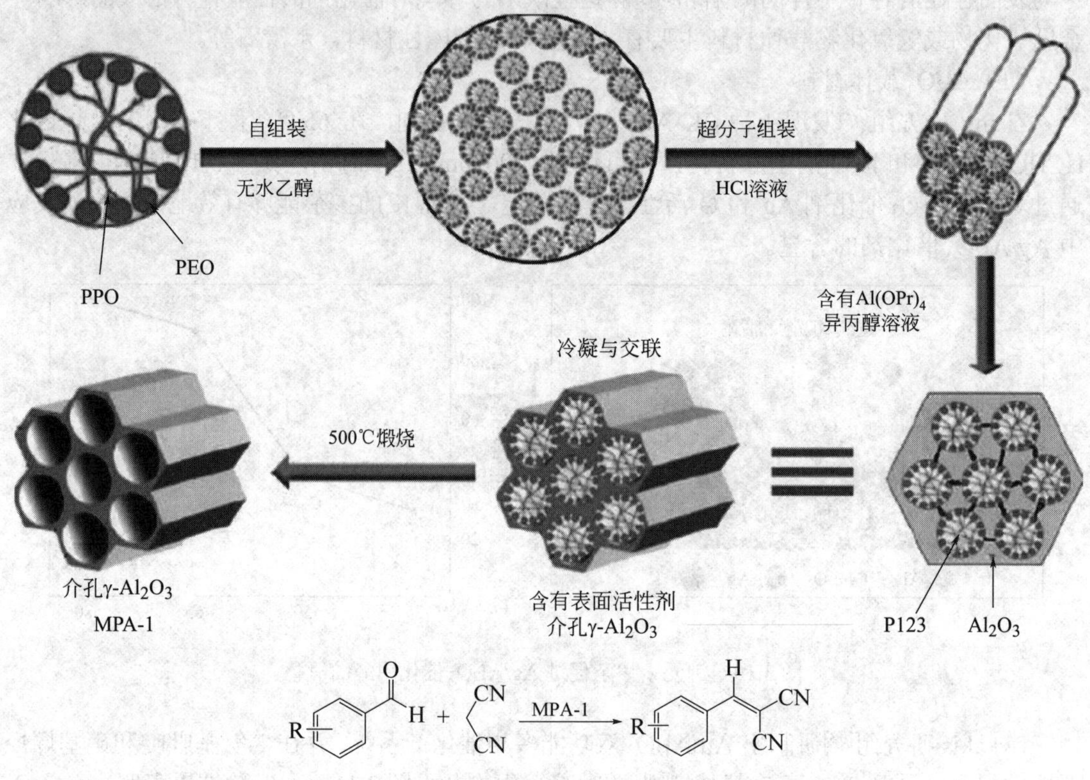

图 3.12 介孔γ-Al_2O_3材料的制备及其催化的 Knoevenagel 缩合反应

（2）Fe_3O_4载体材料

另外一类重要金属氧化物是以Fe_3O_4为载体的磁性纳米材料。磁性材料因其本身特有的物理和化学特点，在化学、材料、生物技术等各个领域拥有普遍的运用。特别是在有机催化剂层面，可选用功能重组、外加磁场等方式，回收磁性催化剂，使分离效率大大提高。Park 等[35]利用 $Fe(CO)_5$ 的热解和 $Pd(OAc)_2$ 的还原，随后将 Au 纳米微粒负荷于 Pd-Fe_3O_4 载体得纳米催化剂（图 3.13）。结果显示，制取的催化剂 Au/Pd-Fe_3O_4可合理地催化对苯乙炔和邻碘苯胺的串联反应生成了 2-苯基吲哚化合物。在此基础上，运用外磁场效应，可对 Au/Pd-Fe_3O_4多组分催化剂开展分离和回收 3 次，使催化剂活性长期保持。

相似地，如图 3.14 所显示，Gao 和 Sun 等[36]设计开发了 Ag/Cu@Fe_3O_4纳米材料催化剂，Fe_3O_4 作为载体，L-赖氨酸作为连接体。催化剂能高效地催化对硝基酚的还原，且所制取的材料具备磁性，能够在催化剂体系中回收 6 次之上。

磁性 Fe_3O_4能够便捷地根据功能性材料层修饰，进而提升磁性载体材料的类型。Cai 等[37]用 Fe_3O_4磁性材料表层覆盖一层 SiO_2材料，再将 2-(二苯膦基)乙基三乙氧基硅烷与 AuCl 反应，合成 Fe_3O_4@SiO_2-P-AuCl 催化剂，如图 3.15。在常温状态下的二氯甲烷中，乙基汉斯酯为氢源，Fe_3O_4@SiO_2-P-AuCl 能够催化苯甲醛的还原胺化反应，在中性条件下可获得其他取代基的胺。在外磁场中，多组分催化剂可以达到 10 次之上的重复利用。

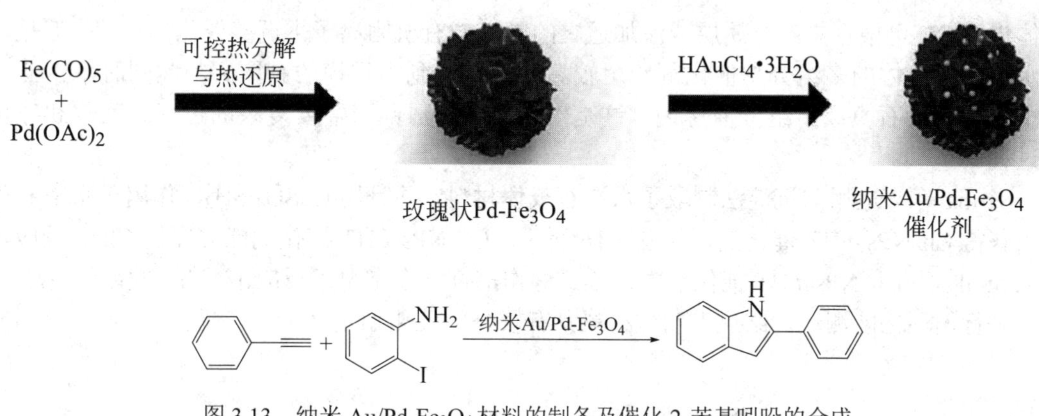

图 3.13　纳米 $Au/Pd\text{-}Fe_3O_4$ 材料的制备及催化 2-苯基吲哚的合成

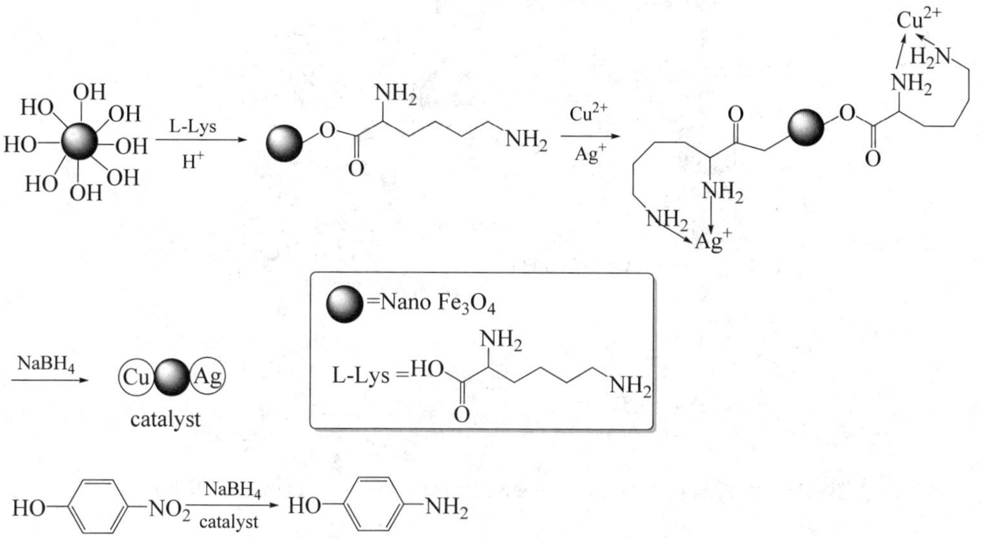

图 3.14　$Ag/Cu@Fe_3O_4$ 磁性纳米材料的制备及催化

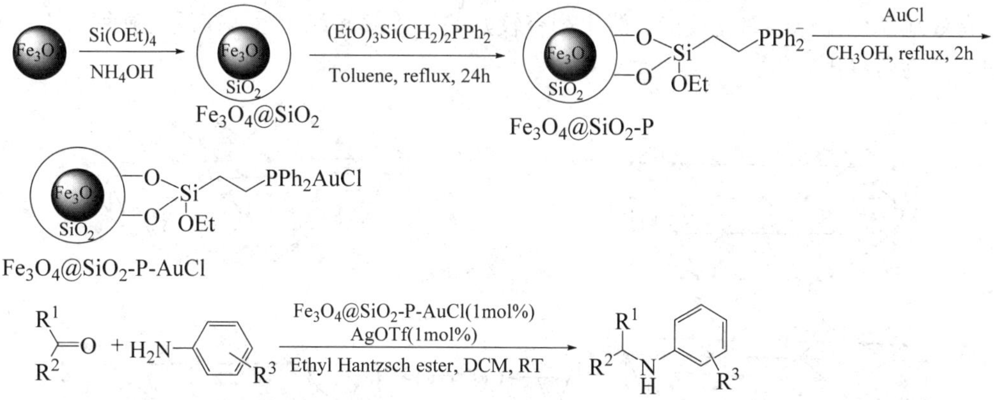

图 3.15　$Fe_3O_4@SiO_2\text{-}P\text{-}AuCl$ 的制备及其对还原胺化反应的催化

（3）水滑石载体材料

层状双金属氢氧化物（水滑石）材料因其特性而变成了一类适用于制取多组分催化剂的

载体材料[38]。可根据更改金属层或添加适宜的无机或有机阴离子来调整催化活性[39]。但是，以水滑石为载体的多组分型催化剂费用较高，难以达到大规模的制取。与此同时，工业上极少选用水滑石负载多组分催化剂，这是由于要获得成品时需要复杂的过滤、回收和净化全过程。

Sarma 等[40]运用共沉淀法制取了水滑石载体材料，并且用 $CuSO_4 \cdot 5H_2O$ 作用于水滑石载体，获得 Cu NPs@HT 催化剂，如图 3.16 所示。Cu NPs@HT 催化剂能够催化 Click 反应，在 0.4mol%的 Cu NPs@HT 催化剂中，乙二醇作溶剂，在室温下反应 1～3h，收率达 97%。对其进行循环性能测试，结果表明该材料具有较好的催化稳定性。

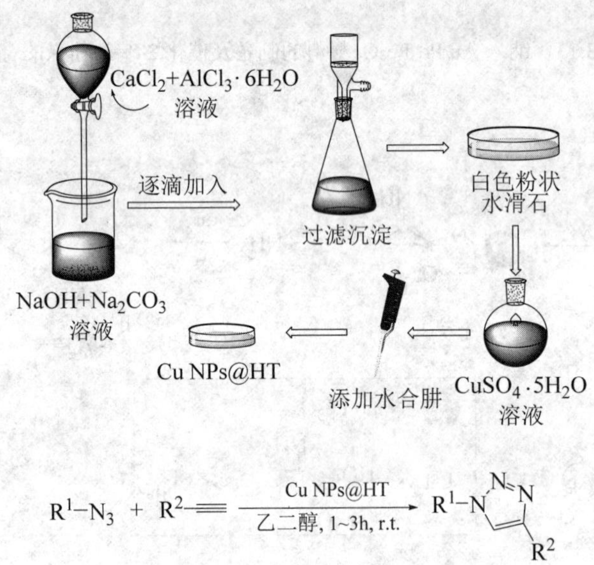

图 3.16　水滑石负载的催化剂 Cu NPs@HT 的制备及其催化的 Click 反应

Sakthivel 等[41]用溶胶-凝胶法制备了含有硅酸盐的 CoCr-HTSi 型催化剂，如图 3.17 所示。在少量 CoCr-HTSi 催化剂的作用下，用 30% H_2O_2 作氧化剂，乙醇为溶剂，在 70℃、12h 内能有效地催化环己烯氧化反应。催化剂有较好的回收率和稳定性，在反应过程中不会有明显的活性物质浸出。

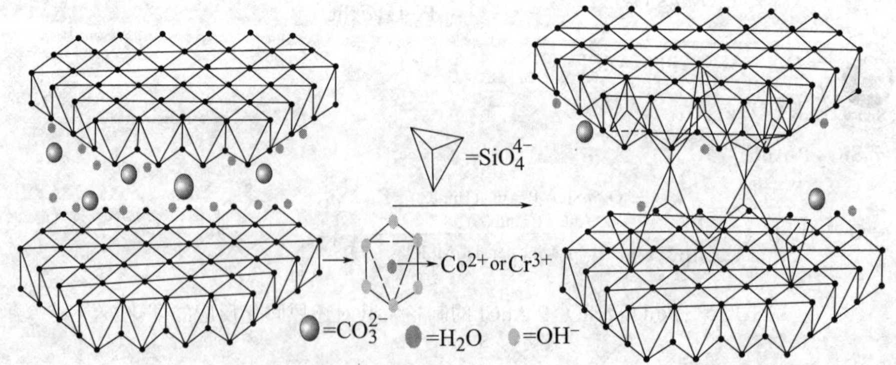

图 3.17　硅酸盐嵌入的钴铬水滑石 CoCr-HTSi 的制备

研究表明，以金属氧化物或氢氧化物为载体的无机载体材料，如沸石分子筛、Al_2O_3、Fe_3O_4 等，已被普遍地运用于多相催化剂各个领域。且作为载体材料可合理回收，降低了均相贵金属催化剂的使用成本，合成的金属催化剂在运用期内还可重复利用。但其生产工艺流程较为复杂，必须运用昂贵的变质剂，因此生产多相催化剂时，不要忽视载体本身的成本。

3.4 碳载体材料催化剂

一般用于制备多相催化剂的另一种载体是以碳为基体的。碳载体材料催化剂具有很高的表面积、优良的理化可靠性、优良的导电性能，在多相催化剂中取得了普遍的运用。最开始是在 1985 年，由 H. W. Kroto 等人[42]首次研究发现的。随后，碳素材料愈来愈获得重视。1991 年，Sumio Iijima 课题组[43]在 *Nature* 上发表了一篇碳纳米管（CNT）的文章，这一报道立即引发了强烈反响。2004 年，英国科学家顺利地将石墨烯从石墨中移除[44]，又一次促进了碳材料的科学研究。近期，愈来愈多的研究人员把研究核心放到碳材料及其化合物上。碳纳米管[45]、碳纳米球[46]、碳纳米负离子[47]、碳笼[48]、碳纳米棒[49]、碳纳米纤维[50]等不同构造的碳材料已被广泛研究，它们被普遍用于多相催化剂的科学研究。以 Asakura 等[51]的研究为例，选用共浸法制取了 Ru_2Fe_1/CNT 催化剂，其示意图见图 3.18。根据对碳纳米管表面氧化铁的协同效应，催化剂可得到接近 100%的转化率，选择性大于 75%，是一类新型 Ru-Fe 双金属碳基多相催化剂。在较为温和的条件下，催化甘油用以制造乙二醇。催化性能稳定，持续使用 5 次以上，仍能保持活性。

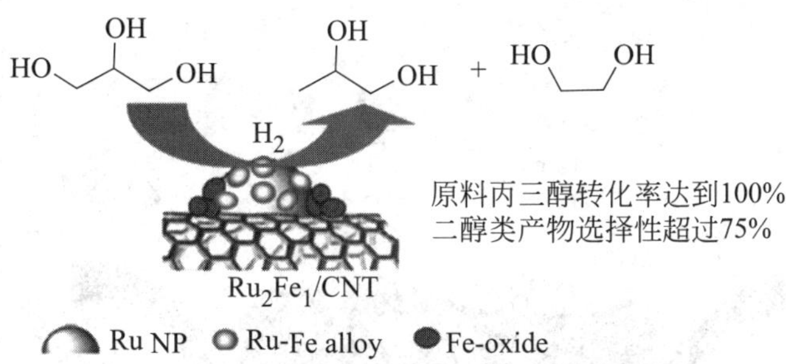

图 3.18　Ru/CNT 和 RuFe/CNT 的制备以及其在甘油水解过程中的催化行为

Feng 等[52]以碳纳米管为支承材料制取 RuO_2/CNT，并选用薄层硅封装（见图 3.19）。经各种特征科学研究，证实在 RuO_2/CNT 表面产生了硅胶防护层，可合理地阻拦高温碳纳米管的聚集。在醇氧化脱氢过程中，催化剂具备优良的耐热性和活性。

石墨烯是当今材料研究的热门研究领域，在多相催化行业有着普遍的运用。比如，Sasaki 的研究组[53]将 Pd 纳米微粒负载于具备氨基功效的石墨烯表层，制备了 Pd@APGO。氨基化修饰后的石墨烯表面具有较高的电子密度，这主要是因为氨基给电子的功效，促使被载的 Pd 粒子更为稳定、分散化。根据对催化剂开展活性检验，获得的催化剂 Pd@APGO 可以高效地催化碘苯与苯硼酸的偶联反应（见图 3.20）。对催化剂开展回收率的试验，确保了催化剂最少循环 5 次，且催化剂维持在较高活性[54]。

2015 年，Chang 等人[55]在含 Fe 和 N 的空心碳纳米球中引入 Pd/Fe-N/C 多相催化剂。此多相催化剂可催化苯乙炔的不完全氢化反应，在标准条件下无需添加任何添加剂。此外，该催化剂因为有合理的耐高温性能，因此有良好的回收率。

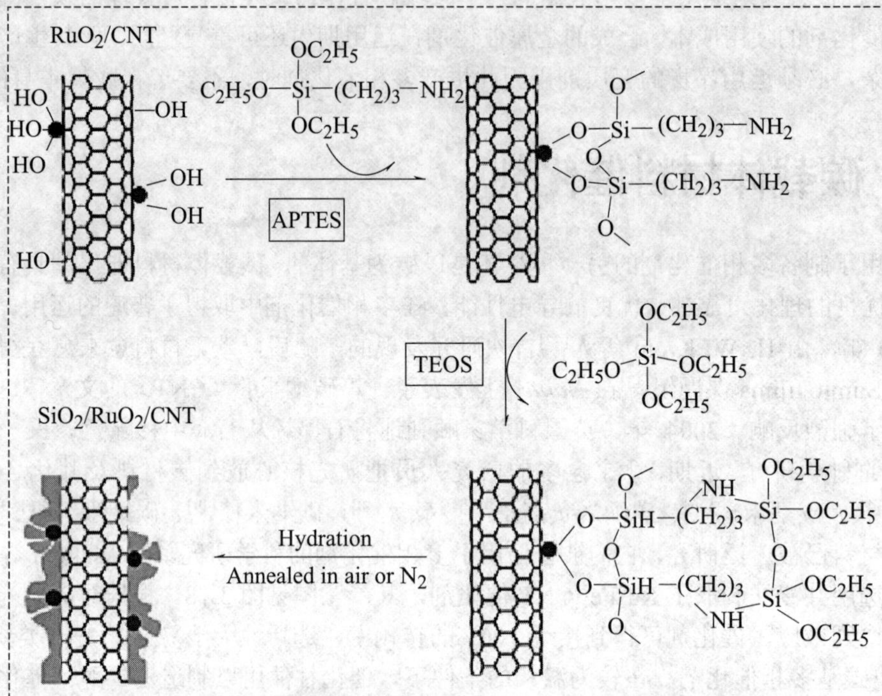

图 3.19　RuO_2/CNT 纳米材料表面包覆一层二氧化硅示意图

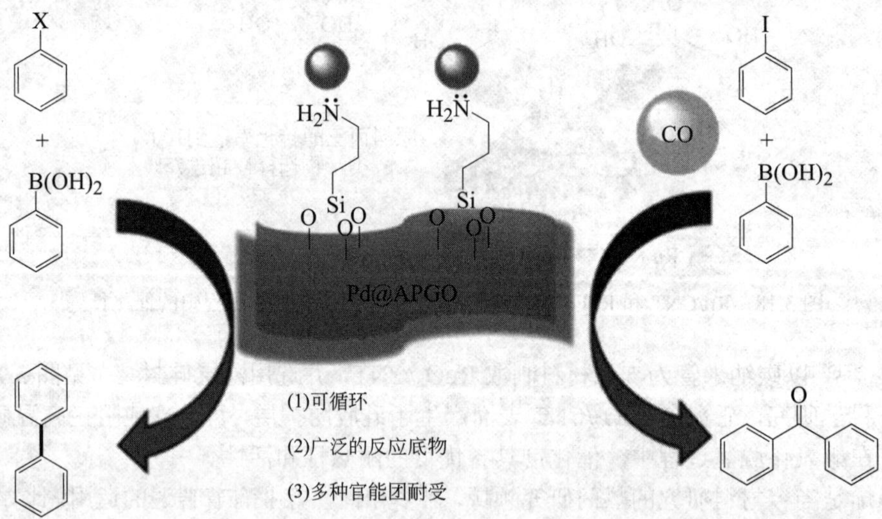

图 3.20　Pd@APGO 催化碘苯与苯硼酸的偶联反应

3.5　有机聚合物材料催化剂

用二乙烯苯、氯甲基苯乙烯、苯乙烯交联成树脂（Merrifield 树脂）作为载体制得的催化剂引起了人们的广泛关注。该类催化剂具有较高的比表面积、优良的催化活性、耐酸性、耐碱性等物理、化学性能[56]。通常状况下，有机高分子材料涉及：超交联聚合体(HCP)[57]、自含微孔聚合体(PIM)[58]、共价聚合体[59]、多孔聚合体(CMP)[60]。共价聚合体主要包括三嗪类化合物骨骼（CTF）[61]、多孔芳香性骨骼（PAF）[62]等。此外，伴随着近些年来人类对绿色能源和可持续发展的关注，开发设计环保型、可回收的生物基聚合物载体材料，已变成设计、合成新催化剂的重要发展趋势。近几年来，研究者们变得越来越注重运用如壳聚糖、木素、环糊精、纤维素和其它自然有机高分子为载体，比如作物、树木等植物和工业废料，制作多相催化剂[63]。总体而言，这类载体材料具备环保、质优价廉、易溶解、对环境无污染的特性，并且原料可以再生、可以生物降解。

3.5.1 有机多孔聚合物材料催化剂

顾彦龙课题组[64]利用烷基化法生成了高交联型的中空聚纳米球体，并将酸碱位固定于纳米球体内外表层。HCP-A-B 兼有酸、碱两种催化活性，如图 3.21。经一系列研究结果表明，多相催化剂可合理地催化一锅两级串联反应(Henry 反应)和 Knoevenagel 反应。这类催化剂能有效地催化二氢吡喃衍生物的水解和开环反应，合成环己烯酮，如图 3.22。在催化反应过程中，双功能 HCP-A-B 催化剂不仅表现出优异的催化活性，还具有良好的可循环使用性。在 10 次循环使用后，发现该催化剂仍保持良好的催化活性。

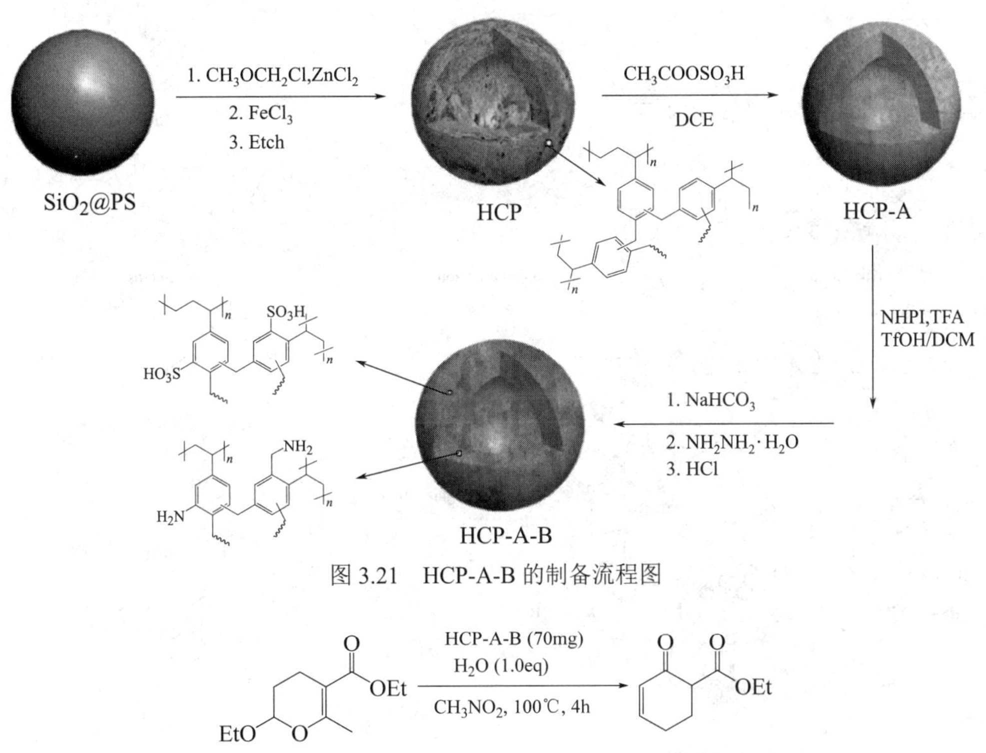

图 3.21 HCP-A-B 的制备流程图

图 3.22 HCP-A-B 催化二氢吡喃衍生物的水解和开环反应

顾彦龙课题组[65]采用 Friedel-Crafts 烷基化反应，用苯和三苯基膦（PPh_3）为单体，用配位法制备了超交联聚合物 HCP-PPh_3。如图 3.23 所示，三苯基膦配体再与 Ru 配合物反应，形成 HCP-PPh_3-Ru 多相催化剂，它能催化苯乙酮与 NH_4OAc 的环加成反应，并与正丁基乙烯基醚进行了重氮二氯二甲基反应。对所选的模型反应，催化剂可重复使用几次，活性依然保持不变。

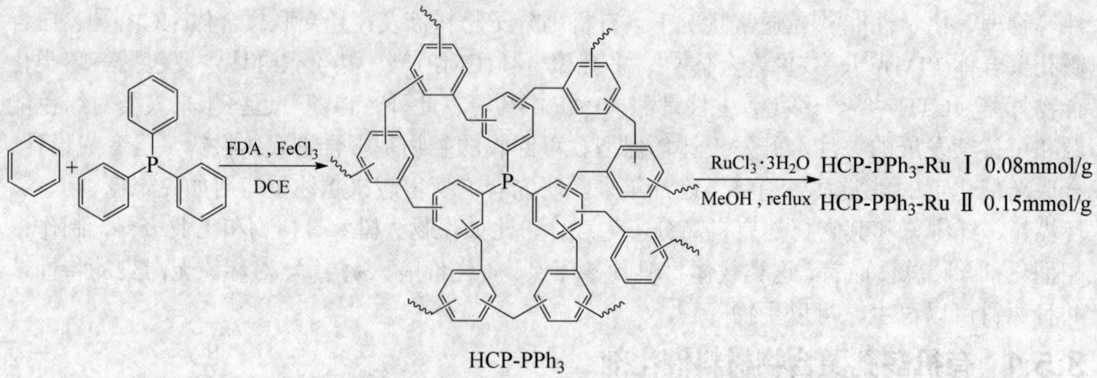

FDA, $FeCl_3$

DCE

$RuCl_3 \cdot 3H_2O$

MeOH, reflux

HCP-PPh_3-Ru Ⅰ 0.08mmol/g

HCP-PPh_3-Ru Ⅱ 0.15mmol/g

HCP-PPh_3

图 3.23　HCP-PPh_3-Ru 催化剂的制备过程

Kim 研究组[66]用 Friedel-Crafts 溴甲基化法，以菲、亚硫酸盐、溴（甲氧基）甲烷进行自聚合 3D 碳纳米晶体得到了溴乙基的芳环聚合物——HCP@CH_2Br 催化剂（见图 3.24）。通过检测，发现催化剂包含微、中、大孔等分级孔型。HCP@CH_2Br 材料外壁未反应的溴乙基能够催化吲哚、醛类的亲电性取代反应，并能在较高的收率下得到二吲哚甲烷衍生物。该催化剂制作简单，且稳定性好、回收率高。

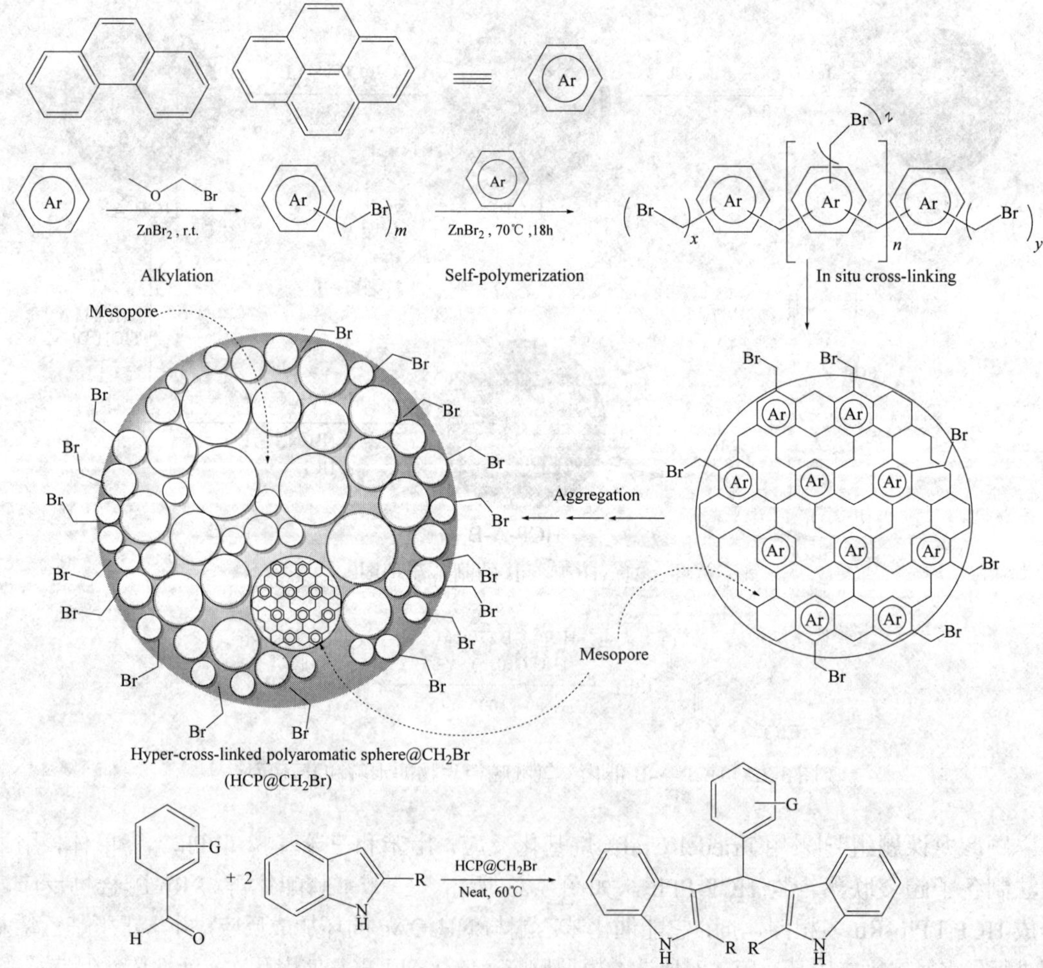

图 3.24　HCP@CH_2Br 催化剂的制备以及其催化二吲哚甲烷衍生物的合成

Ye 课题组[67]在 2018 年利用活性氟代芳香类单体与 5,5′,6,6′-四羟基-3,3,3′,3′-四甲基-1,1′-螺双茚满（TTSBI）反应，制备得 PIM-N 或 PIM-P，见图 3.25。利用表面氨基和 Pd 的配位性质，可制备 Pd 金属络合物，用于有效地催化苯基硼酸-溴苯的 Suzuki–Miyaura 偶联反应。很遗憾，在第一个反应周期结束之后，催化剂的催化活性明显降低。其原因在于 Pd 纳米粒子在反应过程中的还原与团聚。

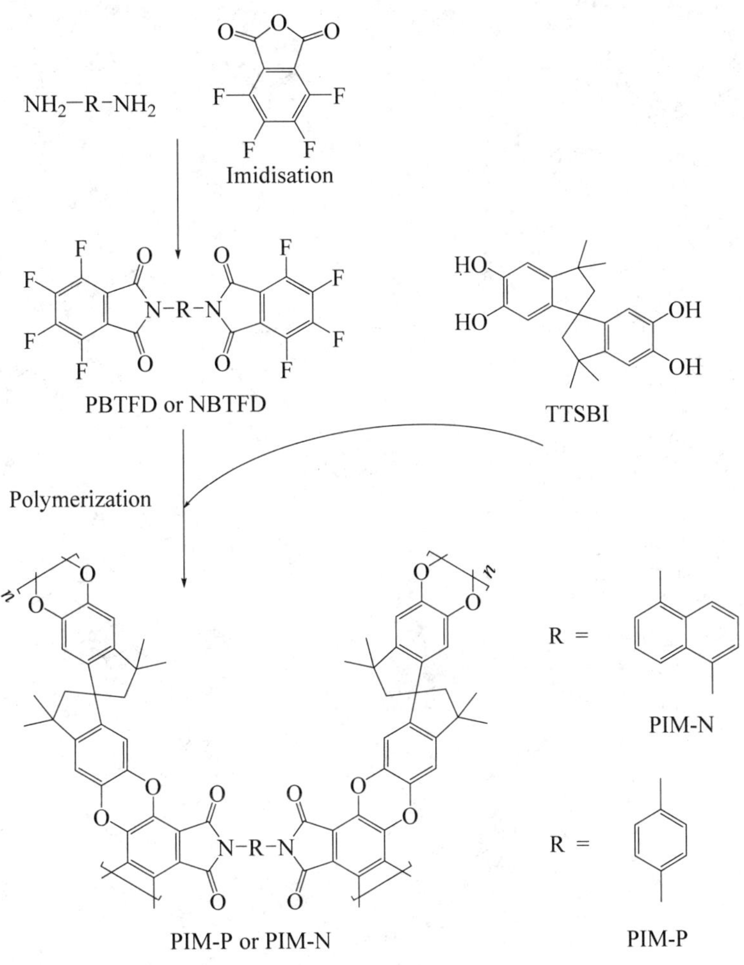

图 3.25 氟化的 PBTFD 或 NBTFD 制备自聚微孔聚合物的过程

从图 3.26 可以看出，Jiang 课题组[68]将含醛基的芘化合物（TFPPy）和 2,6-二氨基蒽醌（DAAn）单体组合成共价有机骨架（Py-An COF），用此载体催化剂能有效地催化 *N*-取代马来酰亚胺化合物和 9-羟甲基蒽醌的[4+2]加成反应。催化剂循环使用 4 次，仍然保持较好的活性。

Li 研究小组[69]利用包含手性中心的 1,1′-联萘-2,2′-双二苯基膦衍生物与其它炔类化合物的偶联反应制备了一系列不同比表面积的载体（图 3.27）。在负载 Ru 活性物质的情况下，可以有效地催化 β-酮酯的不对称氢化反应。

Voort 的研究组[70]发现 4,4′-丙二酰基二苯腈在熔融 $ZnCl_2$ 的催化作用下，得到乙酰丙酮

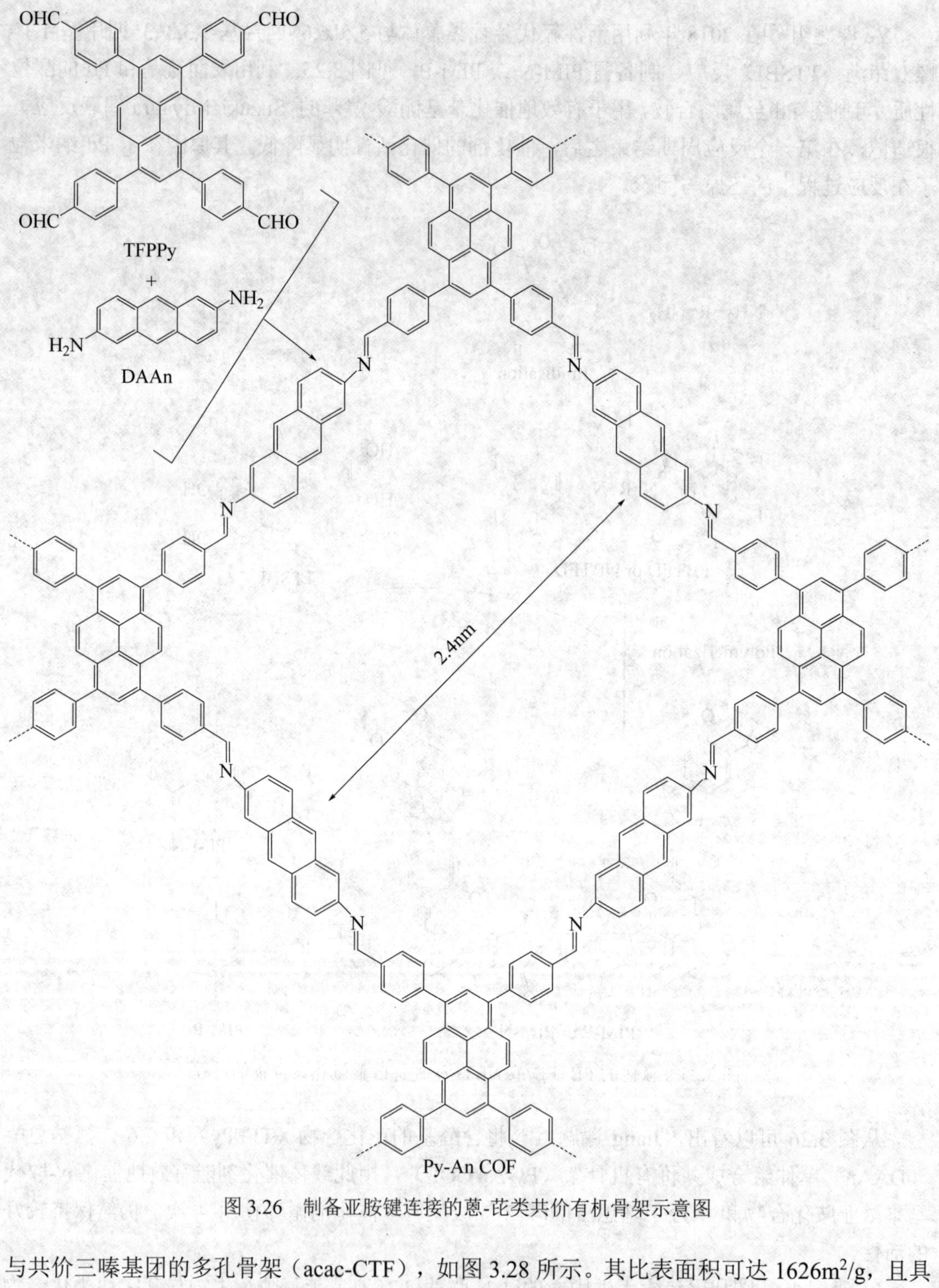

TFPPy

+

DAAn

2.4nm

Py-An COF

图 3.26　制备亚胺键连接的蒽-芘类共价有机骨架示意图

与共价三嗪基团的多孔骨架（acac-CTF），如图 3.28 所示。其比表面积可达 $1626m^2/g$，且具有良好的 CO_2 和 H_2 存储性能[CO_2:3.30mmol/g, 273K, 1bar; H_2: 1.53%(质量分数), 77K, 1bar]。V@acac-CTF 催化剂是通过在 acac-CTF 上负载 $VO(acac)_2$ 复合物得到的。该催化剂在温和条件下能有效催化 *N*-甲基-*N*-氧化吗啉和萘酚类化合物反应。反应催化剂可反复使用，活性不降低。

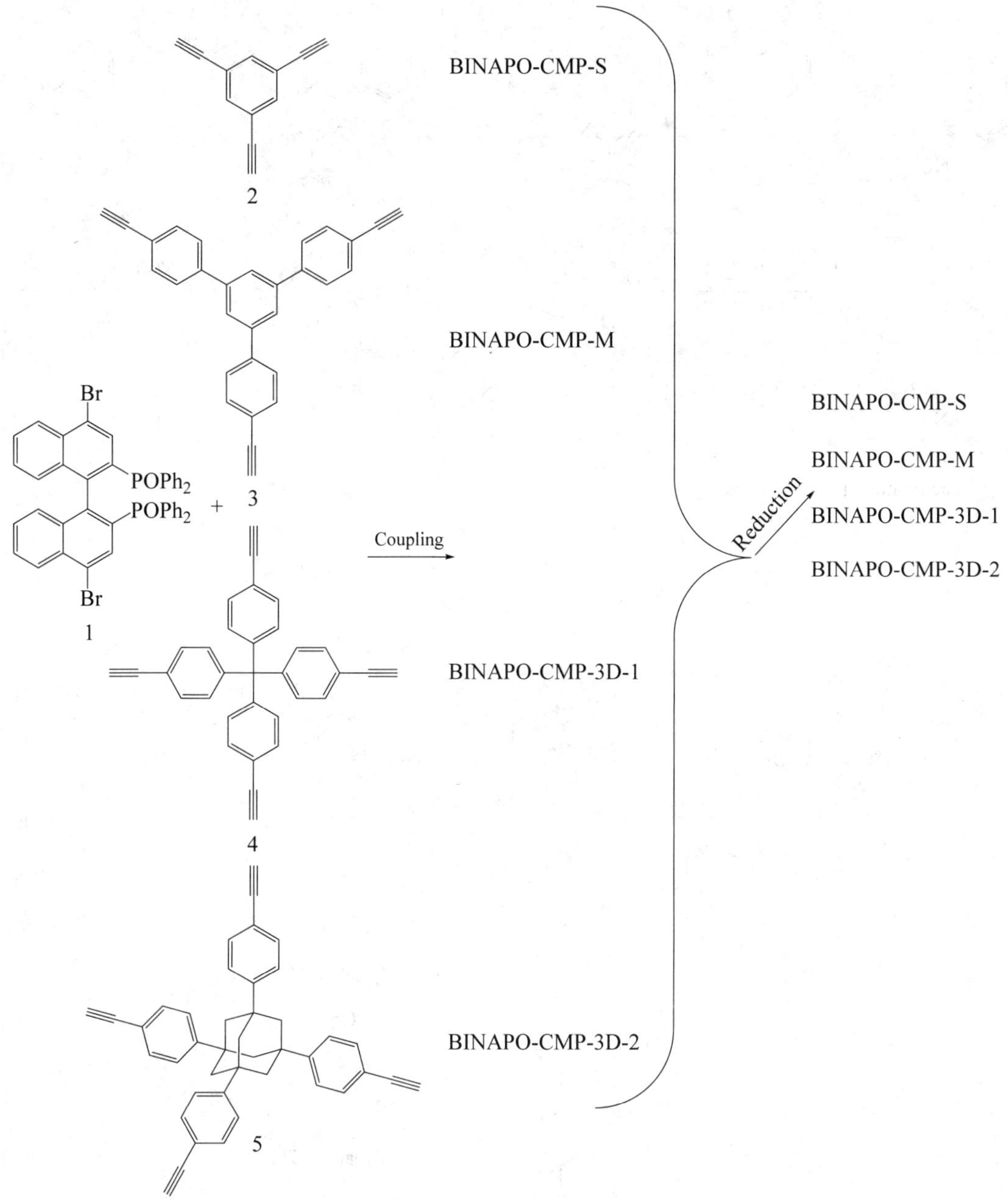

图 3.27　制备手性 BINAP-CMPs 催化剂的示意图

3.5.2　聚离子液体材料催化剂

聚离子液体（poly ionic liquid）是由离子液体单体聚合而成的一类离子聚合物，它可以同时包含阴离子和阳离子两种类型。由于克服了离子液体的流动特性，结合了离子液体和聚合物的优点，是目前高分子科学中的一个研究热点[71]。由于形状容易控制，因此在高分子化学、电化学、材料科学以及能源科学等领域中得到了广泛应用[72]。

Gao 课题组[73]以 *N*-乙烯基咪唑盐类离子液体和丙烯酸钠与二乙烯基苯交联，如图 3.29 所示，形成了聚离子液体物质 P[VBIM][AA]-10%。实验结果表明，该聚离子型液体材料有较好的溶胀性，可有效催化苯胺与碳酸亚乙酯反应合成 2-唑烷酮衍生物。聚离子型液体材料以

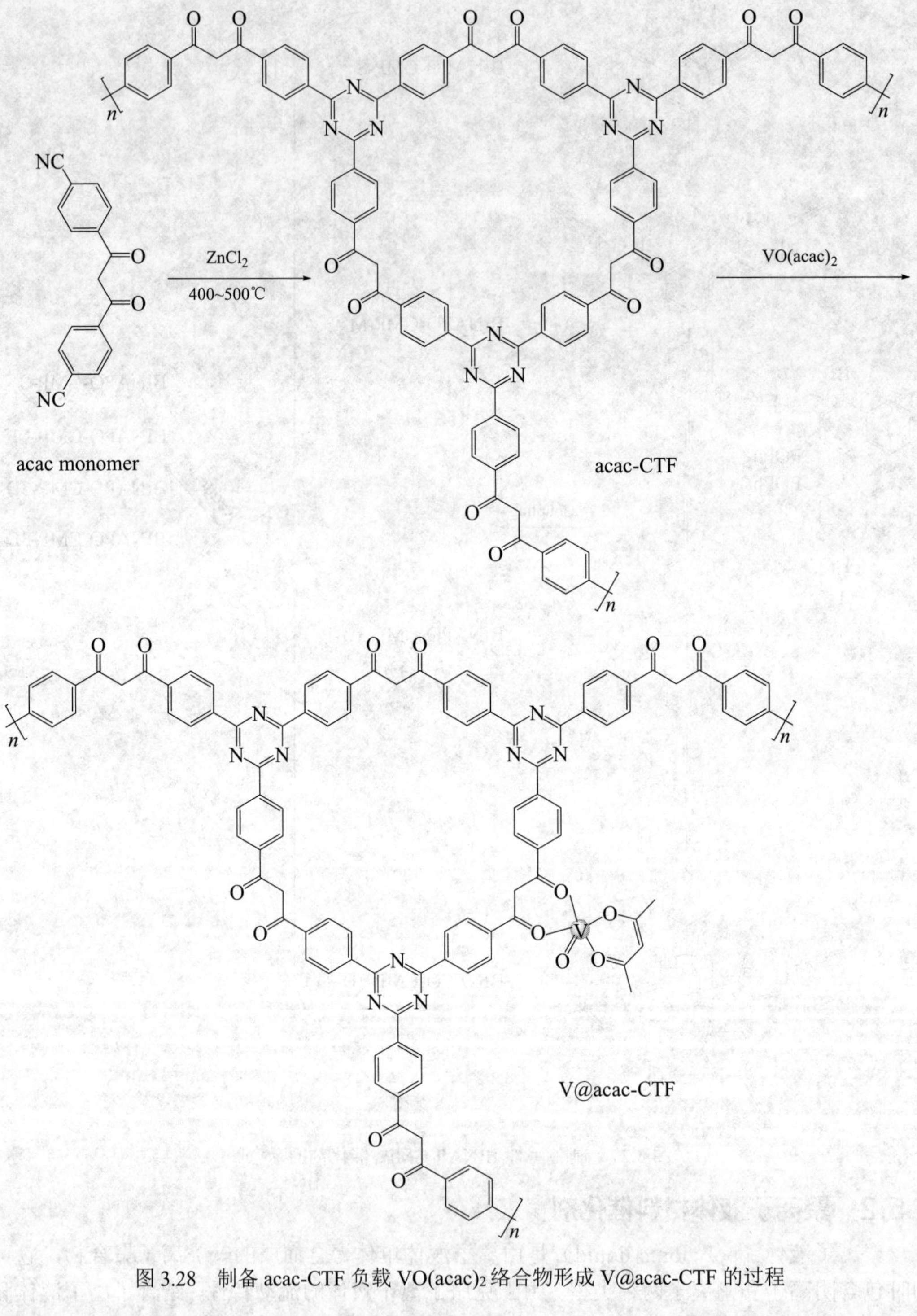

图 3.28　制备 acac-CTF 负载 $VO(acac)_2$ 络合物形成 V@acac-CTF 的过程

其优良的溶胀性，在催化过程中表现出“准均相”特性，同时可回收多相催化剂，有一定的实用价值。

Guan 等[74]以 1-乙烯基-3-(3-磺丙基)咪唑硫酸氢盐为原料，用 Fe_3O_4 作为硬模板剂，合成出大孔 3-磺丙基咪唑硫酸氢盐类化合物框架材料，见图 3.30。催化剂能有效地催化油酸和乙醇的酯化，且可反复回收利用，活性不降低。

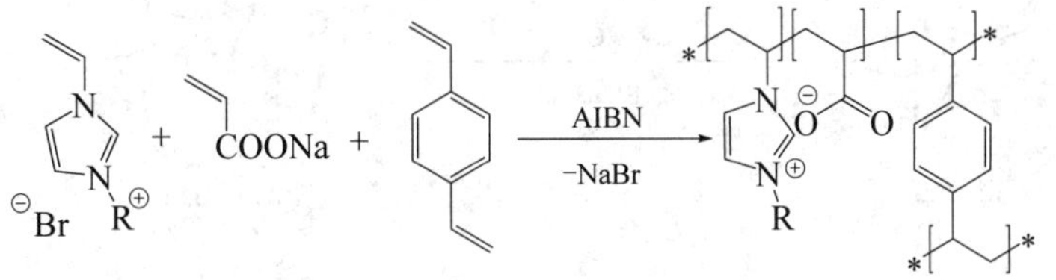

R=ethyl , 2-hydroxylehyl , *n*-butyl , *n*-hexyl , *n*-octyl

图 3.29　一步法制备交联聚离子液体示意图

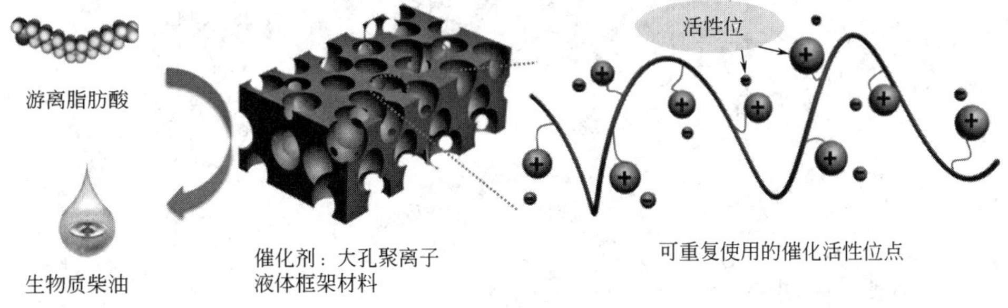

图 3.30　以 Fe_3O_4 为硬模板剂制备大孔聚离子液体示意图

3.5.3　生物质天然高分子聚合物载体材料催化剂

生物质型纯天然高分子载体材料是自然界中可再生资源，其成本低、易得、无毒、可回收，具备催化剂的性质稳定性、耐酸碱、防水性能良好特性。现阶段，高效率催化剂的活性优势日益受到人们的重视[75]。

壳聚糖类天然聚合物材料在酸性溶液中可表现出阳离子的性质，对金属离子具备良好的亲和力，因此被广泛应用于制备和设计非均相金属催化剂。举例来说，Li 研究组[76]使用一锅法合成了壳聚糖载 Pd 磁性纳米粒子催化剂，如图 3.31 所示。此类催化剂能够高效地催化硝基苯的氢化反应，催化剂在化学反应结束后能够分离、回收重复使用。

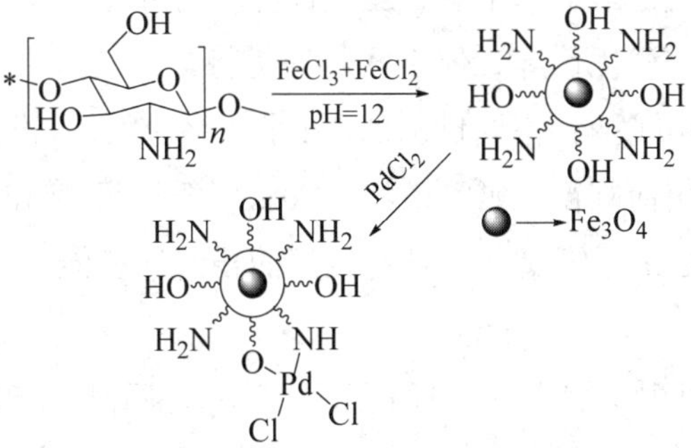

图 3.31　CS-Fe_3O_4-Pd 催化剂的制备过程示意图

Taran 等[77]利用生成的亚胺键，将壳聚糖与不同种类的醛反应，随后再引入 Cu 金属络合物（图 3.32），制备的催化剂能够高效地催化 Huisgen [3+2]的环加成反应。从绿色化学角度出发，载体材料可连续使用，使这种催化剂具有较高的应用价值。

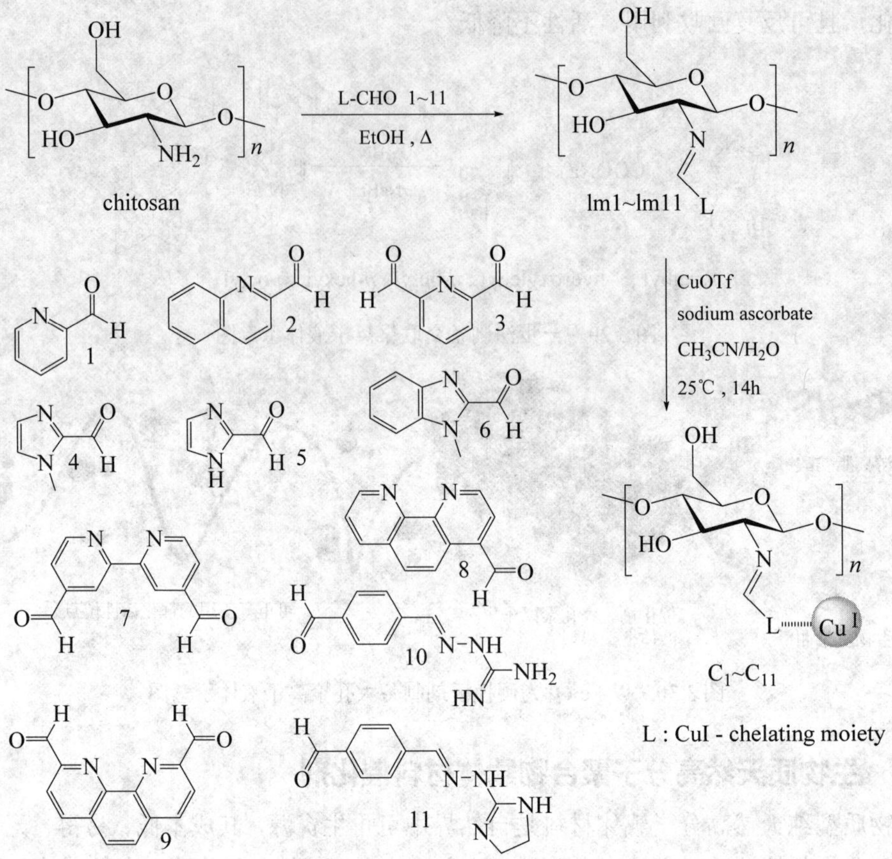

图 3.32　功能化壳聚糖材料负载的 Cu 非均相催化剂制备过程示意图

纤维素是一类天然高分子材料，是全世界储藏量最充足的纯天然材料，是一类具生物相容性的可再生资源。比如，Maleki 科学研究小组[78]选用纤维素作为金属络合物的载体材料，根据原位合成得到了催化剂 γ-Fe_2O_3/Cu@Cellulose（图 3.33）。催化剂能在常温、无溶剂前提下高效率催化乙酰乙酸乙酯、苯甲醛、乙酸铵等多组分化学反应，制取 1,4-二氢吡啶类化合物。本研究具有环保、质优价廉、便于回收等优势。

Stiriba 课题组[79]合成了两种不同价态的 Cu 金属络合物，如图 3.34 所显示，由与纯天然纤维素材料之间相互作用而制得。实验说明，$CuSO_4$-纤维素、CuI-纤维素能合理地催化水相 Click 化学反应。其中，CuI-纤维素材料具备良好的稳定性和催化活性，能够重复使用 5 次之上，催化剂活性不变。

Sui 课题组[80]发现可由 γ-缩水甘油醚氧丙基三甲氧基硅烷、聚多巴胺与纳米纤维素偶联剂等相互作用而制取纤维素载体材料（图 3.35）。根据系统的表征和实验研究，发现该催化剂可以高效地催化 Heck 偶联反应。钯金属的浸出率几乎为零，催化剂便于与产物分离，并可反复多次使用。

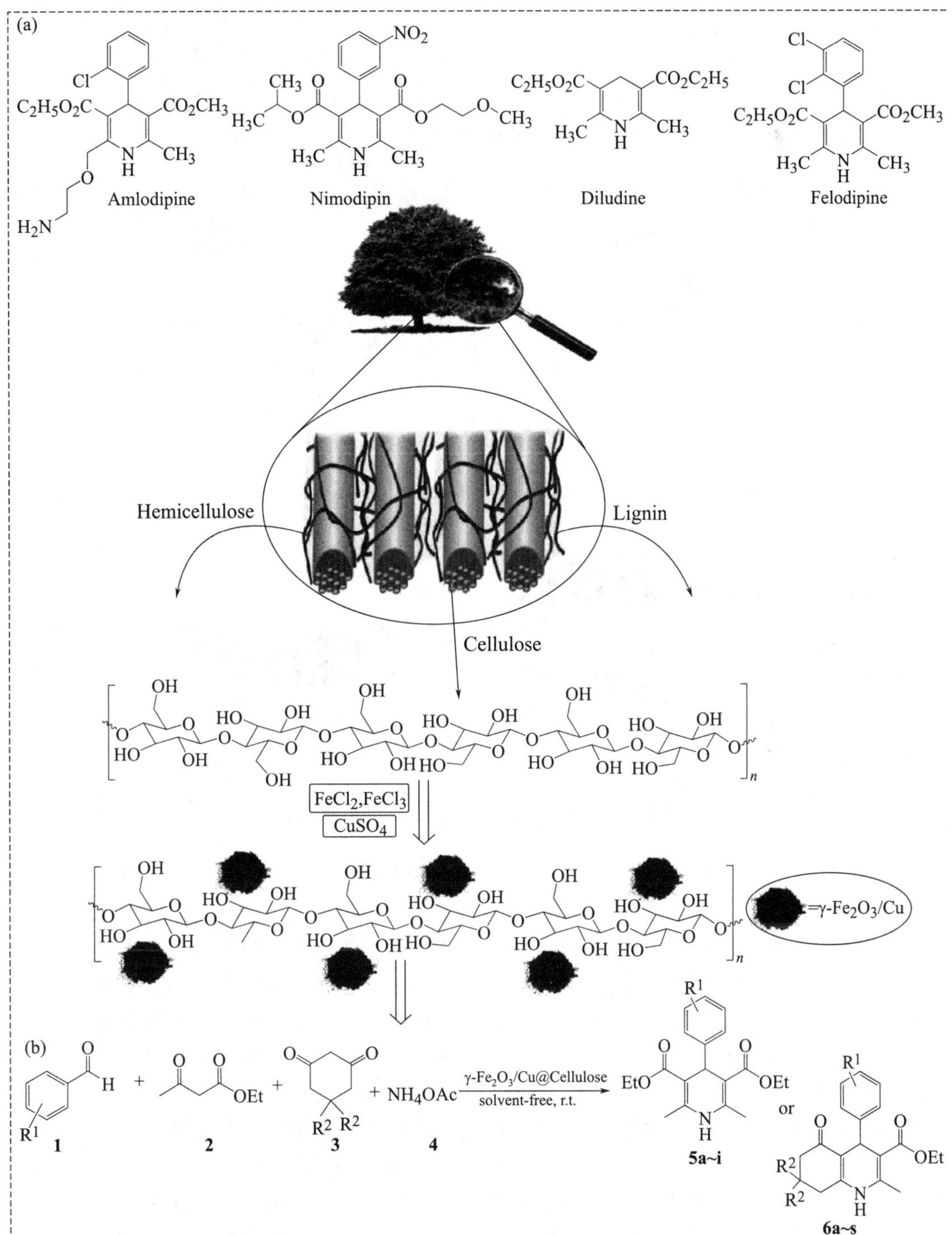

图 3.33　制备纤维素负载的磁性 Cu 催化剂 γ-Fe_2O_3/Cu@Cellulose 示意图

木质素是一类纯天然无定形高分子芳香性聚合物，它的分子结构由烷氧苯丙醇以及衍生物构成。木质素磺酸钠为造纸废渣，年产量 8000t[81,82]。木质素磺酸钠因为具备优良的黏附、分散、络合等特点，在各类工业中得到了普遍的运用。不仅如此，木质素材料在其骨架构造上具备多种功能性基团，有利于修饰，在多相催化剂的制备中有很多用途。例如，Lu 研究组[83]

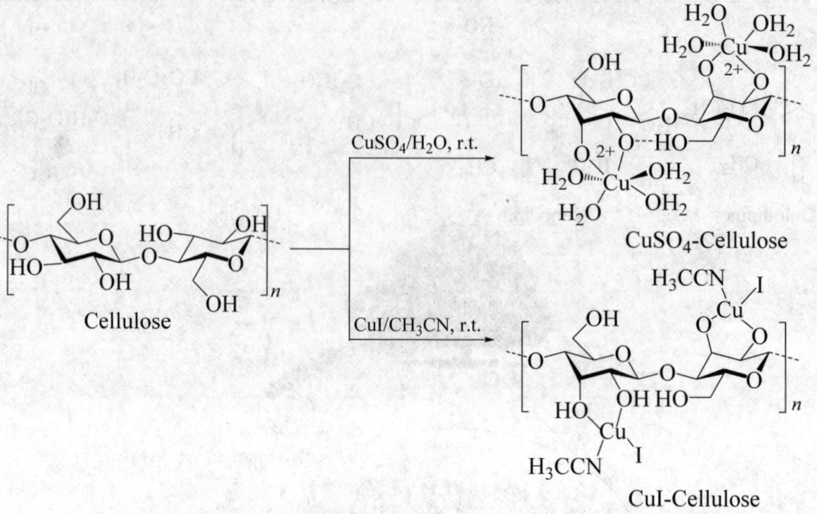

图 3.34 纤维素负载的两种铜多相催化剂制备过程

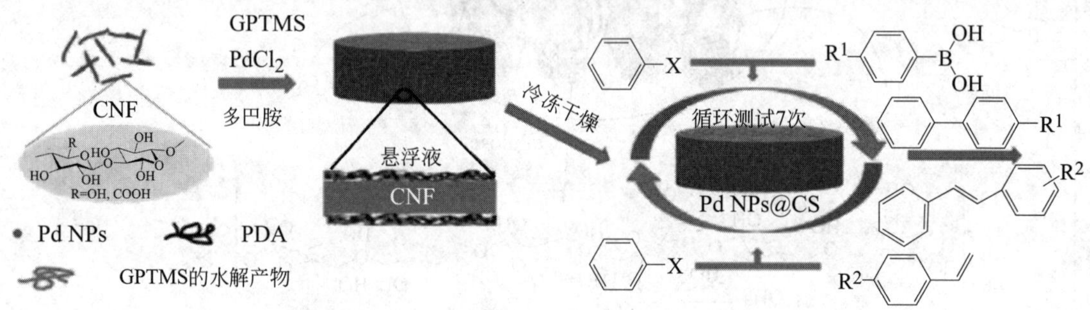

图 3.35 制备纤维素负载的 Pd 纳米催化剂示意图

制取了一类新型固体催化剂，它能高效地运用木质素负载的硫化亚铁，使纤维素高效地转化为乙酰丙酸。相比较商业化的催化剂二正己基-二氰亚甲基取代的并四噻吩醌式化合物（CMHT），该催化剂表现出更高的催化活性，为开发新型木质素载体的多相催化剂提供了思路。另外，还可运用异源木质素催化剂对 CO_2 开展化学固定。2013 年，Liu 等[84]合成了具备不同木质素和 KI 配比的固体催化剂，并运用于环氧化物与二氧化碳反应转化成环状碳酸酯。在 140℃、2MPa CO_2、无溶剂条件下，经 12h 反应，得到了 93%的碳酸酯收率。这类催化剂有有效的耐高温性，5 次应用后，其构造并没有明显转变。

1993 年，Mühlen 等[85]在特制的热重分析仪中利用木质素磺酸钠在各种试验条件下催化焦炭蒸汽气化。具体结果表明，木质素磺酸钠能明显地提升煤炭的蒸发效率。2013 年，Lee Dukhee 教授的研究小组[86]用木质素磺酸钠和硫酸作为磺化剂，合成了磺化碳材料，如图 3.36 所示。试验结果表明，原料中磺酸含量为 1.24 mmol/g，总酸基含量为 5.90mmol/g。此碳材料催化剂可以高效地催化环己烷甲酸和乙醇的酯化，产率达 98%，催化活性接近离子交换树脂。

2013 年，Wang 研究组[87]首次报道，以木质素磺酸钠和甲醛为溶剂、稀硫酸为助剂，合成了酚醛树脂材料。研究结果表明，所制得的材料表面含有—SO_3H、—COOH、—OH 等官能团，能有效地催化果糖糖苷键水解形成单糖。对纤维二糖水解催化剂的稳定性进行研究，催化剂通过 4 次反复使用，结果表明催化剂的回收率仍较高。这一策略可望利用廉价、容易

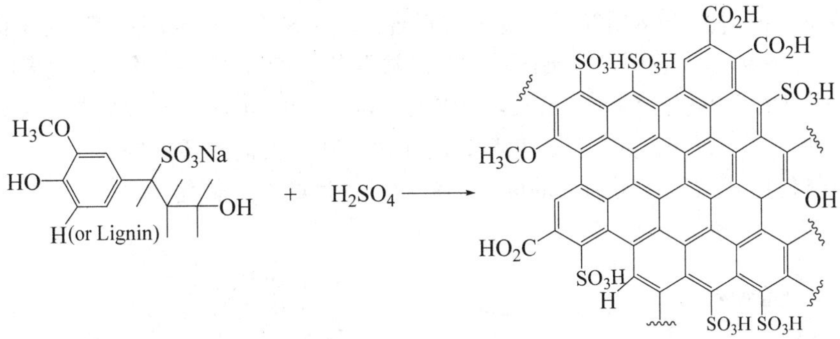

图 3.36　利用木质素磺酸钠制备磺化碳材料示意图

获得的工业废料，生产更有价值的产品，并且根据其功能的多样性，可应用于各种催化、吸附及离子交换工艺。张涛研究组[88]在 2015 年，用木质素磺酸钠和多种醛类进行苯酚的缩合制酚树脂材料。用一定浓度的硫酸液进行磺化，可以有效地催化 2-甲基呋喃和糠醛的烷基化反应，采用无溶剂加氢脱氧（HDO）转化成柴油。研究结果表明，由于其高的酸度，催化活性、催化效率及稳定性都比 Amberlyst 树脂高。该研究小组还于 2018 年报道[89]，采用木质素磺酸钠和甲醛的水溶液合成了一种酚醛树脂作为固体酸催化剂，可有效地催化果糖脱水反应产生 5-羟甲基糠醛（HMF）。用甲醛和木质素磺酸钠合成的 LF 类树脂比多种市售催化剂性能优异，稳定性最好，收率可达 90%。催化剂催化性能稳定、热稳定性好，还可用于菊粉及其它廉价糖类的水解/脱水制备 HMF。酚醛树脂类材料的制备过程见图 3.37。

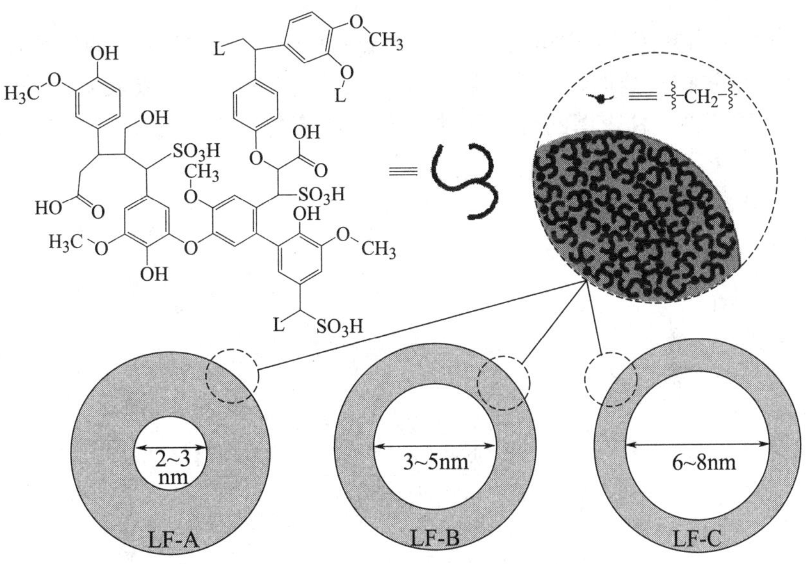

图 3.37　酚醛树脂类材料的制备过程

Milczarek 的科学研究小组[90]选用木质素磺酸钠作为还原剂和稳定剂，在水溶液中高效地合成了木质素磺酸钠和金纳米微粒的胶体材料（LS-Au NPs）。得到的 LS-Au NPs 不但可作为化学探针检验重金属的存有，也可作为拉曼光谱的表面信号放大器以及电催化剂等。2017 年，他们的研究组[91]以同样的方式合成了 LS-Ag NPs，该催化剂在甲基蓝、罗丹明 B 和吖啶橙的还原反应中表现出优异的活性。

2016 年，Pan 等人[92]运用简易沉淀法在混合溶剂中制取了 ZnO 片状阵列花状纳米材料（见图 3.38）。具体结果表明，木质素磺酸钠能够调节 ZnO 的形态，并造成很多的多孔 ZnO 结构，使其比表面积可以达到 82.9m^2/g。选用亚甲蓝(MB)的光解方式对纳米片状氧化锌的光催化特性开展了科学研究，具体结果表明，其在很小功率下仍具备良好的光催化活性。除此之外，在重复使用 4 次后，所制取的催化剂依然具备良好的光催化活性。

去除木质素
磺酸钠
木质素
磺酸钠
ZnO核
ZnO纳米片

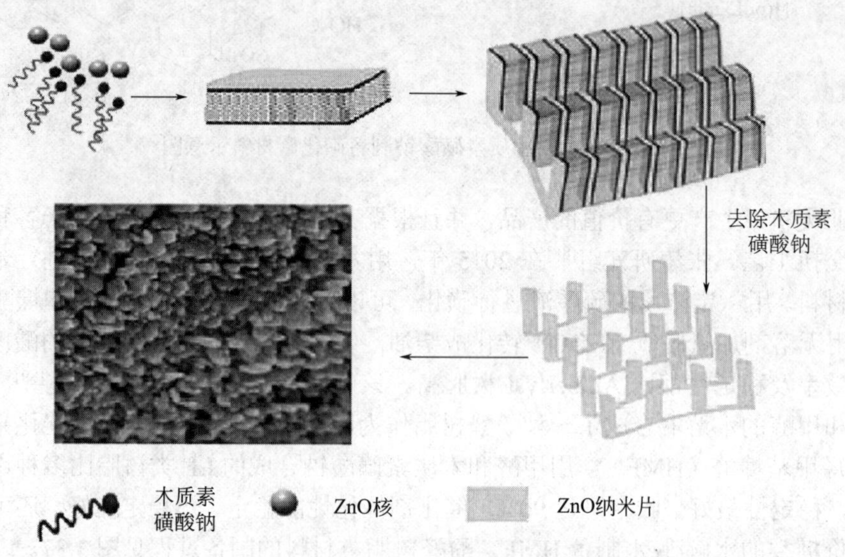

图 3.38　ZnO 纳米薄片制备示意图

Konwar 等[93]选用共沉淀法制取了木质素磺酸钠负载的双功能酸碱催化剂 LS-Cr、LS-Sn，并将该催化剂用于生物质基糖转换成呋喃类化合物（图 3.39）。结果表明，用 LS-Cr 作催化剂时，纤维素、葡萄糖、甘露糖的羟甲基糠醛/糠醛收率各自为 46.3%、60.4%、68.8%。还能够多次重复使用多相催化剂来防止金属浸出。

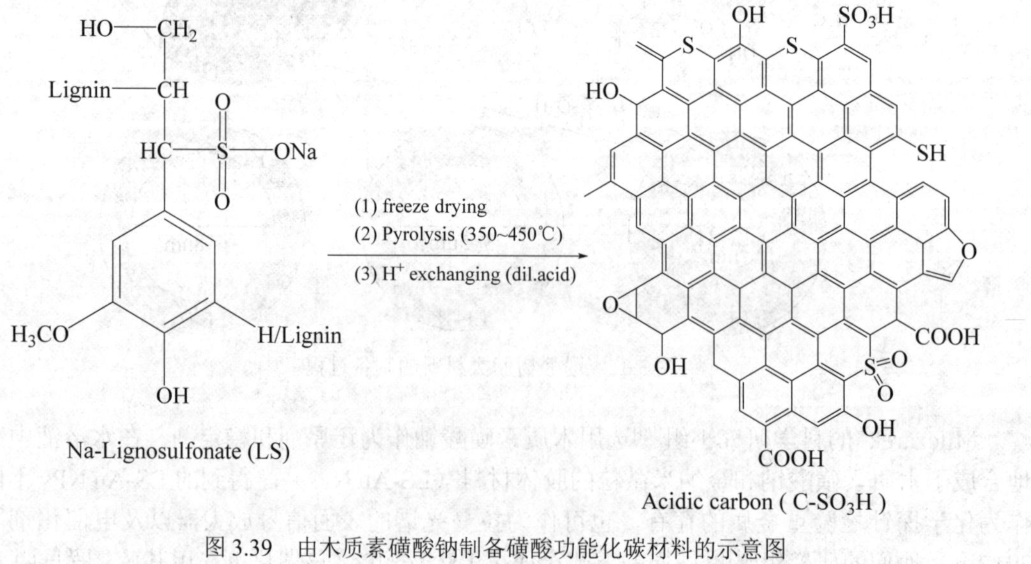

Na-Lignosulfonate (LS)
(1) freeze drying
(2) Pyrolysis (350~450℃)
(3) H+ exchanging (dil.acid)
Acidic carbon (C-SO3H)

图 3.39　由木质素磺酸钠制备磺酸功能化碳材料的示意图

近几年来，伴随着以生物质为基础的催化剂日渐得到人们的重视，以木质素磺酸钠为载体的异相催化剂也在不断出现。例如，2018 年 Konwar 研究组[94]运用木质素磺酸钠热解、H^+交换法制取了强酸性的介孔/大孔状碳催化剂。这两种碳素材料表现出良好的催化特性，它催化多种生物基醛、酮开展乙酰化反应，其催化活性明显高过工业用酸交换树脂。除此之外，该材料有非常大的比表面积从木质素磺酸钠中制取酸性介孔/大孔聚合体，并用以生物基呋喃-羰基化合物的 C-C 偶联反应。

Qi 课题组[95]选用碳化、磺化、氧化等方式制取 SL-C-S-H_2O_2 材料（图 3.40），用于水解玉米芯中半纤维素。经实验验证，产品产出率为 84.2%，玉米芯在 130℃催化反应 12h 内几乎无副产品形成。反复应用 5 次后，该催化剂依然具备很高的催化活性，木糖收率由 84.2% 略降至 70.7%。

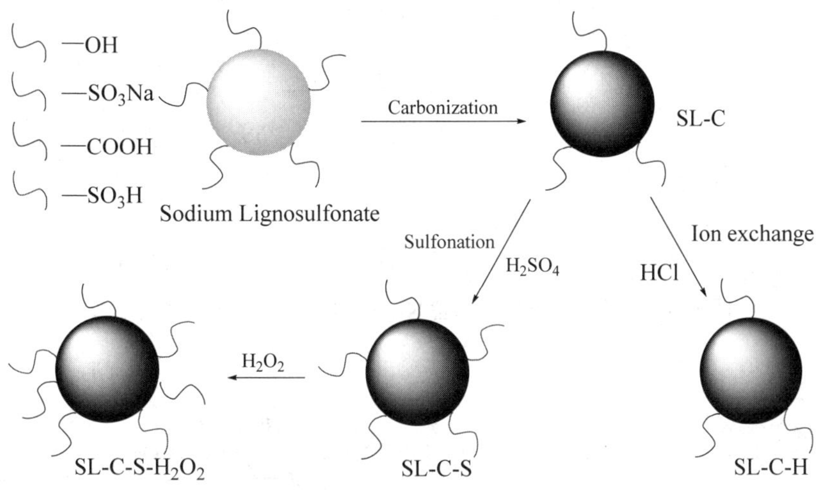

图 3.40　由木质素磺酸钠制备固体酸催化剂示意图

Pen 研究组[96]选用木质素磺酸钠一步法制取了 LS-SO_3H 材料，再将其用于再生原料合成呋喃类化合物。LS-SO_3H 在乙醇介质中，催化由果糖、菊粉反应获得 5-乙氧基甲基糠醛，催化剂效率高、收率高。选用简易过滤法可回收 LS-SO_3H，并能维持良好的催化活性。

木质素材料也早已被普遍地运用于电催化行业。2018 年，Sun 研究组[97]应用多功能性木质素类生物质转化成了一类介孔性较高的 N、S 共掺杂的多孔碳材料（图 3.41）。具体结果表明，所获得的 N、S 掺杂多孔碳材料具有良好的活性、优异的耐久性和无金属氧化还原电催化反应的高选择性，其性能接近目前最先进的氧化还原电催化剂（20% Pt/C）。

环糊精是一类具备疏水、亲水性的环状低聚糖，是一类具有使用价值的化学物质。环糊精的特点就在于其低毒、化学结构清晰，因此在生物医药、纺织品、催化剂、环境保护等领域具有普遍的用途。Bazgir 科学研究小组[98]用 β-环糊精负载 Pd 纳米微粒制取了 Pd NPs@β-CD 固体催化剂（见图 3.42）。实验证实，该固体材料能高效地催化 Ullmann、Suzuki 和 Hiyama 反应。三种模型反应中，催化剂具备非常好的催化活性，并可多次重复使用，仍能维持其活性。

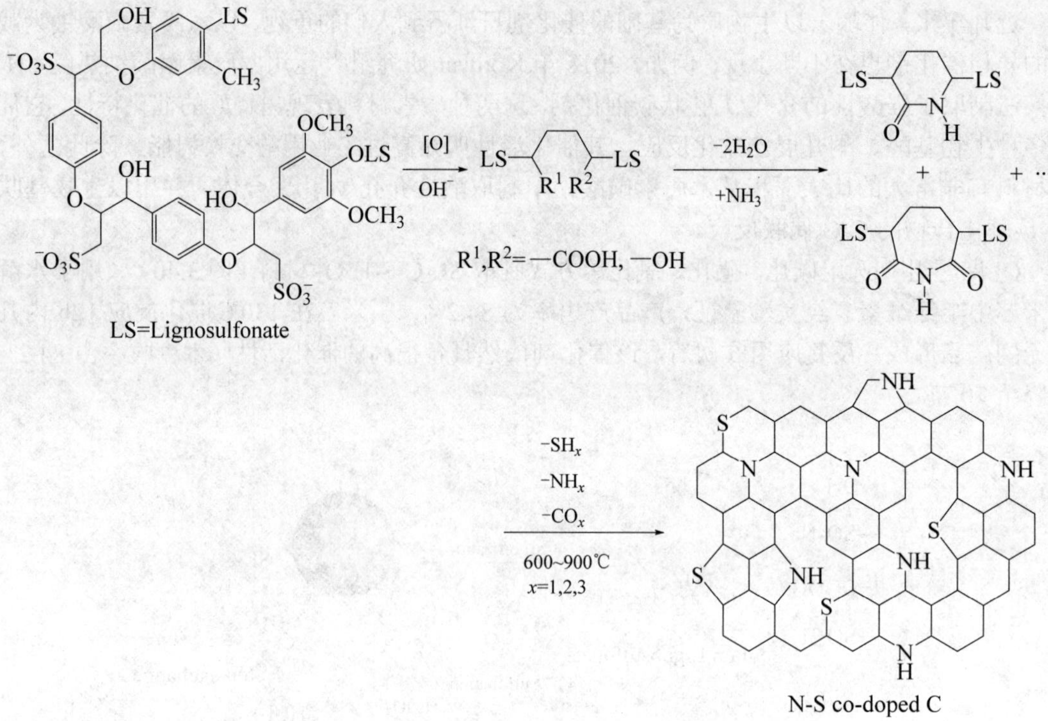

图 3.41　由木质素磺酸钠制备 N、S 共掺杂的多孔碳材料示意图

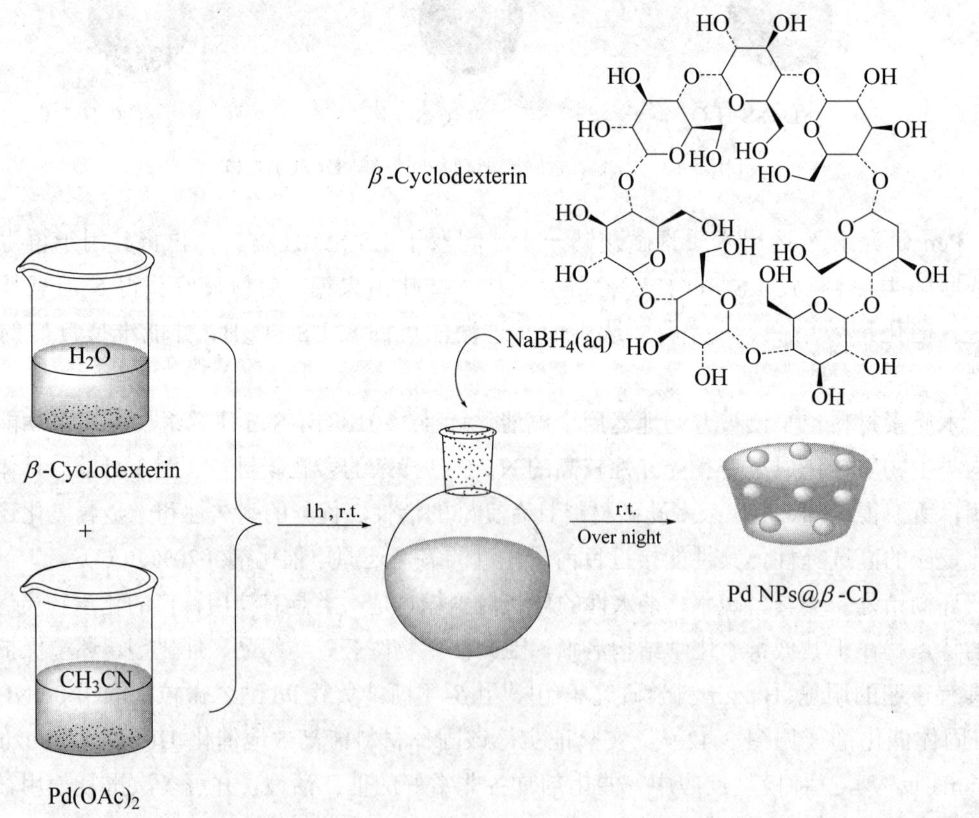

图 3.42　β-环糊精负载 Pd 纳米微粒制固体催化剂

一般说来，对均相型催化剂的固体载体，通常包含：硅石、碳基材料、天然高聚物（如木质素磺酸钠、纤维素、壳聚糖等）、有机高分子材料。考虑到载体材料自身是不是容易得到，其制取方式是不是简易、高效，硅石及生物质载体材料物理性能平稳更便于功能化，在异质材料中应用前景十分广阔。

3.6 后修饰法固载均相铜络合物研究现状

除了以载体材料的分类方法，多相催化剂的制备还可以分成离子交换法（通常作为分子筛、黏土等化学物质的固体载体）及其浸渍法（金属催化剂与载体之间）、接枝法（用共价键将催化剂连接到固体载体表面）等[99]。浸渍法是一种较为简单的固定方式，所获得的多相催化剂通常是不稳定的。“瓶中造船”法是一种均相催化剂固定的新方式，但其制造工艺较为复杂，较共价键接枝方式复杂。鉴于催化剂与载体间易操控、易融合等优势，运用共价键在载体表面完成接枝，获得了普遍的运用[100]。用接合剂固定金属 Cu 催化剂，以共价键转化成修饰载体材料表面，已被普遍用于环保、医药等行业。本节主要从硅基载体材料和生物质基载体两个方面综述后改性法制备 Cu 金属催化剂的发展及应用。

3.6.1 硅基材料后修饰法固载铜络合物的研究进展

以硅基材料开展后改性制取铜催化剂已变成多相催化剂的热门研究课题。乙酰丙酮铜鉴于其优良的催化特性而获得普遍使用。传统上固载乙酰丙酮铜的方法是通过氨基功能化的硅基材料和乙酰丙酮铜络合物之间的键合实现其固载化。Freire 分析小组[101]在有机硅材料 HMS 上接枝氨基丙基三乙氧基硅化合物，其表层的氨基与乙酰丙酮铜配位获得固体催化剂 $[Cu(acac)_2]$-AMPTSi/HMS（见图 3.43）。经活性检验，$[Cu(acac)_2]$-AMPTSi/HMS 能高效地催化苯乙烯中的氮丙啶反应，并多次重复使用，其依然保持活性。此催化剂的活性数据均超过 $Cu(acac)_2$ 催化剂的。Pires 研究组[102]用相同的办法制取了 SBA/Cu 多相催化剂，并顺利地用于香叶醇的环氧化反应。

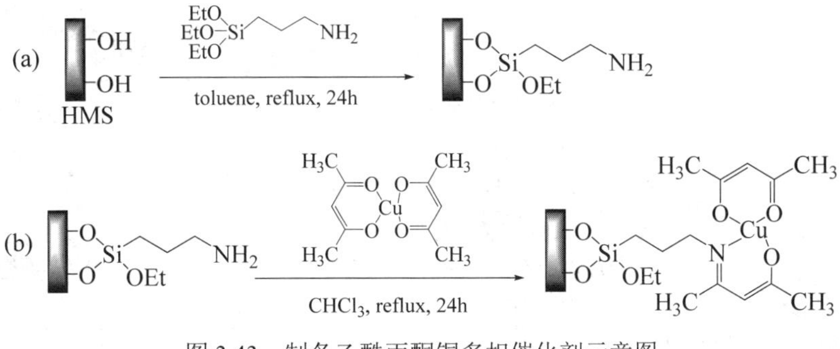

图 3.43 制备乙酰丙酮铜多相催化剂示意图

最近，Sharma 研究组[103]运用后修饰，将 2,6-二乙酰基吡啶配体接枝到氨基功能化硅胶表层，并根据铜络合物的功能来固定化（见图 3.44）。用此催化剂，能够高效地催化甲基酮的氧化酰胺化反应，获得较高收率的目标产物。此外，循环特性试验显示，催化剂的稳定性和利用率都很高。

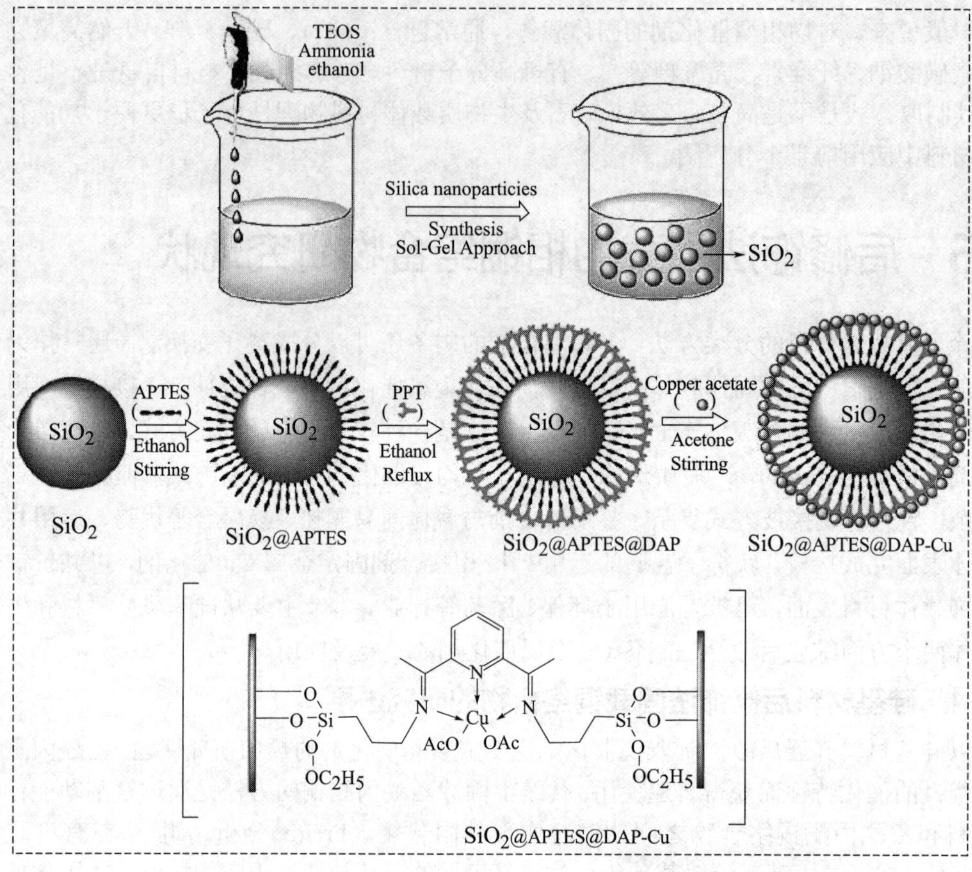

图 3.44　SiO_2@APTES@DAP-Cu 催化剂的制备

硅基材的后处理办法也可完成多种类型铜络合物的固定。2013 年，Wang 研究组[104]运用微波辅助后接枝的办法，在介孔二氧化硅基体载体上，制取了 CuO/SBA-15 固体材料，如图 3.45 所示。选用硅烷偶联剂预处理制得 SBA-15-m 材料，将 SBA-15-m 和 0.5mol/L $Cu(NO_3)_2$

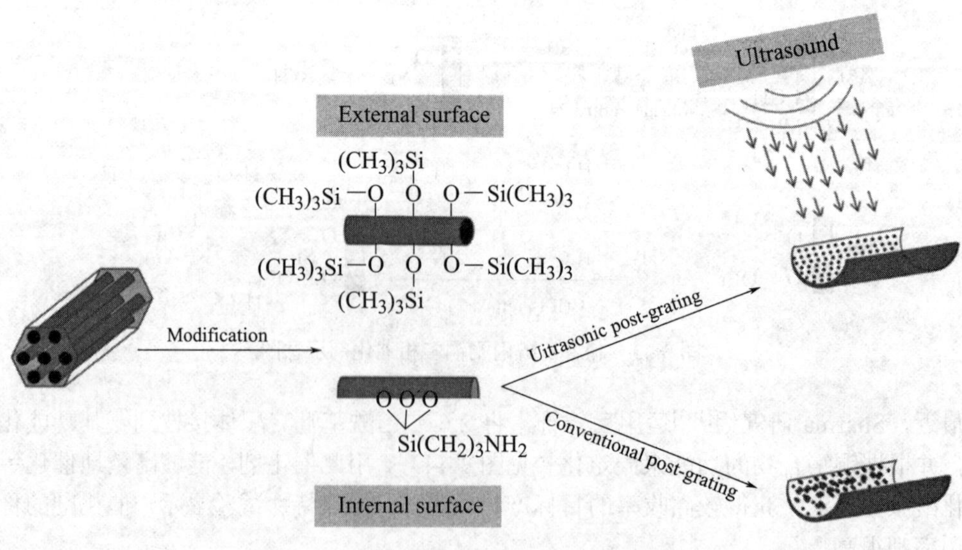

图 3.45　微波辅助法制备 CuO/SBA-15 催化剂示意图

乙醇溶液在常温下微波反应 4h，过滤、清洗、干燥，获得 CuO/SBA-15 催化剂，CuO 纳米团簇在载体材料中均匀分散。实验具体结果表明，这类一步液相剂催化剂对生产苯酚甲酯有较好的催化能力，反应效率为 28%，苯酚选择性为 95%，催化剂能够重复使用 5 次并保持活性。

用后改性方式配制的硅基材料所制成的多相铜催化剂也可用于多组分反应。Kassaee 研究小组[105]运用溶胶-凝胶法制备了介孔二氧化硅纳米材料，经—SH 硅烷偶联剂接枝改性，接着用马氏体改性。以碱性条件与巯基反应，将羧酸官能团的双齿配位体接枝至材料表面。最后，用 $Cu(NO_3)_2·3H_2O$ 双齿配位得到 Cu^{2+}@MSNs-$(CO_2^-)_2$ 多相催化剂（见图 3.46）。经一系列表征确定其构造后，将其用于苯甲醛、乙酰乙酸甲酯、尿素三组分的 Biginelli 反应。研究结果表明，在 100℃无溶剂条件下，该催化剂能顺利催化反应，3,4-二氢嘧啶酮衍生物产率为 95%。催化剂可反复使用，反应中未产生 Cu(Ⅱ)浸出介孔催化剂，且催化活性未产生明显变化。

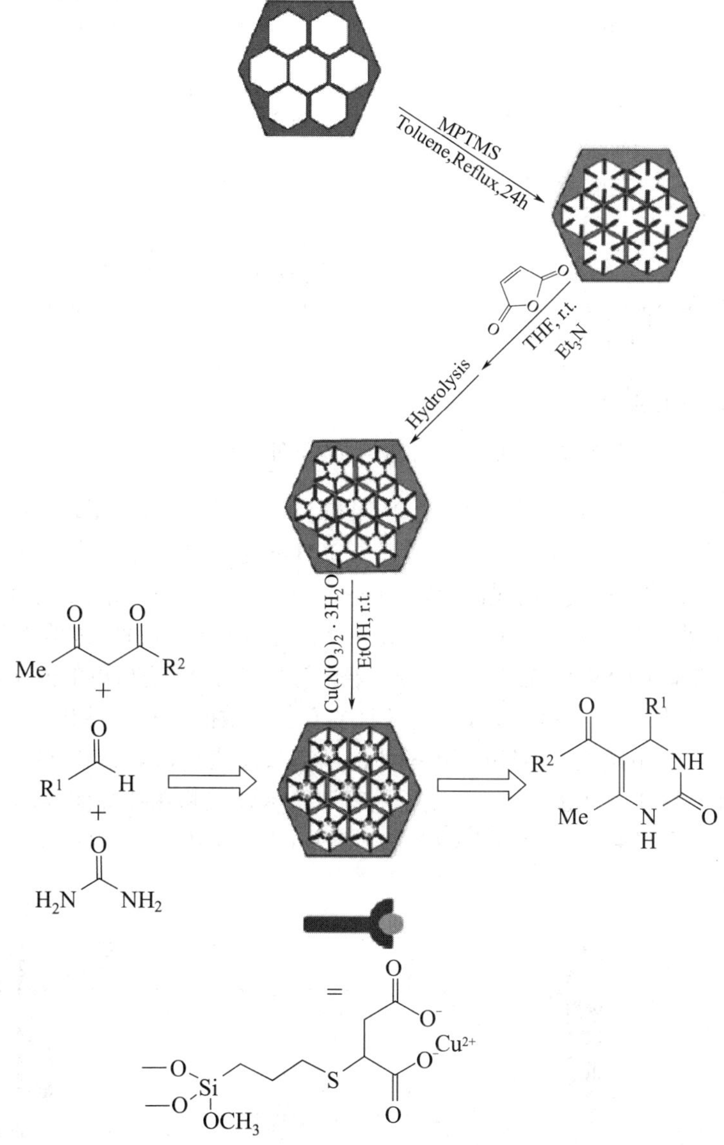

图 3.46　Cu^{2+}@MSNs-$(CO_2^-)_2$ 催化剂的制备过程示意图及其催化的有机反应

Hu 等人[106]运用 3-氯丙基三乙氧基硅烷偶联剂、咪唑及丙烷磺内酯制备了各种离子液体。评价了硅介孔材料 IL-anion@MCM-41@Cu 负载酸性离子液体，该催化剂是由介孔硅基材料和氯丙基的功能化离子液体相结合构成，见图 3.47。催化剂对苯甲醛、乙酰乙酸甲酯、尿素三组分 Biginelli 反应有较强的催化作用，并能保持其活性。

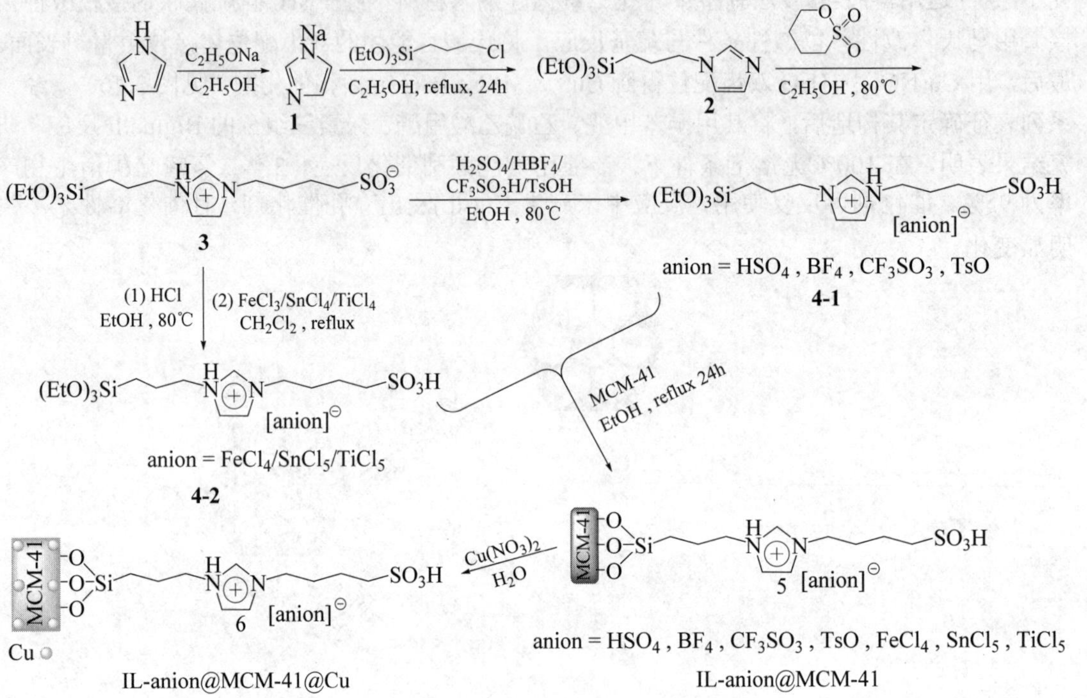

图 3.47 IL-anion@MCM-41@Cu 催化剂的制备过程

用三维介质硅基负载铜金属络合物也是有机反应催化行业的主要研究内容。Guan 研究组[107]用 3-氨基丙基三乙氧基硅烷对介孔硅基材 KIT-6 进行功能化，将水杨醛与亚胺融合产生配体后，再开展后修饰接枝各种过渡金属（Fe^{2+}、Co^{2+}、Ni^{2+}、Cu^{2+}等）。结果表明，中孔支架构造完整，过渡金属与希夫碱络合物成功地固定于修饰过的 KIT-6 表面。根据研究，得到了 98.6%的底物转化率和 97.8%的环氧乙烷选择性，表明催化剂对苯乙烯具有较好的催化活性。

除此之外，还能够选用后修饰方式，制备具备双重功效的多相铜催化剂。例如，Rostamnia 研究组[108]报告了一类包含乙二胺和 CuI 配体的双功效催化剂，其具有咪唑/PF_6^-离子液体片段。SBA-15/ImCl 材料由 SBA-15、3-氯丙基三甲氧基硅烷和咪唑基团经季铵化得到，如图 3.48 所示；接着，另一种硅烷偶联剂 *N*-(2-氨基乙基)-3-氨基丙基三甲氧基硅烷在硅基材料表

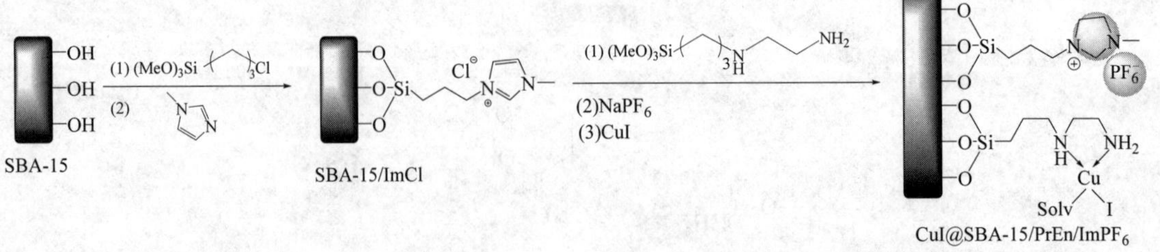

图 3.48 利用后修饰法制备 CuI@SBA-15/PrEn/ImPF₆ 双功能催化剂的示意图

面上融合，并根据离子交换功效与 PF_6^-交换；最后，通过 CuI 和氨基的较好配合，可得到 CuI@SBA-15/PrEn/ImPF_6双功能多相铜催化剂。其催化的反应可获得 93%的三氮唑产品，此催化剂重复使用 7～14 次后，活性仍未明显下降。

3.6.2 木质素磺酸钠材料后修饰法固载铜络合物的研究进展

对经后修饰方法固定为木素磺酸盐的铜络合物的研究较少。从图 3.49 能够看出，笔者研究小组[109]选用木质素磺酸钠作为聚阴离子载体材料，制备了 LS-Sc、LS-Cu、LS-IL@NH_2多相催化剂及阳离子金属络合物催化剂。实验结果显示，LS-Sc 催化剂可以高效地催化 3-乙酰基-2-羟基-2-甲基苯并吡喃类衍生物和吲哚的串联迈克尔加成反应，对二氢吡喃衍生物和吲哚类化合物的开环反应也具有高效催化作用；LS-Cu 具备优良的催化作用，诸如用于点击化学反应等传统有机化学反应；LS-IL@NH_2 在 4-氯苯甲醛和丙二腈的缩合反应中展示了优良的催化活性。模型反应均可选用简易的过滤、离心方式回收催化剂。鉴于木质素磺酸钠具备质优价廉和易得的特性，而且具备优良的离子交换特性，能够将多种阳离子金属络合物负载到载体上。首次报道的以木质素磺酸钠为负离子载体材料，在催化剂的作用下，金属离子与多相催化剂融合。这一方式具有许多不足，如：①木质素磺酸钠在水相中有较好的溶解特性，用此方式制备的催化剂不适用于催化水相中的有机化学反应。②当选用严苛的反应标准时，务必改进木质素磺酸钠加载金属催化剂的稳定性和耐用性。酚醛树脂便是一类以上问题的出色解决方案。③在一定的反应条件下，应尽量避免在反应过程中木质素磺酸钠载体材料的构造转变。木质素磺酸钠的构造对催化有机反应产出率有较大影响，因木质素磺酸钠有很多功能基。此外，木质素的构造随季节、来源不同而不同，还必须考虑到这些因素对木质素转运体催化特性的影响。尽管这一方式有很多上面提及的问题，可通过对每个核心因素的控制，木质素磺酸钠早已被证明能够作为一类载体、作为一类阳离子催化剂，运用于很多有机反应。在未来发展中，木质素磺酸钠与其他物质融合应用，能够很好地解决这些问题。鉴于木质素磺酸钠具备的特有化学物理特性，选用木质素磺酸钠作为载体或载体材料，将为催化领域带来一个全新的研究方向。

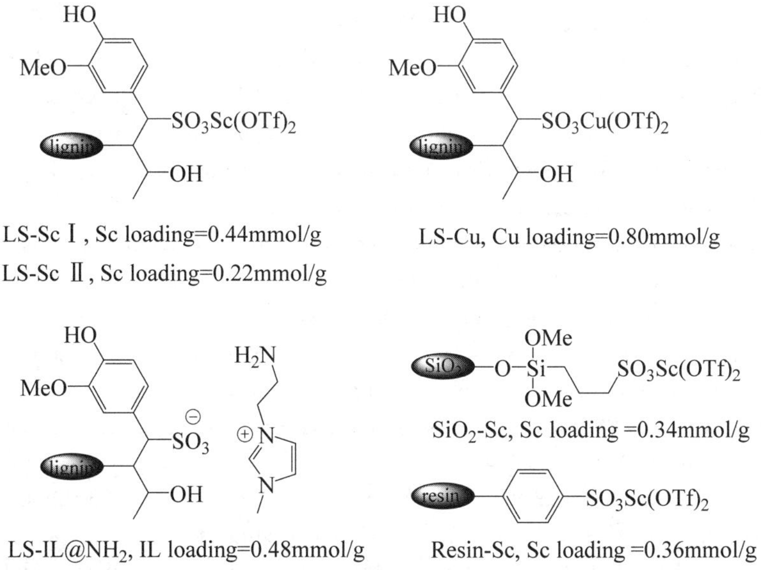

HO
MeO
SO3Sc(OTf)2
lignin
OH
LS-Sc Ⅰ, Sc loading=0.44mmol/g
LS-Sc Ⅱ, Sc loading=0.22mmol/g
HO
MeO
SO3Cu(OTf)2
lignin
OH
LS-Cu, Cu loading=0.80mmol/g
HO
MeO
SO3
lignin
OH
H2N
LS-IL@NH2, IL loading=0.48mmol/g
OMe
SiO2
O
Si
OMe
SO3Sc(OTf)2
SiO2-Sc, Sc loading =0.34mmol/g
resin
SO3Sc(OTf)2
Resin-Sc, Sc loading =0.36mmol/g

图 3.49 木质素磺酸钠负载的非均相金属催化剂示意图

3.7 固相催化有机化学反应的应用前景

固体催化剂有比较广泛的应用，在氧化、还原、酯化、偶联等重要的化学反应中经常使用。固体催化剂与反应物进行非均相反应具有很多优点，因此深受欢迎，如生成物与催化剂容易分离，后处理工艺简单；催化剂能够回收循环使用，节约催化剂用量；容易使催化剂在常态下稳定。但在选择固体催化剂时，需要关注的固体催化剂的性质指标包括比表面积、孔隙度、孔直径、粒子大小、机械强度、导热性和稳定性等。机械强度、稳定性等性质关系到催化剂的寿命。这是一个具有挑战性的问题，我们希望未来能够更好地发展固相催化有机化学反应，使其应用到有机合成反应当中，为绿色有机合成的发展助力。

参考文献

[1] Fernandes A E, Jonas A M, Riant O. Application of CuAAC for the covalent immobilization of homogeneous catalysts[J]. Tetrahedron, 2014, 70(9): 1709-1731.

[2] Liu L, Corma A. Metal catalysts for heterogeneous catalysis: From single atoms to nanoclusters and nanoparticles[J]. Chem Rev, 2018, 118(10): 4981-5079.

[3] Cao Y, Mao S, Li M, et al. Metal/porous carbon composites for heterogeneous catalysis: Old catalysts with improved performance promoted by N-doping[J]. ACS Catal, 2017, 7(12): 8090-8112.

[4] Shan A Y, Ghazi T I M, Rashid S A. Immobilisation of titanium dioxide onto supporting materials in heterogeneous photocatalysis: A review[J]. Appl Catal A-Gen, 2010, 389(1): 1-8.

[5] Zucca P, Sanjust E. Inorganic materials as supports for covalent enzyme immobilization: methods and mechanisms[J]. Molecules, 2014, 19(9): 14139-14194.

[6] Salvo M A, Giacalone F, Gruttadauria M. Advances in organic and organic-inorganic hybrid polymeric supports for catalytic applications[J]. Molecules, 2016, 21(10): 1288-1347.

[7] Pal N, Cho E-B, Patra A K, et al. Ceria-containing ordered mesoporous silica: Synthesis, properties, and applications[J]. ChemCatChem, 2016, 8(2): 285-303.

[8] Polshettiwar V, Len C, Fihri A. Silica-supported palladium: Sustainable catalysts for cross-coupling reactions[J]. Coordin Chem Rev, 2009, 253(21): 2599-2626.

[9] Zhao S, He M, Zhou Y, et al. Synthesis of micro/mesoporous silica material by dual-template method as a heterogeneous catalyst support for alkylation[J]. RSC Adv, 2015, 5(36): 28124-28132.

[10] Dehbanipour Z, Moghadam M, Tangestaninejad S, et al. Copper(Ⅱ) bis-thiazole complex immobilized on silica nanoparticles: Preparation, characterization and its application as a highly efficient catalyst for click synthesis of 1,2,3-triazoles[J]. Polyhedron, 2017, 138: 21-30.

[11] Wu Q, Wang L. Immobilization of copper(Ⅱ) in organic-inorganic hybrid materials: A highly efficient and reusable catalyst for the classic Ullmann reaction[J]. Synthesis, 2008, 13: 2007-2012.

[12] (a) Qian C, Yao C, Yang L, et al. Preparation and application of silica films supported imidazolium-based ionic liquid as efficient and recyclable catalysts for benzoin condensations[J]. Catal Lett, 2020, 150:1389-1396; (b) Kadam R G, Rathi A K, Cepe K, et al. Hexagonal mesoporous silica-supported copper oxide (CuO/HMS) catalyst: Synthesis of primary amides from aldehydes in aqueous medium[J]. Chem Plus Chem, 2017, 82(3): 467-473.

[13] Gu Y, Karam A, Jérôme F, et al. Selectivity enhancement of silica-supported sulfonic acid catalysts in water by coating of ionic liquid[J]. Org Lett, 2007, 9(16): 3145-3148.

[14] Alfonso Albiñana P, El Haskouri J, Dolores Marcos M, et al. A new efficient, highly dispersed, Pd

nanoparticulate silica supported catalyst synthesized from an organometallic precursor. Study of the homogeneous vs. heterogeneous activity in the Suzuki-Miyaura reaction[J]. J Catal, 2018, 367: 283-295.

[15] Cano-Serrano E, Campos-Martin J M, Fierro J L G. Sulfonic acid-functionalized silica through quantitative oxidation of thiol groups[J]. Chem Commun, 2003 (2): 246-247.

[16] Marchi A J, Fierro J L G, Santamaría J, et al. Dehydrogenation of isopropylic alcohol on a Cu/SiO_2 catalyst: A study of the activity evolution and reactivation of the catalyst[J]. Appl Catal A-Gen, 1996, 142(2): 375-386.

[17] Tamura M, Tokonami K, Nakagawa Y, et al. Effective NbO_x-modified Ir/SiO_2 catalyst for selective gas-phase hydrogenation of crotonaldehyde to crotyl alcohol[J]. ACS Sustain Chem Eng, 2017, 5(5): 3685-3697.

[18] Tamura M, Yuasa N, Nakagawa Y, et al. Selective hydrogenation of nitroarenes to aminoarenes using a MoO_x-modified Ru/SiO_2 catalyst under mild conditions[J]. Chem Commun, 2017, 53(23): 3377-3380.

[19] Liu S, Tamura M, Shen Z, et al. Hydrogenolysis of glycerol with in-situ produced H_2 by aqueous-phase reforming of glycerol using Pt-modified $Ir\text{-}ReO_x/SiO_2$ catalyst[J]. Catal Today, 2018, 303: 106-116.

[20] Louis C, Che M. EPR and diffuse reflectance studies of the physico-chemical phenomena occurring during the preparation of MO/SiO_2 catalysts by the grafting method[J]. J Catal, 1992, 135(1): 156-172.

[21] Sojka Z, Pietrzyk P, Martra G, et al. EPR and DFT study of NO interaction with Ni/SiO_2 catalyst: Insight into mechanistic steps of disproportionation process promoted by tripodal surface nickel complex[J]. Catal Today, 2006, 114(2): 154-161.

[22] Galadima A, Muraza O. Stability improvement of zeolite catalysts under hydrothermal conditions for their potential applications in biomass valorization and crude oil upgrading[J]. Micropor Mesopor Mater, 2017, 249: 42-54.

[23] Resasco D E, Wang B, Crossley S. Zeolite-catalysed C—C bond forming reactions for biomass conversion to fuels and chemicals[J]. Catal Sci Technol, 2016, 6(8): 2543-2559.

[24] Li H, Yang S, Riisager A, et al. Zeolite and zeotype-catalysed transformations of biofuranic compounds[J]. Green Chem, 2016, 18(21): 5701-5735.

[25] Shi J, Wang Y, Yang W, et al. Recent advances of pore system construction in zeolite-catalyzed chemical industry processes[J]. Chem Soc Rev, 2015, 44(24): 8877-8903.

[26] Kim J, Han S W, Kim J-C, et al. Supporting nickel to replace platinum on zeolite nanosponges for catalytic hydroisomerization of *n*-dodecane[J]. ACS Catal, 2018, 8(11): 10545-10554.

[27] Li L, Wang Q, Liu H, et al. Preparation of spherical mordenite zeolite assemblies with excellent catalytic performance for dimethyl ether carbonylation[J]. ACS Appl Mater Inter, 2018, 10(38): 32239-32246.

[28] Agalave S G, Chaudhari M B, Bisht G S, et al. Additive free Fe-catalyzed conversion of nitro to aldehyde under continuous flow module[J]. ACS Sustain Chem Eng, 2018, 6(10): 12845-12854.

[29] Védrine C J. Heterogeneous catalysis on metal oxides[J]. Catalysts, 2017, 7(11): 341/1-341/25.

[30] Fechete I, Védrine J C. Recent development of heterogeneous catalysis in ring-opening, biocatalysis, and selective partial oxidation reactions on metal oxides[J]. C R Chim, 2018, 21(3): 408-418.

[31] Grant J T, Venegas J M, Mcdermott W P, et al. Aerobic oxidations of light alkanes over solid metal oxide catalysts[J]. Chem Rev, 2018, 118(5): 2769-2815.

[32] Chen X, Chen M, He G, et al. Specific role of potassium in promoting Ag/Al_2O_3 for catalytic oxidation of formaldehyde at low temperature[J]. J Phys Chem C, 2018, 122(48): 27331-27339.

[33] Tzani MA, Kallitsakis M G, Symeonidis T S, et al. Alumina-supported gold nanoparticles as a bifunctional catalyst for the synthesis of 2-amino-3-arylimidazo[1,2-*a*]pyridines[J]. ACS Omega, 2018, 3(12): 17947-17956.

[34] Bhanja P, Kayal U, Bhaumik A. Ordered mesoporous $\gamma\text{-}Al_2O_3$ as highly efficient and recyclable catalyst for the Knoevenagel reaction at room temperature[J]. Mol Catal, 2018, 451: 220-227.

[35] Woo H, Park J C, Park S, et al. Rose-like Pd-Fe_3O_4 hybrid nanocomposite-supported Au nanocatalysts for tandem synthesis of 2-phenylindoles[J]. Nanoscale, 2015, 7(18): 8356-8360.

[36] Zhang Y, Yan W, Sun Z, et al. Fabrication of magnetically recyclable Ag/Cu@Fe_3O_4 nanoparticles with excellent catalytic activity for *p*-nitrophenol reduction[J]. RSC Adv, 2014, 4(72): 38040-38047.

[37] Yang W, Wei L, Yi F, et al. Magnetic nanoparticle-supported phosphine gold(Ⅰ) complex: A highly efficient and recyclable catalyst for the direct reductive amination of aldehydes and ketones[J]. Catal Sci Technol, 2016, 6(12): 4554-4564.

[38] Sikander U, Sufian S, Salam M A. A review of hydrotalcite based catalysts for hydrogen production systems[J]. Int J Hydrogen Energ, 2017, 42(31): 19851-19868.

[39] Conterosito E, Gianotti V, Palin L, et al. Facile preparation methods of hydrotalcite layered materials and their structural characterization by combined techniques[J]. Inorg Chim Acta, 2018, 470: 36-50.

[40] Chetia M, Singh Gehlot P, Kumar A, et al. A recyclable/reusable hydrotalcite supported copper nano catalyst for 1,4-disubstituted-1,2,3-triazole synthesis via click chemistry approach[J]. Tetrahedron Lett, 2018, 59(4): 397-401.

[41] Thangaraj B, Jayaraj C, Ganesh V, et al. Silicate intercalated cobalt chromium-hydrotalcite (CoCr-HTSi): An environment-friendly recyclable catalyst for organic transformations[J]. Catal Commun, 2016, 74: 85-90.

[42] Kroto H W, Heath J R, O'brien S C, et al. C_{60}: Buckminsterfullerene[J]. Nature, 1985, 318: 162-163.

[43] Iijima S. Helical microtubules of graphitic carbon[J]. Nature, 1991, 354: 56-58.

[44] Novoselov K S, Geim A K, Morozov S V, et al. Electric field effect in atomically thin carbon films[J]. Science, 2004, 306(5696): 666-669.

[45] Veisi H, Eshbala F H, Hemmati S, et al. Selective hydrogen peroxide oxidation of sulfides to sulfones with carboxylated multi-walled carbon nano tubes (MWCNTs-COOH) as heterogeneous and recyclable nanocatalysts under organic solvent-free conditions[J]. RSC Adv, 2015, 5(14): 10152-10158.

[46] Zhao M, Cui X, Xu Y, et al. An ordered mesoporous carbon nanosphere-encapsulated graphene network with optimized nitrogen doping for enhanced supercapacitor performance[J]. Nanoscale, 2018, 10(32): 15379-15386.

[47] Tovar-Martinez E, Moreno-Torres J A, Cabrera-Salazar J V, et al. Synthesis of carbon nano-onions doped with nitrogen using spray pyrolisis[J]. Carbon, 2018, 140: 171-181.

[48] Zhao P, Zhao X, Ehara M. Theoretical insights into monometallofullerene Th@C_{76}: Strong covalent interaction between thorium and the carbon cage[J]. Inorga Chem, 2018, 57(6): 2961-2964.

[49] Liu G, Yao R, Zhao Y, et al. Encapsulation of Ni/Fe_3O_4 heterostructures inside onion-like *N*-doped carbon nanorods enables synergistic electrocatalysis for water oxidation[J]. Nanoscale, 2018, 10(8): 3997-4003.

[50] Zhao Y, Lai Q, Zhu J, et al. Controllable construction of core-shell polymer@zeolitic imidazolate frameworks fiber derived heteroatom-doped carbon nanofiber network for efficient oxygen electrocatalysis[J]. Small, 2018, 14(19): 1704207-1704215.

[51] Li B, Wang J, Yuan Y, et al. Carbon nanotube-supported Ru/Fe bimetallic nanoparticles knitted hypercrosslinked polymers as efficient and recyclable catalysts for organic transformations[J]. Adv Syn Catal, 2017, 359(1): 78-88.

[52] Zhou C, Wang H, Liang J, et al. Effects of RuO_2 content in Pt/RuO_2/CNTs nanocatalyst on the electrocatalytic oxidation performance of methanol[J]. Chinese J Catal, 2008, 29: 1093-1098.

[53] Saptal, Y, Saptal, M, Mane, R. et al. Amine-functionalized graphene oxide-stabilized Pd nanoparticles (Pd@APGO): A novel and efficient catalyst for the Suzuki and carbonylative Suzuki-Miyaura coupling reactions[J]. ACS Omega, 2019, 4: 643-649.

[54] Ogasawara S, Kato S. Palladium nanoparticles captured in microporous polymers: A tailor-made catalyst

for heterogeneous carbon cross-coupling reactions[J]. J Am Chem Soc, 2010, 132: 4608-4613.

[55] Muthukrishnan A, Nabae Y, Chang C W, et al. A high-performance Fe and nitrogen doped catalyst derived from diazoniapentaphene salt and phenolic resin mixture for oxygen reduction reaction[J]. Catal Sci Technol, 2015, 5(3): 1764-1774.

[56] Zhang M, Zhao Y, Liu Q, et al. A La-doped Mg-Al mixed metal oxide supported copper catalyst with enhanced catalytic performance in transfer dehydrogenation of 1-decanol[J]. Dalton T, 2016, 45(3): 1093-1102.

[57] Sagadevan A, Charpe V P, Hwang K C. Copper(Ⅰ) chloride catalysed room temperature C_{sp}-C_{sp} homocoupling of terminal alkynes mediated by visible light[J]. Catal Sci Technol, 2016, 6(21): 7688-7692.

[58] Xu H, Wu K, Tian J, et al. Recyclable Cu/C_3N_4 composite catalysed homo- and cross-coupling of terminal alkynes under mild conditions[J]. Green Chem, 2018, 20(4): 793-797.

[59] Alonso F, Melkonian T, Moglie Y, et al. Homocoupling of terminal alkynes catalysed by ultrafine copper nanoparticles on titania[J]. Eur J Org Chem, 2011, 2011(13): 2524-2530.

[60] Li P, Liu Y, Wang L, et al. Copper(Ⅱ)-schiff base complex-functionalized polyacrylonitrile fiber as a green efficient heterogeneous catalyst for one-pot multicomponent syntheses of 1,2,3-triazoles and propargylamines[J]. Adv Syn Catal, 2018, 360(8): 1673-1684.

[61] Li X, Xie X, Sun N, et al. Gold-catalyzed cadiot-chodkiewicz-type cross-coupling of terminal alkynes with alkynyl hypervalent iodine reagents: Highly selective synthesis of unsymmetrical 1,3-diynes[J]. Angew Chem Int Edit, 2017, 56(24): 6994-6998.

[62] Mohanty A, Roy S. Glaser-hay hetero-coupling in a bimetallic regime: a Ni(Ⅱ)/Ag(Ⅰ) assisted base, ligand and additive free route to selective unsymmetrical 1,3-diynes[J]. Chem Commun, 2017, 53(78): 10796-10799.

[63] Wang Y, Suo Q, Han L, et al. Copper(Ⅱ)/palladium(Ⅱ) catalysed highly selective cross-coupling of terminal alkynes in supercritical carbon dioxide[J]. Tetrahedron, 2018, 74(15): 1918-1925.

[64] Jia Z, Wang K, Tan B, et al. Hollow hyper-cross-linked nanospheres with acid and base sites as efficient and water-stable catalysts for one-pot tandem reactions[J]. ACS Catal, 2017, 7: 3693-3702.

[65] Jia Z, Wang K, Tan B, et al. Ruthenium complexes immobilized on functionalized knitted hypercross-linked polymers as efficient and recyclable catalysts for organic transformations [J]. Adv Synth Catal, 2017, 359: 78-88.

[66] Kalla R M N, Hong S C, Kim I. Synthesis of bis(indolyl)methanes using hyper-cross linked polyaromatic spheres decorated with bromomethyl groups as efficient and recyclable catalysts[J]. ACS Omega, 2018, 3(2): 2242-2253.

[67] Xu J, Ou J, Chen L, et al. Palladium catalyst imbedded in polymers of intrinsic microporosity for the Suzuki-Miyaura coupling reaction[J]. RSC Adv, 2018, 8(61): 35205-35210.

[68] Wu Y, Xu H, Chen X, et al. A π-electronic covalent organic framework catalyst: π-walls as catalytic beds for Diels-Alder reactions under ambient conditions[J]. Chem Commun, 2015, 51(50): 10096-10098.

[69] Wang X, Lu S-M, Li J, et al. Conjugated microporous polymers with chiral BINAP ligand built-in as efficient catalysts for asymmetric hydrogenation[J]. Catal Sci Technol, 2015, 5(5): 2585-2589.

[70] Jena H S, Krishnaraj C, Wang G, et al. Acetylacetone covalent triazine framework: An efficient carbon capture and storage material and a highly stable heterogeneous catalyst[J]. Chem Mater, 2018, 30(12): 4102-4111.

[71] Qian W, Texter J, Yan F. Frontiers in poly(ionic liquid)s: Syntheses and applications[J]. Chem Soc Rev, 2017, 46(4): 1124-1159.

[72] Shaplov A S, Ponkratov D O, Vygodskii Y S. Poly(ionic liquid)s: Synthesis, properties, and

application[J]. Polym Sci Ser B, 2016, 58(2): 73-142.

[73] Zhang Y, Wang B, Elageed E H M, et al. Swelling poly(ionic liquid)s: Synthesis and application as quasi-Homogeneous catalysts in the reaction of ethylene carbonate with aniline[J]. ACS Macro Let, 2016, 5(4): 435-438.

[74] Wu Z, Chen C, Guo Q, et al. Novel approach for preparation of poly (ionic liquid) catalyst with macroporous structure for biodiesel production[J]. Fuel, 2016, 184: 128-135.

[75] Abdullah S H Y S, Hanapi N H M, Azid A, et al. A review of biomass-derived heterogeneous catalyst for a sustainable biodiesel production[J]. Renew Sust Energ Rev, 2017, 70: 1040-1051.

[76] Zhou J, Dong Z, Yang H, et al. Pd immobilized on magnetic chitosan as a heterogeneous catalyst for acetalization and hydrogenation reactions[J]. Appl Surf Sci, 2013, 279: 360-366.

[77] Chtchigrovsky M, Primo A, Gonzalez P, et al. Functionalized chitosan as a green, recyclable, biopolymer-supported catalyst for the [3+2] Huisgen cycloaddition[J]. Angew Chem Int Edit, 2009, 121(32): 6030-6034.

[78] Maleki A, Eskandarpour V, Rahimi J, et al. Cellulose matrix embedded copper decorated magnetic bionanocomposite as a green catalyst in the synthesis of dihydropyridines and polyhydroquinolines[J]. Carbohyd Polym, 2019, 208: 251-260.

[79] Lahoucine B, Ben E A H, Hafid A, et al. Cellulose-copper as bio-supported recyclablecatalyst for the clickable azide-alkyne [3 + 2] cycloaddition reaction in water[J]. Int J Biol Macromol, 2018, 119: 849-856.

[80] Li Y, Xu L, Xu B, et al. Cellulose sponge supported palladium nanoparticles as recyclable cross-coupling catalysts[J]. ACS Appl Mater Inter, 2017, 9(20): 17155-17162.

[81] Lai B, Bai R, Gu Y. Lignosulfonate/dicationic ionic liquid composite as a task-specific catalyst support for enabling efficient synthesis of unsymmetrical 1,3-diynes with a low substrate ratio[J]. ACS Sustain Chem Eng, 2018, 6(12): 17076-17086.

[82] Dias O a T, Negrão D R, Gonçalves D F C, et al. Recent approaches and future trends for lignin-based materials[J]. Mol Cryst Liq Cryst, 2017, 655(1): 204-223.

[83] Han Y, Ye L, Gu X, et al. Lignin-based solid acid catalyst for the conversion of cellulose to levulinic acid using γ-valerolactone as solvent[J]. Ind Crop Prod, 2019, 127: 88-93.

[84] Wu Z, Xie H, Yu X, et al. Lignin-based green catalyst for the chemical fixation of carbon dioxide with epoxides to form cyclic carbonates under solvent-free conditions[J]. ChemCatChem, 2013, 5(6): 1328-1333.

[85] Gokarn A N, Mühlen H J. Catalysis of coal gasification by Na lignosulfonate[J]. Fuel, 1995, 74(1): 124-127.

[86] Lee D. Preparation of a sulfonated carbonaceous material from lignosulfonate and Its usefulness as an esterification catalyst[J]. Molecules, 2013, 18(7): 8168-8180.

[87] Zhang X, Zhang Z, Wang F, et al. Lignosulfonate-based heterogeneous sulfonic acid catalyst for hydrolyzing glycosidic bonds of polysaccharides[J]. J Mol Catal A-Chem, 2013, 377: 102-107.

[88] Li S, Li N, Li G, et al. Lignosulfonate-based acidic resin for the synthesis of renewable diesel and jet fuel range alkanes with 2-methylfuran and furfural[J]. Green Chem, 2015, 17(6): 3644-3652.

[89] Tang H, Li N, Li G, et al. Dehydration of carbohydrates to 5-hydroxymethylfurfural over lignosulfonate-based acidic resin[J]. ACS Sustain Chem Eng, 2018, 6(4): 5645-5652.

[90] Konował E, Modrzejewska-Sikorska A, Milczarek G. Synthesis and multifunctional properties of lignosulfonate-stabilized gold nanoparticles[J]. Mater Let, 2015, 159: 451-454.

[91] Modrzejewska-Sikorska A, Konował E, Cichy A, et al. The effect of silver salts and lignosulfonates in the synthesis of lignosulfonate-stabilized silver nanoparticles[J]. J Mol Liq, 2017, 240: 80-86.

[92] Li Y, Zuo H-F, Guo Y-R, et al. Renewable lignosulfonate-assisted synthesis of hierarchical nanoflake-

array-flower ZnO nanomaterials in mixed solvents and their photocatalytic performance[J]. Nanoscale Res Lett, 2016, 11(1): 260-267.

[93] Konwar L J, Samikannu A, Mäki-Arvela P, et al. Lignosulfonate-based macro/mesoporous solid protonic acids for acetalization of glycerol to bio-additives[J]. Appl Catal B-Environ, 2018, 220: 314-323.

[94] Konwar L J, Samikannu A, Mäki-Arvela P, et al. Efficient C—C coupling of bio-based furanics and carbonyl compounds to liquid hydrocarbon precursors over lignosulfonate derived acidic carbocatalysts[J]. Catal Sci Technol, 2018, 8(9): 2449-2459.

[95] Li X, Shu F, He C, et al. Preparation and investigation of highly selective solid acid catalysts with sodium lignosulfonate for hydrolysis of hemicellulose in corncob[J]. RSC Adv, 2018, 8(20): 10922-10929.

[96] Yu X, Peng L, Gao X, et al. One-step fabrication of carbonaceous solid acid derived from lignosulfonate for the synthesis of biobased furan derivatives[J]. RSC Adv, 2018, 8(28): 15762-15772.

[97] Zhang M, Song Y, Tao H, et al. Lignosulfonate biomass derived N and S co-doped porous carbon for efficient oxygen reduction reaction[J]. Sustain Energ Fuels, 2018, 2(8): 1820-1827.

[98] Feiz A, Loni M, Naderi S, et al. The β-cyclodextrin decorated with palladium nanoparticles without pretreatment: An efficient heterogeneous catalyst for biaryls synthesis[J]. Appl Organomet Chem, 2018, 32(12): e4608-e4615.

[99] Eş I, Vieira J D G, Amaral A C. Principles, techniques, and applications of biocatalyst immobilization for industrial application[J]. Appl Microbiol Biot, 2015, 99(5): 2065-2082.

[100] Mcmorn P, Hutchings G J. Heterogeneous enantioselective catalysts: Strategies for the immobilisation of homogeneous catalysts[J]. Chem Soc Rev, 2004, 33(2): 108-122.

[101] Silva A R, Wilson K, Whitwood A C, et al. Amine-Functionalised hexagonal mesoporous silica as support for copper(Ⅱ) acetylacetonate catalyst[J]. Eur J Inorg Chem, 2006, 2006(6): 1275-1283.

[102] Pereira C, Biernacki K, Rebelo S L H, et al. Designing heterogeneous oxovanadium and copper acetylacetonate catalysts: Effect of covalent immobilisation in epoxidation and aziridination reactions[J]. J Mol Catal A-Chem, 2009, 312(1): 53-64.

[103] Sharma R K, Sharma S, Gaba G, et al. Coordinated copper(Ⅱ) supported on silica nanospheres applied to the synthesis of α-ketoamides via oxidative amidation of methyl ketones[J]. J Mater Sci, 2016, 51(4): 2121-2133.

[104] Zhang X, Huang N, Wang G, et al. Synthesis of highly loaded and well dispersed CuO/SBA-15 via an ultrasonic post-grafting method and its application as a catalyst for the direct hydroxylation of benzene to phenol[J]. Micropor Mesopor Mat, 2013, 177: 47-53.

[105] Nasresfahani Z, Kassaee M Z. Cu(Ⅱ) immobilized on mesoporous organosilica as an efficient and reusable nanocatalyst for one-pot Biginelli reaction under solvent-free conditions[J]. Appl Organomet Chem, 2018, 32(2): e4106-e4115.

[106] Yao N, Lu M, Liu X B, et al. Copper-doped mesoporous silica supported dual acidic ionic liquid as an efficient and cooperative reusability catalyst for Biginelli reaction[J]. J Mol Liq, 2018, 262: 328-335.

[107] Sun J, Kan Q, Li Z, et al. Different transition metal (Fe^{2+}, Co^{2+}, Ni^{2+}, Cu^{2+} or VO^{2+}) Schiff complexes immobilized onto three-dimensional mesoporous silica KIT-6 for the epoxidation of styrene[J]. RSC Adv, 2014, 4(5): 2310-2317.

[108] Hosseini H G, Doustkhah E, Kirillova M V, et al. Combining ethylenediamine and ionic liquid functionalities within SBA-15: A promising catalytic pair for tandem Cu-AAC reaction[J]. Appl Catal A-Gen, 2017, 548: 96-102.

[109] Sun S, Bai R, Gu Y. From waste biomass to solid support: Lignosulfonate as a cost-effective and renewable supporting material for catalysis[J]. Chem Eur J, 2014, 20(2): 549-558.

第4章

有机小分子催化有机化学反应

4.1 有机小分子催化有机化学反应概述

有机小分子手性催化作为继酶催化和手性金属络合物催化之后的第三类手性催化反应，其具有反应条件温和、环境友好、易于回收利用等优点，符合绿色化学的要求，成为近年来手性催化研究的一个新热点，有学者称现在是“手性有机小分子催化的黄金时代”。

第一，有机小分子对氧气以及大气里的水汽不敏感，因此并不需要特殊的反应条件、储存条件以及操作技术，同时也不需要超干溶剂或者试剂。第二，大量有机试剂，比如氨基酸、糖类、羟基酸等是从生物源中作为对映异构体提取出来的。简单的有机小分子催化剂通常很便宜且容易大量获得，使得其很适合小试到工业化的应用。第三，有机小分子通常是无毒以及环境友好的，增强了在研究所或者企业中生物研究或者化学研究中的催化剂安全性[1]。

有机小分子作为催化剂用于催化不对称反应，最早可以追溯到 20 世纪初德国化学家报道的奎宁催化的氢氰酸和苯甲醛的不对称加成反应。2000 年，List 等和 Barbas 等报道了 L-脯氨酸催化的丙酮与醛的分子间不对称 Aldol 反应以及 MacMillan 等报道的苯丙氨酸衍生的二级胺催化的不对称 Diels-Alder 反应，才拉开了有机小分子催化不对称反应研究的序幕，并逐渐发展成为一个重要的研究方向。2021 年的诺贝尔化学奖授予了德国化学家本杰明 • 利斯特和美国化学家大卫 • 迈克米伦，以表彰他们在这一领域做出的开创性重要贡献。

4.2 有机小分子催化体系分类

根据催化剂活化底物方式的不同，可以将有机小分子催化分为以下几个方向。

4.2.1 烯胺催化

以脯氨酸为例，来说明烯胺催化剂的催化模型，烯胺催化剂可以认为是双官能团类型的催化剂，因为含胺催化剂（比如脯氨酸）可以与酮底物作用形成烯胺中间体，与此同时，还会涉及亲电反应部分，即通过氢键或者静电吸引。该反应模型现在已经被广泛运用于羰基 α-

位官能团化的对映选择性反应过程。

2000 年，List 在 JACS 上发表了题为“Proline-Catalyzed Direct Asymmetric Aldol Reactions”的通讯，标志着有机催化复兴的开始。文章很短，只有两页，但却是有机催化的最经典的著作之一。Aldol 缩合是形成 C—C 键最常用的方法之一。多年来，有机化学家一直在致力于发展不对称的 Aldol 缩合。最经典的方法是以 D. A. Evans 为代表的辅基控制。生物体内是由醛缩酶（aldolase）催化的。大部分的酶催化的反应都是有金属参与的，例如 Class Ⅱ Aldolase 有锌金属参与。多年来，化学家们已经发展了很多种模拟 Class Ⅱ Aldolase 的不对称 Aldol 缩合，即是金属催化、配体控制的反应。但生物体内还有一种醛缩酶——Class Ⅰ Aldolase，却是没有金属参与，是烯胺活化的机理。这一类酶的人工模拟却没有报道。所以作者就尝试着使用简单的二级胺来模拟复杂的酶。选中脯氨酸（proline）进行了尝试，结果是令人兴奋的，取得了 68%的收率、76% *ee* 值。接着作者对催化剂进行了筛选，发现最便宜的脯氨酸几乎是最好的催化剂。接下来对底物范围进行研究，合成了 6 个代表性化合物（图 4.1）。

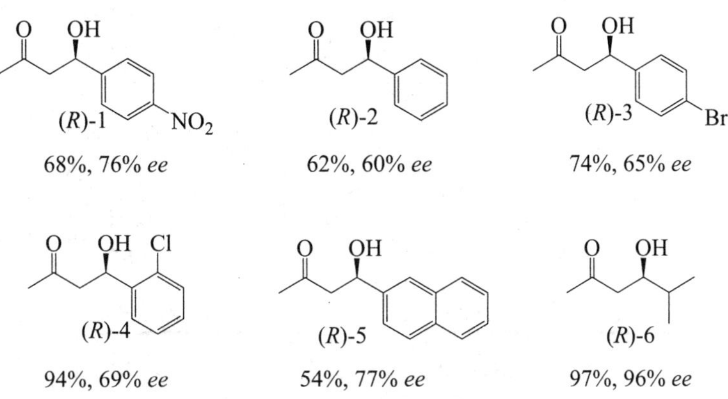

图 4.1　Aldol 反应的产率和 *ee* 值

作者还提出了相应的反应机理，这一机理被普遍接受并广泛采用。值得注意的是，羧酸的氢与醛形成的氢键是不对称诱导的关键，为以后催化剂的改进指明了方向。后来对催化剂的改进很多都是合成脯氨酸衍生物，通过增强氢键作用，提高 *ee* 值，见图 4.2。

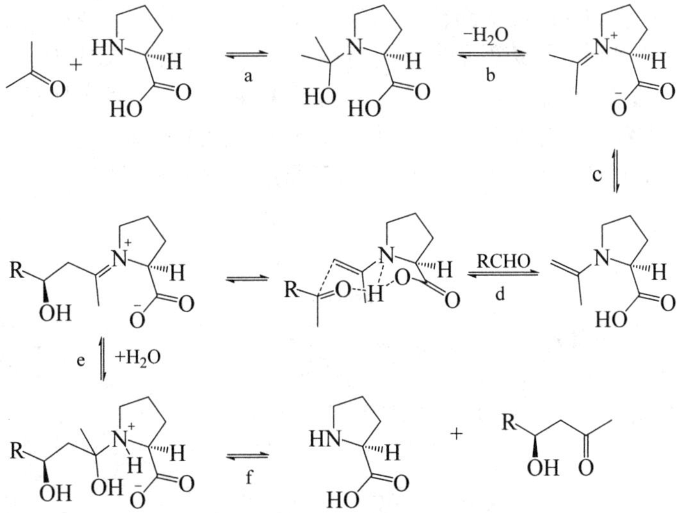

图 4.2　脯氨酸催化的不对称反应可能的烯胺机理

2000 年，MacMillan 等发表了第一篇有机催化文章，正式提出与有机金属催化相对应的有机催化这一概念[2]。Lewis 酸可以与羰基的氧原子配位，从而降低不饱和醛 LUMO 轨道的能量，达到催化的目的。MacMillan 设想如果二级胺与不饱和醛 **4-1** 发生反应，形成亚胺 **4-2**，降低其 LUMO 轨道的能量，这一活性中间体，迅速与二烯体发生 Diels-Alder 反应，然后亚胺水解成醛，释放二级胺，完成催化循环（图 4.3）。

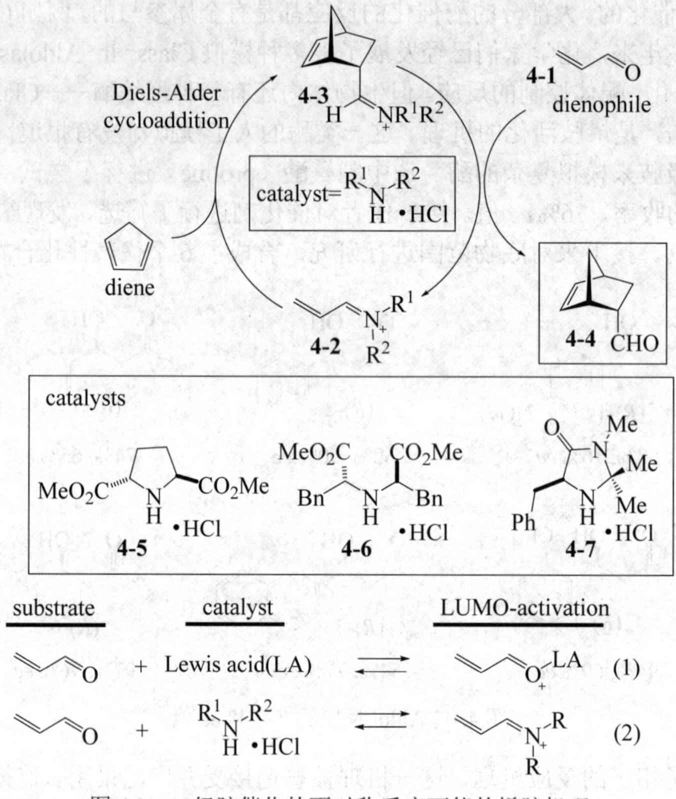

图 4.3　二级胺催化的不对称反应可能的烯胺机理

4.2.2　亚胺正离子催化

从亚胺正离子催化的 Knoevenagel 反应被发现至今，亚胺催化成为有机小分子催化中的一个重要方向，并且得到了飞速发展[3]。不对称亚胺正离子催化反应中，伯胺或仲胺 **4-8** 首先与 α,β-不饱和醛或酮 **4-9** 缩合，形成亚胺正离子 **4-10**，亚胺正离子比相应的羰基的吸电子能力更强，使亲核试剂更容易进攻 α,β-不饱和羰基化合物的碳-碳双键。同时，这种活化模式极具普遍性，例如环加成反应和亲核加成等都可通过亚胺正离子催化完成（图 4.4）。

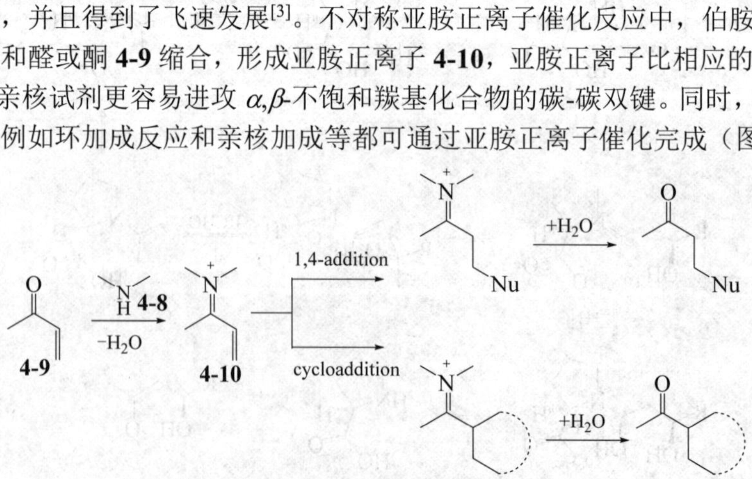

图 4.4　亚胺正离子的 1,4-加成和环加成反应

4.2.3 基于氢键的不对称催化

早在 20 世纪 80 年代，研究者就已经发表了数篇有关催化不对称过程的文章，结果表明底物的活化以及过渡态的形成都是基于氢键相互作用[4-6]。但是这些工作仅仅被认为是一些特例，即氢键不足以活化或者导向不对称催化。直到 Jacobsen 等[7]和 Corey 等[8]分别独立报道了涉及 Strecker 反应的不对称转化，该反应使用具有明确定义的氢键有机小分子催化剂活化亚胺亲电试剂。氢键活化不饱和羰基化合物有两种方式：一是布朗斯特酸直接和羰基氧形成氢键，从而使碳-碳双键具有更强的亲电性；二是先和伯胺形成不饱和亚胺，亚胺和布朗斯特酸形成亚胺正离子使共轭的碳-碳双键活化（图 4.5 和图 4.6）。

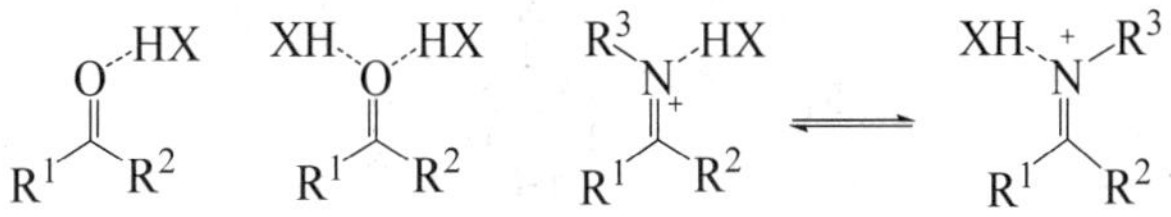

图 4.5 氢键活化羰基和亚胺的模型

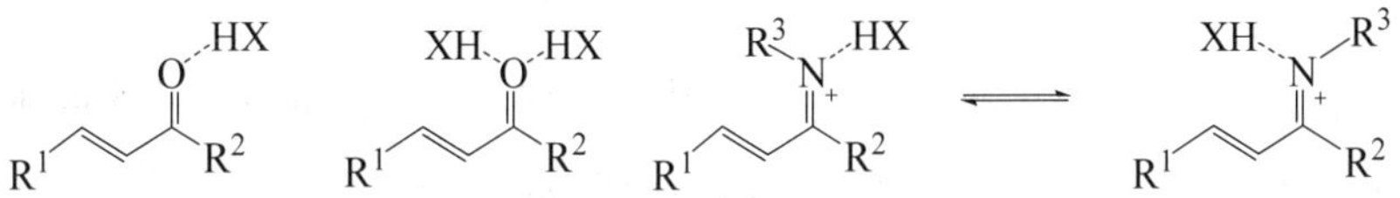

图 4.6 氢键活化碳-碳双键的模型

4.2.3.1 手性硫脲与芳基胺催化

脲和硫脲化合物氮上的两个氢具有酸性，可以和底物有效地形成双氢键，降低底物不饱和双键的电子云密度，使其更容易接受亲核试剂的进攻，从而催化 C—C 和 C—杂原子的成键反应[9]。

Sigman 和 Jacobsen 于 1998 年首次报道了使用手性硫脲作为催化剂[10-12]，能够通过氢键相互作用合成对映控制的化合物[7]。化合物 **4-11** 为开发基于非共价相互作用的有机催化分支铺平了道路（图 4.7）。大量工作已经被投入到结构优化以及引入 *N*-三氟甲基苯基取代基以调节催化剂活性、溶解性和刚性，从而获得双功能化合物。手性硫脲/脲催化剂的特征在于中央硫脲/脲官能团的一侧连接 *N*-三氟甲基苯基取代基或衍生自受保护氨基酸或手性伯胺的手性部分；另一侧用手性 1,2-二胺衍生。该类催化剂通常是由衍生自氨基酸、3,5-双（三氟甲基）苯胺或伯胺的预制异硫氰酸酯与手性 1,2-二胺（可以是环状或非环状的）反应来构建[13-15]。此外，所用的 1,2-二胺可以是游离的或单保护的，从而获得 Jacobsen 型硫脲 **4-12**～**4-14** 或双功能伯胺和仲胺硫脲 **4-15**、**4-16**（图 4.7）。

硫脲合成的主要问题来自使用有毒和易燃试剂制备相应的异硫氰酸酯，这违反了绿色化学原则。仔细了解异硫氰酸酯合成的细节，可以发现此类化合物可通过伯胺与高亲电的 C═S 源反应来获得，例如硫光气（$CSCl_2$）、二硫化碳（CS_2）或二吡啶硫基碳酸酯和硫代羰基二咪唑。这些试剂的使用并不符合绿色化学的原则。$CSCl_2$ 不仅需要控制加入速率和温度，同时它还是一种剧毒液体[16,17]。CS_2 是易燃、易挥发同时需要化学计量量的助剂或升高反应温度才能实现反应[18,19]。另外，还有原子经济性和能源效率的缺乏。这些试剂的替代品是 Schoenebeck 小组于 2017 年引入的四甲基三氟甲硫醇盐[$(Me_4N)SCF_3$][20]。该试剂还获得了 2020 年 EROS 最佳试剂奖。$(Me_4N)SCF_3$ 实际上是一种固体且在实验室中稳定的试剂，它在引入异硫氰酸酯官能团的时候，具有高官能团耐受性与高效性。此外，异硫氰酸酯可以通过简单地过滤掉副产物盐来分离。在更环保的方案中，所用溶剂 CH_2Cl_2 还可以用非 VOC 溶剂（如 MTBE）代替。比较了可用于合成 3,5-双（三氟甲基）苯基异硫氰酸酯（**4-17**）的两种不同合成路线，图 4.8 左侧为基于硫光气的经典方法[21]，而右侧则是 Schoenebeck 提出的合成路线[12]。从图 4.8 中可以看出，后者避免使用有毒试剂并且产品纯化允许将 *E* 因子（*E* factor）降低到 83。相反，在硫光气存在的情况下，该方法不仅不安全，而且具有更高的 *E* 因子（364）。

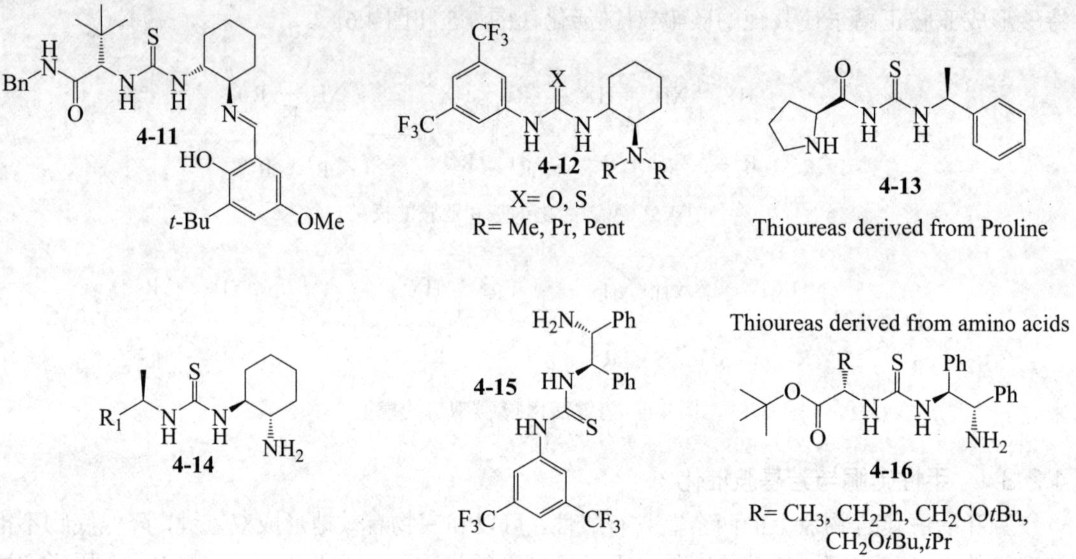

图 4.7　基于手性硫脲的催化剂实例

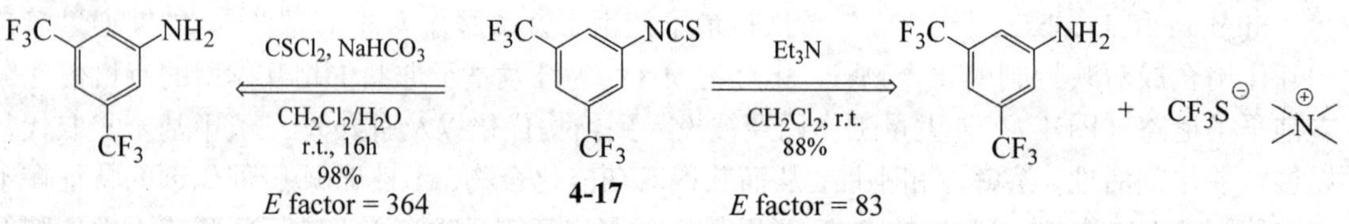

图 4.8　合成 3,5-双（三氟甲基）苯基异硫氰酸酯的不同方法

根据硫脲单元上取代基的复杂性差异，异硫氰酸酯的合成可以是简单的，也可以是冗长的。通常，由于敏感官能团需要保护和脱保护，*E* 因子普遍增加，并不符合绿色化学要求，因此使用氨基酸时需要更多步骤（图 4.9）。

关于 1,2-二胺结构，最常用的是：(1*S*)-反式-1,2-二氨基环己烷和(1*S*,2*S*)-(−)-1,2-二氨基-1,2-二苯基乙烷。如图 4.10 所示，双官能团一级胺硫脲的生产非常简单，一旦制备了异硫氰酸酯，就直接与手性 1,2-二胺在 CH_2Cl_2 或 THF 中反应。根据产物 **4-21** 和 **4-22** 的产率，经柱色谱纯化后得到硫脲催化剂，*E* 因子为 437 和 531[22,23]。

如图 4.9 所示，如果胺官能团被衍生化，根据结构复杂性，*E* 因子可以上升到 637 或高达 1966。事实上，伯胺转化为叔胺官能团是通过还原胺化相应的单酰化胺实现的，这就需要三个额外的合成步骤。此外，保护/去保护策略违背了绿色化学的原则[24-26]。

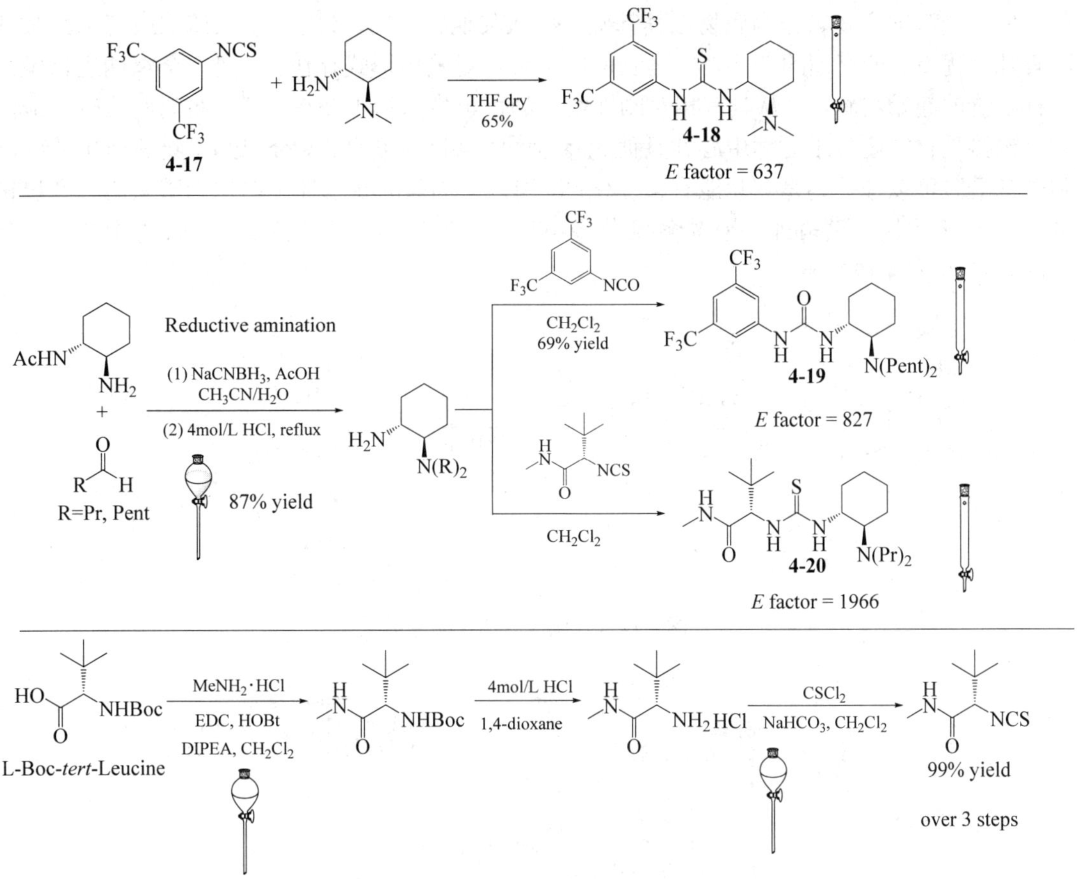

4-17 + H_2N → THF dry, 65% → 4-18

E factor = 637

CF_3; F_3C; NCO; CH_2Cl_2, 69% yield → 4-19, *E* factor = 827

AcHN, NH_2 + R–CHO (R=Pr, Pent); Reductive amination: (1) $NaCNBH_3$, AcOH, CH_3CN/H_2O; (2) 4mol/L HCl, reflux; 87% yield → H_2N, $N(R)_2$

NCS, CH_2Cl_2 → 4-20, *E* factor = 1966

L-Boc-*tert*-Leucine → $MeNH_2 \cdot HCl$, EDC, HOBt, DIPEA, CH_2Cl_2 → NHBoc → 4mol/L HCl, 1,4-dioxane → NH_2 HCl → $CSCl_2$, $NaHCO_3$, CH_2Cl_2 → NCS, 99% yield over 3 steps

图 4.9　合成 Jacobsen 硫脲的反应方案

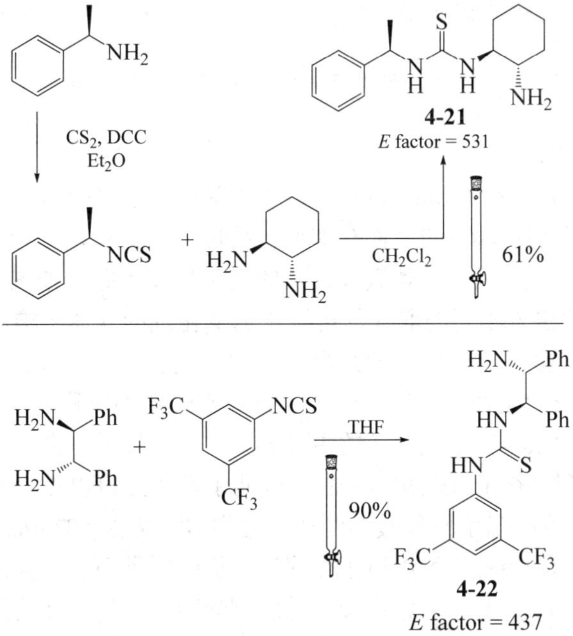

NH_2 → CS_2, DCC, Et_2O → NCS + H_2N, NH_2 → CH_2Cl_2, 61% → 4-21, *E* factor = 531

H_2N, Ph, H_2N, Ph + F_3C, NCS, CF_3 → THF, 90% → 4-22, *E* factor = 437

图 4.10　双官能团一级胺硫脲的合成路径

使用金鸡纳生物碱作为底物在其基础上引入其他官能团，其中，引入硫脲或芳基酰胺基团有几个优点。最有趣的特征之一是它们以两种伪对映体形式存在。此外，金鸡纳生物碱是一种廉价的起始材料，可从具有相对刚性结构的可再生原料中获得，其中布朗斯特碱官能团和氢键接受官能团位于立体中心并且彼此靠近[27]。从这角度来说，金鸡纳生物碱衍生的硫脲和芳基酰胺可以被认为是双功能有机催化剂，因为生物碱的奎宁环可以作为碱来活化亲核试剂。另外，硫脲或芳基酰胺基团能够活化亲电试剂并通过形成的氢键稳定过渡态中的负电荷（图 4.11 和图 4.12）。

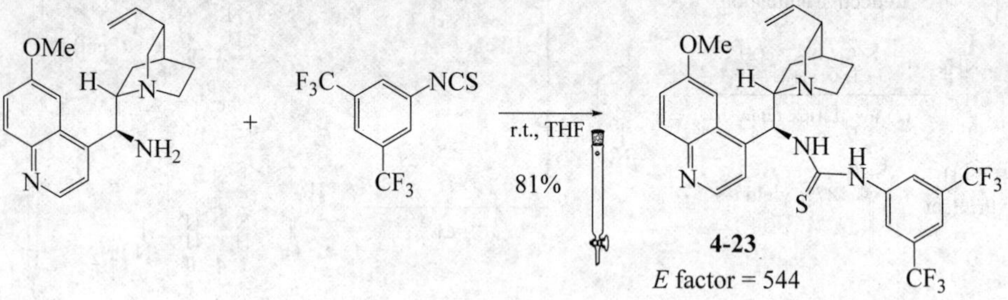

r.t., THF
81%
4-23
E factor = 544

图 4.11　合成硫脲的反应方案

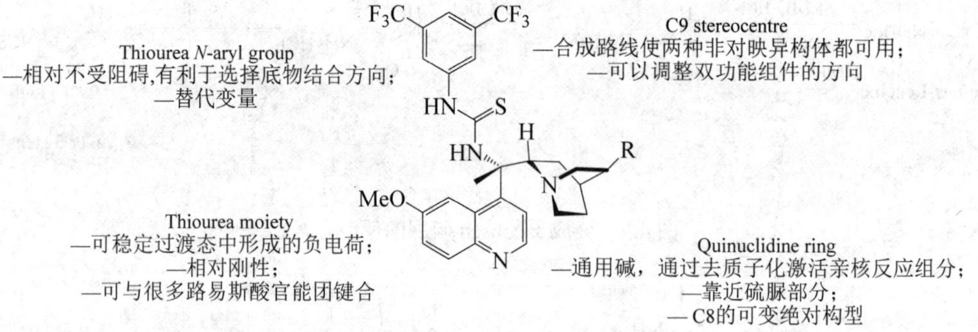

Thiourea *N*-aryl group
—相对不受阻碍,有利于选择底物结合方向;
—替代变量

C9 stereocentre
—合成路线使两种非对映异构体都可用;
—可以调整双功能组件的方向

Thiourea moiety
—可稳定过渡态中形成的负电荷;
—相对刚性;
—可与很多路易斯酸官能团键合

Quinuclidine ring
—通用碱，通过去质子化激活亲核反应组分;
—靠近硫脲部分;
—C8的可变绝对构型

图 4.12　硫脲修饰的金鸡纳生物碱催化剂

4.2.3.2　手性磷酸催化

2004 年，Akiyama 等和 Terada 等分别报道了手性磷酸（CPA）催化的亚胺的不对称加成反应。手性磷酸催化剂较以前的手性布朗斯特酸催化剂具有以下特点：①具有较强的酸性可以形成离子对活化亚胺底物；②磷氧双键上的氧可以作为路易斯碱活化亲核试剂；③联二萘酚骨架的 3-和 3′-位引入不同的取代基可以微调催化剂的立体结构以控制反应的选择性。此外，手性磷酸甚至在涉及协同催化的几个过程中与金属结合。由手性磷酸催化的反应通常操作简单，在温和的反应条件下进行并产生非常高水平的不对称诱导，产率往往超过 90%。

手性磷酸（图 4.13）具有沿联萘环的手性轴，这是手性的来源。由于围绕单键的旋转受限，基团的非共面排列存在于该假想轴周围，因此手性磷酸可以作为两种不同的阻转异构体存在。磷酸质子是酸性的，当手性磷酸溶解在乙腈中时，观察到的 pK_a 值在 12～14 之间[28]。手性磷酸本质上是布朗斯特酸，可以质子化底物，从而促进手性抗衡阴离子导向的不对称转化。这种主要的非共价活化类型会导致特定的酸催化[29]，这是手性磷酸催化反应中最常见的一种类型[30]。

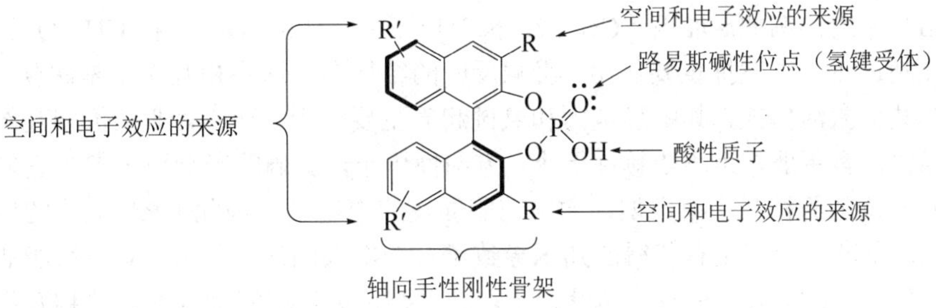

空间和电子效应的来源
R′
R
空间和电子效应的来源
路易斯碱性位点（氢键受体）
O
P
O
O:
OH
酸性质子
R′
R
空间和电子效应的来源
轴向手性刚性骨架

图 4.13　手性磷酸骨架分析

布朗斯特酸催化与另一种主要的非共价活化类型氢键催化有关，通常发生在与软酸的反应中，例如：双功能硫脲、双酰亚胺、二醇等。在手性磷酸催化的反应中，氢键的形成导致部分或全部氢转移到底物[31]。质子转移也可能在初始或过渡态中发生。此外，氢键物种和离子对可能作为平衡混合物存在，因此并不总是能够直接区分布朗斯特酸催化和氢键催化。理论研究是需要的。例如，在手性磷酸催化的亚胺反应中，不仅会观察到由于底物的质子化，发生离子配对，而且还存在氢键，这对反应的选择性至关重要[32]。Brønsted 酸度、底物结构和使用的溶剂是影响两种活化方式中哪一种占优势的主要因素[31]。根据迄今为止报道的研究结果，人们普遍认为手性磷酸实际上表现为双功能催化剂，其中羟基充当酸，氧代部分充当碱，从而允许同时激活亲核和亲电反应组分。在 CPA1 和 CPA2 类型的催化剂中，刚性联苯骨架通常在 3-和 3′-位用空间要求高的芳基进行修饰，这些芳基也可能具有不同的电子特性并有助于创建手性“结合口袋”。在 CPA3 型的螺环 CPA 中，6-和 6′-取代基发挥了这一作用（图 4.14）。

R
O
P
O
O
OH
R
R
O
P
O
O
OH
R
O
P
O
O
OH
R
R
O
P
O
OH
O

CPA1
a: R = 2,4,6-(iPr)$_3$C$_6$H$_2$ [(R)-TRIP]
b: R = 9-anthryl
c: R = 9-phenanthryl
d: R = 3,5-(CF$_3$)$_2$C$_6$H$_3$
e: R = 1-naphthyl
f: R = 2-naphthyl

CPA2
a: R = 1-pyrenyl
b: R = triphenylsilyl
c: R = phenyl
d: R = 4-(NO$_2$)C$_6$H$_4$
e: R = 4-(2-naphthyl)C$_6$H$_4$
f: R = 4-[3,5-(CF$_3$)$_2$C$_6$H$_3$]C$_6$H$_4$

CPA3
a: R = 2,4,6-(iPr)$_3$C$_6$H$_2$ [(R)-STRIP]
b: R = 3,5-(CF$_3$)$_2$C$_6$H$_3$
c: R = 2-naphthyl
d: R = 9-anthryl
e: R = 1-pyrenyl

CPA4
a: R = H
b: R = Ph [(R)-VAPOL]

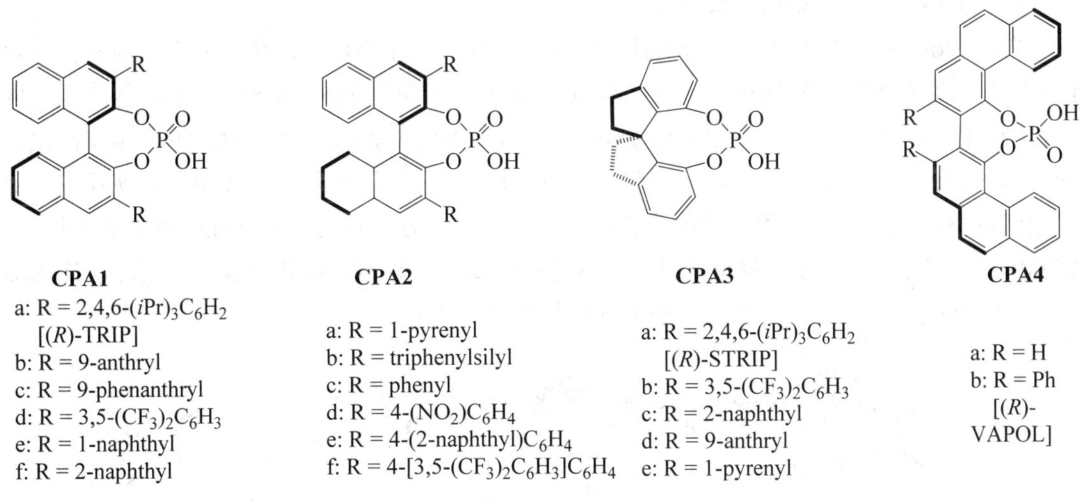

图 4.14　常见的 CPA

由 CPA 催化反应所获得的手性诱导的合理性通常是基于反应底物与 3-和 3′-取代基（催化剂 CPA1 和 CPA2）或与 6-和 6′-取代基（催化剂 CPA3）的空间相互作用[33]。通常，高对映选择性的产生与这些取代基空间体积的增加密切相关，但越来越多的实验和理论证据表明，至少在某些反应中，空间效应本身并不是最终结果的起因。例如，如果取代基太大，一些反应可能会停止，或者在诱导意义上可能发生逆转[30]。现在人们认为，一组较弱、有利的、次级非共价相互作用，例如π-堆积，CH…π，孤对电子…π，C═O…H 和 CH…O 相互作用等也在立体控制过渡态中发挥重要作用，影响反应的结果[34]。这些相互作用是次要的，以区别于主要的非共价激活模式，其中静电力和氢键起着主要作用。通常，非共价相互作用与共价相互作用相比而言更弱，距离依赖性更小，方向性更小，受熵的影响更大[35]。它们是负责生物系统中分子识别的相互作用类型，通常在酶促反应中遇到，因此 CPA 催化的反应是真正的仿生反应。在过去十年左右获得的知识导致了一个新兴的研究领域，其中次级非共价相互作用，被用作 CPA 催化反应的关键设计元素。主要目标是更好地理解这些相互作用及其在立体诱导中的作用[36]。

4.2.3.3 手性二磺酰亚胺催化

自 2009 年，List 等[37]和 Giernoth 等[38]发现手性二磺酰亚胺（DSI）催化剂已经成为强有力的布朗斯特酸和路易斯酸催化剂，并且能够很好地催化不同种类的不对称转化，包括：烷基化、缩合、环化、串联、还原反应等。手性二磺酰亚胺催化剂具有以下结构特征：①具有刚性的手性骨架结构，因其芳香环境，可以简单地官能团化；②基于其骨架结构可以很好地确定反应位点；③可调的酸性位点负责其催化活性。作为这些表现的证据，骨架结构的本质在催化剂的酸性方面扮演着重要角色，其中催化剂的酸性可以通过连接不同电子特性的取代基进行调整。比如，通过在二萘酚骨架上加吸电子取代基进而可以直接提升酸性。利用立体电子效应和可调酸度的直接关系可以评估含有能够活化各种底物，以及促进各种不对称转化的手性骨架手性二磺酰亚胺的设计、合成。这些衍生物包括基于二萘酚结构的二磺酰亚胺（BN）催化剂，邻苯二磺酰亚胺（OBS）催化剂，二（二萘酚基）二磺酰亚胺（BIBN）催化剂等相关萘酚衍生的二硫代酰亚胺催化剂。

（1）1,1′-二萘酚二磺酰亚胺（BN）

自从 Noyori 引入 1,1′-二萘酚基骨架结构后，其一直在不对称催化反应中扮演着重要角色[39]。基于双萘酚基骨架结构的二磺酰亚氨基催化剂是其中的典型结构。二萘酚基单元可以提供刚性的、C_2 对称骨架，并能够在此基础上通过标准的芳香取代反应（比如：卤化、硝化、交叉偶联、邻位金属配位等）进行官能团化[40]。在 3,3′-位的取代基既可以用来实现反应位点的空间调整，也可以通过诱导效应或者共轭作用来实现对二磺酰亚胺酸性的电子效应控制。特别的是，和相对应的手性磷酸相比，能够通过在 3,3′-二芳基的取代创建一个更深层次的活性位点，并提供更好的与底物之间的立体化学联系（图 4.15）。

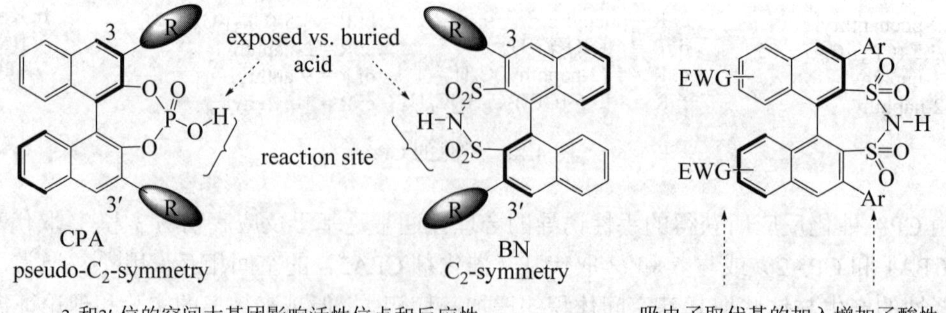

图 4.15　基于联萘的 DSI 的结构特征

（2）邻苯二磺酰亚胺（OBS）

Dughera 和 Ghigo 在成功将邻苯二磺酰亚胺作为布朗斯特酸催化剂应用到反应中后，又在 3 位引入芳基合成一系列手性催化剂[41]。通过 DFT 计算可以发现，OBS-1 和 OBS-2 与 1,1′-二萘酚基相比有着更大的自由能旋转障碍。这个更大的障碍限制了旋转进而提供了稳定的手性轴（寿命约为 10^8 年）（图 4.16）。

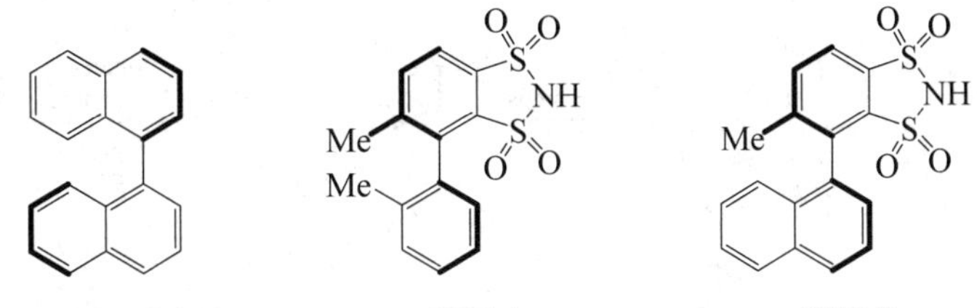

计算的旋转自由能垒 /(kcal/mol)	1,1′-Binaphthyl	OBS-1	OBS-2
	26.7	39.5	39.6

图 4.16 手性邻苯二磺酰亚胺（OBS）及其计算的旋转自由能垒

（3）二（1,1′-二萘酚基）二磺酰亚胺（BIBN）

Zhou 和 Yamamoto 于 2016 年报道了立体加强的二（1,1′-二萘酚基）二磺酰亚胺类型催化剂[42]，此类催化剂，从甲基保护的 3,3′-二芳基官能团化的 BINOL（1,1′-联-2-萘酚）衍生物（**4-24**）出发，经过 5 步合成得到。此类新的尝试构建了手性微环境以来促进位点相互作用，同时可以实现更有挑战的底物的更高层次的对映诱导。当反应体系需要比 C_2 对称双萘酚基 DSI 骨架更高的立体需求时，此类催化剂有着和 List 的亚氨基二磷酸相类似的反应位点（图 4.17）。

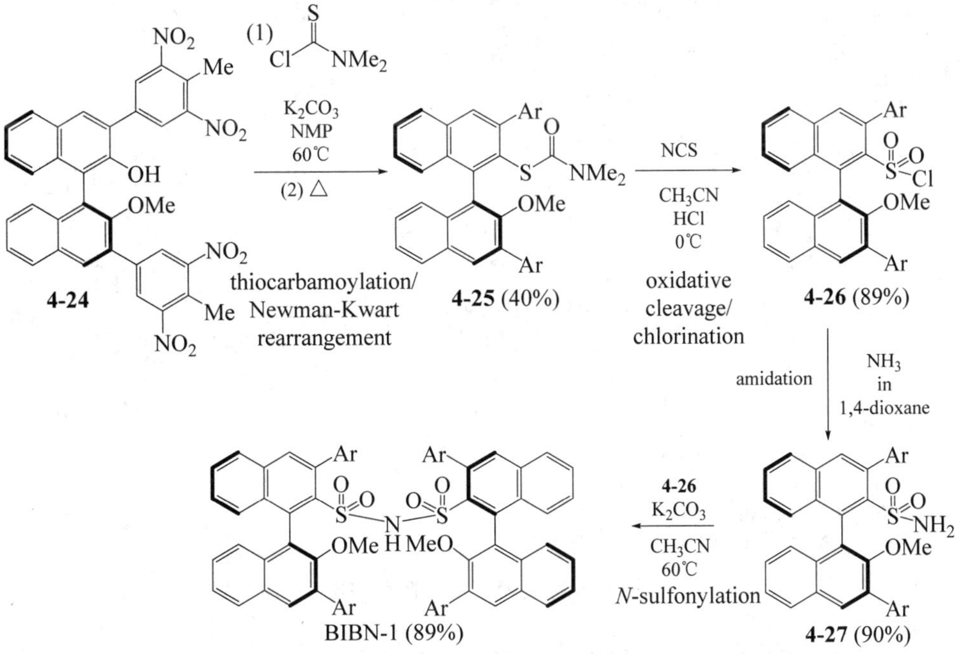

(1) $ClC(S)NMe_2$, K_2CO_3, NMP, 60℃; (2) △ — thiocarbamoylation/Newman-Kwart rearrangement: **4-24** → **4-25** (40%)

NCS, CH_3CN, HCl, 0℃ — oxidative cleavage/chlorination: **4-25** → **4-26** (89%)

NH_3 in 1,4-dioxane — amidation: **4-26** → **4-27** (90%)

4-26, K_2CO_3, CH_3CN, 60℃ — *N*-sulfonylation: **4-27** → BIBN-1 (89%)

图 4.17 二（1,1′-二萘酚基）二磺酰亚胺（BIBN-1）的合成

（4）1,1′-螺双茚满-7,7′-二磺酰亚胺（SP）

为了扩大 DSI 催化剂的多样性以及微调其反应性，Yoshino 和 Matsunaga 报道合成了 1,1′-螺双茚满-7,7′-二磺酰亚胺（SP-1）[43]。此类 C_2 对称的手性螺双茚满骨架比 1,1′-二萘酚基骨架刚性更大。SP-1 由商业可得的(*R*)-SPINOL（**4-28**）出发，经过硫代氨基甲酰化，Pd 催化 Newman-Kwart 重排，NCS 氧化以及氨气酰亚胺化得到（图 4.18）。

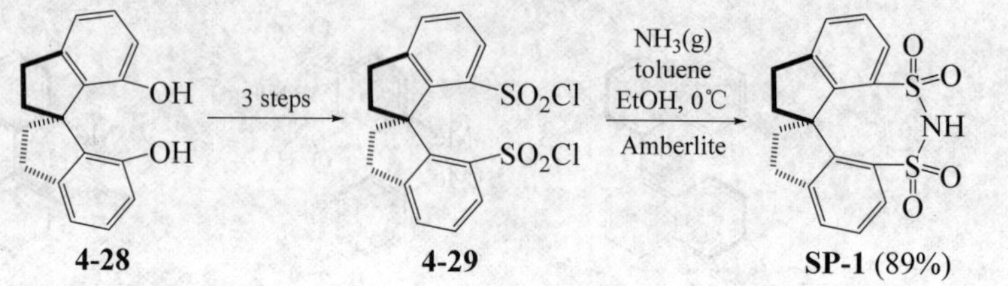

图 4.18　由(*R*)-SPINOL 合成 1,1′-螺双茚满-7,7′-二磺酰亚胺(SP-1)

（5）基于[6]螺旋的二磺酰亚胺

Tsujihara 和 Kawana 等人基于他们关于手性 1-巯基和 1-磺酰基取代的螺旋烯在不对称催化以及材料科学中的合成以及应用，制备了一系列手性四氢[6]螺旋烯二磺酰亚胺（HEL）。在前期报道的关于 5,6,9,10-四氢[6]螺旋烯-1-硫醇的合成和光学拆分的基础上，作者通过四步将硫酯转化成磺酰亚胺。①脱质子化并对丙烯酸甲酯发生迈克尔加成；②硫醚氧化得到砜；③氯化氧化得到磺酰氯；④与氨水反应得到磺酰胺（图 4.19）。

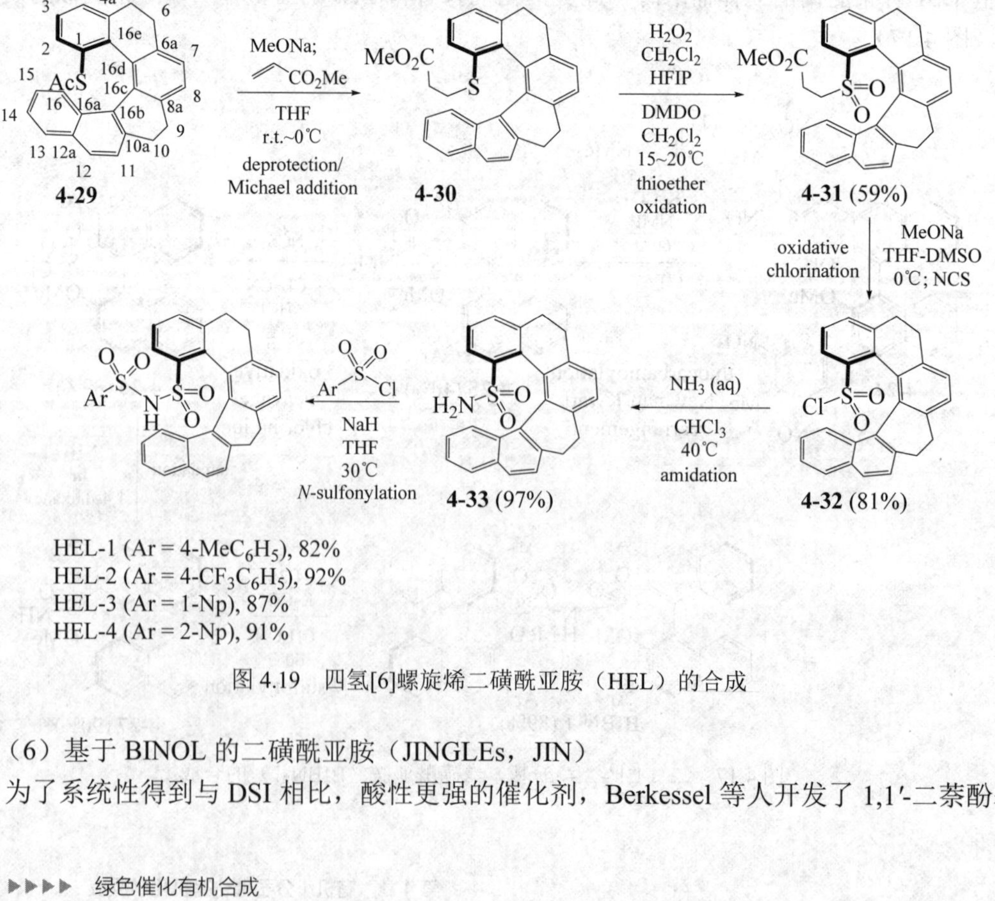

HEL-1 (Ar = 4-MeC_6H_5), 82%
HEL-2 (Ar = 4-$CF_3C_6H_5$), 92%
HEL-3 (Ar = 1-Np), 87%
HEL-4 (Ar = 2-Np), 91%

图 4.19　四氢[6]螺旋烯二磺酰亚胺（HEL）的合成

（6）基于 BINOL 的二磺酰亚胺（JINGLEs，JIN）

为了系统性得到与 DSI 相比，酸性更强的催化剂，Berkessel 等人开发了 1,1′-二萘酚基-

2,2′-二（亚磺酰基）酰亚胺（JIN 或者 JINGLEs）[44]（图 4.20）。

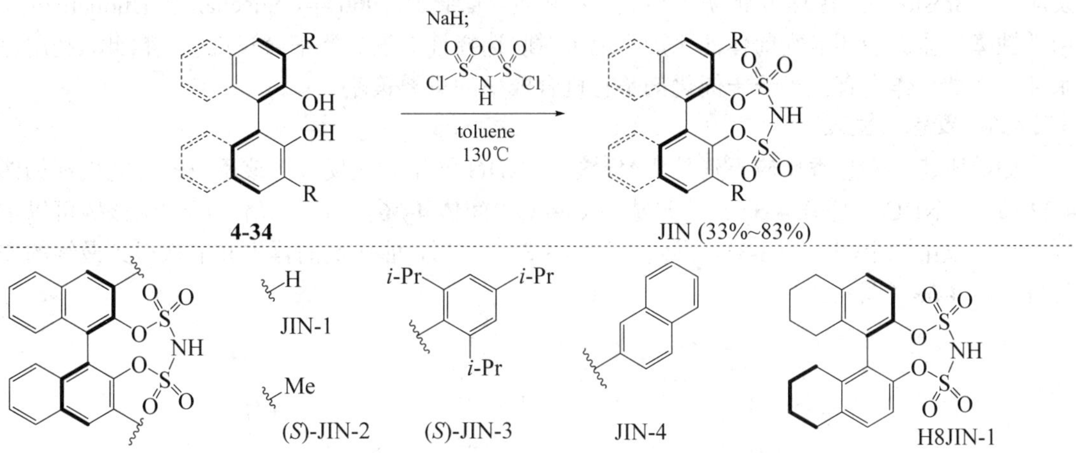

图 4.20　1,1′-二萘酚基-2,2′-二(亚磺酰基)酰亚胺的合成

4.2.4　手性卡宾催化

自从第一例稳定的亲核性卡宾被报道以来[45,46]，氮杂环卡宾在有机合成中得到了广泛的应用，它们既可以作为配体用于金属催化的反应，同时，其本身也可以作为很好的催化剂用于催化有机反应。

自 1991 年，Bertrand 和 Arduengo 等人成功分离并表征了游离卡宾，氮杂环卡宾在有机化学领域开启了一个新的篇章。由于氮杂环卡宾较强的σ-给电子作用，使得其在亲核型的有机催化剂中占据着重要地位[47]。氮杂环卡宾可以定义为在环中含有一个卡宾碳以及至少一个 α-氮原子[48]。作为典型结构的特征，所有卡宾是中性的并有 6 个电子的二价碳原子。在这类标准下，有着不同种类的卡宾化合物，含有不同取代基、环大小以及杂原子稳定性。典型的氮杂环卡宾如图 4.21 所示。

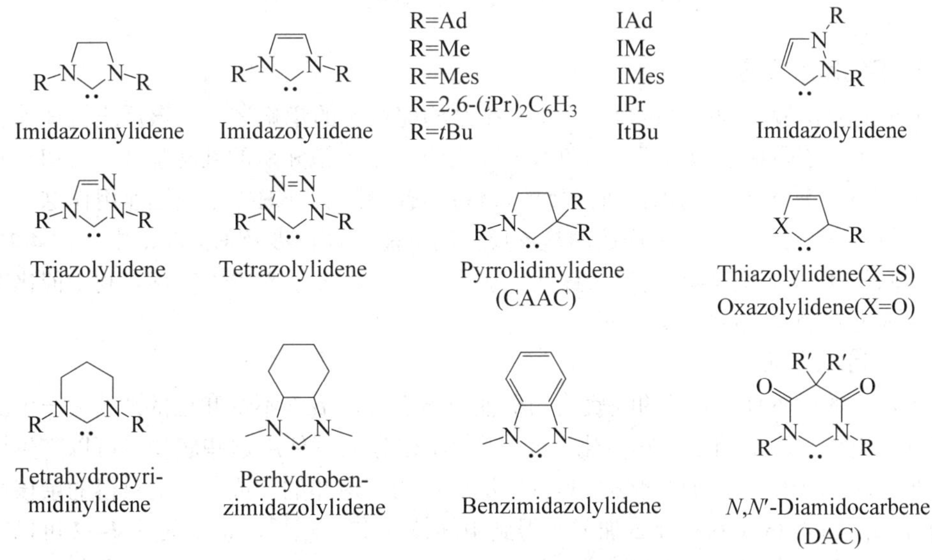

图 4.21　典型氮杂环卡宾的结构

氮杂环卡宾作为有机小分子参与催化反应起始于 Ukai 证明噻唑盐能够催化安息香缩合反应[49]，Breslow 于 1958 年证明了该反应的机理[50]。直到 1966 年，Sheehan 和 Hunneman 使用手性噻唑盐氮杂环卡宾前体催化剂实现了对映选择性的安息香缩合反应[51]。自此，利用氮杂环卡宾试剂作为有机小分子催化剂是有机合成中的重要策略。

4.2.4.1 安息香反应

如前所述，安息香反应无疑是研究最多的 NHC 催化转化反应。该反应的可能机理如图 4.22 所示。NHC 与底物 **4-35** 反应形成 Breslow 中间体 **4-36**。随后，新生成的亲核碳可以进行亲核进攻第二个醛分子 **4-35**，得到中间体 **4-37**。最后，催化剂的再生并消除得到最终的安息香产物 **4-38**（图 4.22）。

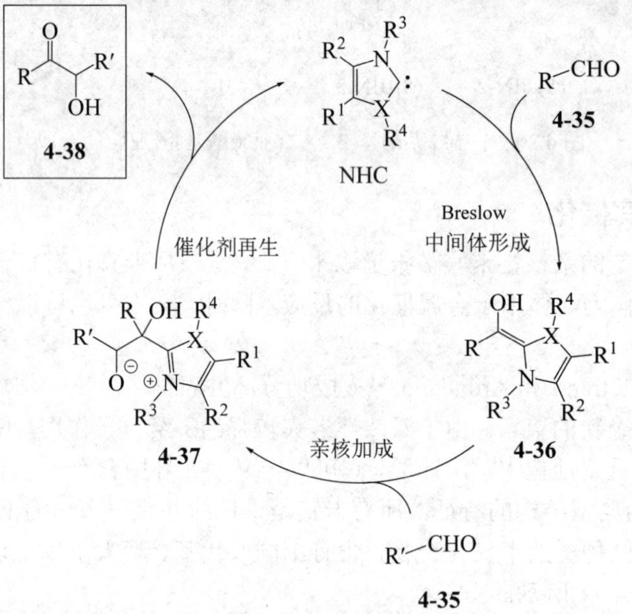

图 4.22　氮杂环卡宾催化的苯偶姻缩合反应机理

4.2.4.2 Stetter 反应

Stetter 反应是最广为人知的制备 1,4-二酮结构化合物的策略之一。该反应机理涉及酰基阴离子的产生，该阴离子源自醛的极性反转，用于 α,β-不饱和酮的共轭加成。最初开发的经典 Stetter 反应，涉及氰化物以促进醛碳的极性反转。然而，NHC 已被迅速用作这一有效转化中的有效替代品。图 4.23 中描述的是该反应的可能机理，涉及 Breslow 中间体 **4-39** 的生成，该中间体 **4-39** 对酮 **4-40** 进行亲核共轭加成。随后，分子内质子转移有利于催化剂的再生以及 Stetter 产物 **4-43** 的同时形成。

4.2.4.3 内酯化反应

除了常见的由 NHC 促进的醛底物的极性反转之外，α,β-不饱和醛的β-碳上产生的负电荷的离域，也已被广泛用于卡宾催化。通过在 NHC 存在下使用这些底物，可以产生烯醇等价物。该策略已应用于在药物化学中具有广泛应用的丁内酯的合成[52]。新获得的亲核性烯醇等价物可以在酮 **4-46** 上进行 1,2-加成，得到中间体 **4-47**。随后，该中间体 **4-47** 可以在酰基唑单元上发生分子内环化，催化剂再生并产生最终的γ-内酯 **4-49**，即形式上的[3+2]环加成产物（图 4.24）。

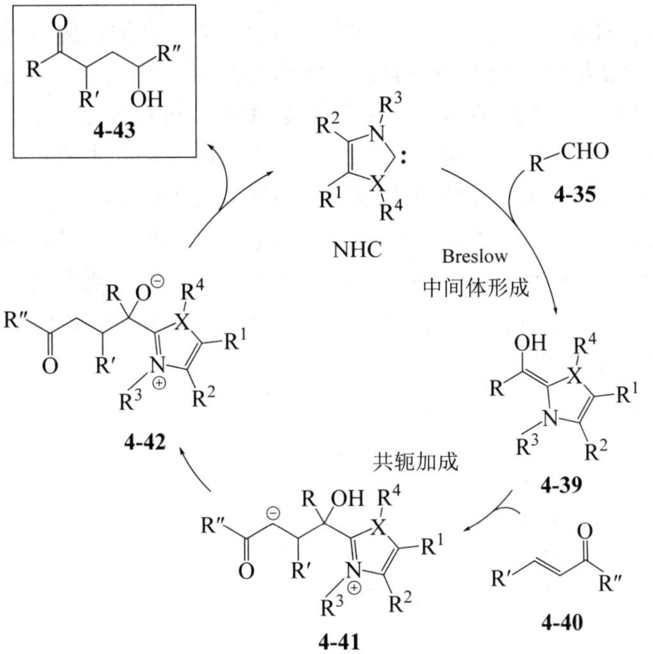

图 4.23　Stetter 反应中使用氮杂环卡宾催化剂的机理图

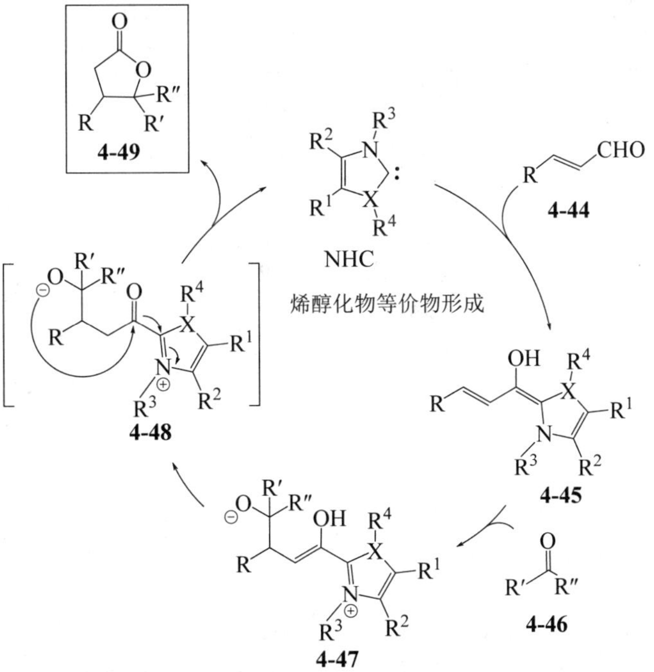

图 4.24　涉及烯醇等价物的内酯化反应机理

4.2.4.4 与烷基卤化物的酯化反应

在 NHC 催化转化中使用的另一种类型的反应，源自 NHC 对醛加成所得到的 *O*-亲核试剂。该策略带来了一种新的酯化方法，该方法基于 O_2 存在下的反应特性（图 4.25）。具体而言，在 NHC 和 **4-50** 反应生成的 Breslow 中间体 **4-51** 中，负电荷首先定域在氧上。在合适的反应组分（例如卤代烷 **4-52**）存在下，中间体 **4-51** 可以进行 S_N2 反应，得到化合物 **4-53**。随后，另一个 NHC 分子可以作为碱，使前一个醛碳去质子化并生成反应性的酰基阴离子 **4-54**。然后，在氧气存在下，亲核加成可能导致中间体 **4-55** 的生成。此时，可能的反应途径能够以两种方式进行。在途径 B（Pathway B）中，内过氧化物 **4-59** 的环化形成可以得到最终的酯产物 **4-58** 并伴随着咪唑-2-酮 **4-60** 的形成。虽然在研究中能够检测到副产物的形成，但这只是微量的，该途径可以排除。相反，途径 A（Pathway A）涉及 NHC 的再生、反应循环的终止以及所需产物 **4-58** 的形成。

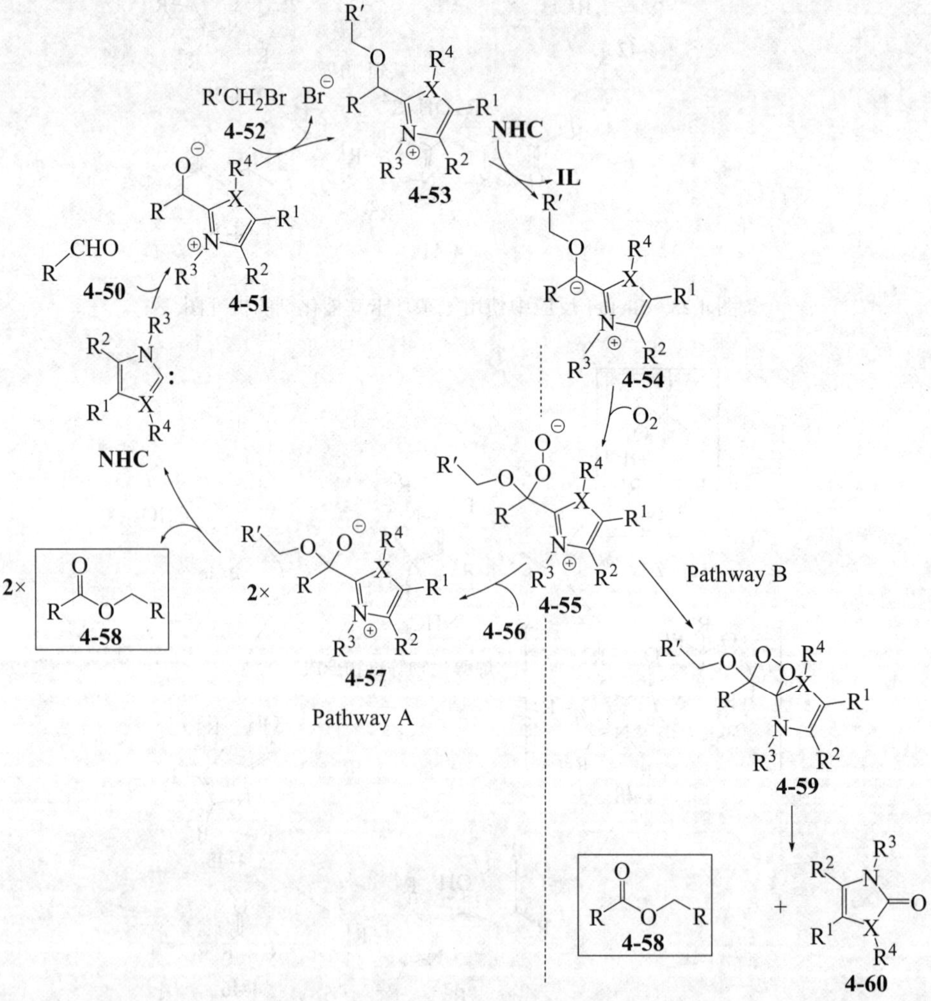

图 4.25 电化学条件下醛和烷基溴的酯化反应机理

4.2.4.5 酯化与酰胺化反应

酯化和酰胺化反应在合成有机化学中有着巨大的应用，通常用于复杂分子结构的全合成。在此背景下，NHC 在羰基化合物活化方面表现出的有效性已经促使 NHC 应用于催化酯化与酰胺化反应。特别是，NHC 可用于增强醛作为亲电试剂的反应性，以促进这些转化。然而，由于 Breslow 中间体的形成会产生极性反转的酰基阴离子，Breslow 中间体的氧化对于恢复羰基部分的天然亲电反应性变得尤为重要。通常，氧化步骤涉及氧化剂的添加，根据天然醛的性质提供反应性酰基唑或 α,β-不饱和酰基唑（图 4.26）[53,54]。

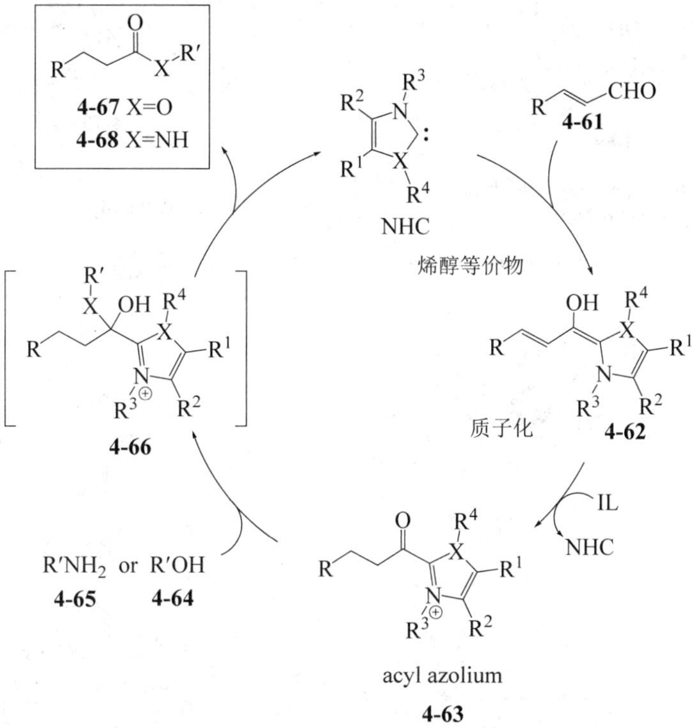

图 4.26　电化学条件下生成酰基唑中间体的酯化和酰胺化反应机理

4.2.5　手性相转移催化

在过去的数十年里，不对称相转移催化得到了极大的发展，直到现在仍吸引着化学家的极大兴趣。相转移催化剂（PTC）在不对称合成中发挥着关键作用，这是从它们在工业过程中的初期应用中发现的。鉴于它们的重要性，特别是由于在相转移过程中的可扩展性和绿色化学性，PTC 将与其他有机催化剂分开处理。特别注意的是，第一个源自金鸡纳的生物碱 PTC 是 1984 年由默克公司开发应用的[55]。至此，金鸡纳生物碱 PTC 家族已经扩大并通过修改结构，增加了立体控制能力[56]。金鸡纳生物碱衍生的 PTC 是通过天然化合物与烷基或芳基卤化物反应形成季铵阳离子而获得的。最简单的结构是 *N*-苄基和 *N*-蒽甲基金鸡纳 PTC（第 1 代和第 2 代催化剂；图 4.27）。为了扩大底物范围和提高对映选择性，已经开发了第 3 代 PTC，即将 2～3 个金鸡纳生物碱分子在芳香环上间隔相连。

第 1 代和第 2 代催化剂的合成很简单，其特征是低 *E* 因子，满足绿色化学的原则（图 4.28）[57]。事实上，金鸡纳生物碱在回流的甲苯中直接与苄基或蒽甲基溴反应，通过简单的沉淀和重结晶得到产物 **4-75**（*E* 因子为 21）。需要注意芳基溴的使用，因为它会引起严重刺激眼睛、皮肤和呼吸道。化合物 **4-75** 本身可用作催化剂或在室温下在 50% KOH 和 CH_2Cl_2 水溶液中用烯丙基溴保护羟基后再作为催化剂使用。结晶后以 97%的收率获得产物 **4-76**，*E* 因子为 115，最后的合成步骤被认为不是绿色的，主要因为使用了溶剂如 CH_2Cl_2 和烯丙基溴，后者是对水生生物有毒且易燃。

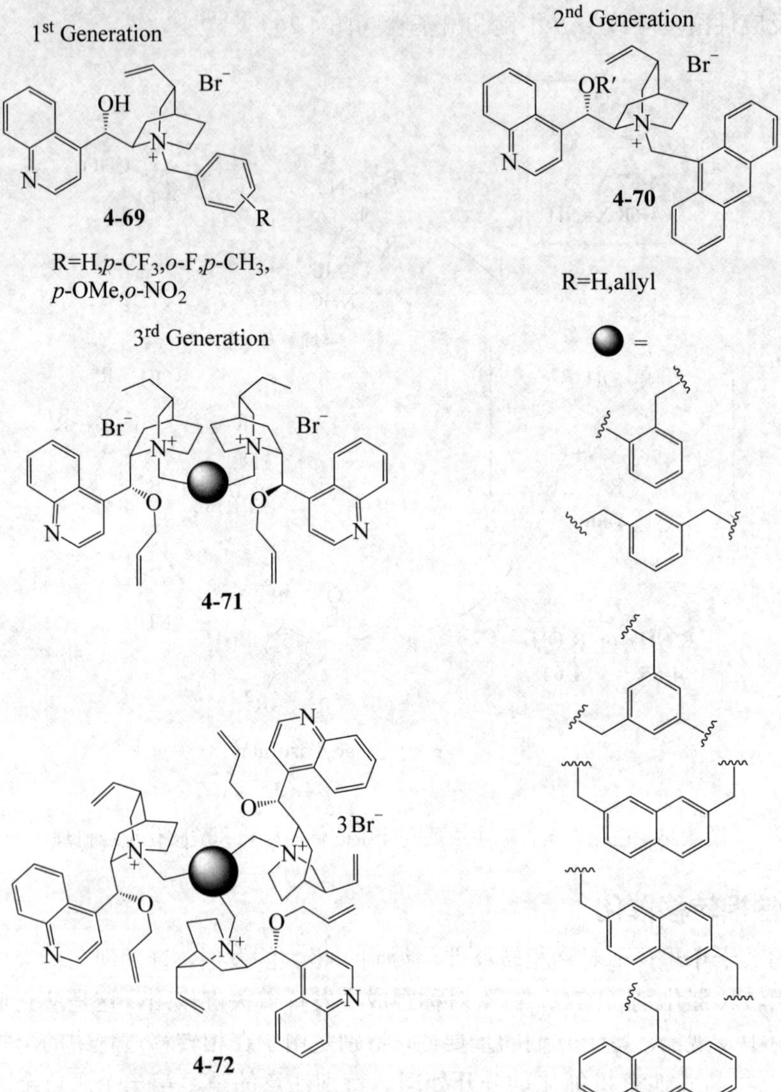

1st Generation
OH
Br⁻
N
N
+
R
4-69
R=H,p-CF3,o-F,p-CH3,
p-OMe,o-NO2
2nd Generation
OR′
Br⁻
N
N
+
4-70
R=H,allyl
3rd Generation
Br⁻
N+
Br⁻
N+
O
O
N
N
4-71
N
O
3Br⁻
N+
N+
O
N
N+
O
N
4-72

图 4.27　不同代金鸡纳生物碱 PTC 的结构

从 *E* 因子的角度来看，第 3 代金鸡纳 PTC 的合成要求更高。事实上，需要两个额外的合成步骤来构建间隔基和脱氢构建双键。通过 Pd/C 氢气体系来实现还原是需要引入额外的纯化步骤以去除金属[58-60]。一旦生物碱与间隔基反应，得到 *E* 因子为 574 的催化剂 **4-77**（图 4.29）。如第 1 代和第 2 代催化剂那样，羟基可以用烯丙基溴保护，得到催化剂 **4-78**，其 *E* 因子达到 817。除了需要过滤钯，所有合成中间体还需通过过滤和重结晶纯化操作。除乙醇外，所有使用的溶剂效果都不理想。

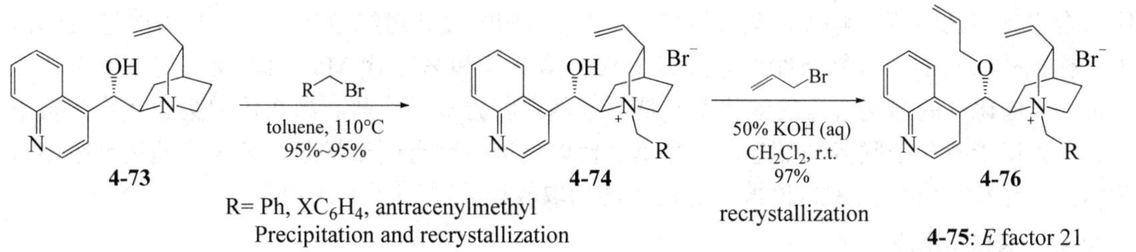

4-73　4-74　4-76

4-75: *E* factor 21
4-76: *E* factor 115
(R= antracenylmethyl)

图 4.28　第 1 代和第 2 代金鸡纳生物碱 PTC 的通用合成方案

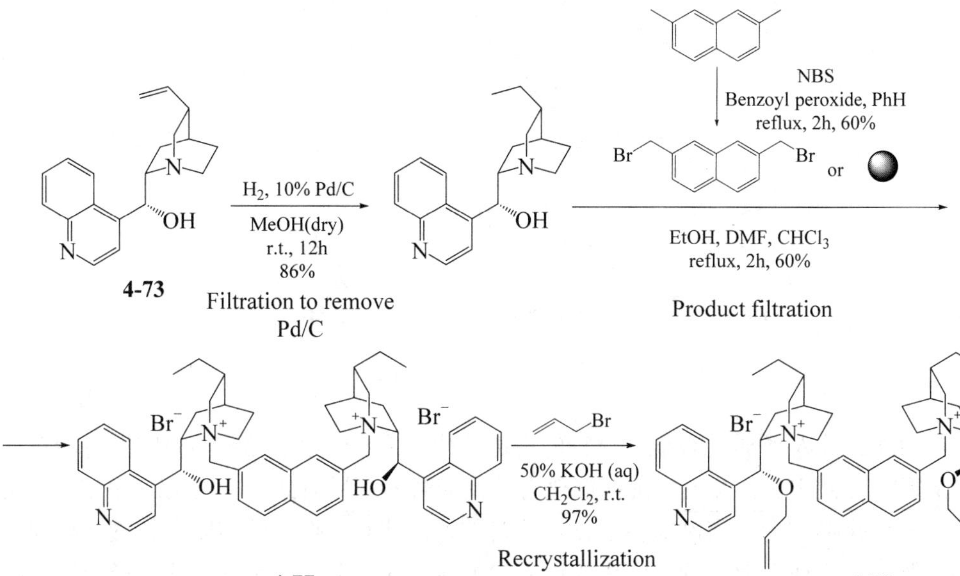

4-73

4-77　4-78

E factor 574　*E* factor 817

图 4.29　第 3 代金鸡纳生物碱 PTC 的通用合成方案

利用将催化剂固定在树脂上来大规模制备固体负载型 PTC 的工艺已经开发出来[61,62]。另一类源自 BINOL 的 PTC 由 Maruoka 在现代有机催化发展的最初阶段提出，用于氨基酸前体的不对称烷基化（图 4.30）。具有 C_2 对称和双联芳基结构的催化剂的合成从整个废物生成量和 VOC 以及不安全试剂的使用的角度来看是相当苛刻的。后来，催化剂的结构通过使

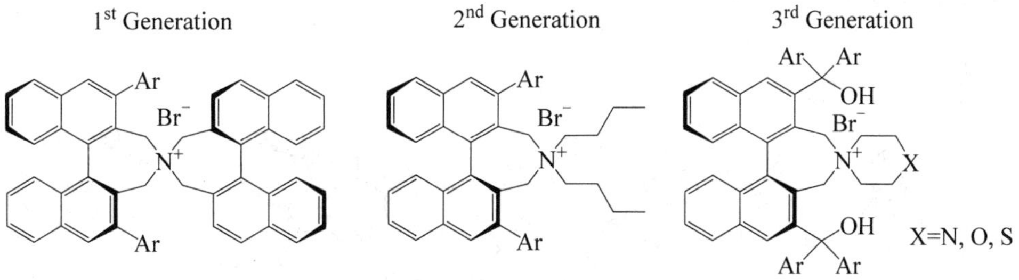

4-79　4-80　4-81

图 4.30　不同代 Maruoka BINOL PTC 的结构

用组合设计方法进行了修改，尽管这些新颖骨架结构的设计对绿色化学没有显著改进。此外，可以根据季铵盐的结构复杂性来区分第1代、第2代和第3代Maruoka催化剂。第1代以Maruoka催化剂的名义市售的催化剂，是四苄基双联芳基季铵盐。第2代和第3代均来自组合设计，仅带有一个联芳基部分，而在第2代催化剂中则有两个烷基，第3代催化剂中则有杂六元环结构，它们在3,3′-位置也有着不同的取代模式[63-65]（图4.30）。

4.2.6 卤键催化

卤键是基于亲电卤素取代基之间存在的非共价作用，其表现出独特的性质，在近年来已经受到越来越多的关注[66]。通常将卤素比作氢键的疏水"柔软"类似物。在2008年，Bolm等人[67]首次报道了在多氟烷基碘存在时，喹啉化合物还原时会涉及卤键相互作用（图4.31）。

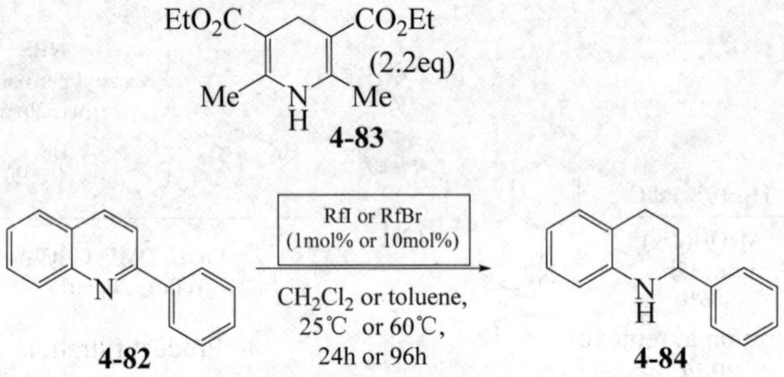

图4.31　卤键活化喹啉还原反应

2011年，Huber等人[68]通过有机卤化物的卤键活化反应，排除了隐藏的布朗斯特酸对该反应的催化作用。在此之后，关于卤键在催化有机反应时的作用方式[69]一直存在争议。利用与相应酸、分解催化剂或者非卤键前体催化反应时的速度比较，隐藏的布朗斯特酸活化模式被排除了。此外，通过动力学分析碘催化的迈克尔加成反应表明，卤键是活化此类反应中唯一的推动力而不是隐藏的路易斯酸催化剂[70]（图4.32）。卤键与连有路易斯键性质的比如羰基、亚氨基等有机官能团相连时相对较弱，因此通常优先选用基于碘（1价或者3价）的卤键。有机卤键给体的主要单元结构不只基于阳离子骨架结构（比如：卤代三唑、卤代咪唑、卤代苯并咪唑）或者中性多氟化物或者炔烃衍生物。在这些结构中，卤代-1,2,3-三唑和它们的盐是研究最多的卤键给体，其原因在于可以通过重氮盐和（卤代）炔烃经过简单的Click反应得到[71-73]（图4.33）。此外，多齿卤键催化剂相比于单齿卤键催化剂优势更明显，这是由于产生了更刚性和有序的加合物，促使与底物的结合加强，从而显示出高催化活性[74,75]（图4.34）。

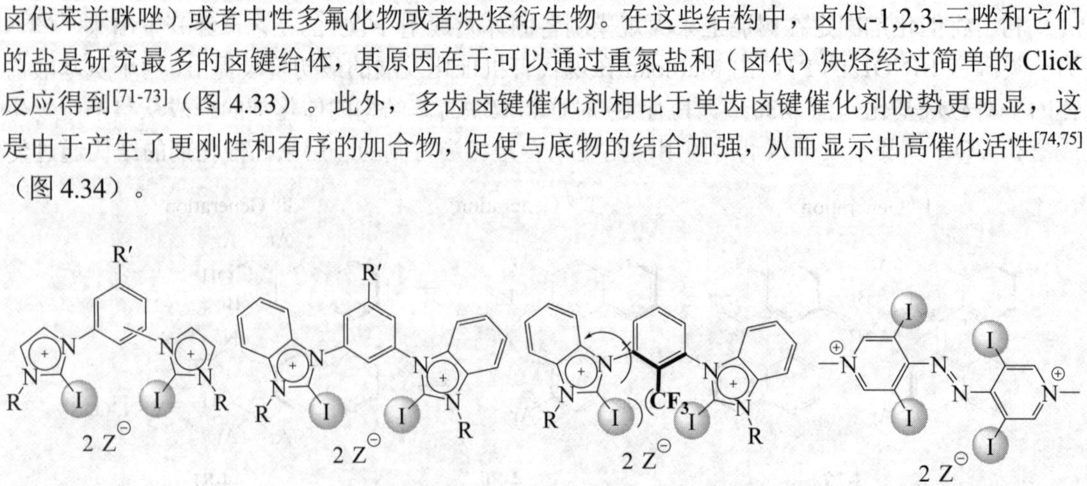

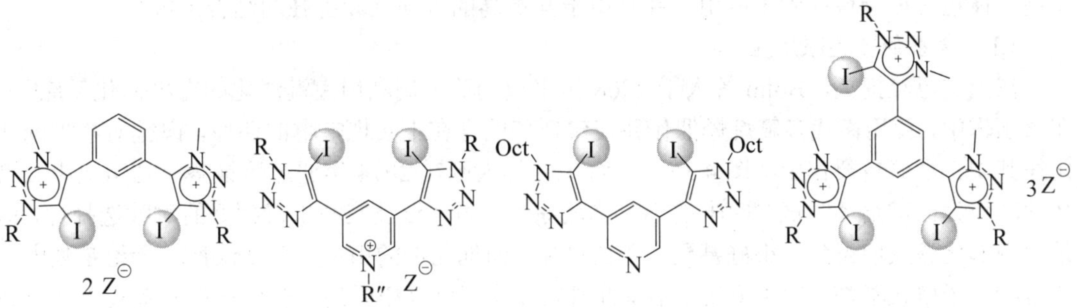

R = Me, Bn, ^{n}Oct
R= H, F
R = ^{n}Oct Bn
Z = OTf, NTf_2, BAr^F

4-89　4-90　4-91　4-92

图 4.32　阳离子多齿 XB-给体

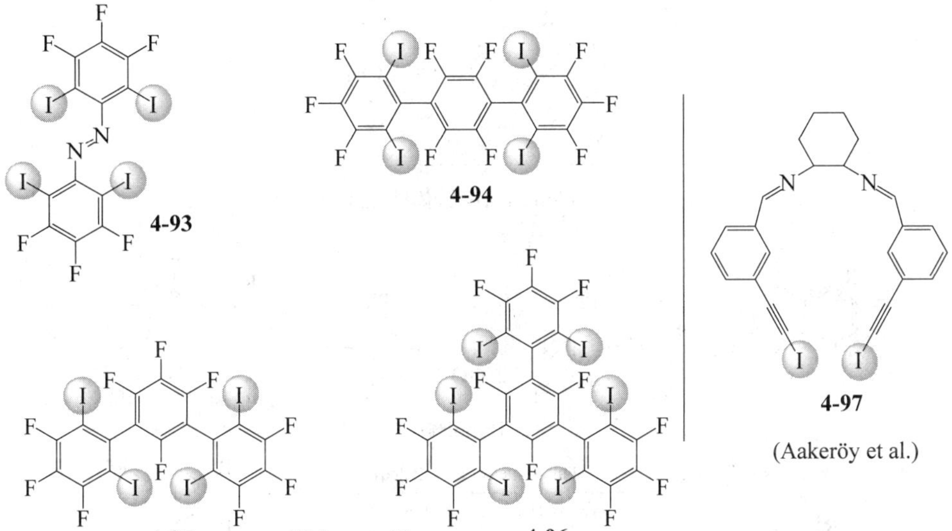

4-93　4-94　4-95　(Huber et al.)　4-96　4-97　(Aakeröy et al.)

图 4.33　中性多齿 XB-给体

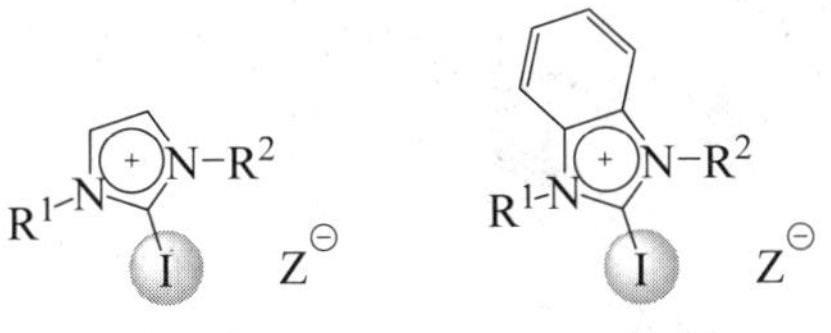

4-98　4-99

R^1 = Me, Mes, ^{n}Oct
R^2 = Mes, ^{n}Oct
Z = OTf, NTf_2, BAr^F

图 4.34　阳离子单齿 XB-给体

4.2.6.1　催化活化中性底物

催化活化中性的亲电试剂，如酮、醛或亚胺具有很高的合成意义，因为非催化方法通常需要苛刻的条件，这可能会导致发生副反应，或者需要化学计量的路易斯酸。因此，催化量的路易斯酸引起了极大的关注，并已在广泛的范围内进行了探索。除了前面提到的氢键供体，卤键供体也在该领域得到了应用，并且由于其更高的方向性和更强的结合亲核性。

（1）含氮杂环还原反应

在上文已经提到，Bolm 等人于 2008 年报道的第一例利用卤键活化的有机催化反应[67]。在该工作中，使用卤代多氟烷烃催化并在汉斯酯的存在下实现喹啉的还原，卤键对喹啉的活化在其中占据着重要作用（图 4.35）。而 Tan 等人则在 2014 年通过该策略，利用双齿二氢咪唑啉作为卤键给体尝试对喹啉的不对称还原[76]。虽然该反应并未得到好的对映选择性，但是卤键催化该反应得到了很好甚至完美的产率，而催化剂的用量仅有 2mol%。无论是吸电子还是给电子取代基都能够很好地兼容。此外，该反应可以拓展到更有挑战性的吡啶以及亚胺衍生物，这些化合物都可以通过相类似的 XB-给体催化剂实现还原（图 4.36）。

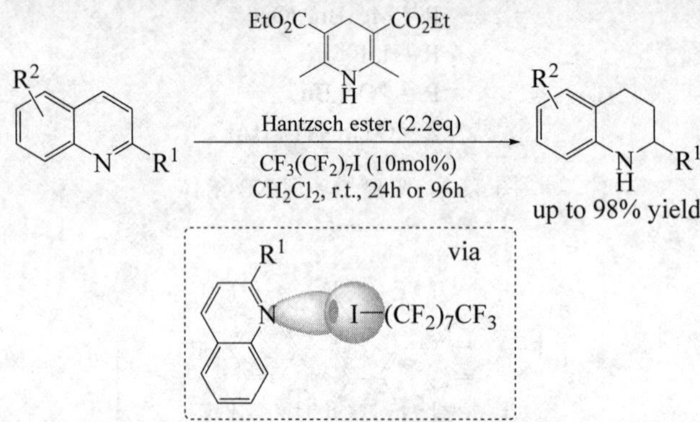

图 4.35　Pioneer XB-给体催化还原喹啉

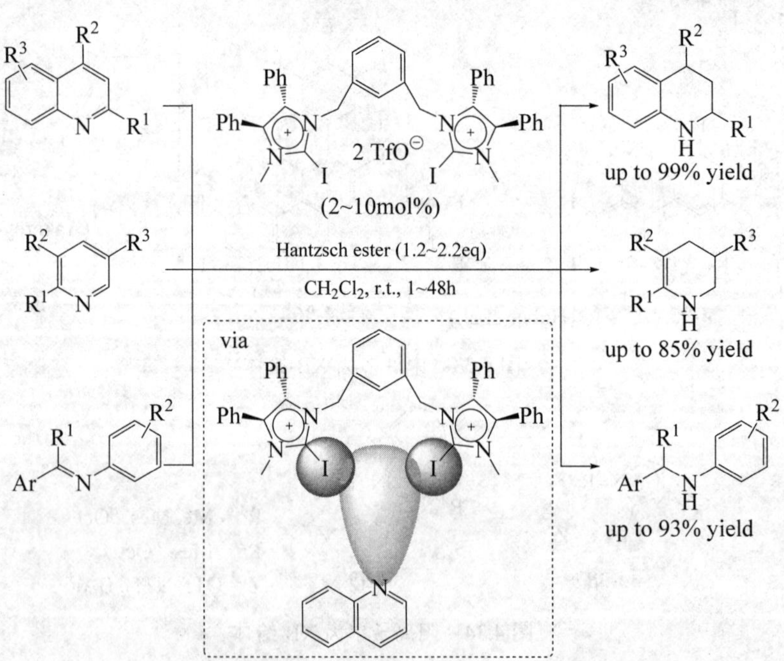

图 4.36　XB-给体催化还原喹啉、吡啶和亚胺

（2）活化迈克尔受体和羰基化合物

Huber 等人在 2014 年和 2018 年研究了甲基乙烯基酮作为中性底物和环戊二烯的 Diels-

Alder 反应[77,78]。在该工作中，利用双齿碘-咪唑鎓盐 XB-给体作为催化剂，在室温下反应 3h 最终定量得到产物。而没有催化剂存在时该反应则无法进行（图 4.37）。

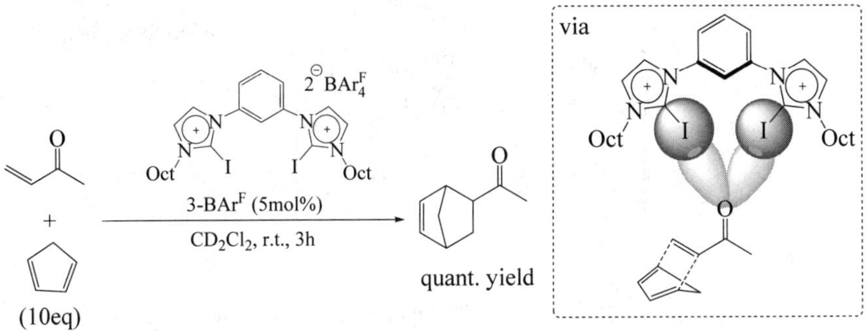

图 4.37　双齿碘-咪唑鎓盐催化的 Diels-Alder 反应

报道的另一类型反应包括 XB-给体催化迈克尔加成反应[79]。受到碘元素催化共轭加成的启发，Huber 课题组报道了基于碘-三唑盐催化剂的吲哚对 α,β-不饱和酮的迈克尔加成反应，利用该催化剂反应 36h 可以得到 68%的转化率[80]。随后，Breugst 等人继续研究该反应，并利用碘苯并咪唑盐催化反式-巴豆酮与吲哚的迈克尔反应[81]。尽管该反应利用碘元素或者 NBS、NIS 时反应更快，Huber 和 Breugst 成功证明了基于咪唑盐的卤键给体同样可以活化迈克尔受体（图 4.38）。

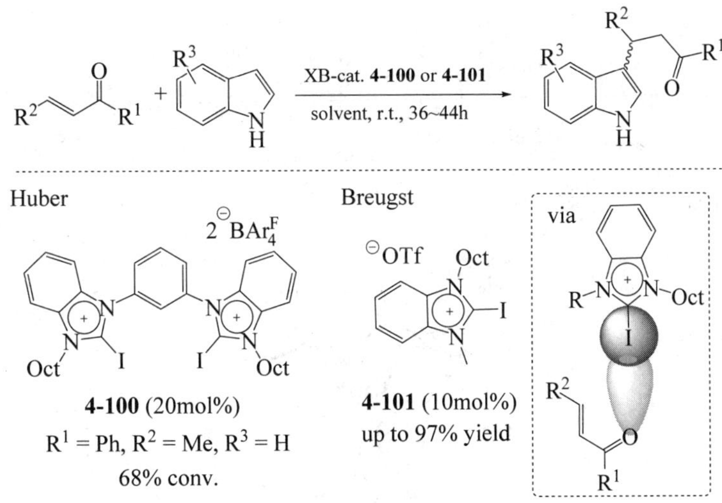

图 4.38　XB-给体催化的迈克尔加成反应

另外，关于活化羰基化合物的案例则是 Sekar 课题组开发的，利用市售的 CBr_4 作为 XB-给体催化剂选择性地活化苯甲醛类化合物[82]。尽管有人可能会争论对称的 CBr_4 是否可以作为 XB-给体，但 α,β-不饱和酮可以在温和且无溶剂的反应条件下通过 Aldol 或 Knoevenagel 缩合反应轻松合成，因此可以耐受敏感的官能团。在苯乙酮或者苯甲醛的苯环上无论是吸电子还是给电子取代基都可以很好地发生反应。此外，该反应可以很好地完成克级规模的合成，并且可以用来合成生物活性化合物甘草查尔酮（图 4.39）。

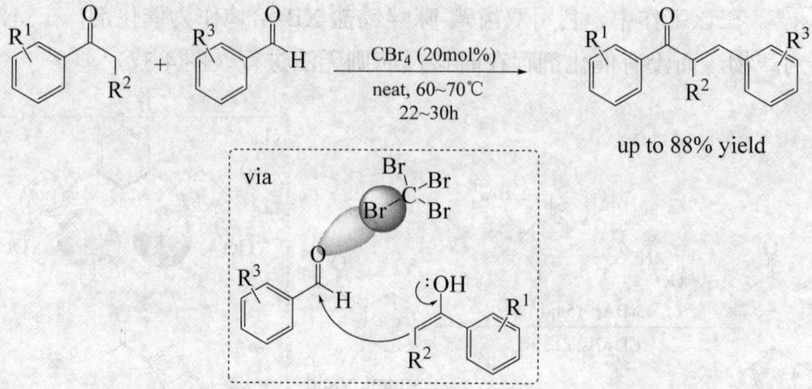

图 4.39　苯甲醛的活化：CBr_4催化的 Aldol 和 Knoevenagel 缩合反应

（3）活化亚胺

在亚胺和取代的 1,3-丁二烯之间的氮杂-Diels-Alder 反应是一类重要的合成转化反应，并且在 2015 年首次引入作为卤键活化的模型反应[83]（图 4.40）。在该工作中，Fukuzawa 等人研究了四氟硼酸碘三唑鎓作为 XB-给体催化剂在氮杂-Diels-Alder 反应中对立体位阻的影响[84]，该环加成反应不能通过相应的 XB-给体或者碘催化进行。为此，通过使叠氮化物和炔部分上的取代基不同，将不同的芳族取代基引入到 5-碘-1,2,3-三唑鎓盐中。最终他们发现带有两个甲基的衍生物 **4-102** 是最有效的，而空间位阻较小的苯基或位阻较大的 DIPS 基团对反应结果有负面影响。因此在催化中心周围选择合适的空间位阻是影响反应的关键因素。

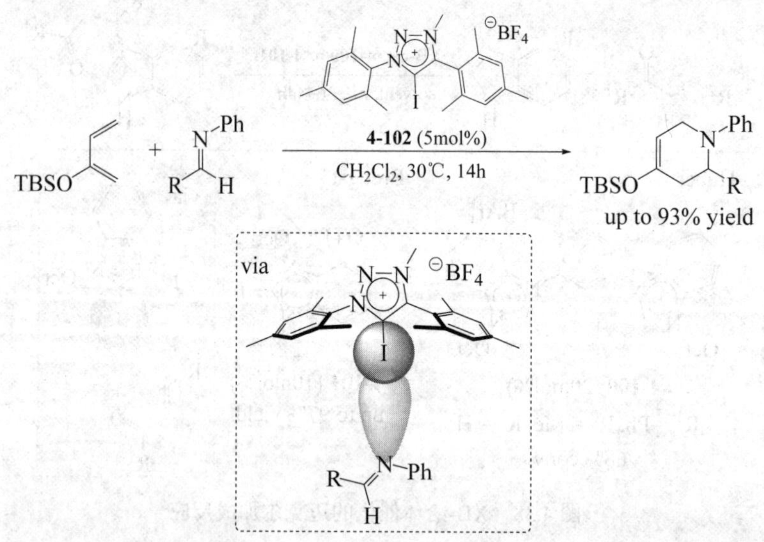

图 4.40　XB-给体催化亚胺和 2-甲硅烷氧基-1,3-丁二烯的氮杂-Diels-Alder 反应

4.2.6.2　XB-给体阴离子结合催化

（1）与二苯甲基卤化物的反应

在 XB-给体活化剂的反应中，二苯甲基卤化物与湿乙腈的溶剂分解是最受欢迎和研究最多的转化之一，因为通常没有 Brønsted 催化的副反应，很容易被排除。然而，由于键连卤素原子导致催化剂失活，在大多数情况下仍然需要化学计量量的活化试剂[68, 85]。考虑到这种化

学计量方法对于理解和进一步开发 XB-给体催化的重要性，该反应是已建立的卤键强度的良好指标，因为它们的氢键给体类似物无法成功促进该反应。比如：对溴或更具挑战性的氯原子的攫取导致较弱的键合。

开始时，Huber 等人引入基于碘的 XB-给体催化剂用于二苯基溴化物的溶剂分解[68,85]。使用双/三齿 XB-给体如 *p*-取代（二咪唑鎓）苯（**4-103**）、三（5-碘-1,2,3-三唑鎓）苯（**4-104**）或 4,4′-偶氮双（二碘吡啶鎓）盐（**4-105**）获得了最佳结果（图 4.41）。

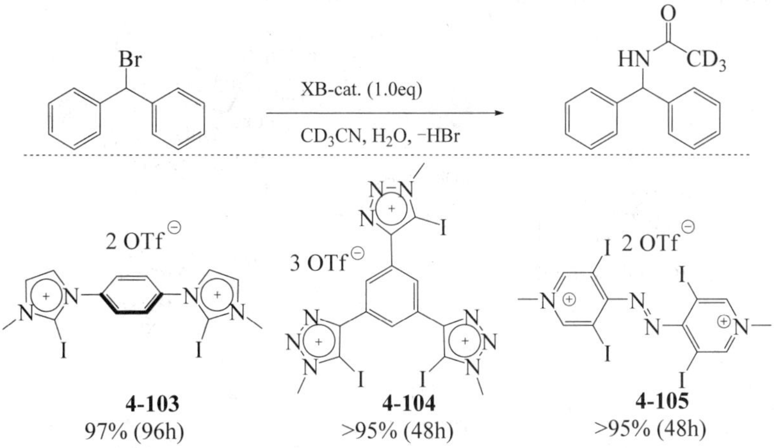

XB-cat. (1.0eq)

CD_3CN, H_2O, $-HBr$

4-103 97% (96h)　**4-104** >95% (48h)　**4-105** >95% (48h)

图 4.41　早期 XB-给体介导的二苯甲基溴化物的溶剂分解

（2）与 1-氯异色满的反应

在对二苯甲基卤化物进行初步化学计量研究后，Huber 及其合作者成功地将多齿中性 XB-给体 **4-106**[86]和双阳离子刚性 4-OTf[87]碘衍生物作为催化剂用于另一个标准反应，如 1-氯异色满与甲硅烷氧基乙烯酮缩醛的卤化物取代反应[88]（图 4.42）。

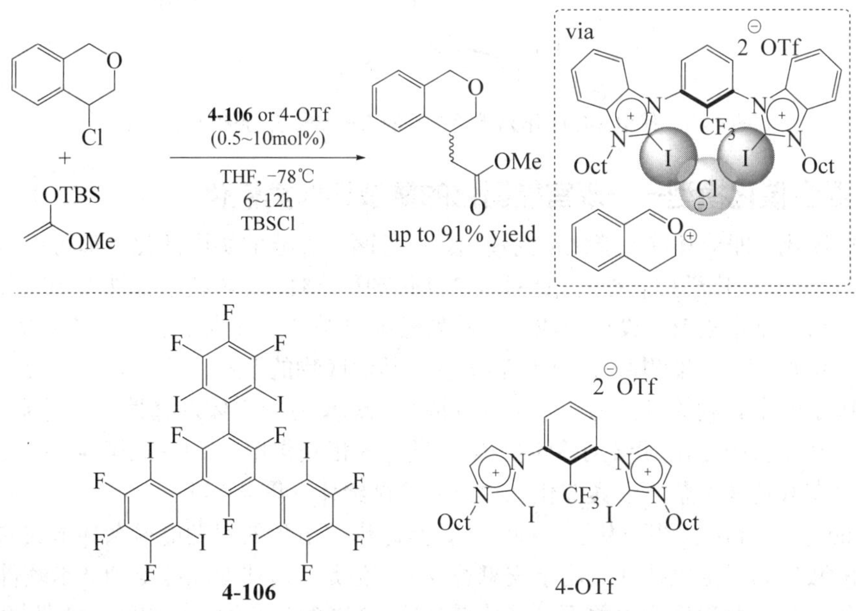

图 4.42　与 1-氯异色满发生 S_N1 型亲核加成

（3）与糖基卤化物的反应

2014 年，Huber 和 Codée 团队合作报道了通过卤键活化糖基卤化物[89]。当葡糖基卤化物与湿 CD_3CN 反应时，在双齿重氮盐 XB-给体活化剂 3-OTf 存在下，只有反应性更强的β-端基异构体才能有效地进行所需的缩合反应。相反，非反应性 α-端基异构体的形成需要 21d 才能达到>95%的转化率。有趣的是，在去除底物上的两个吸电子烷氧基后，可以在化学计量量的活化剂 3-OTf 存在下实现与醇的糖基化反应。因此，观察到 L-夹竹桃酰氯与异丙醇的完全转化，证明 XB-给体介导的糖基化是可行的（图 4.43）。

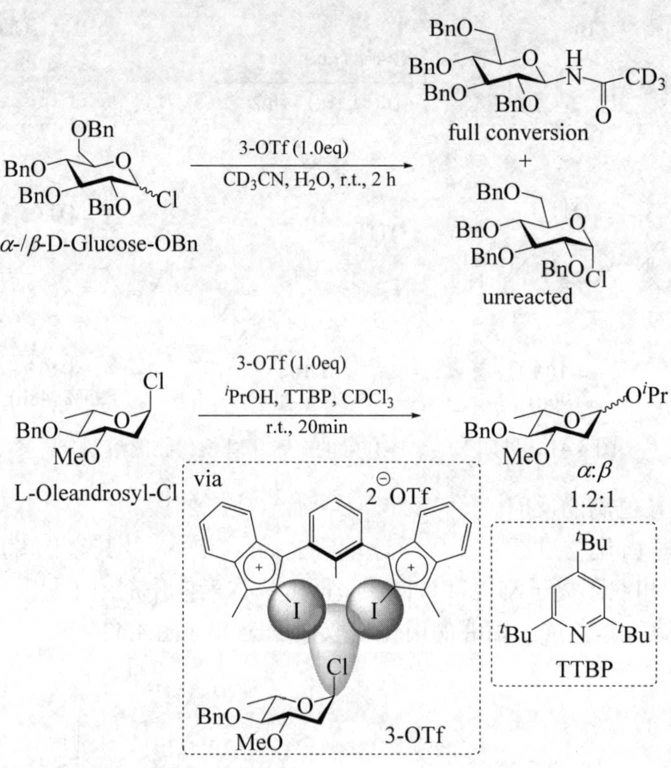

图 4.43　使用 3-OTf 作为激活试剂的 XB-给体介导的糖基化反应

4.2.7 混合催化模型——双官能团化的氮杂环卡宾催化

双官能团化（即双功能）催化剂的使用，通过两个部分的协同活化不但可以增加催化活性，还可以提升立体化学控制能力。针对卡宾催化剂稳定性差、对映选择性不高等关键问题，叶松课题组仿照维生素 B_1，设计合成了一系列氢键-卡宾双功能催化剂[90]。该双功能 NHC 含有活性亲核位点，并且推测通过 NHC 和氢键与其他底物的亲核活化可以加速反应并为立体化学控制确定一个有利的过渡态。除了可以提升已知反应的立体选择性，双功能 NHC 催化剂也有利于开发新的转化，得益于氢键产生的额外的相互作用。除了利用醇羟基，还有酰胺、（硫）脲等在双功能氮杂环卡宾催化剂中作为氢键给体（图 4.44）。

Connon 以及合作者[91]开发了一种含有氨基茚满醇衍生的双功能氮杂环卡宾催化剂，该催化剂以酰胺作为氢键供体并应用于安息香反应。但是，这些双功能氮杂环卡宾催化剂的活性以及选择性在不对称反应中并不是足够有效的。在 2013 年，Bode 和 Gondo[92]开发了一系列聚合物支撑的蛋白-氮杂环卡宾多功能催化剂，并用于醛和胺的还原胺化反应。到 2010 年，

Waser 等人成功地合成了一系列前 NHC 卡宾催化剂，该催化剂中兼具硫脲和氮杂环卡宾模块，作者将该催化剂应用到苯甲醛的安息香缩合反应，并以多变的产率以及中等到较好的对映选择性得到了安息香缩合产物[93]（图 4.45）。

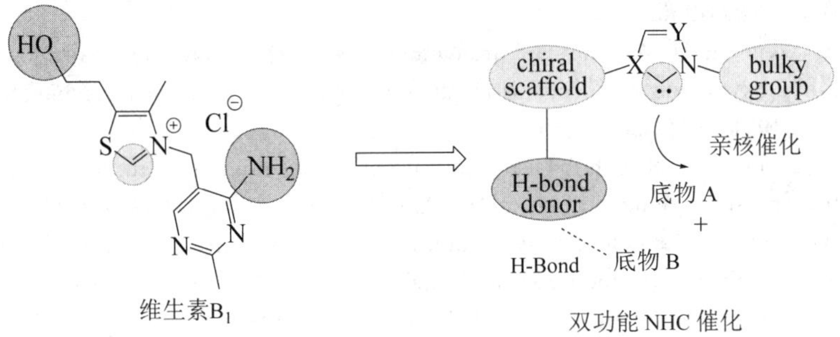

图 4.44 双官能团化催化剂的改性

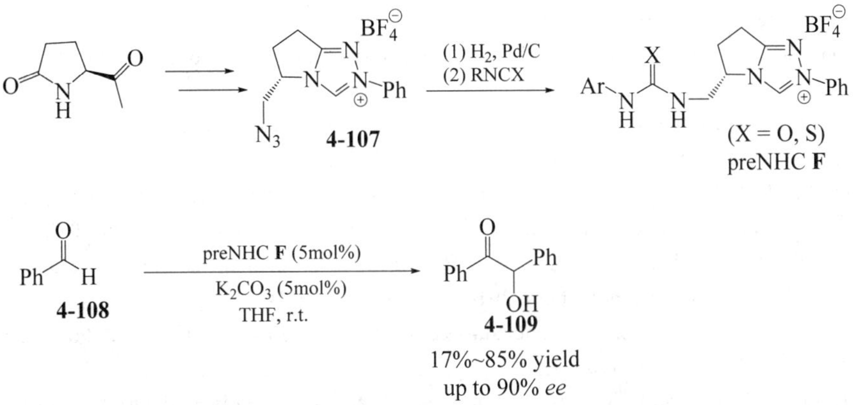

图 4.45 双功能（硫）脲系三唑盐氮杂环卡宾

4.3 有机小分子催化有机化学反应的应用前景

有机小分子催化领域自发现以来取得了很多重要进展，在合成化学、药物化学、农药合成等诸多领域都取得了丰硕的成果，然而目前有机小分子催化剂通常用量相对较大，催化效率有待提高，开发更高效的有机小分子催化剂，是该领域发展的重要研究方向。此外，有机小分子催化剂在目前实际应用案例中相对较少，急需拓展其在实际合成中的应用，开发适合规模化、工业化生产的有机小分子催化剂，这也是科研工作者们面临的共同挑战。随着研究的不断深入，对催化机理的研究和新催化体系的建立，一定会解决催化效率的问题，对手性新药研发及农药、材料等化学工业生产产生巨大的影响，同时也让催化过程在创造价值的过程中更绿色、环保。

参考文献

[1] MacMillan D W. The advent and development of organocatalysis[J]. Nature, 2008, 455(7211): 304-308.

[2] Ahrendt K A, Borths C J, MacMillan D W C. New strategies for organic catalysis: The first highly enantioselective organocatalytic Diels−Alder reaction[J]. J Am Chem Soc, 2000, 122(17), 4243-4244.

[3] Erkkilä A, Majander I, Pihko P M. Iminium catalysis[J]. Chem Rev, 2007, 107(12): 5416-5470.
[4] Dolling U H, Davis P, Grabowski E J J. Efficient catalytic asymmetric alkylations. 1. Enantioselective synthesis of (+)-indacrinone via chiral phase-transfer catalysis[J]. J Am Chem Soc, 1984, 106(2): 446-447.
[5] Oku J-i, Inoue S. Asymmetric cyanohydrin synthesis catalysed by a synthetic cyclic dipeptide[J]. Chem Commun, 1981, 5: 229-230.
[6] Hiemstra H, Wynberg H. Addition of aromatic thiols to conjugated cycloalkenones, catalyzed by chiral .beta.-hydroxy amines. A mechanistic study of homogeneous catalytic asymmetric synthesis[J]. J Am Chem Soc, 1981, 103(2): 417-430.
[7] Sigman M S, Jacobsen E N. Schiff base catalysts for the asymmetric Strecker reaction identified and optimized from parallel synthetic libraries[J]. J Am Chem Soc, 1998, 120 (19): 4901-4902.
[8] Corey E J, Grogan M J. Enantioselective synthesis of α-amino nitriles from *N*-benzhydryl imines and HCN with a chiral bicyclic guanidine as catalyst[J]. Org Lett, 1999, 1(1): 157-160.
[9] Doyle A G, Jacobsen E N. Small-molecule H-bond donors in asymmetric catalysis[J]. Chem Rev, 2007, 107(12): 5713-5743.
[10] Auvil T J, Schafer A G, Mattson A E. Design strategies for enhanced hydrogen-bond donor catalysts[J]. Eur J Org Chem, 2014, 2014(13): 2633-2646.
[11] Connon S J. The design of novel, synthetically useful (thio)urea-based organocatalysts[J]. Synlett, 2009 (3): 354-376.
[12] Connon S J. Asymmetric catalysis with bifunctional cinchona alkaloid-based urea and thiourea organocatalysts[J]. Chem Commun, 2008, 22: 2499-2510.
[13] Tsakos M, Kokotos C G. Primary and secondary amine-(thio)ureas and squaramides and their applications in asymmetric organocatalysis[J]. Tetrahedron, 2013, 69(48): 10199-10222.
[14] Serdyuk O V, Heckel C M, Tsogoeva S B. Bifunctional primary amine-thioureas in asymmetric organocatalysis[J]. Org Biomol Chem, 2013, 11(41): 7051-7071.
[15] Siau W-Y, Wang J. Asymmetric organocatalytic reactions by bifunctional amine-thioureas[J]. Catal Sci Technol, 2011, 1(8): 1298-1310.
[16] Grayson J I, Industrial scale synthesis of thiophosgene and its derivatives[J]. Org Pro Res Develop, 1997, 1(3): 240-246.
[17] Dyer E, Johnson T B. Nitro and amino triphenylguanidinesi[J]. J Am Chem Soc, 1932, 54(2): 777-787.
[18] Sun N, Li B, Shao J, et al. A general and facile one-pot process of isothiocyanates from amines under aqueous conditions[J]. Beilstein J Org Chem, 2012, 8: 61-70.
[19] Munch H, Hansen J S, Pittelkow M, et al. A new efficient synthesis of isothiocyanates from amines using di-*tert*-butyl dicarbonate[J]. Tetrahedron Lett, 2008, 49(19): 3117-3119.
[20] Scattolin T, Klein A, Schoenebeck F. Synthesis of isothiocyanates and unsymmetrical thioureas with the bench-stable solid reagent $(Me_4N)SCF_3$[J]. Org Lett, 2017, 19(7): 1831-1833.
[21] Lim J Y C, Yuntawattana N, Beer P D, et al. Isoselective lactide ring opening polymerisation using [2]rotaxane catalysts[J]. Angew Chem Int Ed, 2019, 58(18): 6007-6011.
[22] Yu F, Jin Z, Huang H, et al. A highly efficient asymmetric Michael addition of α,α-disubstituted aldehydes to maleimides catalyzed by primary amine thiourea salt[J]. Org Biomol Chem, 2010, 8(20): 4767-4774.
[23] Tsogoeva S B, Wei S. Highly enantioselective addition of ketones to nitroolefins catalyzed by new thiourea–amine bifunctional organocatalysts[J]. Chem Commun, 2006, 13: 1451-1453.
[24] Veitch G E, Jacobsen E N. Tertiary aminourea-catalyzed enantioselective iodolactonization[J]. Angew Chem Int Ed, 2010, 49(40): 7332-7335.
[25] Fuerst D E, Jacobsen E N. Thiourea-catalyzed enantioselective cyanosilylation of ketones[J]. J Am Chem Soc, 2005, 127(25): 8964-8965.
[26] Okino T, Hoashi Y, Takemoto Y. Enantioselective michael reaction of malonates to nitroolefins catalyzed

by bifunctional organocatalysts[J]. J Am Chem Soc, 2003, 125(42): 12672-12673.
[27] Marcelli T, van Maarseveen J H, Hiemstra H. Cupreines and cupreidines: An emerging class of bifunctional cinchona organocatalysts[J]. Angew Chem Int Ed, 2006, 45(45): 7496-7504.
[28] Kaupmees K, Tolstoluzhsky N, Raja S, et al. On the acidity and reactivity of highly effective chiral Brønsted acid catalysts: Establishment of an acidity scale[J]. Angew Chem Int Ed, 2013, 52(44): 11569-11572.
[29] Kampen D, Reisinger C M, List B. Chiral Brønsted acids for asymmetric organocatalysis[J]. Top Curr Chem, 2009, 291: 395-456.
[30] Maji R, Mallojjala S C, Wheeler S E. Chiral phosphoric acid catalysis: From numbers to insights[J]. Chem Soc Rev, 2018, 47(4): 1142-1158.
[31] Parmar D, Sugiono E, Raja S, et al. Complete field guide to asymmetric BINOL-phosphate derived Brønsted acid and metal catalysis: History and classification by mode of activation; Brønsted acidity, hydrogen bonding, ion pairing, and metal phosphates[J]. Chem Rev, 2014, 114(18): 9047-9153.
[32] Simón L, Goodman J M. Theoretical study of the mechanism of hantzsch ester hydrogenation of imines catalyzed by chiral BINOL-phosphate acids[J]. J Am Chem Soc, 2008, 130(27): 8741-8747.
[33] Reid J P, Goodman J M. Selecting chiral BINOL-derived phosphoric acid catalysts: General model to identify steric features essential for enantioselectivity[J]. Chem A Eur J, 2017, 23(57): 14248-14260.
[34] Wheeler S E, Seguin T J, Guan Y, et al. Noncovalent interactions in organocatalysis and the prospect of computational catalyst design[J]. Accounts Chem Res, 2016, 49(5): 1061-1069.
[35] Knowles R R, Jacobsen E N. Attractive noncovalent interactions in asymmetric catalysis: Links between enzymes and small molecule catalysts[J]. PNAS, 2010, 107(48): 20678-20686.
[36] Phillips A M F. Chapter 12. Noncovalent interactions in asymmetric reactions catalysed by chiral phosphoric acids: Noncovalent Interactions in Catalysis[M]. London:Royal Society of Chemistry. 2019: 253-282.
[37] García-García P, Lay F, Rabalakos C, et al. A powerful chiral counteranion motif for asymmetric catalysis[J]. Angew Chem Int Ed, 2009, 48(24): 4363-4366.
[38] Treskow M, Neudörfl J, Giernoth R. BINBAM–A new motif for strong and chiral Brønsted acids[J]. Eur J Org Chem, 2009, 2009(22): 3693-3697.
[39] Schenker S, Zamfir A, Freund M, et al. Developments in chiral binaphthyl-derived Brønsted/Lewis acids and hydrogen-bond-donor organocatalysis[J]. Eur J Org Chem, 2011, 12: 2209-2222.
[40] Chen Y, Yekta S, Yudin A K. Modified BINOL ligands in asymmetric catalysis[J]. Chem Rev, 2003, 103(8): 3155-3212.
[41] Barbero M, Cadamuro S, Dughera S, et al. *o*-Benzenedisulfonimide and its chiral derivative as Brønsted acids catalysts for one-pot three-component Strecker reaction. Synthetic and mechanistic aspects[J]. Org Biomol Chem, 2012, 10(20): 4058-4068.
[42] Zhou F, Yamamoto H. A disulfonimide catalyst for highly enantioselective Mukaiyama-Mannich reaction[J]. Org Lett, 2016, 18(19): 4974-4977.
[43] Kurihara T, Satake S, Hatano M, et al. Synthesis of 1,1′-spirobiindane-7,7′-disulfonic acid and disulfonimide: Application for catalytic asymmetric aminalization[J]. Chem-Asian J, 2018, 13(17): 2378-2381.
[44] Berkessel A, Christ P, Leconte N, et al. Synthesis and structural characterization of a new class of strong chiral Brønsted acids: 1,1′-Binaphthyl-2,2′-bis(sulfuryl)imides (JINGLEs)[J]. Eur J Org Chem, 2010, 2010(27): 5165-5170.
[45] Arduengo A J, Harlow R L, Kline M. A stable crystalline carbene[J]. J Am Chem Soc, 1991, 113(1): 361-363.
[46] Igau A, Grutzmacher H, Baceiredo A. et al. Analogous α,α'-bis-carbenoid triply bonded species: Synthesis of a stable $\lambda3$-phosphino carbene-$\lambda5$-phosphaacetylene[J]. J Am Chem Soc, 1988, 110(19): 6463-6466.

[47] Chen X, Wang H, Jin Z, et al. *N*-Heterocyclic carbene organocatalysis: Activation modes and typical reactive intermediates[J]. Chin J Chem, 2020, 38(10): 1167-1202.
[48] Bourissou D, Guerret O, Gabbaï F P, et al. Stable carbenes[J]. Chem Rev, 2000, 100(1): 39-92.
[49] 貞鶉飼, 隆田中, 俊堂川. アチロイン縮合に於ける新觸媒群に就て (第 1 報) チアツオリウム鹽基或は共核開裂成績體の作用[J]. 藥學雜誌, 1943, 63(6): 296-300.
[50] Breslow R. On the mechanism of thiamine action. Ⅳ.1 evidence from studies on model systems[J]. J Am Chem Soc, 1958, 80(14): 3719-3726.
[51] Sheehan J C, Hunneman D H. Homogeneous asymmetric catalysis[J]. J Am Chem Soc, 1966, 88(15): 3666-3667.
[52] Flanigan D M, Romanov-Michailidis F, White N A, et al. Organocatalytic reactions enabled by *N*-heterocyclic carbenes[J]. Chem Rev, 2015, 115(17): 9307-9387.
[53] Cohen D T, Scheidt K A. Cooperative Lewis acid/*N*-heterocyclic carbene catalysis[J]. Chem Sci, 2012, 3(1): 53-57.
[54] Ekoue-Kovi K, Wolf C. One-pot oxidative esterification and amidation of aldehydes[J]. Chemistry, 2008, 14(21): 6302-6315.
[55] Hughes D L, Dolling U H, Ryan K M, et al. Efficient catalytic asymmetric alkylations. 3. A kinetic and mechanistic study of the enantioselective phase-transfer methylation of 6,7-dichloro-5-methoxy-2-phenyl-1-indanone[J]. J Org Chem, 1987, 52(21): 4745-4752.
[56] Jew S, Park H. Cinchona-based phase-transfer catalysts for asymmetric synthesis[J]. Chem Commun, 2009, 46: 7090-7103.
[57] Wen Y, Liang M, Wang Y, et al. Perfectly green organocatalysis: Quaternary ammonium base triggered cyanosilylation of aldehydes[J]. Chinese J Chem, 2012, 30(9): 2109-2114.
[58] Andrus M B, Christiansen M A, Hicken E J, et al. Phase-transfer-catalyzed asymmetric acylimidazole alkylation[J]. Org Lett, 2007, 9(23): 4865-4868.
[59] Park H, Jeong B, Yoo M, et al. Trimeric cinchona alkaloid phase-transfer catalyst: α,α',α''-tris[*O*(9)-allylcinchonidinium]mesitylene tribromide[J]. Tetrahedron Lett, 2001, 42(28): 4645-4648.
[60] Jew S, Jeong B, Yoo M, et al. Synthesis and application of dimeric alkaloid phase-transfer catalysts: α,α'-bis[(9)-allylcinchonidinium]-or -xylene dibromide[J]. Chem Commun, 2001, 14: 1244-1245.
[61] Arakawa Y, Haraguchi N, Itsuno S. An immobilization method of chiral quaternary ammonium salts onto polymer supports[J]. Angew Chem Int Ed, 2008, 47(43): 8232-8235.
[62] Chinchilla R, Mazón P, Nájera C. Asymmetric synthesis of α-amino acids using polymer-supported cinchona alkaloid-derived ammonium salts as chiral phase-transfer catalysts[J]. Tetrahedron Asymmetry, 2000, 11(16): 3277-3281.
[63] Shirakawa S, Wang L, He R, et al. A base-free neutral phase-transfer reaction system[J]. Chem-Asian J, 2014, 9(6): 1586-1593.
[64] Wang X, Lan Q, Shirakawa S, et al. Chiral bifunctional phase transfer catalysts for asymmetric fluorination of β-keto esters[J]. Chem Commun, 2010, 46(2): 321-323.
[65] He R, Shirakawa S, Maruoka K, et al. Enantioselective base-free phase-transfer reaction in water-rich solvent[J]. J Am Chem Soc, 2009, 131(46): 16620-16621.
[66] Sutar R L, Huber S M. Catalysis of organic reactions through halogen bonding[J]. ACS Catal, 2019, 9(10): 9622-9639.
[67] Bolm C, Bruckmann A, Pena M. Organocatalysis through halogen-bond activation[J]. Synlett, 2008, 6: 900-902.
[68] Walter S M, Kniep F, Herdtweck E, et al. Halogen-bond-induced activation of a carbon-heteroatom bond[J]. Angew Chem Int Ed, 2011, 50(31): 7187-7191.
[69] Squitieri R A, Fitzpatrick K P, Jaworski A A, et al. Synthesis and evaluation of azolium-based halogen-bond donors[J]. Chemistry, 2019, 25(43): 10069-10073.
[70] von der Heiden D, Bozkus S, Klussmann M, et al. Reaction mechanism of iodine-catalyzed michael

additions[J]. J Org Chem, 2017, 82(8): 4037-4043.
[71] Peterson A, Kaasik M, Metsala A, et al. Tunable chiral triazole-based halogen bond donors: Assessment of donor strength in solution with nitrogen-containing acceptors[J]. RSC Adv, 2019, 9(21): 11718-11721.
[72] Kaasik M, Kaabel S, Kriis K, et al. Synthesis and characterisation of chiral triazole-based halogen-bond donors: Halogen bonds in the solid state and in solution[J]. Chemistry, 2017, 23(30): 7337-7344.
[73] Borissov A, Lim J Y C, Brown A, et al. Neutral iodotriazole foldamers as tetradentate halogen bonding anion receptors[J]. Chem Commun, 2017, 53(16): 2483-2486.
[74] Bulfield D, Huber S M. Halogen bonding in organic synthesis and organocatalysis[J]. Chemistry, 2016, 22(41): 14434-14450.
[75] Schindler S, Huber S M. Halogen bonds in organic synthesis and organocatalysis[J]. Top Curr Chem, 2015, 359: 167-203.
[76] He W, Ge Y-C, Tan C-H. Halogen-bonding-induced hydrogen transfer to C=N bond with hantzsch ester[J]. Org Lett, 2014, 16(12): 3244-3247.
[77] Heinen F, Engelage E, Dreger A, et al. Iodine(Ⅲ) derivatives as halogen bonding organocatalysts[J]. Angew Chem Int Ed, 2018, 57(14): 3830-3833.
[78] Jungbauer S H, Walter S M, Schindler S, et al. Activation of a carbonyl compound by halogen bonding[J]. Chem Commun, 2014, 50(47): 6281-6284.
[79] Banik B K, Fernandez, M, Alvarez C. Iodine-catalyzed highly efficient michael reaction of indoles under solvent-free condition[J]. Tetrahedron Lett, 2005, 46(14): 2479-2482.
[80] Gliese J-P, Jungbauer S H, Huber S M. A halogen-bonding-catalyzed michael addition reaction[J]. Chem Commun, 2017, 53(88): 12052-12055.
[81] von der Heiden D, Detmar E, Kuchta R, et al. Activation of michael acceptors by halogen-bond donors[J]. Synlett, 2018, 29(10): 1307-1313.
[82] Kazi I, Guha S, Sekar G. CBr_4 as a halogen bond donor catalyst for the selective activation of benzaldehydes to synthesize α,β-unsaturated ketones[J]. Org Lett, 2017, 19(5): 1244-1247.
[83] Takeda Y, Hisakuni D, Lin C-H, et al. 2-Halogenoimidazolium salt catalyzed aza-Diels-Alder reaction through halogen-bond formation[J]. Org Lett, 2015, 17(2): 318-321.
[84] Haraguchi R, Hoshino S, Sakai M, et al. Bulky iodotriazolium tetrafluoroborates as highly active halogen-bonding-donor catalysts[J]. Chem Commun, 2018, 54(73): 10320-10323.
[85] Kniep F, Rout L, Walter S M, et al. 5-Iodo-1,2,3-triazolium-based multidentate halogen-bond donors as activating reagents[J]. Chem Commun, 2012, 48(74): 9299-9301.
[86] Kniep F, Jungbauer S H, Zhang Q, et al. Organocatalysis by neutral multidentate halogen-bond donors[J]. Angew Chem Int Ed, 2013, 52(27): 7028-7032.
[87] Jungbauer S H, Huber S M. Cationic multidentate halogen-bond donors in halide abstraction organocatalysis: Catalyst optimization by preorganization[J]. J Am Chem Soc, 2015, 137(37): 12110-12120.
[88] Reisman S E, Doyle A G, Jacobsen E N. Enantioselective thiourea-catalyzed additions to oxocarbenium ions[J]. J Am Chem Soc, 2008, 130(23): 7198-7199.
[89] Castelli R, Schindler S, Walter S M, et al. Activation of glycosyl halides by halogen bonding[J]. Chem Asian J, 2014, 9(8): 2095-2098.
[90] Chen X-Y, Gao Z-H, Ye S. Bifunctional *N*-heterocyclic carbenes derived from L-pyroglutamic acid and their applications in enantioselective organocatalysis[J]. Acc Chem Res, 2020, 53(3): 690-702.
[91] O'Toole S E, Connon S J. The enantioselective benzoin condensation promoted by chiral triazolium precatalysts: stereochemical control via hydrogen bonding[J]. Org Biomol Chem, 2009, 7(17): 3584-3593.
[92] Gondo C A, Bode J W. Catalytic redox amidations of aldehydes with a polymer-supported peptide-*N*-heterocyclic carbene multifunctional catalyst[J]. Synlett, 2013, 24(10): 1205-1210.
[93] Brand J P, Siles J I O, Waser J. Synthesis of chiral bifunctional (thio)urea *N*-heterocyclic carbenes[J]. Synlett, 2010, 2010(06): 881-884.

第5章 电催化有机化学反应

5.1 电催化有机合成化学发展概述

面对日益严重的环境污染问题以及对化学品的需求，同时为了满足碳达峰和碳中和的目标，发展绿色高效的有机合成技术是当代科技与工业发展的重要任务之一。而在众多绿色合成方法中，电化学有机合成正逐渐成为取代经典有机合成的一种成熟、高效和对环境无害的绿色合成方法。因为在此方法中，是用电能来替代有害和危险的氧化和还原试剂，可以有效避免了合成过程中危险化学品的大量使用。此外，电催化有机合成通常是在常温、常压或低压下进行，这为工业上大批量生产精细化学品提供了可行性，而且总体能耗降低。最后，电化学有机合成反应的产物选择性很高，这可以大大简化产品分离和提纯工作。因此，电化学合成带来了一系列实用的有机合成方式，同时上述这一系列优点使其成为一种在实验室中和工业上切实可行且高效的有机合成方法。

5.1.1 电催化有机化学反应概述

伴随着电化学有机合成技术的逐渐成熟，在这种情况下，使用电催化剂来实现电催化有机合成的意义越来越大，因为与电化学合成的直接电解相比，电催化有机合成具有更多优势。在传统的电化学反应中，当无催化剂时，电极反应电流密度较低、动力学较差，多个电极反应都能够在避开平衡的高过电位下进行。因而，电催化的指导思想是产生一个动能较低的活化方法，使电极反应可以在接近平衡电位的高电流密度下进行。该方法能高效清除电离/电解质界面上电子传递所产生的动态抑制，从而保证较高的选择性。

电催化的关键概念为：电极表层或溶液中的电催化介质在电场作用下推动或抑制电极内产生的电子转移反应，进而对电极产生影响。电极催化介质中，电化学反应环节的速度和反应机制都始终不变，无论是电极表层或是溶液本身。从源头上转变了电极的表层修饰或是溶液的修饰，很大程度地转变电位或反应速度，促使电极不仅仅具备电子传递功能，并且还能推动和选择电化学反应。电催化反应过程中可以通过温和的条件，以可控的方式产生高活性自由基和自由基离子中间体，并可对这些活性中间物进行选择性合成和下游反应物的控制。其通常具有以下几个特点：

① 电催化剂的反应速度不仅与催化剂的活性有关，也与电场、电解液自身特性相关；

② 由于电催化反应电场强度很高，对参加电化学反应的分子或离子具有明显的活性作用，使反应所需的活化能大大降低，因此电催化可在比常规化学反应低得多的温度下进行；

③ 电催化反应过程中，由于电极催化作用发生了电极反应，使化学能直接转变成电能，并最终输出电流；

④ 电催化反应过程通常包括两个或更多的连续步骤，以便在电极表面形成化学吸附中间体。

自电催化技术发展以来，人们不断寻找和设计新的电催化剂以适用不同的有机反应；此外，对媒介体电子转移反应机制的理解也有所进步。本章将重点描述电催化有机化学的发展及在合成领域应用的进展，并对其发展趋势和应用前景进行展望。

5.1.2 电催化有机化学反应分类

电催化有机化学反应按电催化机理不同，可以分为两种，即氧化-还原电催化和非氧化-还原电催化。氧化-还原电催化（也叫做媒介体电催化）有机反应是有机电化学反应的一种，虽然电化学可以激活电极表面的底物（即直接电解）[1]，但是当电化学被应用于复杂有机反应合成时，直接电解的局限性会变得更加明显。当然，这些限制可以通过加入氧化-还原活性催化剂来解决。这些催化剂可以有效促进电子转移，并提供更高的选择性。氧化-还原电催化反应是将催化剂固定于电极表面或电解质上，并与基体发生电荷转移，使其与基体发生电荷转移，从而促进基质的电子运动，所以这类催化作用又称为媒介体电催化。如图 5.1 所示，固定于电极表面或存在于溶液中的电化学催化剂 Ox，在外电场作用下生成 R，R 与溶液中的底物 A 发生反应并生成反应物 B。此时催化剂 Ox 被再生，在外加电势作用下不断实现电催化的循环过程。

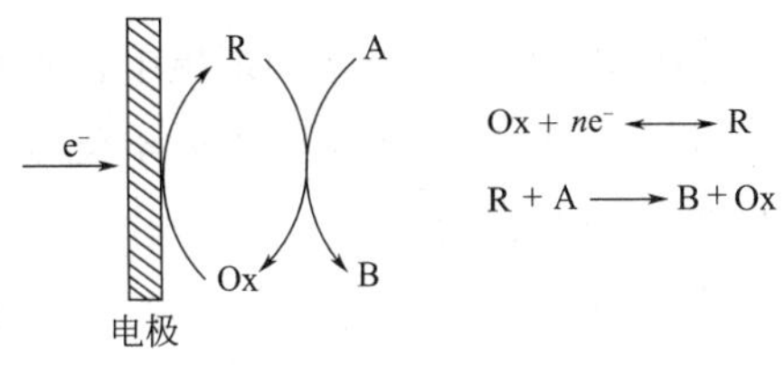

图 5.1 氧化-还原电催化反应示意图

为了确保氧化-还原电催化有机反应中电子从电极到氧化-还原催化剂的选择性转移，媒介体的氧化-还原电位必须低于底物电位，或高于底物电位。因此，在受控电位电解中，电极电位被调整为媒介体的电位，而不是底物的电位。在电化学条件下，存在于反应介质中的化合物按氧化-还原电位增加的顺序依次转化。因此，在存在起始材料的情况下，媒介体将被选择性地氧化/还原。但在应用于有机合成的实际反应中时，需要控制电流的密度。过高的电流密度会致使媒介体的消耗速度过快。在电静态条件下，为了保持预定的电流水平电位将发生变化，它可能会上升到一个与基质或产品而不是媒介体相匹配的数值，从而导致副反应。而一种良好的媒介体应具备如下主要特点：①通常，它能够吸附或维持在电极表面；②氧化-还原的势电位与被催化反应发生的势电位相近，且其与溶液的 pH 值无关；③呈现可逆电极反应的动力学特征，氧化态和还原态均能稳定存在；④能和受催化物质间产生快速电子传输；⑤催化剂材料一般来说对 O_2 有惰性或无反应。

媒介体电催化按其对电极表面或电解液的催化作用可分为异相电催化和均相电催化。均相电催化是指电极反应的催化作用通过溶解在电解液中的媒介体发生，媒介体在电极表面发生异相的氧化-还原反应后又溶解于溶液中，然后溶解在溶液中的媒介体起催化作用，可以看成是均相的电催化。这两种催化作用各有优点，可在不同的场合选择合适的方法。对于均相电催化反应来说，其优点有以下四点，分别是：

① 可以消除电极和底物之间异质电子转移的动力学抑制，这意味着可以避免过电位，并且可以加速反应的进行。这对于那些由于氧化-还原中心的立体屏蔽而表现出强烈的动力学抑制的大型生物大分子来说尤其重要。

② 电子转移媒介可以表现出更高或完全不同的选择性。

③ 当直接的电化学转换导致电极钝化时，使用媒介体可能会有帮助，因为可以避免底物与电极表面的直接互动。

④ 由于电解是在低于起始材料的氧化-还原电位下进行的，反应可以在较温和的条件下进行，并且可以避免副反应。当存在敏感的官能团时，这是特别重要的，因这些官能团并不发生反应。

对于异相电催化，其优点同样可以概括为四点，分别是：

① 催化反应发生在接近氧化-还原媒介体电势的位置，通常仅包括简单的电子转移反应；

② 催化剂用量一般较少；

③ 从理论上讲，异相电催化的反应速度要高于均相电催化；

④ 不需要分离产物和催化剂，可以选择催化剂从而提高产物的选择性。

非氧化-还原电催化剂是指电极本身或固定于电极表面的催化剂，在催化过程中不会引发氧化-还原反应，当所发生的电化学作用中主要包括旧键的断裂和生成时，一般发生在电子转移步骤的之前、之后或过程中，产生了某种化学加成物或某些其他的电活性中间体。电极的催化性质包括底物和中间物与电极表面的相互作用（吸附和解吸），如静电力、π-相互作用和化学键等[2]。

电催化剂一般固定在电极表面，底物 A 直接通过与电极表面的吸附和解吸作用生成 B，此时催化剂不涉及氧化-还原反应，只涉及电子的传递过程，见图 5.2。

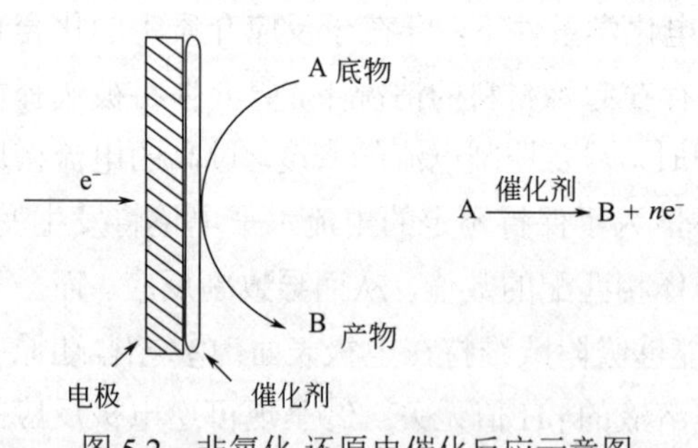

图 5.2 非氧化-还原电催化反应示意图

可以根据实际情况，选用氧化-还原电催化剂和非氧化-还原催化剂。电催化氧化-还原法是有机电催化反应的主要研究方向，而其催化的主要机理是通过引入合适的媒介体对有机反应进行催化，并已经在阳极氧化、阴极还原以及成对电解等领域有着诸多研究，而不同的媒介体所作用的机理不尽相同，所以在本章我们分别在阳极氧化、阴极还原和成对电解等氧化-还原电催化有机反应中按照媒介体种类对有机反应类型和机理进行阐述，同时也对非氧化-还原电催化有机反应进行一个概述。

5.2 阳极氧化电催化有机合成中常见媒介体分类

氧化反应是合成有机小分子的重要反应，在合成复杂小分子时，往往会使用高价碘等强氧化剂，强氧化剂的大量使用使整个有机反应进程产生了一定的风险，同时势必会产生大量不易处理的副产物。因此，在阳极上引入催化剂不仅可以降低反应进程中的危险性，同时可以大大减少副产物，使得电化学有机反应更加绿色和高效。

下面我们将氧化反应中常见的催化剂分为两个大类（分别为过渡金属络合物和主族类化合物）分别进行归纳总结。

金属盐类（尤其是过渡金属）是氧化电催化有机反应中一类常见的催化剂，通过对金属盐类催化剂的合理选择与设计，将其与电化学进行结合，利用电化学来激活催化剂或由这些催化剂产生的关键反应性中间体可以设计出适用于不同场景的高效、绿色和安全的有机反应。

在金属催化的电化学反应中，阳极氧化可用于再生活性金属催化剂或将有机金属中间体氧化为高价物种，在随后的还原消除中获得最终产品并再生催化剂。按照金属在有机合成反应中的催化作用可以将其分为两大类。首先，过渡金属复合物可以作为在电极和底物之间进行电子传递的媒介。具体来说，过渡金属和底物进行结合所形成的底物加合物表现出较低的氧化电位，从而使基团转移到底物的过程更有选择性，更有效。其次，电化学支持传统的过渡金属催化的C—H活化并由此形成各种碳-碳和碳-卤键。在过渡金属催化的C—H活化中，阳极氧化通常可以发挥两个作用：中间产物经过还原消除过程，得到产品并降低金属的价位；然后，低价金属可以在阳极被氧化成活性催化剂，完成催化循环[图 5.3（a）]和中间物在阳极被氧化成高价金属中间物，从而倾向于进行还原消除以结束催化循环[图 5.3（b）][3]。金属电化学的一个重要优势是C—H活化反应采用电能作为氧化当量，从而避免了使用外部化学氧化剂和产生大量不易处理的副产物。

在以下内容中，我们将按金属络合物和主族化合物作为不同的媒介物来讨论金属催化电化学有机反应的最新进展。

(a) 过渡金属催化剂的电氧化再生

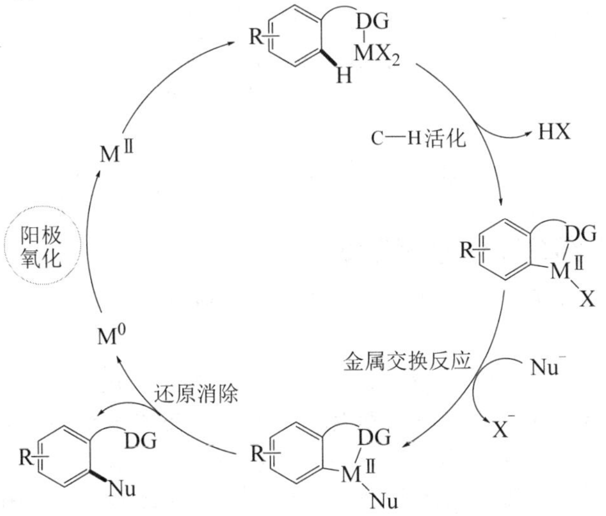

C—H活化　HX　金属交换反应　Nu^-　X^-　还原消除　M^0　阳极氧化　M^{II}

图 5.3

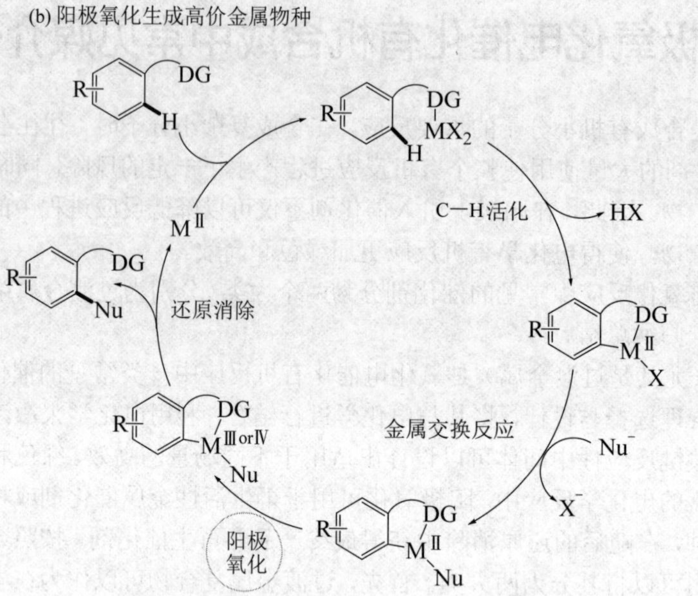

(b) 阳极氧化生成高价金属物种

图 5.3　电化学金属催化 C—H 功能化的两种模式

5.2.1　铁（Fe）络合物作为媒介体

首先介绍的是铁络合物作为媒介体在电化学催化有机合成反应中的应用。铁络合物的种类很多，在诸多铁络合物中，二茂铁的相对电位比较低，使得其可以作为一个氧化还原媒介体运用于多种基团的活化。在 Li 报道的工作中（如图 5.4 所示），在二茂铁的催化下，二氮烯基阳离子通过绿色电化学环化反应合成环状二胺[4]。其可能反应机理如图 5.5 所示，在阳极上，Cp_2Fe 被氧化成$[Cp_2Fe]^+$，而在阴极上，甲醇被还原成 MeO^-和 H_2，通过甲醇的阴极还原与二茂铁的阳极氧化的协同作用（图 5.4），促使尿素衍生物 **5-1** 氧化为二氮氧化烯基阳离子 **5-4**。随后，**5-2** 与 **5-4** 的[3+2]或[4+3]环加成反应得到了预期的环加成物 **5-3**。

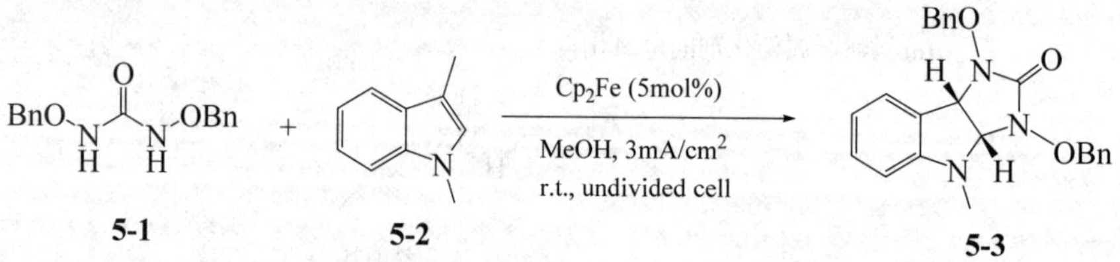

图 5.4　二茂铁作为媒介体电催化合成环状二胺的反应方程式

5.2.2　铜（Cu）络合物作为媒介体

从经济的角度来看，铜作为一种常见廉价金属，利用其和其络合物作为电化学有机合成媒介体具有潜在的经济效益。

含氮化合物在天然产品中广泛存在，同时它们在药品和功能材料中也有广阔的应用，所以在有机化学中如何有效地构建 C—N 键是很重要的。在如图 5.6 所示 Kathiravan 等报道的工作中，使用醋酸铜作为电催化剂，可以有效实现胺类与芳基酰胺的偶联[5]，其可能机理如图 5.7 所示。其中 Cu^{II} 在阳极被氧化成 Cu^{III}，然后在 NaOAc 存在下与酰胺 **5-6** 反应，形成中间体 **A**。随后胺 **5-7** 与中间体 **A** 配位得到 **B**，中间体 **B** 的还原消除得到最终产品 **5-8**，随后阳

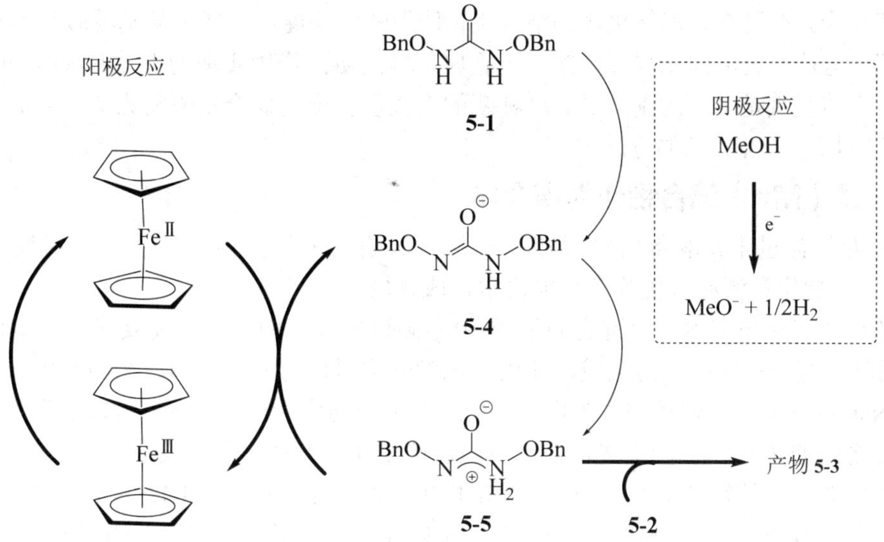

图 5.5　二茂铁作为媒介体电催化合成环状二胺的可能反应机理

极氧化完成催化循环，从而避免了昂贵的终端氧化剂的使用（路径 A）。或者，酰胺 **5-6** 可以与 Cu^{II} 反应形成中间体 **D**，在阳极进一步氧化产生复合物 **A**（路径 B）。

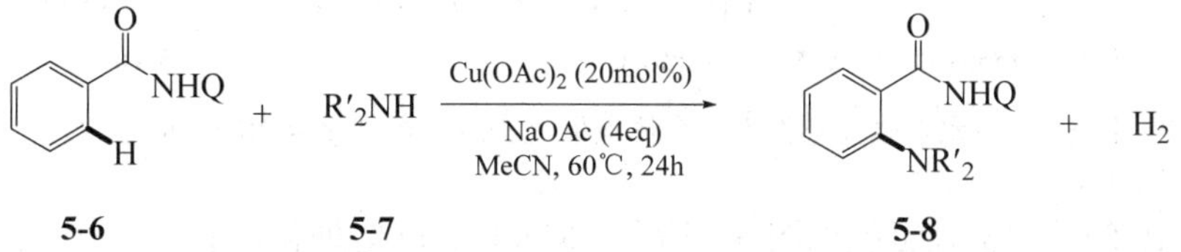

5-6 NHQ ＋ R'_2NH **5-7** $\xrightarrow[\text{NaOAc (4eq), MeCN, 60℃, 24h}]{Cu(OAc)_2\ (20mol\%)}$ **5-8** NR'_2 ＋ H_2

图 5.6　醋酸铜作为媒介体电催化合成芳基酰胺的反应方程式

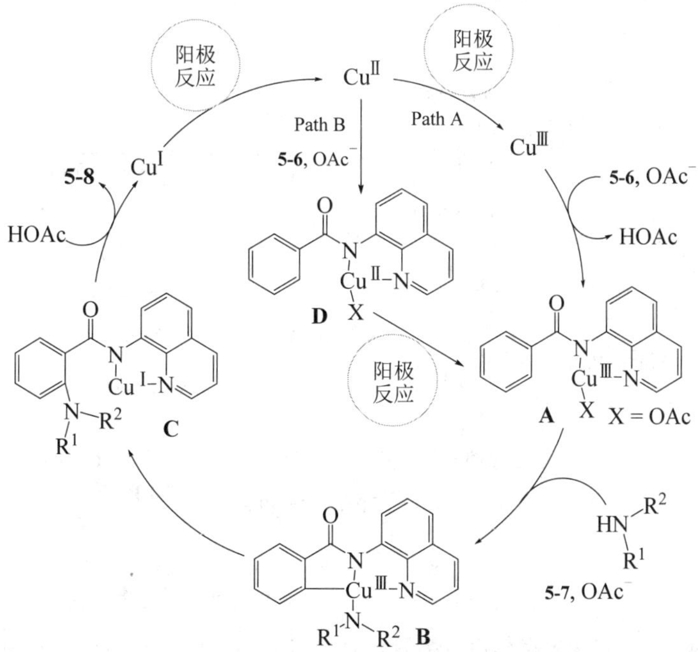

阳极反应　Cu^{II}　阳极反应

Path B　Path A

5-6, OAc^-　Cu^{III}　**5-6**, OAc^-

5-8　Cu^{I}　HOAc

HOAc　**D**　阳极反应　**A**　X = OAc

C　**B**　**5-7**, OAc^-

图 5.7　醋酸铜作为媒介体电催化合成芳基酰胺的可能反应机理

此工作中，在没有外部氧化剂的情况下，使用醋酸铜催化实现了芳基酰胺与各种脂肪族胺的偶联。这是通过电催化与二价铜有机金属化学的协同作用实现的，采用电作为唯一的氧化剂，产生的氢气是唯一的副产品。这种新的交叉氢化交叉偶合策略将为 C—N 键形成反应提供一种有用的、补充性的方法。

5.2.3 锰（Mn）络合物作为媒介体

锰因为其含量丰富和低毒性而成为一种有吸引力的媒介体。并被用于烯烃功能化、$C(sp^3)$—H 功能化和酒精氧化等多个电化学合成领域。

在通过β-酮酯与富电子双键之间形成的碳-碳键的步骤中，往往需要使用计量比的氧化剂[6]，同时会有很多副产物的生成，使用电化学催化可以有效避免副产物的产生。

在 Nair 的工作中，使用铂作为电极，二水合醋酸锰作为电催化剂，可以实现β-酮酯与富电子双键之间的 C—C 键的形成，对于有机反应来说，产率是判定反应可行性的重要指标，而影响产率的要素往往是多方面的，在此工作中，以化合物 **5-9** 和 **5-11** 为基本底物，系统研究了催化剂、溶剂、电极、原料的配比对产物 **5-10** 收率的影响[7]，最终选定的反应步骤和条件如图 5.8 所示。

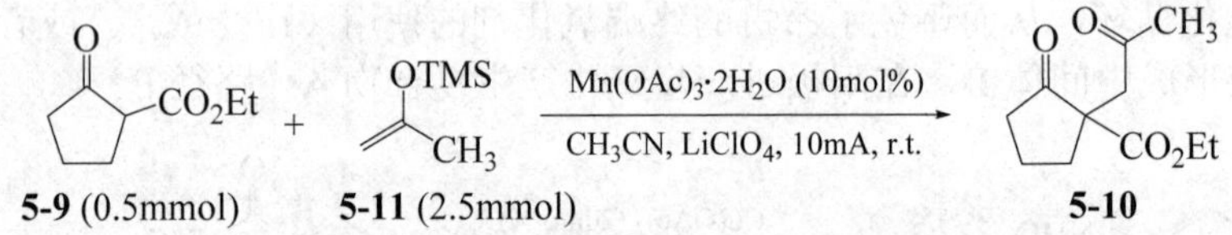

5-9 (0.5mmol) + **5-11** (2.5mmol) $\xrightarrow[CH_3CN,\ LiClO_4,\ 10mA,\ r.t.]{Mn(OAc)_3\cdot 2H_2O\ (10mol\%)}$ **5-10**

图 5.8 二水合醋酸锰作为媒介体电催化合成三羰基化合物的反应方程式

产物 **5-10** 的反应机理可能如图 5.9 所示，$Mn(TPA)\text{-}Cl_2$ 催化的氧化过程可能采取不同的反应途径。氧化过程首先是由 Mn^{IV}氧化硅基烯醇醚 **5-11** 开始的并得到 **D**，**D** 与烯醇 **A** 反应生成中间体 **C**。Mn^{III}(TPA)氧化 **C**（或硅基烯醇醚的二聚体；例如 **E**）等中间产物，并形成 Mn^{II}(TPA)。

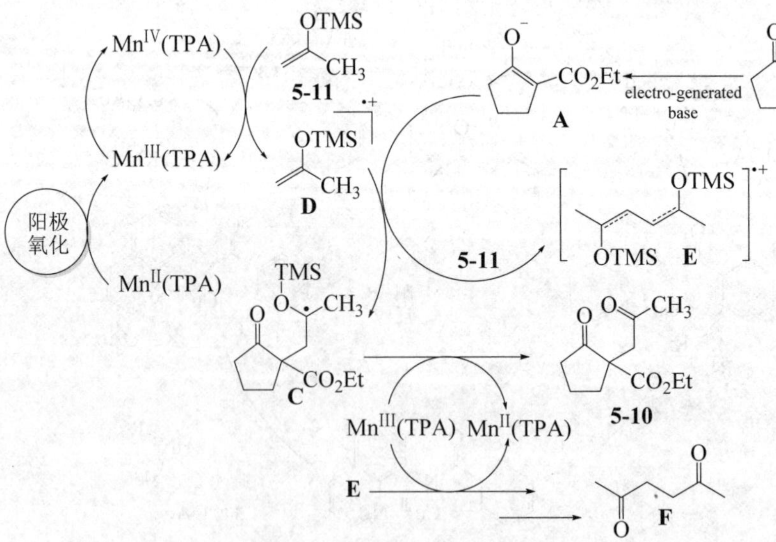

图 5.9 二水合醋酸锰作为媒介体电催化合成三羰基化合物的可能机理图

锰作为一种廉价且高效的催化剂在电化学有机合成反应中有着诸多应用，上述结果表明，在设计电催化电化学反应时，需要考虑实验条件中不同要素对于实验的影响。

5.2.4 钯（Pd）络合物作为媒介体

由于 Pd 物种具有多功能反应性，因此 Pd 催化的 C—H 键的活化受到有机化学界的广泛关注[8]。在各种催化 C—H 功能化反应中，Pd^{II}/Pd^{0} 催化是最常见的催化方法。在 Pd^{II}/Pd^{0} 催化中，氧化剂被用来氧化 Pd^{0} 物种以再生活性 Pd^{II} 催化剂，常见的氧化剂包括 BQ/O_2、Ag^{I} 盐、Cu^{II} 盐等。在 Pd^{II}/Pd^{IV} 催化作用中，氧化剂被用来将 Pd^{II} 氧化成 Pd^{IV} 物种，从而发生还原消除作用[9]。这两种催化剂的机理如图 5.10 所示。

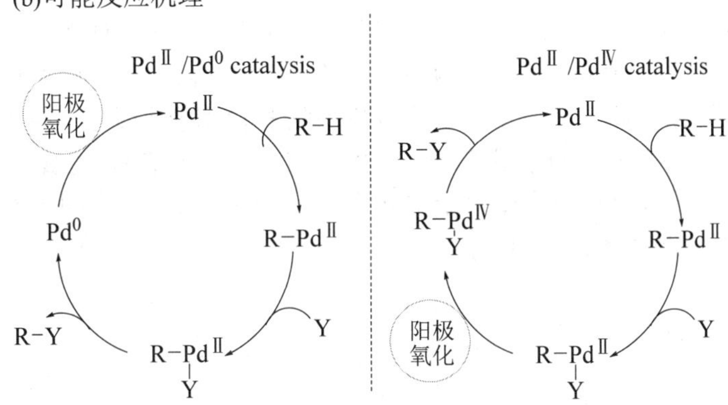

图 5.10　Pd^{II}/Pd^{0} 与 Pd^{II}/Pd^{IV} 两种催化作用的机理图

在过去的一段时间中，使用 Pd 催化剂进行电化学氧化来实现 C—H 功能化已经进行了很多研究[10-12]。然而，与使用化学氧化剂的 Pd 催化 C—H 功能化的技术水平相比，其仍然有很大的进步空间，如何对 Pd 催化剂进行合理的选择和修饰来合成更多种类的有机小分子化合物仍然是一个挑战。

5.2.5 钴（Co）络合物作为媒介体

因为 Co 具有资源丰富、使用成本较低和无毒的特性，所以使用低成本和可持续的 Co 来取代其昂贵的同系物（铑和铱）的需求越来越大。最近，钴催化反应数量在各种有机转化中激增。

由于 Co 催化的氧化还原反应性高度依赖于其氧化态（如+1、+2 和+3 等）之间的相互转换能力，使用电化学方法可以高效实现钴催化剂各种氧化态之间的转化。同时，如同其同系物铑和铱一样，钴的+1/+3 氧化态占据各种氧化还原反应的大部分，因此在亲核的、亲电的以及自由基途径的反应中都有着较多的应用[13]。

下面结合 Co 催化剂参与的电催化氧化有机合成反应实例进行说明（图 5.11），Yu 等人将 *N*-甲基-*N*-芳基丙烯酰胺 **5-12** 与苯肼 **5-13** 作为底物进行反应。使用铂阳极和铂阴极作为电极，以 $Co(OAc)_2$ 作为催化剂在温和的条件下进行了直接芳基化和环化反应，通过对电极、溶剂等条件的筛选，并最终确定了图 5.11 中的实验条件，此条件得到的产物 **5-15** 的产率最高，然而，如果不使用电能或 Co 催化剂进行反应，则没有获得理想的产品[14]。此条件同样适用于 *N*-甲基-*N*-芳基异丁烯酰胺与烷基三氟硼酸钾为底物合成产物 **5-16**。

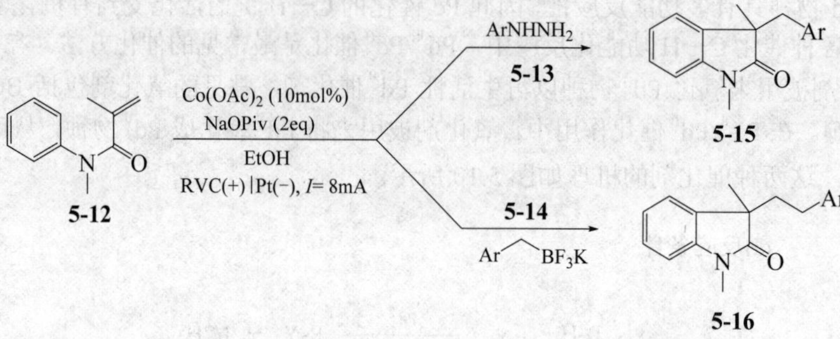

ArNHNH2
5-13
Ar
Co(OAc)2 (10mol%)
NaOPiv (2eq)
EtOH
RVC(+)|Pt(−), I= 8mA
N
O
5-12
5-15
5-14
Ar BF3K
5-16

图 5.11　醋酸钴作为媒介体电催化合成取代氧化吲哚的反应方程式

此反应的可能机理如图 5.12 所示。在醋酸钴的作用下，苯肼或苄基三氟硼酸钾通过阳极氧化从而产生苯基或苄基自由基。在阴极上，从步骤一得到的 H^+则通过还原反应转化为 H_2。在反应过程中，苯基或苄基自由基直接进攻底物 **5-12** 并获得自由基中间体 $\mathbf{A_1}$ 或 $\mathbf{A_2}$，然后进行分子内环化，得到中间体自由基 $\mathbf{B_1}$ 或 $\mathbf{B_2}$。随后，自由基 $\mathbf{B_1}$ 或 $\mathbf{B_2}$ 被阳极氧化，通过 Co^{III}到 Co^{II}的单电子转移过程得到阳离子中间物 $\mathbf{C_1}$ 或 $\mathbf{C_2}$。最后，中间体 $\mathbf{C_1}$ 或 $\mathbf{C_2}$ 通过去质子化分别得到所需的产品 **5-15** 或 **5-16**。

Ph
Ph•
Ph—•
A1
5-12
A2
OPiv−
+
CoII(OPiv)2
阳极
氧化
CoIII (OPiv)3
B1
B2
C1
C2
−H+
5-15
5-16

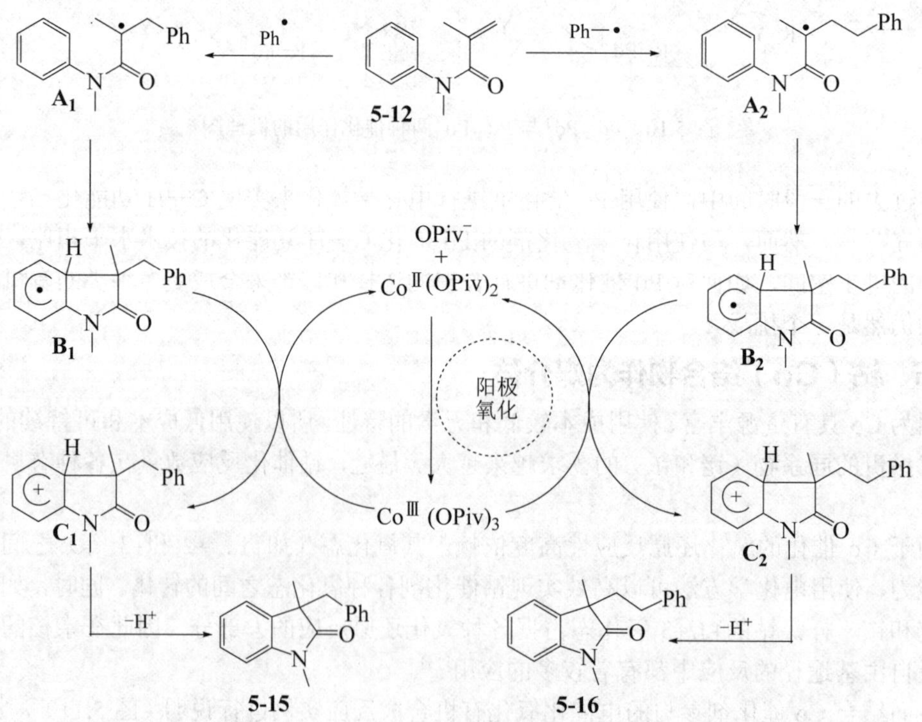

图 5.12　醋酸钴作为媒介体电催化合成取代氧化吲哚的可能机理图

5.2.6 铑（Rh）络合物作为媒介体

在电催化有机合成反应中，C—H 活化的相关研究比较多，而通过电催化实现的有机金属 C—C 功能化是相对比较困难的，而在 Qiu 等人相关的工作中，通过使用 Rh^{III}催化剂首次实现了电氧化 C—C 的活化，并对电氧化 C—C 功能化的机制进行了深入了解。此外，值得注意的是，C—C 活化策略提供了获得具有挑战性 1,2,5-三取代芳烃的独特合成途径，这是用任何 C—H 功能化方法所不能制备的。具体的合成路线如图 5.13 所示[15]，通过对实验条件的优化，$[Cp^*RhCl_2]_2$ 是一种可行的催化剂，同时此反应的溶剂为水，实现了烯烃的绿色制备。

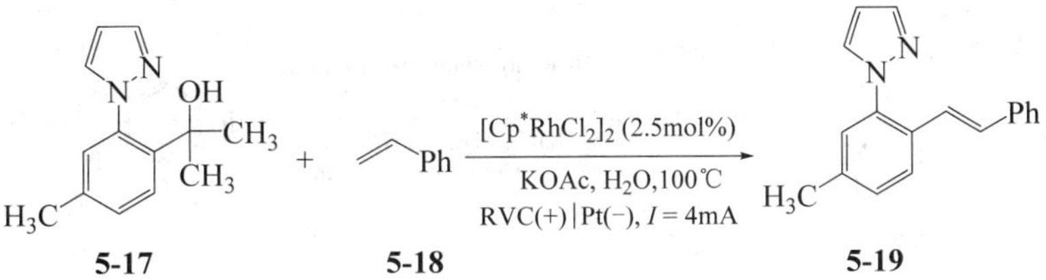

图 5.13 铑络合物作为媒介体电催化合成三取代芳烃的反应方程式

此反应的可能机理如图 5.14 所示。底物 **5-17** 通过其上的氮和氧原子与 Rh^{III}催化剂通过

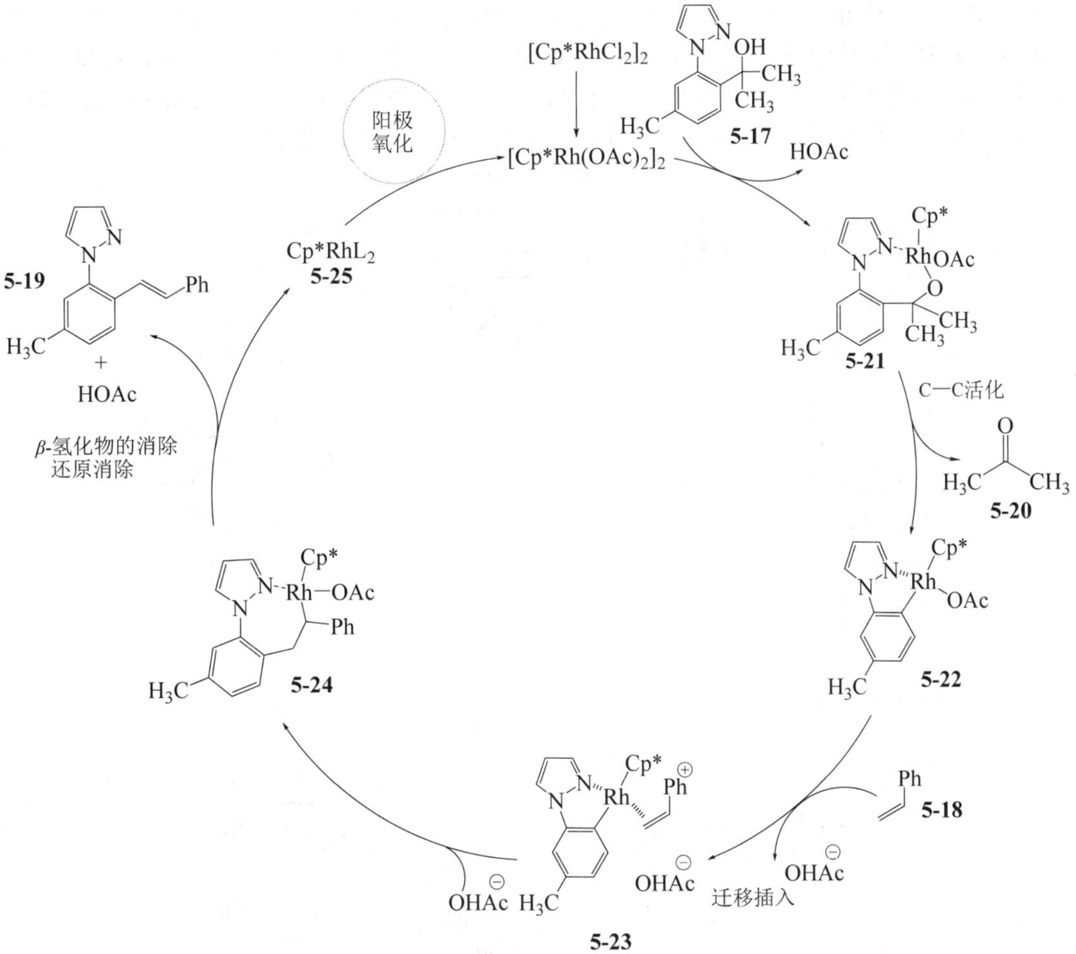

图 5.14 铑络合物作为媒介体电催化合成三取代异戊二烯的可能反应机理图

配位生成中间体 **5-21**，从而为关键的 C—C 断裂奠定基础。然后，发生烯烃的迁移插入并形成七元环 Rh^{III}配合物 **5-24**，随后通过β-氢化物消除和还原消除获得 Rh^{I} 中间体 **5-25**。最后，Rh^{I} 中间体 **5-25** 通过阳极氧化再生为具有催化活性的 Rh^{III} 络合物。

5.2.7 钌（Ru）络合物作为媒介体

Ru 在用于电催化 C—H 键活化上表现出较好的催化性能，且基于 Ru 催化的 C—H 活化环化反应已经被开发出来用于合成各种杂环化合物，这其中包括吲哚类化合物。Xu 等人成功利用嘧啶化合物和炔类衍生物作为反应底物实现吲哚的精准合成，具体的反应步骤如图 5.15 所示[16]。

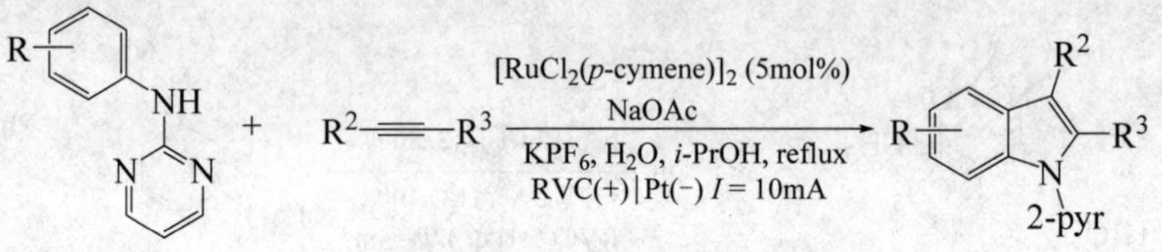

5-26 + R^2—≡—R^3 (**5-27**) $\xrightarrow[\text{KPF}_6,\ \text{H}_2\text{O},\ i\text{-PrOH, reflux; RVC(+)|Pt(−)}\ I = 10\text{mA}]{[\text{RuCl}_2(p\text{-cymene})]_2\ (5\text{mol\%}),\ \text{NaOAc}}$ **5-28**

图 5.15　钌络合物作为媒介体电催化合成吲哚化合物的反应

Ru 络合物催化合成吲哚类化合物的可能机理如图 5.16 所示。在 NaOAc 的存在下，催化剂$[RuCl_2(p\text{-cymene})]_2$ 被转化为二乙酸钌复合物 **A**。**A** 与底物 **5-26** 形成络合物 **B**，随后是可逆的 C—H 活化并形成六元钌环 **C**，其乙酸酯配体随后被烷基底物 **5-27** 取代，通过π-配位得到 **D**。**5-27** 的配位促使其迁移插入 Ru—C 键，引发金属中心与嘧啶氮解离，转而与苯胺基团的氨基复合，从而产生六元钌环中间物 **E**。最终，**E** 发生还原消除得到吲哚产物 **5-28** 和 Ru^{0} 物种 **F**，后者在阳极上被氧化以再生出具有催化活性的 Ru^{II} 络合物。

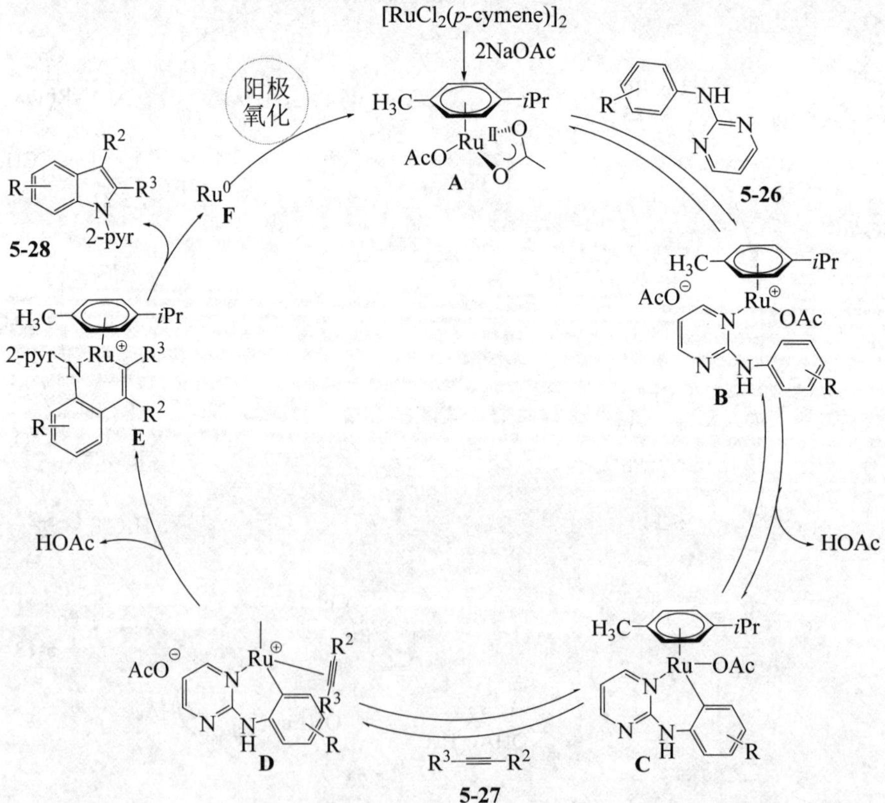

图 5.16　钌络合物作为媒介体电催化合成吲哚化合物的可能反应机理

5.2.8 铱（Ir）络合物作为媒介体

异香豆素是一类含有复杂的杂环结构的天然产品和生物活性分子，同时它也是一类重要的合成中间体，因此用化学合成方法制备异香豆素是具有意义的，而在众多合成方法中，使用过渡金属催化苯甲酸与炔烃的氧化环化以构建异香豆素骨架已被认为是最有效的合成方法之一，其具有很高的原子经济性。但是在传统的金属催化有机氧化环化法中，往往需要使用有机或金属氧化剂来实现催化剂的循环利用，这些金属氧化剂的后处理也是一个困难，而使用电催化则可以有效解决这些问题[17]。

到目前为止，现有的采用电化学氧化环化的例子较少，典型的例子是采用 Ru 络合物催化[18]和 Ir 络合物催化，鉴于在 5.2.7 节已经对 Ru 络合物电催化的案例进行了说明，在此我们重点讲述 Ir 络合物电催化作用的案例。Yang 等人使用 2-甲基苯甲酸和二苯基乙炔作为模型底物，通过对溶剂、电极和电流强度的筛选，并最终选择使用甲醇作为反应试剂、电流为 1.5mA、铂电极作为电极，在此条件下所制得的产物的产率最高[17]。如图 5.17 所示。

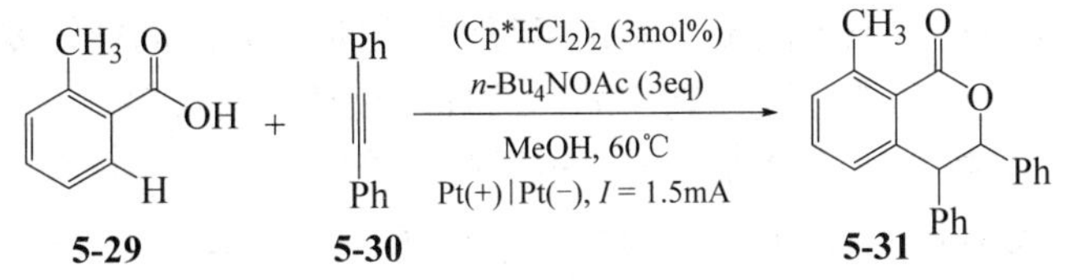

CH_3 O OH H **5-29** + Ph Ph **5-30** $\xrightarrow[\text{MeOH, 60°C; Pt(+)|Pt(−), } I = 1.5\text{mA}]{(Cp^*IrCl_2)_2\ (3\text{mol\%});\ n\text{-}Bu_4NOAc\ (3\text{eq})}$ CH_3 O O Ph Ph **5-31**

图 5.17 铱络合物作为媒介体电催化合成异香豆素的反应路线

铱络合物电催化合成异香豆素的可能反应机理如图 5.18 所示，在 n-Bu$_4$NOAc 的存在下，

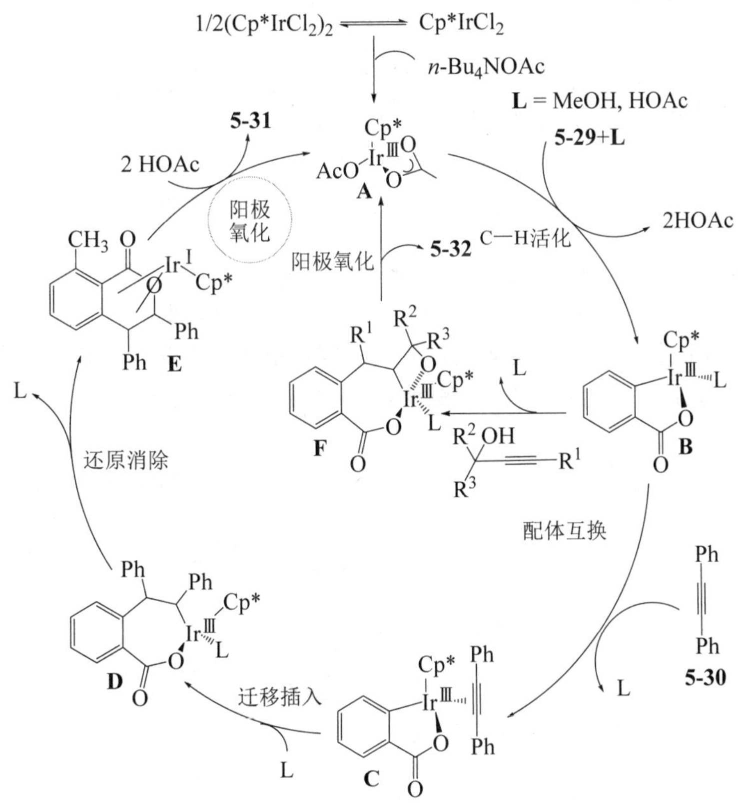

图 5.18 铱络合物作为媒介体电催化合成异香豆素的可能反应机理

铱催化剂（Cp^*IrCl_2）被转化为二乙酸铱络合物 **A**。苯甲酸的 C—H 键经历了简单和可逆的环化作用并产生了铱环 **B**。此后，炔化合物选择性地插入复合物 **C** 的 C—Ir 键并得到一个七元环的铱环中间物 **D**，它迅速进行还原消除并得到 Ir^{I} 络合物 **E**。通过阳极氧化，具有催化能力的 Ir^{III} 催化剂 **A** 被再生，并制备得到异香豆素 **5-31**。此时阴极发生还原得到副产品 H_2。或者，通过协调和区域选择性的炔醇的迁移插入得到了七元 Ir^{III} 中间体 **F**。中间体 **F** 通过还原消除得到产品 **5-32** 和 **A**。

5.2.9 镍（Ni）络合物作为媒介体

有机硫化合物非常重要，在许多生物活性分子、药品和聚合物的生产中有着广泛的应用。而在各种有机硫化合物中，具有 S═O 键的硫化物和亚磺酸酯是令人感兴趣的，因为它们在药物化学、中间体的合成以及在生物化学研究中都有着潜在应用。

但是在利用传统有机合成方法制备磺酸酯时通常是通过 RS(O)Cl 与醇的亲核取代来制备的，该方法有多个缺点，如反应时间长、反应条件苛刻、产量低和使用危险材料等[19]。而直接利用催化剂来制备得到亚硫酸酯虽然是可行的，但是此方法同样需要用到强氧化剂，且反应中还获得了不受欢迎的硫磺酸盐副产品，而且反应时间较长[20]。

基于以上问题，寻找合适的电催化剂来实现亚磺酸酯的合成是有意义的，Shyam 等人在相关的工作中，通过对反应条件的优化，最佳的反应条件是在 2,2′-联吡啶作为配体的情况下，使用乙腈作为溶剂，泡沫镍为阴极，改性石墨为阳极，以 $LiClO_4$ 为电解质，在 5.0V 的电池电位（或 10mA 的恒定电流）下，使用 $Ni(ClO_4)_2$ 作为催化剂进行硫醇与醇的电化学氧化酯化反应，反应示意图如图 5.19 所示[21]。

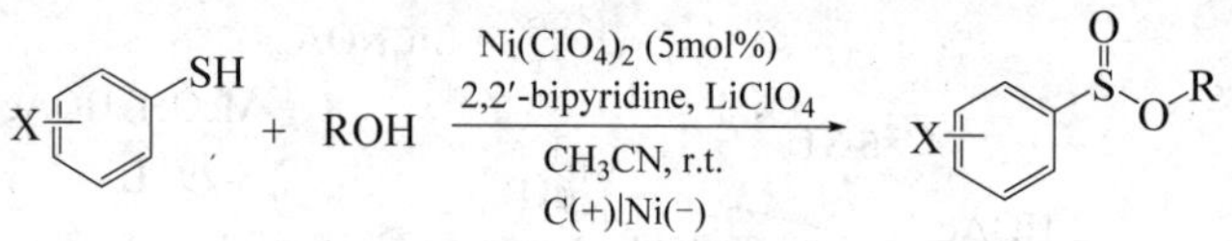

图 5.19　镍络合物作为媒介体电催化合成亚磺酸酯的反应示意图

此反应的机理如图 5.20 所示，反应开始时，苯硫酚在阳极氧化为硫基，$Ni(ClO_4)_2$ 在阴极还原为 Ni^0。在氧气的存在下，硫代自由基与 Ni^0 的相互作用可能会形成硫氧-Ni^{I} 络合物。硫氧-Ni^{I} 络合物（或其异构体）与醇进行氧化加成，形成亚硫酸盐-Ni^{III} 络合物。最后，亚硫酸盐-Ni^{III} 络合物通过还原消除得到亚磺酸酯，Ni^{I} 在阳极转化为 Ni^{II}。

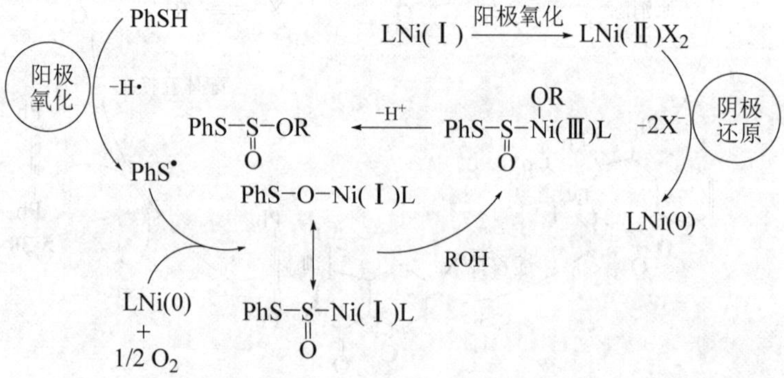

图 5.20　镍络合物作为媒介体电催化合成亚磺酸酯的可能机理图

5.2.10 卤素类化合物作为媒介体

卤化物盐是最简单和最常用的卤基媒介体之一，它们无毒且价格低廉。在阳极氧化时，卤化物会产生活性卤素化合物（如 Cl_2、Br_2、I_2），当在水中进行电解时，也会形成次卤化物。诸多实验证明了氧化卤化物表现出的优异反应性，如亲核取代和碱促消除[22]，弱杂原子-卤素键的同质裂解中产生自由基是一种较少被探索但强大的生成碳-杂原子键的方法。尽管理论上卤素类媒介物可以在电化学系统中再生，但在某些情况下，它们的使用量是固定的，以确保高反应产量[23, 24]。而卤素类媒介体在电催化氧化的合成中主要应用于如烯烃的活化、羰基的功能化、二元醇的氧化裂解、硫官能团的氧化和氮官能团的氧化等[25-29]，下面我们会就卤化物盐电催化氧化有机反应的不同反应类型进行说明。

C—S 键的形成是有机合成中最基本和最重要的转化之一，因为 C—S 键是药品和材料科学领域中丰富而重要的骨架。传统构建 C—S 键的方法之一是过渡金属催化的芳基卤化物和硫醇之间的交叉偶合。而现在，过渡金属催化的脱氢 C—S 偶联反应作为一种改进的、具有高原子经济性的 C—S 键的形成方法引起了人们的关注[30]。

Mitsudo 等人选用 2-(苯并[*b*]呋喃-2-基)苯硫酚作为底物，*n*-Bu_4NBr 作为媒介物，通过提高实验温度，**5-34** 的产率呈现先升高后下降的趋势；而若将 *n*-Bu_4NBr 改成 *n*-Bu_4NCl 或 *n*-Bu_4NI 时，则基本得不到产物 **5-34**，优先得到的是产物 **5-35**（如图 5.21 所示）[31]。

HS
X
5-33
n-Bu_4NBr (10mol%)
$LiClO_4$
CH_3CN
Pt(+)|Pt(−)
S
X
5-34
+
X
S
S
X
5-35

图 5.21　*n*-Bu_4NBr 作为媒介体电催化脱氢 C—S 偶合反应的反应方程式

图 5.22 提出了底物 **5-33** 的电氧化脱氢环化的一个合理机制。首先，*n*-Bu_4NBr 的 Br^-会被氧化并生成 Br^+。而后底物 **5-33** 将被 Br^+氧化，得到二硫化物 **5-35** 和 Br^-，后者将在阳极再次被氧化成 Br^+。接下来，**5-35** 将与 Br^+反应并得到阳离子物种 **A**。**A** 随后的分子内环化将得到环化产物 **B** 和芳硫溴化物 **C**。中间体 **C** 将被阳极或 Br^+氧化并得到 **5-35**，**5-35** 将与 Br^+反应得到 **A**。阴极反应将是由 H^+生成 H_2。

5.2.11 三芳基胺类作为媒介体

三芳基胺是一类具有多功能的、成熟的催化剂，常被用于电催化阳极氧化有机合成。如硫代乙酰胺的阳极脱保护、裂解异构化、芳香族侧链的氧化和脂肪族醚的 α-氧化等[32, 33]，这一类化合物可在在阳极作用下产生自由基阳离子，并作为媒介体参与到反应进程中，这一类媒介物的特点是若要保证自身的稳定，只有在对位上有取代物才能阻止其本身二聚体。

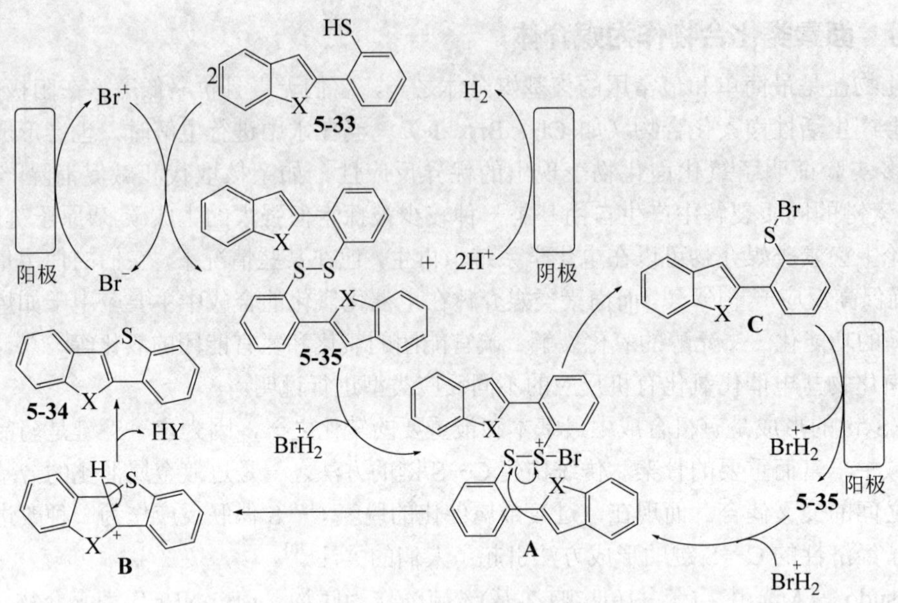

图 5.22　n-Bu_4NBr 作为媒介体电催化脱氢 C—S 偶合反应的可能反应机理

Park 等人以化合物 **5-36** 作为底物，使用三(4-溴苯基)胺作为电催化剂，2,6-二叔丁基吡啶作为酸清除剂，使用铂阳极和网状玻璃碳（RVC）作为阴极，使用乙腈作为溶剂，在室温下即可得到具有双环[5.3.0]框架的化合物 **5-37**，这一框架也是大量天然产品所共有的。所以这一反应为构建双环框架化合物提供了可能，具体的反应步骤见图 5.23[34]。

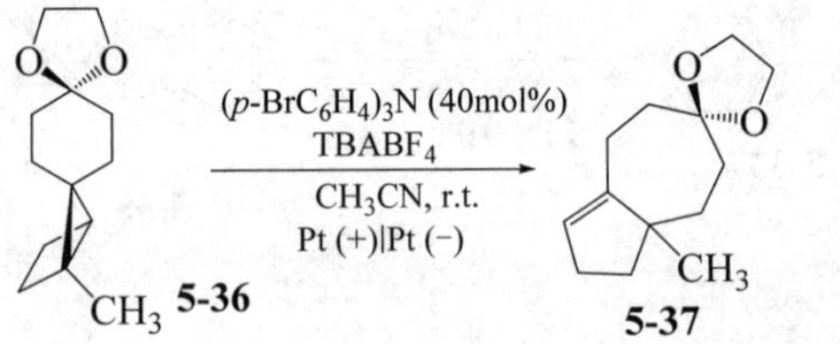

$(p\text{-}BrC_6H_4)_3N$ (40mol%)
$TBABF_4$
CH_3CN, r.t.
Pt (+)|Pt (−)

5-36　**5-37**

图 5.23　三(4-溴苯基)胺作为媒介体电催化合成双环框架化合物的反应方程式

底物 **5-36** 到产物 **5-37** 的可能重排机理如图 5.24 所示。首先三(4-溴苯基)胺在阳极被氧化，并由此产生了氨基阳离子自由基 **5-39**，而后，**5-39** 作为氧化剂将化合物 **5-36** 开环形成阳离子自由基 **5-40**，并在不同的化合物和中间态 **5-36**、**5-38**、**5-39** 和 **5-40** 之间建立平衡，并经过一系列重排反应最终得到化合物 **5-37**。

5.2.12　硝酸盐及硝酰类作为媒介体

硝酸自由基是一类在大气化学中发挥着重要作用的物质，它可以通过 NO_2 与臭氧的反应或通过 N_2O_5 的分解形成[35]。硝酸自由基可以通过氢原子转移过程与醛类反应，产生酰基自由基和硝酸。在有机合成领域，硝酸自由基可以通过硝酸阴离子的阳极氧化在电化学上生成，并在硝酸自由基的作用下，醇被电化学氧化成醛或酮[36, 37]。

自从 1960 年发现 N—O 自由基类媒介物以来，稳定的硝基自由基因其氧化还原特性而引起了人们的极大关注。其中应用较为广泛的领域应该是它作为氧化脱氢的催化剂。在羟基和醛的作用下氧化成羧酸[38]以及胺和氨基甲酸酯的氧化等方面有着积极的作用[39]。

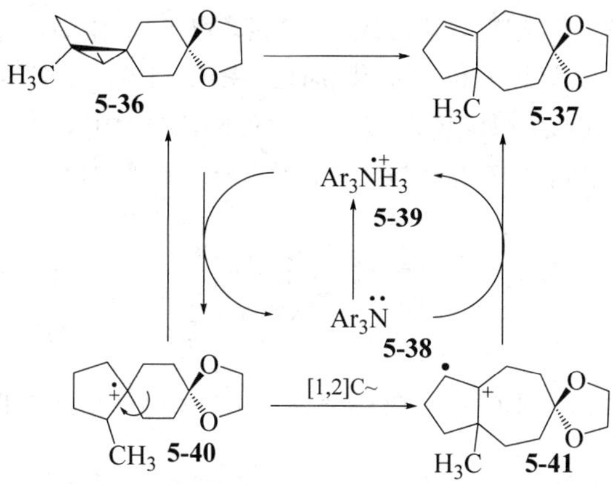

图 5.24　三(4-溴苯基)胺作为媒介体电催化合成双环框架化合物的可能机理

其在生物质原料的制备上也有着重要的地位。2,5-呋喃二甲酸（FDCA）是一种接近市场化的单体，已被确定为可行的生物质化合物用来替代石油来源的对苯二甲酸的合成，FDCA可以从 5-羟甲基糠醛（HMF）的氧化中产生。目前为止，常见的两个 HMF 氧化媒介物分别是 2,2,6,6-四甲基哌啶-1-氧（TEMPO）和 4-乙酰氨基-TEMPO（ACT）。在 Cardiel 等人的工作中，他们阐述了在硝基自由基介导的催化循环中羟胺产生氧化铵阳离子的可能途径（如图 5.25 所示），在 ACT^+ 氧化 HMF 后，它被还原为羟胺（ACT-H）。然后通过 ACT-H 和 ACT^+ 之间的归中反应产生的两个 ACT 自由基转化为 ACT（途径 A）。再生的 ACT 然后可以再次被 e^-氧化生成 ACT^+。途径 B 涉及 ACT-H 到 ACT^+的直接 2 电子氧化。在这种情况下，在电极表面被氧化的不是 ACT 而是 ACT-H（途径 B）。这两种都是硝基自由基媒介体在电化学氧化中的可能的途径[40]。

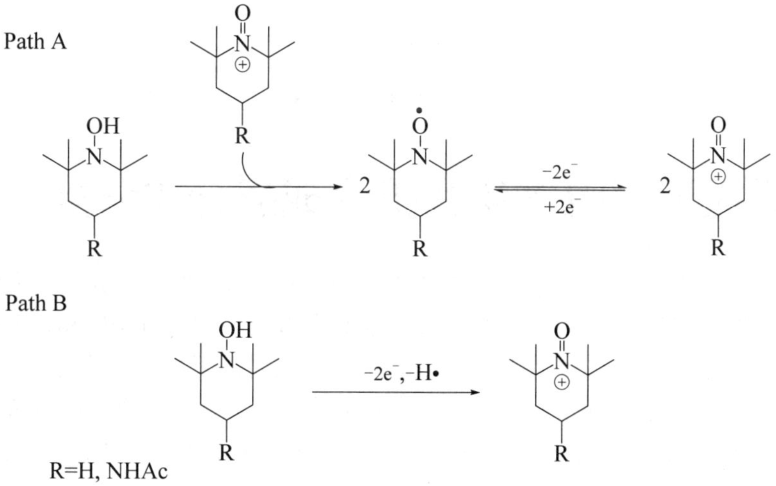

图 5.25　硝基自由基介导的催化循环中羟胺生成氧化铵阳离子的可能途径

5.2.13　2,3-二氯-5,6-二氰基-1,4-苯醌（DDQ）作为媒介体

DDQ 是一种常见的氧化物，并在电化学催化醇类氧化成醛类[41]，将二级胺氧化成亚胺[42]，以及烷基苯的 C—H 胺化[43]等合成领域有着诸多应用。

DDQ 还可以被用来实现成噻二唑反应，在 Ma 等人的工作中，通过对反应条件的优化，由 DDQ（20mol%）作为氧化还原催化剂和 n-Bu_4NBF_4（1.0eq）作为电解质，使用 C 作为阳极和 Pt 作为阴极，通过 10mA 恒定电流，使用 $MeCN/H_2O$（9∶1，体积比）作为溶剂，在 35℃的温度下反应 3h，可以得到产物 2-氨基-1,3,4-噻二唑，产率为 62%[44]。如图 5.26 所示。

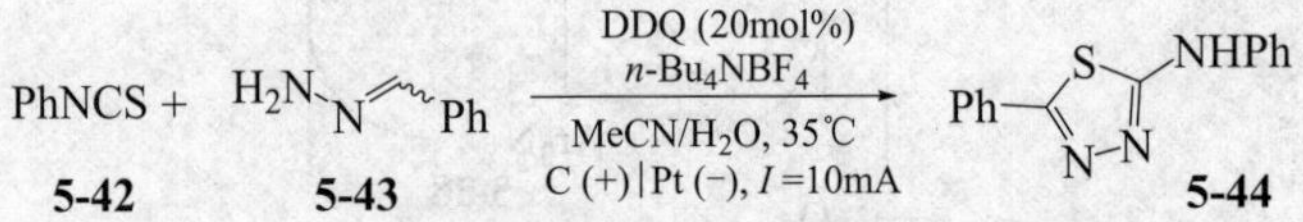

图 5.26　DDQ 作为媒介体电催化合成噻二唑的反应方程式

此反应的可能机理如图 5.27 所示，首先，苯甲醛腙对异硫氰酸苯酯进行亲核加成反应得到硫代氨基甲酸酯 **5-45**，被 DDQ 氧化产生硫基自由基中间体 **A** 和 DDQH 自由基。然后，自由基中间体 **A** 通过分子内肼基双键的自由基捕集而环化为闭环中间体 **B**，氢原子从 **B** 转移到 DDQH 自由基，并得到产物 2-氨基-1,3,4-噻二唑和氢醌 $DDQH_2$。当 DDQ 在阳极通过氧化脱氢从 $DDQH_2$ 中再生时，伴随着质子的阴极还原致使 H_2 的形成。

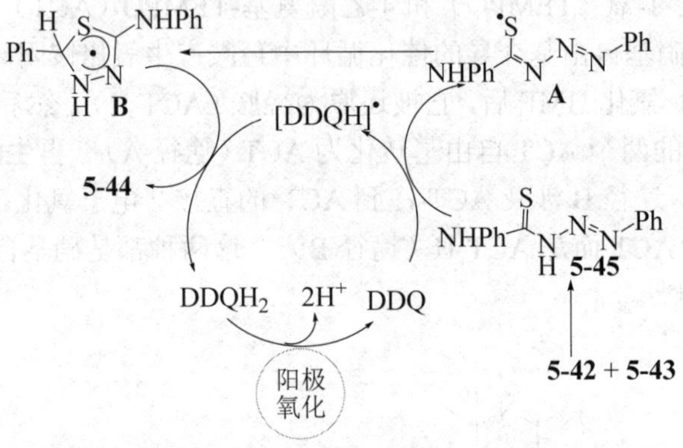

图 5.27　DDQ 作为媒介体电催化合成噻二唑的可能反应机理

5.3　阴极还原电催化有机合成媒介体分类

与电氧化方法相比，电还原化学的效用的研究相对较少。但是这并不代表电还原的方法效果不好，与传统的还原反应相比，电还原方法具有包括高效的电子转移、可调整的还原电位和良好的可扩展性等优势。但是这些方法依赖于反应物在阴极表面的直接还原，这可能导致电极钝化，从而降低选择性。但近些年，还原电催化在合成化学中引起了越来越多的关注，因为它能够降低反应过电位并调节下游的化学途径。现有的还原性电催化反应多集中于使用过渡金属盐络合物、富勒烯、碳硼烷和一些有机化合物等作为媒介体。下面我们对常用的一些媒介体所参与的还原性电催化反应和可能机理进行介绍。

5.3.1　镍（Ni）络合物作为媒介体

过渡金属络合物长期作为电还原反应中的还原催化剂。一个重要的特点是，人们可以通过改变配体、金属或两者来调整其氧化还原电位和选择性。并在偶联反应、还原脱卤等方面有着诸多应用。通常情况下，这种复合物的活性形式经历了与烷基化试剂的初始氧化加成，然后在阴极诱导下还原消除由此形成的烷基复合物。这种反应性在合成上的应用，包括偶联反应和还原脱卤等。下面我们首先对过渡金属络合物作为媒介体进行一个简要的介绍。

Ni 是还原化学反应中最常用的过渡金属催化剂，在交叉亲电偶合（XEC）[45]、C—H 活化以及 C—N、C—S 和 C—P 键的形成上应用广泛[46–48]。

Ni 同样可以应用于交叉亲电偶联法形成 sp^2-sp^3 键，此方法不用预先形成有机金属试剂，但是此方法仍有一些缺点，如需要使用大量的金属粉末还原剂、产物选择性差和产量低等[49]，因此发展可以克服这些缺点的合成方法是必要的，将电化学还原技术推广到未活化的芳基-烷基交叉偶联是一个切实可行的方法。在 Perkins 等人的工作中，选用芳基溴和烷基溴作为底物，在 65℃下，使用 *N,N*-二甲基乙酰胺（DMA）作为溶剂，$NiCl_2$ • dme（10mol%）作为媒介体，4,4′-二甲氧基-2′-联吡啶（dmbpy，10mol%）作为配体，NaI 既作为反应添加剂又作为电解质。选择网状玻璃碳（RVC）作为阴极（因为它具有高的还原表面积和化学惰性），并与作为阳极的金属棒连接组成电极，在此条件下得到的产物产率较高（见图 5.28）。

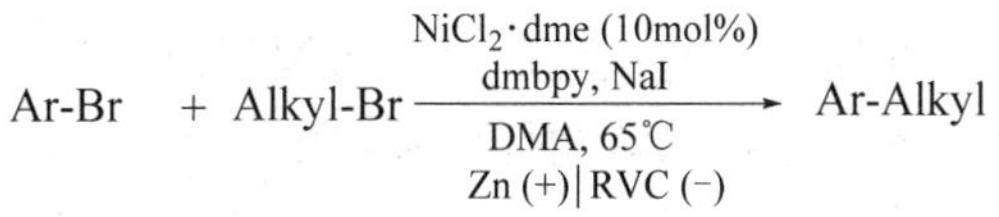

$$\text{Ar-Br} + \text{Alkyl-Br} \xrightarrow[\text{DMA, 65℃}\quad \text{Zn (+)}|\text{RVC (−)}]{\text{NiCl}_2\cdot\text{dme (10mol\%)}\quad \text{dmbpy, NaI}} \text{Ar-Alkyl}$$

图 5.28　镍络合物作为媒介体电催化交叉亲电偶联的反应方程式

此反应的可能机理如图 5.29 所示，首先通过芳基溴化物与 Ni^0 的选择性氧化加成产生 **B**。**B** 与一个烷基自由基反应，形成一个 Ni^{III} 中间物 **C**。**C** 通过还原消除产生活性的 Ni^{I} 物种 **D**，它可以与烷基溴化物反应，生成一个二溴化镍中间体 **E**，并再生一个烷基自由基。最后，二溴化镍中间体 **E** 被阴极还原，再释放出 Ni^0 媒介体 **A**[50, 51]。

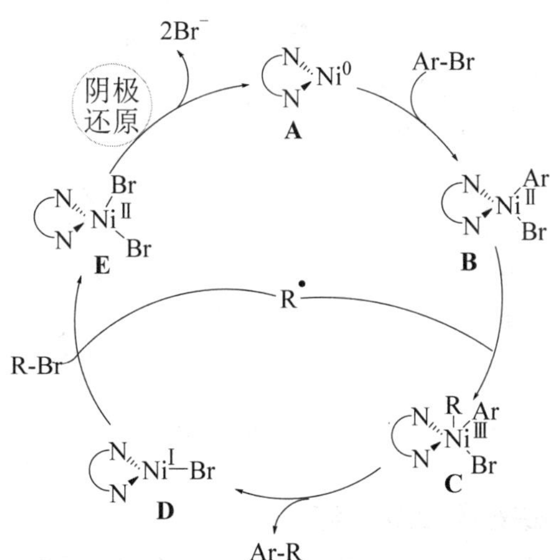

图 5.29　镍络合物作为媒介体电催化交叉亲电偶联的可能机理

5.3.2　锌（Zn）络合物作为媒介体

通过羰基/胺的烯丙基化合成同族醇/胺是有机合成中的重要过程之一，因为它们是天然产物合成的重要组成部分。在水介质中进行有机反应是通过金属媒介来进行烯丙基化反应，但这类反应往往使用过量的金属并导致大量不可回收副产物的生成，而在众多金属中，Zn 的价格低廉且毒性较低，所以将 Zn 作为媒介体通过电化学方法来进行羰基/胺的烯丙基化合成是有意义的。

在 Sinha 等人[52]的工作中（图 5.30），使用 Zn 棒作为阳极，TCO 玻璃基板作为阴极。溴丙烯和对氯苯甲醛作为反应原料，利用水和四氢呋喃的混合溶液作为溶剂，在 70℃下反应即可得到产物，且产率较高。

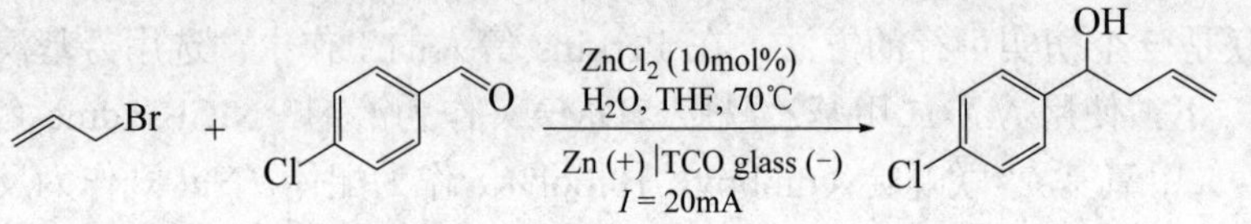

Br + Cl O —— $ZnCl_2$ (10mol%), H_2O, THF, 70℃ / Zn (+)|TCO glass (−), I = 20mA → OH Cl

图 5.30　锌络合物作为媒介体电催化羰基/胺的烯丙基化合成的反应方程式

溴丙烯和对氯苯甲醛的可能反应机理如图 5.31 所示，烯丙基溴与金属纳米 Zn 反应生成烯丙基溴化 Zn^{II}物种 **A**，它在原位与醛反应后经历水解制得所需的烯丙基醇和 Zn^{II}盐。这个反应增加了溶液中 Zn^{2+}的浓度。这样从醛的烯丙基化中产生的 Zn^{II}盐连同来自氯化锌和牺牲阳极的 Zn^{II}在阴极被还原并生成金属锌。通过这种方式，溶液中的 Zn^{2+}浓度得以保持。同时，金属 Zn 沉积物在阴极上生成纳米线，与商业锌相比，它的活性更高。

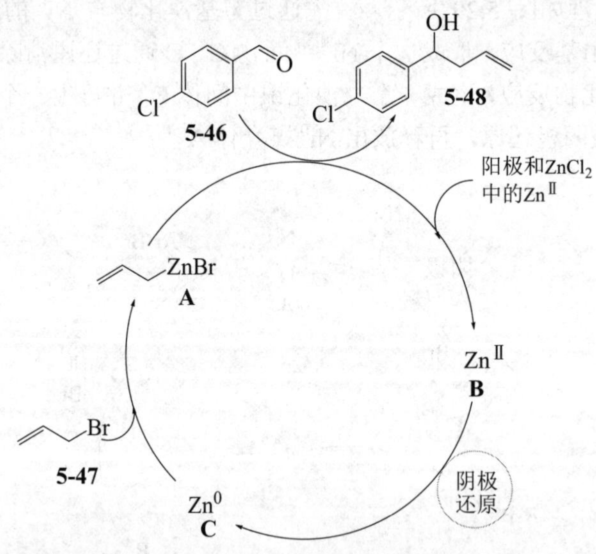

图 5.31　锌络合物作为媒介体电催化羰基/胺的烯丙基化合成的可能机理

5.3.3　钴（Co）络合物作为媒介体

钴作为一种常见催化剂在 XEC、还原羧化等反应中起着重要的作用，还可以应用于还原脱卤反应中。在 Shen 等人[53]的工作中（图 5.32），使用 2,7-二溴辛二酸二乙酯作为底物，离子液体 1-乙基-3-甲基咪唑四氟硼酸盐（[Emim][BF_4]）作为溶剂，饱和甘汞电极（DSA）为阳极，玻璃碳（GC）为阴极，在常温下即可制得最终产物辛二酸二乙酯。

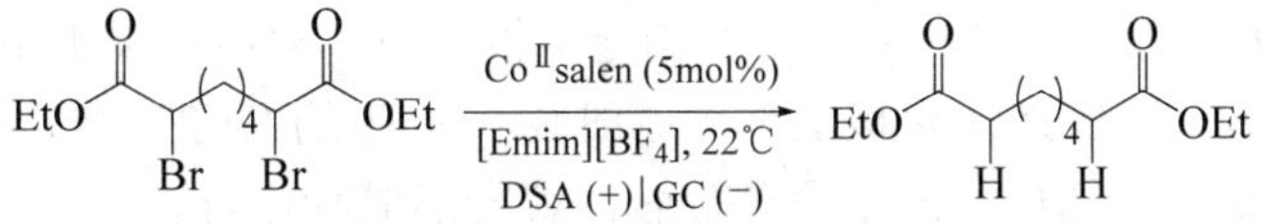

EtO(O)C–CH(Br)–$(CH_2)_4$–CH(Br)–C(O)OEt $\xrightarrow[\text{[Emim][BF}_4\text{], 22℃; DSA (+)|GC (−)}]{\text{Co}^{\text{II}}\text{salen (5mol\%)}}$ EtO(O)C–CH(H)–$(CH_2)_4$–CH(H)–C(O)OEt

图 5.32　钴络合物作为媒介体电催化还原脱卤的反应方程式

Co 络合物催化还原脱卤反应的可能反应机理如图 5.33 所示，Co^{II}salen 通过单电子还原产生 Co^{I}salen，Co^{I}salen 与底物 **5-49** 反应，通过消除溴化物形成自由基 **A**。随后自由基 **A** 进一步发生单电子还原产生阴离子 **B**，阴离子 **B** 被质子化，并发生脱溴反应得到产物 **5-50**。

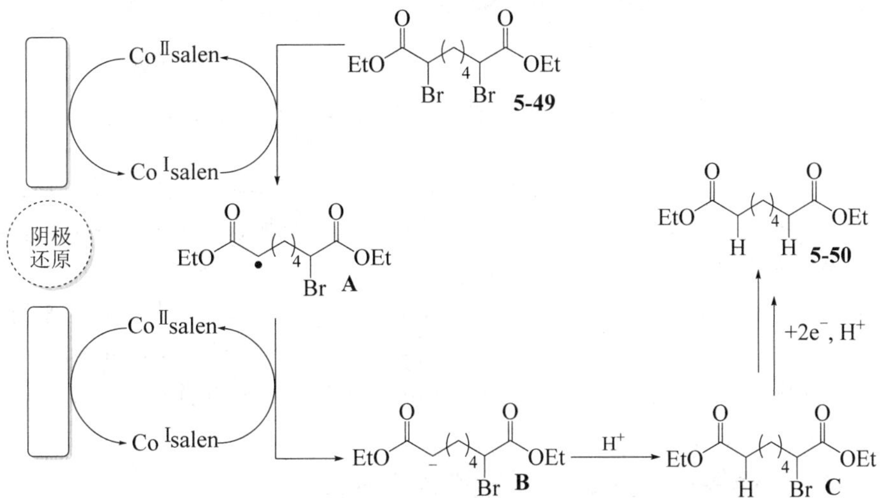

图 5.33　钴络合物作为媒介体电催化还原脱卤的可能反应机理

5.3.4　锡（Sn）络合物作为媒介体

在有机合成反应中，肟键的高效合成是十分重要的，因为它不仅是一种常见的反应中间体，用来制备腈类和酰胺类化合物，同时它也经常被用于抗癌药物，但是现有的肟键合成大多是基于酮/醛与盐酸羟胺的反应，抑或是用过氧化氢催化氧化伯胺或有氧氧化得到肟，从经济和环保的角度看来并不可取，因此探索新的绿色合成方法来高效制备肟键具有重要的意义。

在此背景下，使用电化学的方法来对硝酸盐和亚硝酸盐进行电还原形成氨基就成了研究的重点，与传统的氧化还原试剂相比，电子本身就是环境友好的试剂。在 Zhang 等人[54]的工作中（如图 5.34 所示）。使用 Pt 作为阳极、ITO 作为阴极组成了一个电化学反应池，二氯化锡作为催化剂，通过以不同醇作为底物对反应进行了研究，苯环上有弱电子给体基团或卤素基团的芳香族苯甲醇为底物制备得到的产率要高于苯环上的强给电子基团或强吸电子基团的产率。

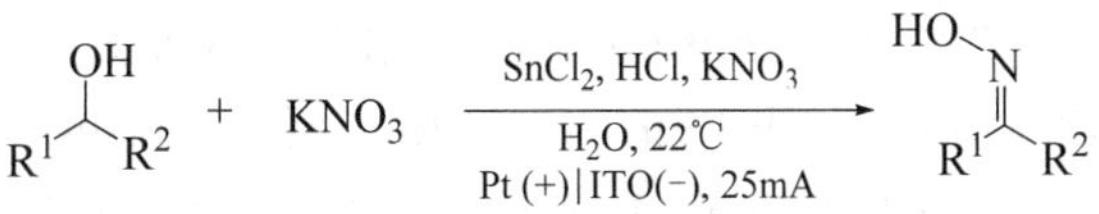

$R^1CH(OH)R^2 + KNO_3 \xrightarrow[\text{H}_2\text{O, 22℃; Pt (+)|ITO(−), 25mA}]{\text{SnCl}_2\text{, HCl, KNO}_3} R^1C(=N\text{–}OH)R^2$

图 5.34　锡络合物作为媒介体电催化制备肟的反应方程式

此反应的可能机理如图 5.35 所示，在铂金阳极表面，醇通过失去电子而被氧化成相应的羰基化合物，而 $SnCl_2$ 在 ITO 阴极上被还原成 Sn。产生的 Sn 然后与 KNO_3 反应，生成羟胺，一旦产生的羰基化合物在溶液中遇到羟胺，就会形成肟化合物。

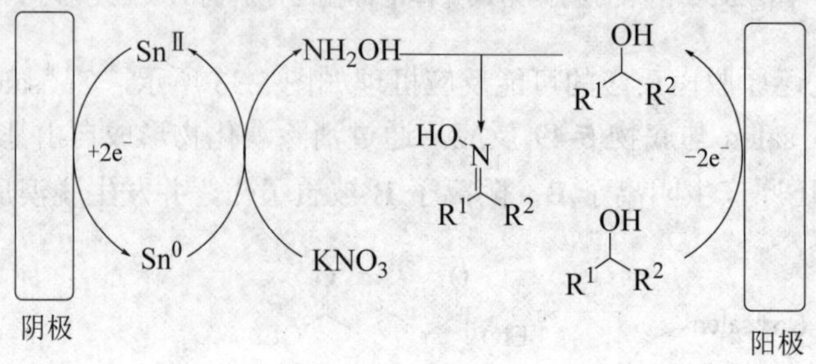

图 5.35　锡络合物作为媒介体电催化制备肟的可能反应机理

除了以上说明的几种作为媒介体的过渡金属络合物，在实际应用中，钛、钐、钯、铑和铜等元素同样被应用于电催化还原有机反应[55–59]，并在还原脱卤、烯丙基烷基化和偶联反应等有机反应中有着诸多应用。

有机化合物是电化学还原反应中另一类常见媒介体，并在脱卤、偶联和还原消除等有机合成领域有所应用，现有的有机化合物媒介体主要分为 1,1′-二烃基-4,4′-联吡啶盐、芳香类化合物、富勒烯和碳硼烷等几种，下面我们对这几类有机化合物媒介体在电化学还原反应中的应用进行一个概括性总结。

5.3.5　1,1'-二烃基-4,4'-联吡啶盐作为媒介体

1,1′-二烃基-4,4′-联吡啶盐是一种市售的价格低廉的电催化剂。在电化学的作用下其可以进行可逆的单电子还原并形成 $MV^{2+/\bullet+}$，这两种氧化还原状态都是比较稳定的，表明其具有作为一种有效的电化学合成催化剂的潜力。

酚羟基是一类广泛存在于天然分子和药物分子中的常见基团，其可以以含硼酸基团化合物为原料合成得到，而在电化学方法中，$MV(PF_6)_2$ 作为一种高效和廉价的有机阴极电催化剂用于芳基硼酸的羟基化转化为芳基醇，如 Luo 等人[60]的工作中，如图 5.36 所示，在 DMF 溶液中加入 0.1mol/L 4-甲酰基苯硼酸（**5-51**）、0.3mol/L Et_3N、0.01mol/L $MV(PF_6)_2$ 进行电化学反应，Et_3N 的作用是作为氢原子供体，产物 **5-52** 的产率高达 87%。

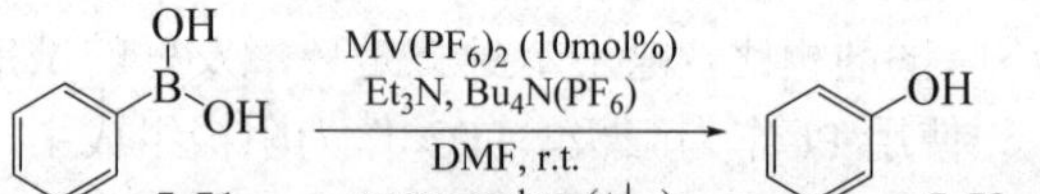

$MV(PF_6)_2$ (10mol%)
Et_3N, $Bu_4N(PF_6)$
DMF, r.t.
porous carbon (+|−)

5-51 → **5-52**

图 5.36　1,1′-二烃基-4,4′-联吡啶盐作为媒介体电催化硼酸合成羟基的反应方程式

此反应的可能机理如图 5.37 所示，$PhB(OH)_2$ 首先与 O_2 形成加合物 $PhB(OH)_2$-O_2，MV^{2+} 在阴极被电化学还原成 $MV^{\bullet+}$，然后 $PhB(OH)_2$-O_2 加合物被 $MV^{\bullet+}$ 还原并生成 **C**。随后的均相电子转移反应将回收 MV^{2+} 并产生 $PhB(OH)_2$-O_2^- 自由基离子 **D**，随后与一个氢原子进行加和并生成 **E**，然后进行 1,2-芳基转移和水解，得到最终的酚类产物。Et_3N 在阳极过程中被氧化，然后是氢原子转移步骤，生成一个亚氨基阳离子。

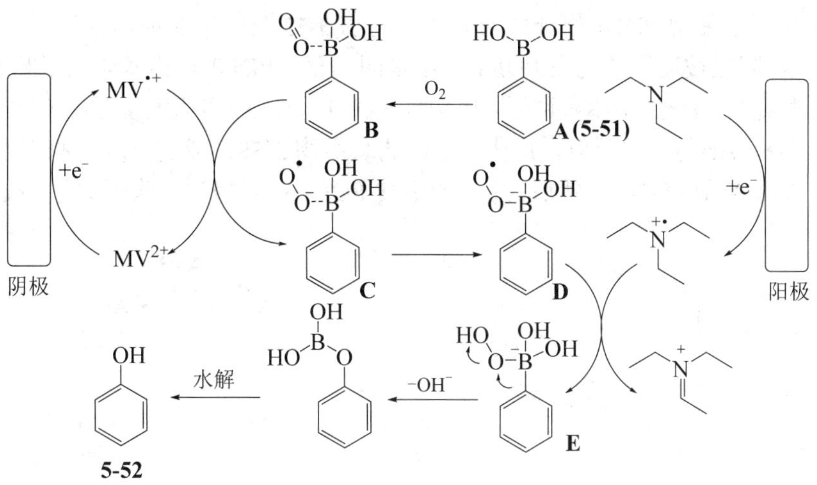

图 5.37　1,1′-二烃基-4,4′-联吡啶盐作为媒介体电催化硼酸合成羟基的可能反应机理

5.3.6　芳香类化合物作为媒介体

吡咯类化合物在医药和化工等领域有着广泛的应用，而通过 C—H 键的活化直接实现吡咯的芳基化是合成各种功能化吡咯的一个非常切实可行的方法，但是此方法大多是基于使用过渡金属作为催化剂来实现的，探究其它非过渡金属作为媒介体来实现吡咯的官能化具有意义。

在已经报道的工作中，有许多运用于光催化的媒介体成功运用于电催化，如前文所述的 DDQ，所以可以从光催化的案例中得到启发，从光催化媒介体中寻找合适的非过渡金属从而运用于电催化有机合成。

二甲苯-3,4,9,10-四羧酸二亚胺衍生物（本文简称为 PDI）是一类优秀的有机染料分子，常被用于有机电子和荧光材料领域，同时，它成功运用于光催化剂还原芳基卤化物以合成芳基类化合物，所以具有电催化还原反应的潜在能力[61]。

在 Sun 等人[62]的工作中，如图 5.38 所示的 PDI 运用于 C—H 键的活化的实例，在此反应中，芳基卤化物 **5-53** 和吡咯衍生物 **5-54** 作为反应底物，在配备有玻璃碳（GC）阴极和石墨棒阳极的电池中进行反应，在不使用 PDI-1 作为媒介体的反应中，无法观察到最终产物的生成，只观察到副产物苯乙酮的生成，而当加入 PDI-1 作为媒介体后，可以观察到产物 **5-55** 以较高的产率生成。

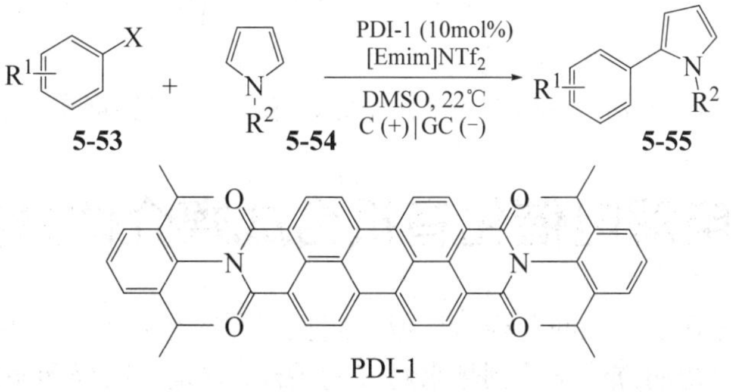

图 5.38　PDI 作为媒介体电催化 C—H 活化的反应方程式

图 5.39 显示了使用 PDI-1 媒介体的芳基卤化物 **5-53** 与吡咯 2 的电催化偶联反应的可能机理。PDI-1 在阴极被还原并生成 PDI-1 自由基阴离子。PDI-1 自由基阴离子和 **5-53** 之间的电子转移迅速发生，产生 Ar-X•⁻并再生出中性 PDI-1。Ar-X•⁻不稳定，会发生裂解反应产生芳基自由基 Ar•，Ar•与吡咯反应，产生 C—C 偶联产物 **5-55**；或进一步还原产生 Ar^-，最终产生碳氢化合物 Ar-H（**5-56**）。然后，生成的中性 PDI-1 在阴极进一步还原，完成催化循环。

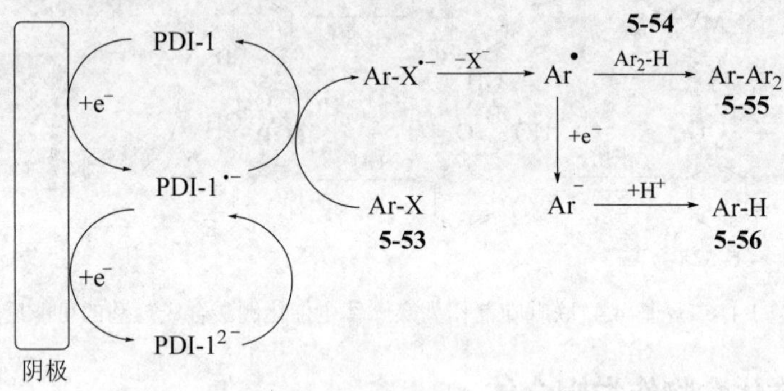

图 5.39 PDI 作为媒介体电催化 C—H 活化的可能反应机理

5.3.7 富勒烯和碳硼烷作为媒介体

富勒烯和碳硼烷因其独特的物理和化学特性在生物医药、超分子化学和太阳能电池等领域有着较多应用，而当其应用于有机合成时，它们也可以参与一些重要的反应过程[63, 64]。如 C_{60} 是一个电负性的分子，它及其衍生物最多可以表现出六种可逆的电还原性并产生从 C_{60}^{-} 到 C_{60}^{6-} 等一系列阴离子。在 Fuchigami 等人[65]的工作中，如图 5.40 所示，使用 C_{60} 作为催化剂进行 1,2-二溴-1,2-二苯基乙烷的电化学催化还原反应，C_{60}^{n-} 在阴极上得到电子并还原成 $C_{60}^{(n+1)-}$，而后与 1,2-二溴-1,2-二苯基乙烷进行一个迅速的电子转移过程，并生成反式烯烃化合物和催化剂。

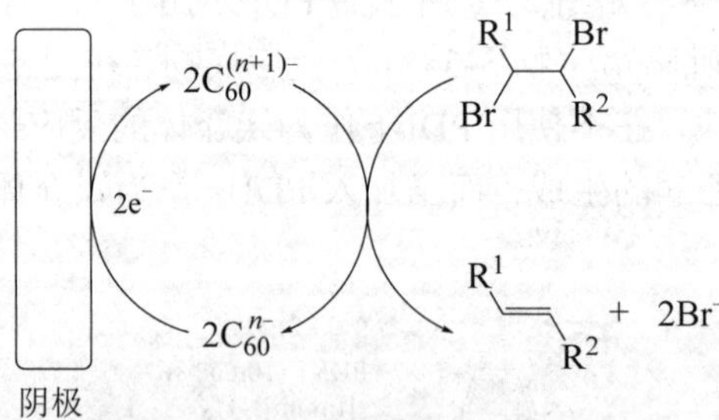

图 5.40 C_{60} 作为媒介体电催化合成反式烯烃化合物的可能反应机理

5.4 成对电解电催化有机合成媒介体分类

以上的例子都是基于单独的阳极氧化或是阴极还原来进行的，近年来，基于成对电解合成法来制备有机化合物的方法正受到越来越多的关注，它是在阳极和阴极上同时进行有机电氧化和有机电还原的合成方法，这一方法使得在同一反应系统中同时进行两个理想的电化学反应成为可能，使得电化学有机合成方法的效率和经济性更高。使用成对电解方法使得阴阳极都被用来促进转化，往往可以带来巧妙的反应设计和合成问题的新解决方案，尽管基于此方法已经有一些进展，但是仍然有问题需要解决，如在阳极和阴极都参与反应的情况下，如何平衡阴极和阳极反应间的反应速率对产物的选择性和产率的提高都尤为重要，此时，使用媒介体来促进电子交换是一个切实有效的方法。

而对于媒介体参与的电催化有机合成反应，媒介体可以单独使用于阳极或是阴极，抑或是可以同时使用于阳极和阴极。通常来说，用于成对电解的媒介体有卤素和过渡金属等，一些过渡金属和卤素媒介体可以用于实现阳极氧化作用，而一些过渡金属和有机化合物可以实现阴极还原作用，在这其中，一些过渡金属（如 Ni 和 Co 等）可以同时实现阳极氧化和阴极还原。

如前所述，Ni 作为一种电催化媒介体在阳极和阴极反应中独立实现了 C—H 官能化等有机合成方法，在这里，重点讨论 Ni 作为媒介体同时运用于阳极氧化和阴极还原反应。在 Liang 等人[66]的工作中，如图 5.41 的反应方程式所示，以水为氧源，n-Bu_4NBF_4 为电解质，$Ni(OTf)_2$ 为媒介体，石墨为电极，成功实现了 Ni 催化硫化物氧化反应。

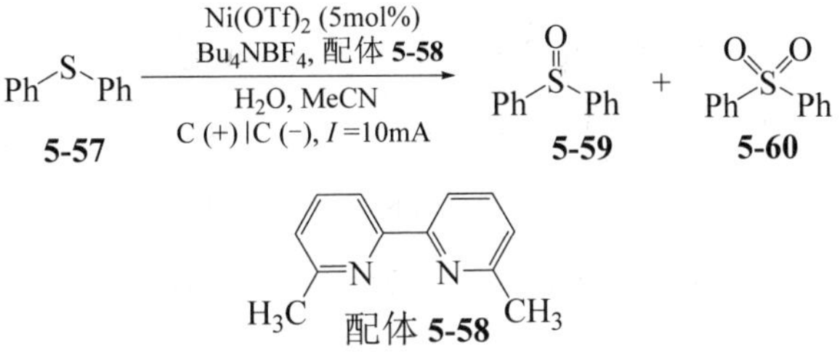

Ph–S–Ph **5-57** $\xrightarrow[\text{H}_2\text{O, MeCN; C (+) | C (−), } I = 10\text{mA}]{\text{Ni(OTf)}_2 \text{ (5mol\%); Bu}_4\text{NBF}_4\text{, 配体 5-58}}$ Ph–S(=O)–Ph **5-59** + Ph–S(=O)₂–Ph **5-60**

配体 **5-58**

图 5.41　镍络合物作为媒介体电催化硫化合物氧化反应方程式

此反应的可能机理如图 5.42 所示，在电化学条件下，通过电解水裂解产生 O_2。同时，通过阴极的 Ni(Ⅱ)-双吡啶络合物 **C** 的单电子还原产生的 Ni^{I} 中间物 **D** 激活了 O_2，并得到 Ni^{II}-超氧化物 **A**。超氧化物 **A** 通过进一步的单电子还原被激活，提供具有催化活性的 Ni^{II} 过氧化物 **B**，它可以表现出类似氧酶的反应性，将一个氧原子转移到底物上。最后，被还原的 Ni^{0} 物种 **E** 经过阳极氧化，得到 Ni^{II} 复合物 **C**，完成整个催化循环。

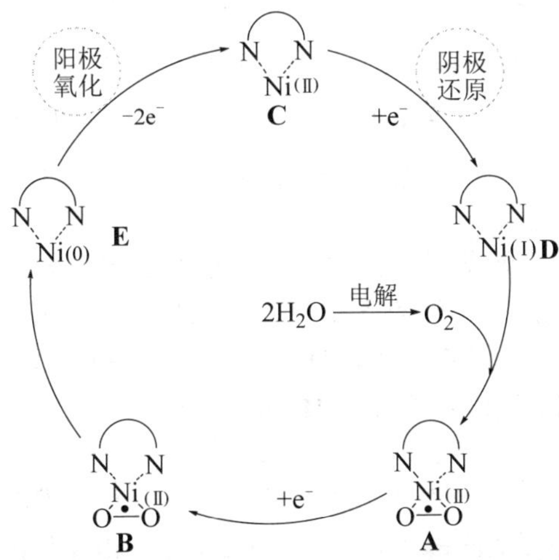

图 5.42　镍络合物作为媒介体电催化硫化合物氧化的可能反应机理

5.5 非氧化-还原电催化有机反应（吸附机理）

现有文献中起非氧化-还原电催化作用的主要是贵金属及其氧化物，抑或是碳材料，下面我们结合一些典型案例对非氧化-还原电催化有机反应进行介绍。根据不同的吸附机理，非氧化-还原电催化分为两类：

① 离子或分子经电子转移流程在电极表层产生化学吸附中间体，再由化学吸附中间体开展异相化学流程或电化学解吸流程转化成稳定的分子。

如图 5.43 所示，在某氧化反应中，底物 R 在阳极被氧化为氧气。其可能机理是，在阳极上底物 R 首先与 M 在失去电子的情况下生成化学吸附中间物 R-O，随后通过脱附步骤得到氧化产物 O_2 和催化剂 M。

$$2R\,(\text{底物}) - 2e^- \xrightarrow{\text{催化剂M}} O_2\,(\text{产物})$$

可能反应机理:

吸附步骤 $R + M - e^- \longrightarrow R\text{-}O$

脱附步骤 $\begin{cases} R\text{-}O + R - e^- \longrightarrow M + O_2 \\ \text{或 } 2R\text{-}O \longrightarrow M + O_2 \end{cases}$

图 5.43 某氧化反应的反应方程式和可能机理图

如图 5.44 所示，某中性条件下生成 H_2 的反应，其可能机理是，在阴极上，底物 H_2O 首先与 M 在得到电子的情况下生成化学吸附中间物 MH 和 OH^-，随后通过脱附步骤得到还原产物 H_2 和催化剂 M。

$$2H_2O\,(\text{底物}) + 2e^- \xrightarrow{\text{催化剂M}} H_2 + 2OH^-\,(\text{产物})$$

可能反应机理:

$$H_2O\,(\text{溶液本体}) \longrightarrow H_2O\,(\text{电极附近})$$

$$H_2O\,(\text{底物}) + M + 2e^- \longrightarrow MH + OH^-\,(\text{产物})$$

$$MH + H_2O + e^- \longrightarrow H_2 + M + OH^- \text{ 化学脱附}$$

$$\text{或 } MH + MH \longrightarrow H_2 + 2M \text{ 电化学脱附}$$

图 5.44 某中性条件下通过吸附机理生成 H_2 的反应方程式和可能机理图

② 反应物先在电极处溶解或发生化学吸附，紧接着将中间体或反应物吸附用以电子传递或表层化学。在 Nakanishi 等人[67]的工作中（图 5.45），利用 Pt 催化剂实现了 H_2O_2 电化学还原生成 H_2O，在 Pt 催化剂的存在下，催化剂首先与 H_2O_2 通过解离吸附生成 Pt-OH，而后得电子通过电化学还原得到催化剂 Pt 和 H_2O。

$$Pt + H_2O_2 \longrightarrow 2Pt\text{-}OH \quad \text{解离吸附}$$

$$Pt\text{-}OH + H^+ + e^- \longrightarrow Pt + H_2O \quad \text{电化学还原}$$

图 5.45 Pt 催化 H_2O_2 电化学还原生成 H_2O 的可能反应机理图

5.6 影响电催化有机合成化学反应性能的因素

在以上报道的案例中，可以发现影响电催化有机合成反应的因素是多方面的，如文献中所说，电极过程是高度复杂的，因此材料的选择往往是经验性的，成功的反应机制和原理是未知的，所以现有的文献中对于电极材料的选择往往都是“具体反应具体分析”，下面我们就其中的影响因素进行一个阐述。

第一是电极材料的选择，理想的电极材料应该具有安全高效、优良的导电性、高催化活性、高度的稳定性和一定的机械强度，稳定性表现在它能表现出一定的耐溶剂性和外界条件（如温度和压力）稳定，电极材料最好需要具备一定的机械强度，因为电极的分离距离、形状和尺寸决定了浸没的表面积、场均匀性和产生的电流密度，所以针对不同的应用场合设计出具有合理空间尺寸的电极也就显得尤为重要。

在电化学有机合成中，电极材料的选择主要由它们在反应过程中的产率和选择性决定的。但根据应用场景的不同，电流效率、电极腐蚀、成本和可加工性是其他关键因素。如在实验室抑或是其它小规模电催化有机反应中，产物的产量以及控制副产物的生成并提高产物选择性至关重要，此时与底物的价格相比，成本等因素就变成次要选项。而若在工业上大规模制备化学品时，成本因素就成为首要关注事项，此时提高电流效率并降低电费就显得尤为重要[2]。

同时按照电极材料结构抑或是组成物质，电极又被细分为不同的种类。如从结构上区分，电极可分为以下四种：

（1）二维电极

二维电极是将金属氧化物层沉积于金属表面而产生的电极。

（2）三维电极

在二维电极之间填充粒状工作电极物质并使得电极表面带电，在电极表面发生电化学反应。

（3）流化床电极

在电解池中填充颗粒，处于流动态并能更好地传质。

（4）多孔材料电极

使用多孔材料（如精细石墨、碳纤维及网状玻璃）等制成的电极，提高电极的比表面积以提高传质速率。

如从组成物质上分，电极分为以下三类：

（1）金属或金属氧化物电极

以金属作为电极反应界面的电极，金属绝大多数使用的是过渡金属。

（2）碳素电极

碳素电极是元素碳组成的电极的总称。它能够划定为四种类别，即天然石墨电极、人造石墨电极、碳电极及特种碳素电极，广泛应用于氯碱工业。

（3）非金属化合物电极

非金属化合物电极指电极材料是包括碳、氮、硅和硼等在内的一类化合物，它们表现出类金属性质的同时具有一定的机械强度。

第二是媒介体的选择，在许多情况下，媒介体的电子转移可以针对电位梯度发生，这意味媒介体能改变电极反应的速率，同时也改变了反应开展的方式，大幅度降低反应的超电势和活化能，进而使反应更快捷。此外，使用电子转移媒介可以帮助避免因在电极表面形成聚合物薄膜而导致的电极钝化和底物的过氧化/还原。对于阳极或是阴极反应，所选用的媒介体种类具有一定的交叉性，对于阳极反应来说，媒介体的种类主要是过渡金属、主族类化合物；而对于阴极反应来说，媒介体的种类主要是过渡金属和有机化合物等，一些过渡金属（如锡和钴等）既可以用于阳极反应又可以用于阴极反应，而对于媒介体催化剂，则是在媒介体氧化-还原电位周边开展催化反应，所以对于不同的有机反应类型需要对电极和催化剂的种类进行合理的筛选。

一个合适的媒介体需要具备以下几个性能：

① 媒介体需要有一定的导电性，当其修饰在电极上或是分散在电解液中时能提供优良的电子交换作用。

② 高的催化活性，对于特定的有机反应能实现催化反应，能够提高产率并抑制副产物的生成，在生成活性中间体时不会较快中毒失活。

③ 该催化剂有一定的电化学可靠性，在相应的催化电位范畴内，在实现催化反应的电势范围内催化表面不至于因电化学反应而“过早地”失去催化活性。

温度同样是影响电催化有机合成反应产率和选择性的重要因素，这主要表现在以下两点：

① 提高温度对降低过电位、提高电流密度有益；

② 但温度过高会使某些副反应加速，同时会使产物有可能分解。

第三是支持电解质的选择，在电催化有机反应中，绝大多数的反应中都要添加一定量的支持电解质，支持电解质就是提高化学电池中溶液电导率而本身不参与电化学反应的物质。常用的支持电解质有 n-Bu_4BF_4、KOAc、KNO_3 和 Na_2SO_4 等，合适的支持电解质需要具备以下特点：

① 支持电解质在溶剂中具有较好的溶解性，且不与反应底物、中间体或是产物发生化学反应。

② 导电性良好，有较宽的可用电位范围。

从上面的结果可知，电催化反应的影响因素较多，反应是复杂的，所以在实际应用时，需要做到经验和实践相结合，找出不同电催化有机反应的最优条件。

5.7 电催化有机合成化学反应的应用前景

自电催化方法应用到有机合成领域以来，无论是在催化剂的设计制备抑或是应用领域的拓展都是日新月异的。主要原因是可以用作电催化剂的原料丰富，无论是储量丰富的过渡金属元素，还是有机小分子化合物，抑或是无机材料都表现出运用于有机电化学反应的潜力。同时电催化有机合成反应与其它合成方法相比更加绿色和安全，这表现在电催化有机合成反应条件一般是在常温、常压下进行，同时通过使用电能来替代有害和危险的氧化和还原试剂，并在各种有机反应中（如偶联和氧化-还原等）表现出较高的产物选择性和产率，这些优点使得电催化有机合成在有机合成领域的探究越来越广。

除了这些进展，电催化有机合成反应的可能应用发展前景列举如下：

① 得益于电催化剂有机反应的安全和绿色高效，发展可以生成大批量精细化学品的技术具有意义；

② 探寻和设计具有更佳催化能力和应用范围的电催化剂，使得一种电催化剂应用于不同合成领域成为可能；

③ 探讨电还原策略，以获得具有挑战性还原转化所需的深度还原电位；

④ 进一步开发成对电解，使得电化学有机合成方法的效率和经济性更高；

⑤ 将电催化技术和其它催化技术（如光催化等）结合，设计出更加高效的催化合成技术；

⑥ 应用异质电催化和采用现代表征技术来理解和合理设计催化电极。

总的来说，一个优异的电催化有机合成的影响因素是多方面，诸如应用电位、电流、电极材料、电解质、电池类型等，这些都可以用来密切和选择性地影响化学反应性。因此发展新的反应策略将有助于实现绿色有机合成。

参考文献

[1] Moeller K D. Using physical organic chemistry to shape the course of electrochemical reactions[J]. Chem Rev, 2018, 118(9): 4817-4833.

[2] Heard D M, Lennox A J J. Electrode materials in modern organic electrochemistry[J]. Angew Chem Int Ed, 2020, 59(43): 18866-18884.

[3] Ma C, Fang P, Mei T-S. Recent advances in C—H functionalization using electrochemical transition metal catalysis[J]. ACS Catal, 2018, 8(8): 7179-7189.

[4] Li L, Luo S. Electrochemical generation of diaza-oxyallyl cation for cycloaddition in an all-green electrolytic system[J]. Org Lett, 2018, 20(5): 1324-1327.

[5] Kathiravan S, Suriyanarayanan S, Nicholls I A. Electrooxidative amination of sp^2 C—H bonds: Coupling of amines with aryl amides via copper catalysis[J]. Org Lett, 2019, 21(7): 1968-1972.

[6] Nair V, Deepthi A. Cerium(Ⅳ) ammonium nitrate—a versatile single-electron oxidant[J]. Chem Rev, 2007, 107(5): 1862-1891.

[7] Strehl J, Hilt G. Electrochemical, manganese-assisted carbon-carbon bond formation between beta-keto esters and silyl enol ethers[J]. Org Lett, 2019, 21(13): 5259-5263.

[8] Shrestha A, Lee M, Dunn A L, et al. Palladium-catalyzed C—H bond acetoxylation via electrochemical oxidation[J]. Org Lett, 2018, 20(1): 204-207.

[9] Jiao K-J, Zhao C-Q, Fang P, et al. Palladium catalyzed C—H functionalization with electrochemical oxidation[J]. Tetrahedron Lett, 2017, 58(9): 797-802.

[10] Konishi M, Tsuchida K, Sano K, et al. Palladium-catalyzed ortho-selective C—H chlorination of benzamide derivatives under anodic oxidation conditions[J]. J Org Chem, 2017, 82(16): 8716-8724.

[11] O'Reilly M E, Kim R S, Oh S, et al. Catalytic methane monofunctionalization by an electrogenerated high-valent Pd intermediate[J]. ACS Cent Sci, 2017, 3(11): 1174-1179.

[12] Yang Q L, Li Y Q, Ma C, et al. Palladium-catalyzed $C(sp^3)$—H oxygenation via electrochemical oxidation[J]. J Am Chem Soc, 2017, 139(8): 3293-3298.

[13] Zhong J, Yu Y, Zhang D, et al. Merging cobalt catalysis and electrochemistry in organic synthesis[J]. Chin Chem Lett, 2021, 32(3): 963-972.

[14] Yu Y, Zheng P, Wu Y, et al. Electrochemical cobalt-catalyzed C—H or N—H oxidation: A facile route to synthesis of substituted oxindoles[J]. Org Biomol Chem, 2018, 16(46): 8917-8921.

[15] Qiu Y, Scheremetjew A, Ackermann L. Electro-oxidative C—C alkenylation by rhodium(Ⅲ) catalysis[J]. J Am Chem Soc, 2019, 141(6): 2731-2738.

[16] Xu F, Li Y-J, Huang C, et al. Ruthenium-catalyzed electrochemical dehydrogenative alkyne annulation[J]. ACS Catal, 2018, 8(5): 3820-3824.

[17] Yang Q L, Jia H W, Liu Y, et al. Electrooxidative iridium-catalyzed regioselective annulation of benzoic acids with internal alkynes[J]. Org Lett, 2021, 23(4): 1209-1215.

[18] Qiu Y, Tian C, Massignan L, et al. Electrooxidative ruthenium-catalyzed C—H/O—H annulation by weak O-coordination[J]. Angew Chem Int Ed, 2018, 57(20): 5818-5822.

[19] Jacobsen E, Chavda M K, Zikpi K M, et al. A mixed anhydride approach to the preparation of sulfinate esters and allylic sulfones: Trimethylacetic *p*-toluenesulfinic anhydride[J]. Tetrahedron Lett, 2017, 58(31): 3073-3077.

[20] Shyam P K, Kim Y K, Lee C, et al. Copper-catalyzed aerobic formation of unstable sulfinyl radicals for the synthesis of sulfinates and thiosulfonates[J]. Adv Syhth Catal, 2016, 358(1): 56-61.

[21] Kaboudin B, Behrouzi L, Kazemi F, et al. Electrochemical synthesis of sulfinate esters: Nickel(Ⅱ)-catalyzed oxidative esterification of thiols with alcohols in an undivided cell[J]. ACS Omega, 2020, 5(29): 17947-17954.

[22] Maki T, Iikawa S, Mogami G, et al. Efficient oxidation of 1,2-diols into alpha-hydroxyketones catalyzed by organotin compounds[J]. Chemistry, 2009, 15(21): 5364-5370.

[23] Novaes L F T, Liu J, Shen Y, et al. Electrocatalysis as an enabling technology for organic synthesis[J]. Chem Soc Rev, 2021, 7941-8002.

[24] Medici A, Pedrini P, De Battisti A, et al. Anodic electrochemical oxidation of cholic acid[J]. Steroids, 2001, 66(2): 63-69.

[25] Doobary S, Sedikides A T, Caldora H P, et al. Electrochemical vicinal difluorination of alkenes: Scalable and amenable to electron-rich substrates[J]. Angew Chem Int Ed, 2020, 59(3): 1155-1160.

[26] Elinson M N, Feducovich S K, Dorofeev A S, et al. Indirect electrochemical oxidation of aryl alkyl ketones mediated by NaI-NaOH system: Facile and effective way to α-hydroxyketals[J]. Tetrahedron, 2000, 56(51): 9999-10003.

[27] Nawaz Khan F, Jayakumar R, Pillai C N. Electrocatalytic oxidative cleavage by electrogenerated periodate[J]. J Mol Catal A-Chem, 2003, 195(1-2): 139-145.

[28] Kitada S, Takahashi M, Yamaguchi Y, et al. Soluble-support-assisted electrochemical reactions: Application to anodic disulfide bond formation[J]. Org Lett, 2012, 14(23): 5960-5963.

[29] Qu Q, Gao X, Gao J, et al. A highly efficient electrochemical route for the conversion of aldehydes to nitriles[J]. Sci China Chem, 2015, 58(4): 747-750.

[30] Gensch T, Klauck F J, Glorius F. Cobalt-catalyzed C—H thiolation through dehydrogenative cross-coupling[J]. Angew Chem Int Ed, 2016, 55(37): 11287-11291.

[31] Mitsudo K, Matsuo R, Yonezawa T, et al. Electrochemical synthesis of thienoacene derivatives: Transition-metal-free dehydrogenative C—S coupling promoted by a halogen mediator[J]. Angew Chem Int Ed, 2020, 59(20): 7803-7807.

[32] Steckhan E. Organic syntheses with electrochemically regenerable redox systems[J]. Top Curr Chem, 1987, 142: 1-69.

[33] Steckhan E. Indirect electroorganic syntheses—A modern chapter of organic electrochemistry[J]. Angew Chem Int Ed, 1986, 25: 683-701.

[34] Park Y S, Little R D. Redox electron-transfer reactions: Electrochemically mediated rearrangement, mechanism, and a total synthesis of daucene[J]. J Org Chem, 2008, 73(17): 6807-6815.

[35] Wayne R P, Biggs I B P, Burrows J P, et al. The nitrate radical:Physics, chemistry and the atmosphere[J]. Atmos Environ, Part A, 1991, 25: 1-203.

[36] Christopher C, Lawrence S, Bosco A J, et al. Selective oxidation of benzyl alcohol by two phase electrolysis using nitrate as mediator[J]. Catal Sci Technol, 2012, 2(4): 824-827.

[37] Christopher C, Lawrence S, Anbu Kulandainathan M, et al. Electrochemical selective oxidation of aromatic alcohols with sodium nitrate mediator in biphasic medium at ambient temperature[J]. Tetrahedron Lett, 2012, 53(23): 2802-2804.

[38] Rafiee M, Konz Z M, Graaf M D, et al. Electrochemical oxidation of alcohols and aldehydes to carboxylic acids catalyzed by 4-acetamido-TEMPO: An alternative to "anelli" and "pinnick" oxidations[J]. ACS Catal, 2018, 8(7): 6738-6744.

[39] Wang F, Rafiee M, Stahl S S. Electrochemical functional-group-tolerant shono-type oxidation of cyclic carbamates enabled by aminoxyl mediators[J]. Angew Chem Int Ed, 2018, 57(22): 6686-6690.

[40] Cardiel A C, Taitt B J, Choi K-S. Stabilities, regeneration pathways, and electrocatalytic properties of nitroxyl radicals for the electrochemical oxidation of 5-hydroxymethylfurfural[J]. ACS Sustain Chem Eng, 2019, 7(13): 11138-11149.

[41] Utley J H P, Rozenberg G G. Electroorganic reactions. Part 57. DDQ mediated anodic oxidation of 2-methyl-and 2-benzylnaphthalenes[J]. J App Electrochem, 2003, 33(6): 525-532.

[42] Luca O R, Wang T, Konezny S J, et al. DDQ as an electrocatalyst for amine dehydrogenation, a model system for virtual hydrogen storage[J]. New J Chem, 2011, 35(5): 2541-2546.

[43] Hou Z-W, Li L, Wang L. Organocatalytic electrochemical amination of benzylic C—H bonds[J]. Org Chem Front, 2021, 8(17): 4700-4705.

[44] Ma Z, Hu X, Li Y, et al. Electrochemical oxidative synthesis of 1,3,4-thiadiazoles from isothiocyanates and hydrazones[J]. Org Chem Front, 2021, 8(10): 2208-2214.

[45] Perkins R J, Hughes A J, Weix D J, et al. Metal-reductant-free electrochemical nickel-catalyzed couplings of aryl and alkyl bromides in acetonitrile[J]. Org Process Res Dev, 2019, 23(8): 1746-1751.

[46] Li C, Kawamata Y, Nakamura H, et al. Electrochemically enabled, nickel-catalyzed amination[J]. Angew Chem Int Ed, 2017, 56(42): 13088-13093.

[47] Liu D, Ma H X, Fang P, et al. Nickel-catalyzed thiolation of aryl halides and heteroaryl halides through electrochemistry[J]. Angew Chem Int Ed, 2019, 58(15): 5033-5037.

[48] Lian F, Xu K, Meng W, et al. Nickel-catalyzed electrochemical reductive decarboxylative coupling of *N*-hydroxyphthalimide esters with quinoxalinones[J]. Chem Commun, 2019, 55(97): 14685-14688.

[49] Liu H, Liang Z, Qian Q, et al. Nickel-catalyzed reductive alkylation of halogenated pyridines with secondary alkyl bromides[J]. Synth Commun, 2014, 44(20): 2999-3007.

[50] Perkins R J, Pedro D J, Hansen E C. Electrochemical nickel catalysis for sp^2-sp^3 cross-electrophile coupling reactions of unactivated alkyl halides[J]. Org Lett, 2017, 19(14): 3755-3758.

[51] Biswas S, Weix D J. Mechanism and selectivity in nickel-catalyzed cross-electrophile coupling of aryl halides with alkyl halides[J]. J Am Chem Soc, 2013, 135(43): 16192-16197.

[52] Sinha A K, Mondal B, Kundu M, et al. Recyclable electrochemical allylation in aqueous $ZnCl_2$ medium: Synthesis and reactivity of a wire-shaped nano zinc architecture[J]. Org Chem Front, 2014, 1(11): 1270-1275.

[53] Shen Y, Inagi S, Atobe M, et al. Electrocatalytic debromination of open-chain and cyclic dibromides in ionic liquids with cobalt(Ⅱ)salen complex as mediator[J]. Res Chem Intermediat, 2012, 39(1): 89-99.

[54] Zhang L, Chen H, Zha Z, et al. Electrochemical tandem synthesis of oximes from alcohols using KNO_3 as the nitrogen source, mediated by tin microspheres in aqueous medium[J]. Chem Commun (Camb), 2012, 48(52): 6574-6576.

[55] Lisitsyn Y A, Grigor'eva L V. Electrochemical amination. Dilute aqueous organic solutions of sulfuric acid[J]. Russ J Electrochem, 2009, 45(2): 132-138.

[56] Sun L, Sahloul K, Mellah M. Use of electrochemistry to provide efficient SmI_2 catalytic system for

coupling reactions[J]. ACS Catal, 2013, 3(11): 2568-2573.

[57] Tian J, Moeller K D. Electrochemically assisted Heck reactions[J]. Org Lett, 2005, 7(24): 5381-5383.

[58] Torii S, Tanaka H, Katoh T, et al. Pd(O)-catalyzed electroreductive cleavage of allylic acetates[J]. Tetrahedron Lett, 1984, 25(30): 3207-3208.

[59] Pletcher D, Razaq M, Smilgin G D. High current density organic electrosynthesis via metal powders in multiphase systems[J]. J Appl Electrochem, 1981, 11(5): 601-603.

[60] Luo J, Hu B, Sam A, et al. Metal-free electrocatalytic aerobic hydroxylation of arylboronic acids[J]. Org Lett, 2018, 20(2): 361-364.

[61] Ghosh I, Ghosh T, Bardagi J I, et al. Reduction of aryl halides by consecutive visible light-induced electron transfer processes[J]. Science, 2014, 346(6210): 725.

[62] Sun G, Ren S, Zhu X, et al. Direct arylation of pyrroles via indirect electroreductive C—H functionalization using perylene bisimide as an electron-transfer mediator[J]. Org Lett, 2016, 18(3): 544-547.

[63] Maggini M, Scorrano G, Prato M. Addition of azomethine ylides to C_{60}: Synthesis,characterization, and functionalization of fullerene pyrrolidines[J]. J Am Chem Soc, 2002, 115(21): 9798-9799.

[64] Spokoyny A M. New ligand platforms featuring boron-rich clusters as organomimetic substituents[J]. Pure Appl Chem, 2013, 85(5): 903-919.

[65] Fuchigami T, Kasuga M, Konno A. Electro-organic chemistry of fullerenes. Part 1. Indirect cathodic reduction of vic-dihalides and perfluoroalkyl halides using C_{60} as mediator. Cyclic voltammetric study and preparative-scale electrolysis[J]. J Electroanal Chem, 1996, 411(1-2): 115-119.

[66] Liang Y, Shi S-H, Jin R, et al. Electrochemically induced nickel catalysis for oxygenation reactions with water[J]. Nat Catal, 2021, 4(2): 116-123.

[67] Nakanishi S, Sakai S-I, Hatou M, et al. Promoted dissociative adsorption of hydrogen peroxide and persulfate ions and electrochemical oscillations[J]. J Electrochem Soc, 2003, 150(1): E47-E51.

第6章 不对称催化有机化学反应

6.1 不对称催化有机合成化学反应概述

6.1.1 不对称催化反应的发展

Kagan 等人于 1971 年利用天然的酒石酸，成功合成了手性二磷配体 DIOP，为不对称催化的研究打开了一个新的空间。不对称催化合成是一种将手性元素引入反应底物的合成方法，基于此原理，不对称催化合成又被称为手性合成，并广泛应用于包括有机合成尤其是手性药物的合成中。手性是指物质的一种不对称性，好比人的左手和右手的关系。手性是自然界的特征之一，也是一切生命的基础，从最原始到最发达的植物、动物和微生物的有机成分中都能发现手性分子的参与，手性分子在手性环境中发生分子尺度上的生命过程。例如目前已发现动物体内的 DNA 分子为右螺旋结构，而氨基酸几乎都为左旋结构。这证明了生命现象高度依赖于手性的存在，同时也决定了生物体对外来手性物质具有高度的手性识别能力。

这一高度的手性识别能力决定了不同的手性结构会表现出不同的物理和化学特性，并在与生命体作用时表现出不同的生物活性。这一点对药物化学尤其重要，一般而言，只有一种对映异构体具有生理活性。含有手性结构的药物的两个对映异构体在生物活性方面往往有明显的差别，而且可能会产生几十倍、几百倍甚至完全相反的药理效应和毒性。如天冬酰胺（asparaginate）的 *S*-构型是苦的，而其 *R*-构型则是甜的；噻吗洛尔（timolol）的 *S*-构型无生理活性，而其 *R*-构型则是一种肾上腺素阻断剂。沙利度胺（thalidomide）（图 6.1）因其镇静和止吐效果在 20 世纪 60 年代曾广泛用于孕妇的早期妊娠反应，但是最终却导致许多服用药物的孕妇生下了先天畸形的婴儿，这一现象引起了人们和科学家的广泛关注，并最终发现沙利度胺其实是一种外消旋体药物，其 *R*-构型确实具有镇静和止吐效果，但是其 *S*-构型的效果却完全相反，由于其会妨碍孕

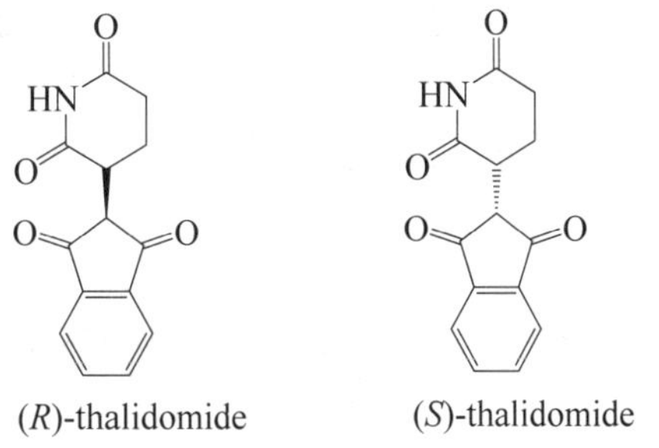

(*R*)-thalidomide　　(*S*)-thalidomide

图 6.1　沙利度胺（thalidomide）的两种构型

妇对胎儿的血液供应从而对胚胎具有很强的致畸作用。这一惨痛的教训使人们深刻认识到合成手性药物的重要性，并推动了手性合成的蓬勃发展。

6.1.2 手性化合物的制备方法概述

鉴于手性体的广泛应用，促进了手性化合物的不断开发创新，目前手性化合物的制备方法主要分为以下四类：

第一种是从植物、动物或微生物等天然产物中进行提取，虽然此法较为简单，但是大多数天然产物中所需的化合物的含量较少，且所得到的化合物的种类较少。

第二种方法是外消旋体混合物拆分法，这是一种具有100多年历史的传统方法，通过物理或是化学等手段将外消旋体混合物拆分为单一异构体。按照外消旋物的类型可以分为直接结晶法、非对映体结晶法和动力学拆分三种方法。

第三种是生物酶法合成，通过此方法可以实现手性化合物的高效合成，并在包括水解、酯化、还原和氧化等反应中有着应用，但是酶反应的专一性和灵敏性限制了酶反应的通用性，同时大多数酶是比较昂贵的，限制了其大规模的生产，但是近年来酶的固载化等技术的发展已经很大程度上克服了酶的许多局限性。

第四种方法是不对称合成方法，这是一类通过手性物质影响来实现手性分子合成的方法，这里的手性物质可以是手性试剂或催化剂。与前面几种方法相比，这种方法可以通过对手性试剂和手性催化剂的合理选择或设计制备，成功扩展了手性化合物的合成范围，且此种方法简单高效且成本上更为低廉，对于手性分子的合成具有重要的意义。

为了表彰科学家在不对称催化有机合成领域的贡献，2001年的诺贝尔化学奖授予给了William S. Knowles、Ryoji Noyori和K. Barry Sharpless三人，以表彰他们在不对称催化有机反应上的贡献。他们的具体贡献是William S. Knowles首先发明了催化加氢反应，而Ryoji Noyori对这一反应进行了发展，K. Barry Sharpless发现了不对称环氧化反应并对此反应进行了拓展，并发现了不对称双羟基化反应，诺贝尔化学奖的授予更加证明了发展不对称催化有机合成方法的重要意义和前景。

不对称合成方法根据条件不同又细分为底物控制法、手性试剂法、手性辅基法和手性催化法四种[1]。在这几种方法之中，手性催化法应用最为广泛，其原理是通过使用手性的催化剂对底物进行手性的诱导从而制备得到手性分子，理论上只需使用少量的手性催化剂即可实现大量的手性产物的合成。现有的手性催化反应方法主要有手性金属配合物催化反应和纯有机分子催化反应。金属配合物催化反应的实质是通过寻找合适的金属原子作为配体中心与手性的分子进行络合制备得到具有催化活性的络合物，并对底物进行手性诱导从而制备得到具有光学活性的分子，这一类催化剂是不对称合成方法中最常用的一类。而纯粹有机分子催化剂则是另一类重要的催化剂，德国化学家Langenbeck在1928年首次提出“有机催化剂”的概念[2]，其通过在反应中加入手性分子从而产生手性环境并制备得到手性产物，这类催化剂避免了金属的引入，对于环境更为友好。

下面我们就从不对称催化有机合成反应的类型出发，对目前常见的一些有机反应进行归纳总结。

6.2 不对称催化有机合成化学反应分类

6.2.1 不对称催化氢化及其它还原反应

不对称催化加氢化在不对称催化有机合成反应中是研究时间最长、效果最显著的领域之一。在 19 世纪 60 年代末期到 70 年代中期，美国孟山都公司成功制备了手性铑膦络合物并用于烯烃不对称催化氢化反应，并实现了治疗帕金森的特效药 L-多巴（L-DOPA）的工业化生产[3,4]。Noyori 等人是不对称氢化领域的先驱，他们开发了著名的 BINAP（L1）配体，用于还原简单的烯类（图 6.2）。自从这一突破性的发现以来，BINAP 及其衍生物已被广泛用于各种底物的不对称氢化反应[5]。在随后的几十年里，不对称催氢化反应得到了快速的发展，并制备得到了一系列的手性催化剂。

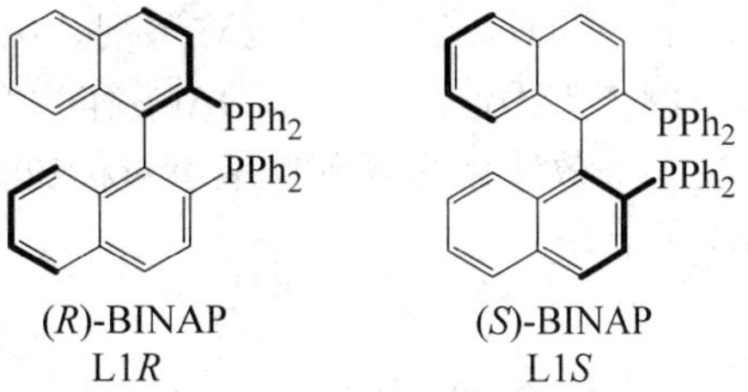

(*R*)-BINAP L1*R*　　(*S*)-BINAP L1*S*

图 6.2　BINAP 的结构式

富硫手性醇是一类在许多生理或生物活性分子中普遍存在的骨架，如选择性胆固醇吸收抑制剂依折麦布和抗抑郁药度洛西汀等，因此开发高效的手性催化剂来制备手性醇具有重要的意义。在 Ling 等人[6]报道的工作中，针对铱催化的酮不对称加氢反应，他们成功开发了一系列空气中稳定、易得的三齿二茂铁基二氨基膦磺酰胺（F-diaphos）配体。F-diaphos 配体在催化酮的不对称氢化反应中表现出优异的对映选择性和高活性[对于芳烷基酮，(*S*)-选择性可达 99.4% *ee*；对于二芳基酮，(*R*)-选择性高达 98.2% *ee*]。同时此方案可在克级反应中进行，从而为各种药物合成提供了有效方法。具体反应方程式如图 6.3 所示。

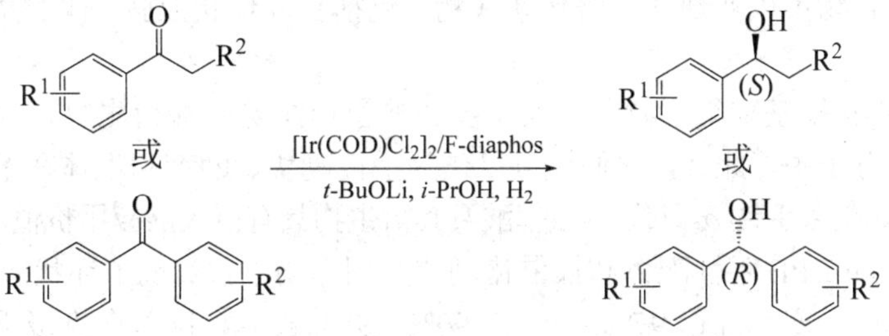

$[Ir(COD)Cl_2]_2$/F-diaphos, *t*-BuOLi, *i*-PrOH, H_2

图 6.3　F-diaphos 用于不对称氢化合成手性醇的反应方程式

手性醇是合成各种重要药物和生物活性化合物的重要中间体，以其为原料可以直接或间接合成酯和醚，因此在合成领域发展了许多不对称催化合成手性醇的方法。然而，这些报道大多涉及手性仲醇和叔醇的构建，而手性伯醇的制备研究较少。同时现有的研究大多是间接方法，然而，这些方法具有效率低、催化剂负载量高、反应体系复杂或副产物大量存在等问题。而不对称氢化因其高效、环境友好、经济成本低等优点被认为是一种切实可行的合成方法。在 Liu 等人[7]的工作中，利用 Rh[(*S*)-SKP]配合物和具有邻位甲酰基导向基的烯醇酯底物，以较高产率和良好的对映选择性得到了预期的产物，首次发展了β-支化烯醇酯的不对称加氢反应，为β-手性伯醇的合成提供了新的途径。具体的反应方程式和手性配体的结构式如图 6.4 所示。

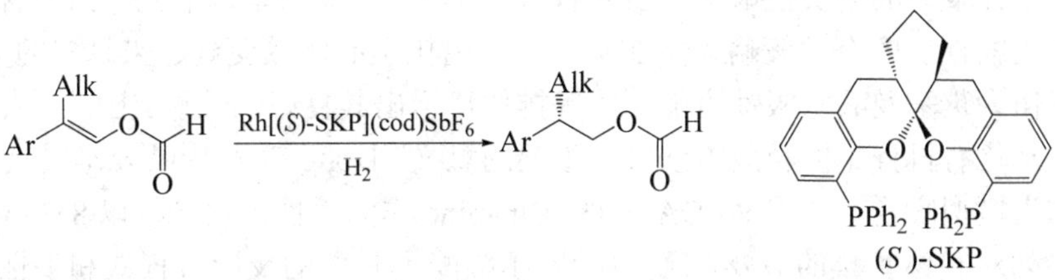

Rh[(*S*)-SKP](cod)SbF_6, H_2　　(*S*)-SKP

图 6.4　不对称氢化合成β-手性伯醇酯的反应方程式和手性配体的结构式

具有光学活性的 α-芳基甘氨酸及其衍生物在不对称合成中有着广泛的应用，是许多手性药物、生物活性分子和非蛋白源 α-氨基酸的重要组成部分，近 30 年来，在催化不对称合成手性 α-甘氨酸方面取得了重大进展。以 H_2 气体为氢源，通过过渡金属催化的亚胺不对称氢化反应因其高效、易行等优点，从而成为制备手性 α-芳基甘氨酸的较有吸引力的方法。在 Chen 等人[8]的报道中，通过对溶剂、压力和反应温度等反应条件的合理筛选，使用(*R,R*)-QuinoxP*作为手性配体，$Pd(OAc)_2$ 作为 Pd 源，在 1atm（1atm=101325Pa）的 H_2 压力和室温下实现了高效催化的 α-亚胺酯不对称加氢反应。具体反应路线和(*R,R*)-QuinoxP*的结构式如图 6.5 所示。

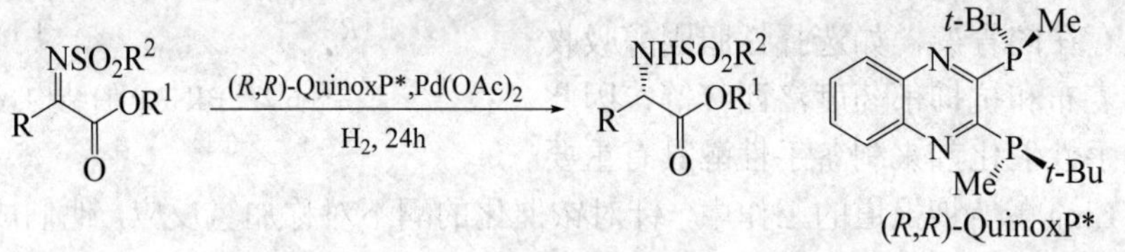

图 6.5　不对称氢化合成 α-甘氨酸的反应方程式和手性配体的结构式

手性环状结构存在于众多的天然产物、医药化合物以及重要的合成中间体中。不对称氢化制备手性环状结构化合物的方法是一种具有环境友好性和高效性的合成方法。通过选用合适的过渡金属配合物可以实现非芳香环状底物（包括手性环状亚胺、酮和烯烃）的不对称氢化反应[9]。

手性 α-取代-α-氨基酸衍生物是一类重要的非蛋白源氨基酸衍生物，并广泛分布于许多药物和生物活性分子中。此外，它们还可以作为手性砌块、助剂和配体在不对称合成领域发挥重要作用，因此制备手性 α-取代-α-氨基酸及其衍生物具有巨大的应用价值。在 Liu 等人[10]的报道中，在(*S,S*)-Ph-BPE 手性配体和镍催化剂的共同作用下，实现了环状 *N*-磺酰基酮亚胺酯的不对称氢化反应，产率高达 97%～99%（90%～99% *ee*），同时在克级不对称加氢反应进行得较好，仅使用 0.2mol%催化剂，收率 85%，*ee* 99%。具体的反应方程式和手性配体的结构式如图 6.6 所示。

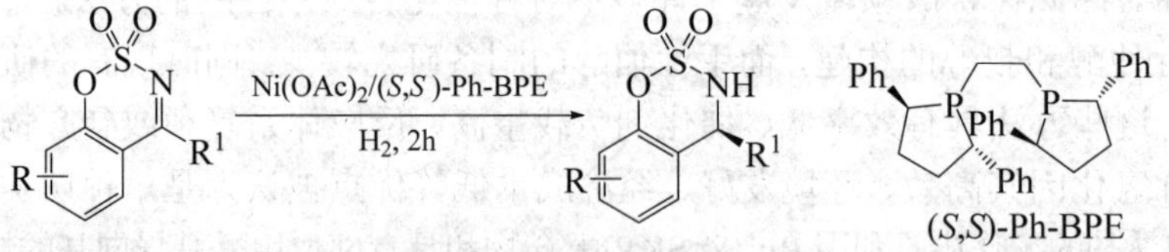

图 6.6　不对称氢化合成 α-取代-α-氨基酸衍生物的反应方程式和手性配体的结构式

将原子半径较小的电负性氟原子引入有机分子中，被证明是调节光学活性含氟化合物物理、化学和生物性质的有效策略，并在医药和农用化学品领域受到越来越多的关注。其中，双氟亚甲基作为羰基及其它极性官能团的等排体显示出其良好的性质。因此，发展对映体富集的双氟烷基化有机分子的合成方法具有重要的意义，Dong 等人[11]以 α,α-二氟-β-苯丁烯酸乙酯衍生物为模型底物，使用 $Pd(OAc)_2$/(*S*)-Binapine 作为手性催化剂，以 83%～99%的产率合成了一系列对映体富集的 α,α-二氟-β-芳基丁酸酯。具体的反应方程式和手性配体的结构式如图 6.7 所示。

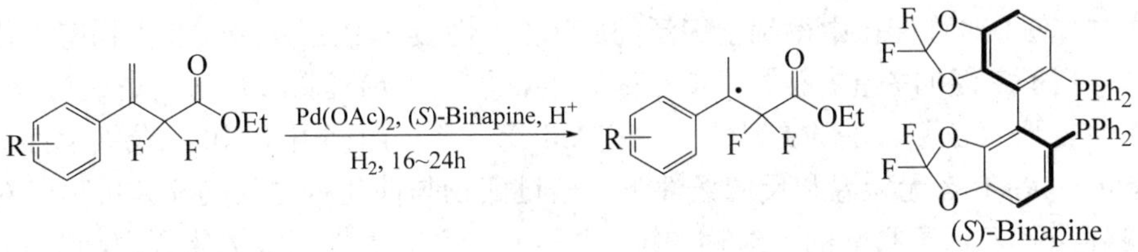

图 6.7　不对称氢化合成 α,α-二氟-β-芳基丁酸酯的反应方程式和手性配体的结构式

手性吲哚啉骨架广泛存在于天然生物碱和药物活性化合物中。而在各种制备光学纯吲哚啉的方法中，直接对映选择性还原无疑是最直接、最简单的方法之一；然而，无保护 *N*-吲哚的加氢研究相对较少，同时现有的催化体系通常需要高压或用 Brønsted 酸预活化。这增加了光学活性纯吲哚啉的合成难度，而不对称转移加氢是一种有效的还原反应，避免了高压和特殊装置的使用，可能比传统加氢具有一定的优越性。在 Zhao 等人[12]报道的工作中，以氨硼烷为氢源，由 $HB(C_6F_5)_2$ 和(*S*)-叔丁基磺酰胺衍生的催化剂成功实现了无金属不对称转移氢化无保护吲哚。多种吲哚啉产物的收率达 40%～78%，最高可达 90% *ee* 值。具体的反应方程式和手性配体的结构式如图 6.8 所示。

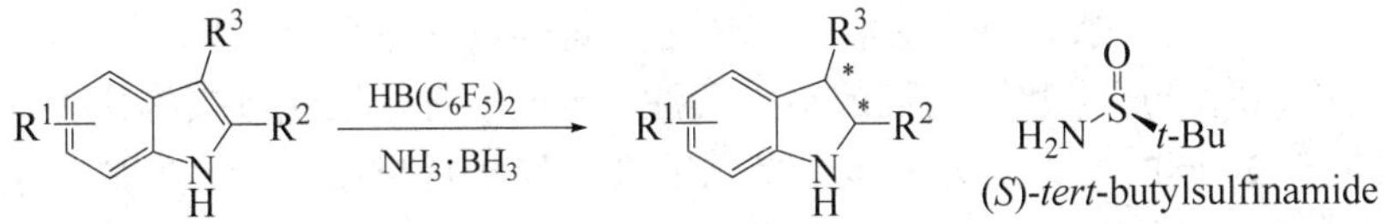

图 6.8　不对称氢化合成手性吲哚啉的反应方程式和手性配体的结构式

光学活性β-氧代功能化腈类化合物是合成氟西汀、托莫西汀、尼古丁和度洛西汀等一系列天然产物、药物和生物活性化合物的重要底物。同时这一类化合物也作为选择性 5-羟色胺再摄取抑制剂或 5-羟色胺特异性再摄取抑制剂（SSRIs）在抑郁症相关疾病的治疗中引起了广泛关注。这些腈类化合物也是合成其它基团衍生物的一类重要的中间体。Kong 等人[13]在相关的工作中，利用手性 F-spiroPhos 为配体的铑催化剂，实现温和条件下β-芳氧基/烷氧基肉桂腈和酯的高效对映选择性加氢。该方法可以高效地实现多种手性β-氧官能团化腈和酯的不对称合成，其对映选择性高达 99.9%。同时这一方法也成功地应用于手性药物尼西汀的简便、实用的合成。具体的反应方程式和手性配体的结构式如图 6.9 所示。

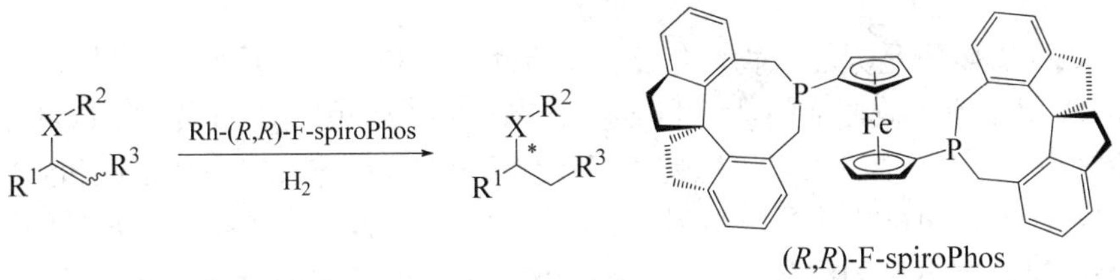

图 6.9　不对称氢化合成光学活性β-氧代功能化腈类化合物的反应方程式和手性配体的结构式

因此，通过催化剂与底物间非共价作用来提高反应活性和选择性，是目前催化研究的一个重要方向。其与酶催化的反应类似，非共价相互作用不仅通过降低反应能垒来加快反应速率，而且通过抑制过渡态的自由度来提高立体选择性。而非共价离子对作为最常见的相互作

用方式之一，在不对称催化中得到了广泛的应用。手性 α-取代乙基膦酸在生物有机化学和药物化学中得到了广泛的关注，而催化不对称氢化 α-取代乙烯基膦酸被认为是最直接、最高效的获得手性 α-取代乙基膦酸的方法之一。在 Yin 等人[14]的工作中，Rh/二茂铁手性双磷配体（SPO-Wudaphos）在无碱温和反应条件下，通过底物与催化剂之间的非共价离子对作用，成功实现 α-取代乙烯基膦酸的不对称加氢，并得到一系列手性膦酸类化合物，结果优良（最高 98% *ee*，高于 99%转化率）。具体的反应方程式和手性配体的结构式如图 6.10 所示。

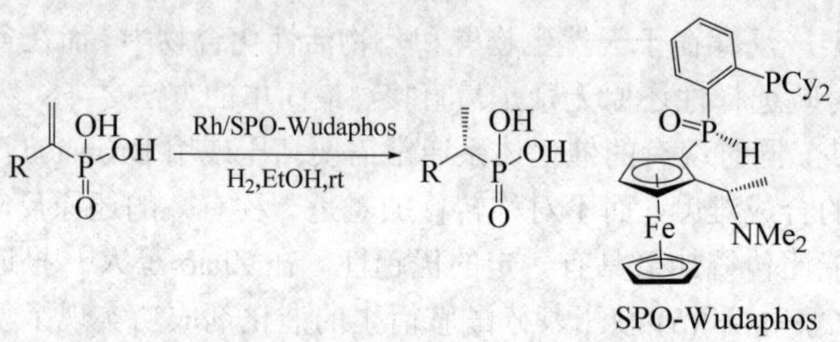

Rh/SPO-Wudaphos

H_2,EtOH,rt

SPO-Wudaphos

图 6.10　不对称氢化合成手性膦酸类化合物的反应方程式和手性配体的结构式

1,5-苯并噻嗪类化合物是众多生物化合物中的具有特征性的杂环药效基团，尤其是具有光学活性的 1,5-苯并硫氮杂䓬类含硫取代立体中心是药物化学中著名的结构单元。因此，这些手性药物的不对称合成引起了人们的极大关注。通过不对称氢化直接构建手性 NH 内酰胺是一种实用的方法，同时此方法为制备更多功能性氮原子提供了可能。在 Yin 等人[15]的报道中，报道了一种制备 1,5-苯并噻嗪的简单方法。在 Rh/Zhaophos 配合物的催化作用下，具有中等大小环的不饱和环状 NH 内酰胺可顺利实现不对称氢化，且产物具有很高的对映选择性。该方法也成功应用于(*R*)-(–)-噻嗪的放大合成。具体的反应方程式和手性配体的结构式如图 6.11 所示。

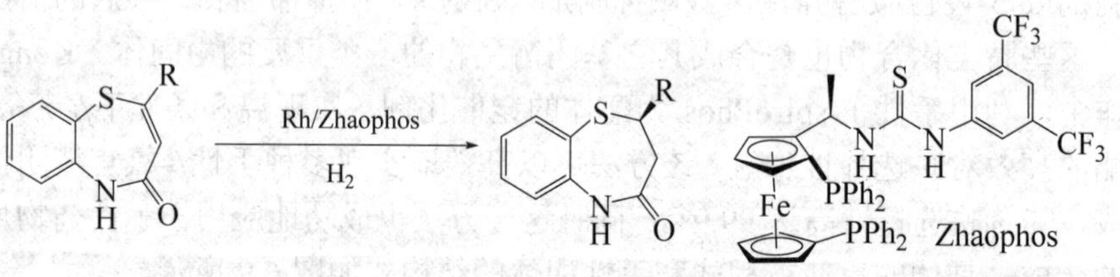

Rh/Zhaophos

H_2

Zhaophos

图 6.11　不对称氢化合成手性 1,5-苯并噻嗪类化合物的反应方程式和手性配体的结构式

手性二氢喹喔啉酮是天然产物、合成生物活性分子和药物的重要结构母体。如含有此结构的 Kinin B1 用于治疗败血症的炎症和疼痛，GW420867X 用于非核苷类 HIV-1 逆转录酶抑制剂。一般来说，在分子中引入氟可以增强母体化合物的亲脂性、代谢稳定性和生物利用度，在医药、农药、香料和材料等领域得到了广泛的关注。因此，发展简单、常见的原料合成手性三氟甲基二氢喹喔啉酮的高效、原子经济的方法在有机合成和药物研究中仍然具有重要的意义。在 Chen 等人[16]报道的工作中，成功地开发了一种高对映选择性钯催化的 3-(三氟甲基)喹喔啉酮的不对称氢化反应，为制备手性高达 99% *ee* 的 3-(三氟甲基)-3,4-二氢喹喔啉酮提供了一种通用、简便的途径。此外，3-(三氟甲基)-3,4-二氢喹喔啉酮可以在不损失光学纯度的前提下，以高产率转化为 2-(三氟甲基) -1,2,3,4-四氢喹喔啉。具体的反应方程式和手性配体的结构式如图 6.12 所示。

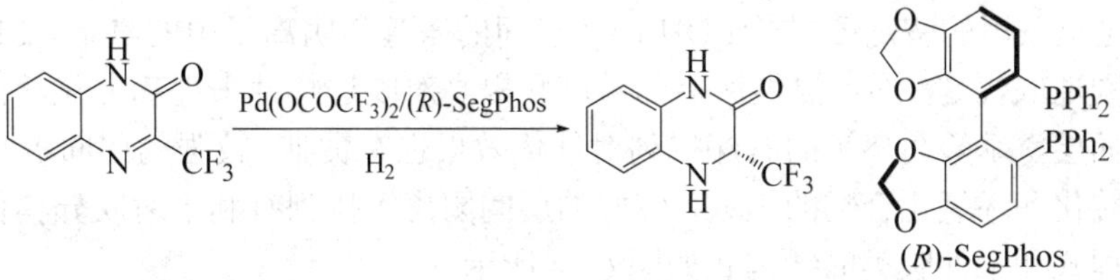

$$\text{3-(CF}_3\text{)-quinoxalin-2(1H)-one} \xrightarrow[H_2]{Pd(OCOCF_3)_2/(R)\text{-SegPhos}} \text{chiral 3-(CF}_3\text{)-3,4-dihydroquinoxalin-2(1H)-one}$$

(R)-SegPhos

图 6.12 不对称氢化合成手性 3-(三氟甲基)-3,4-二氢喹喔啉酮反应方程式和手性配体的结构式

手性哌啶类化合物可作为合成多种天然产物和生物活性化合物的重要中间体。开发简便、高效的手性哌啶类化合物合成方法引起了人们的广泛关注。而在手性哌啶类化合物的合成方法中，过渡金属催化的取代吡啶不对称氢化反应是一种原子经济、直接的方法。吲哚嗪环是最常见的氮杂环结构，它广泛存在于天然产物、药物和生物活性分子中，如缬氨酸、mAChR 调节剂和抗胞质抑制剂等。因此，发展一种便捷、高效的方法来合成吲哚嗪环具有重要意义。在 Li 等人[17]报道的工作中，他们给出了 Ir 催化环状吡啶盐不对称加氢生成手性 7,8-苯并吲哚嗪环，由 2-(2-酰基苯基)-吡啶衍生的环状吡啶盐在$[Ir(cod)Cl]_2$和(*R*)-DM-SegPhos 存在下成功进行不对称氢化反应，并以较高的产率和对映选择性得到手性 7,8-苯并吲哚嗪环化合物。通过重结晶，二脒化合物的对映体纯度提高到 92∶8。具体的反应方程式和如图 6.13 所示。

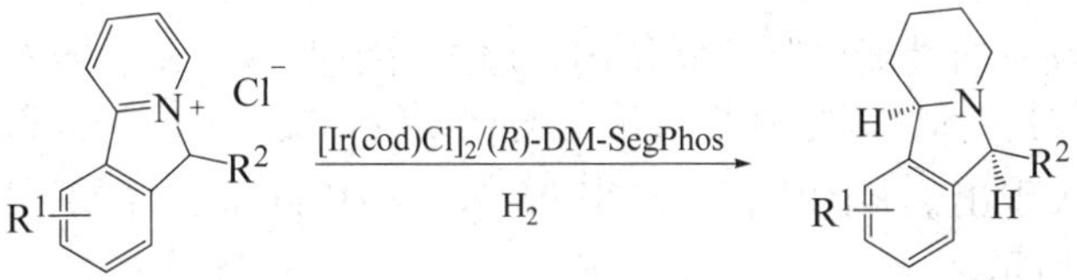

$$\xrightarrow[H_2]{[Ir(cod)Cl]_2/(R)\text{-DM-SegPhos}}$$

图 6.13 不对称氢化合成吲哚嗪环化合物的反应方程式

6.2.2 不对称环氧化反应

环氧化合物是一类重要的化合物，并在有机合成领域和高分子领域有着诸多重要的应用[18, 19]。同时由于环氧基团的三元环的张力作用，使得它很易与各种亲核试剂反应得到多种光学活性物质。在制备光学活性环氧类化合物时，烯烃的不对称环氧化是最为广泛合理的方法。下面我们就对不对称环氧化反应进行介绍。

在 1980 年，Sharpless 和 Katsuki 报道的烯丙醇类化合物的不对称催化环氧化反应是不对称催化领域的重大突破。该反应使用烯丙醇类化合物作为反应底物，四异丙氧基钛为催化剂，酒石酸二乙酯作为不对称诱导试剂，制备得到了具有光学活性的环氧类化合物，该反应具有高度的立体选择性[20]。

烯烃的催化对映选择性环氧化在有机化学中占有突出地位，因为光学活性的环氧产物既是有价值的有机中间体，又是药物中重要的基本单元。例如，环氧化产物乙基(2*R*,3*R*)-3-苯乙酸酯可用于紫杉醇侧链的合成，紫杉醇是卵巢癌、乳腺癌、肺癌的一线抗癌药物。

近年来，小分子有机化合物由于具有价格低廉、抗氧、无金属残留和毒性等优点而被用作不对称环氧化催化剂，用于烯烃对映选择性环氧化反应的有机催化剂包括相转移催化剂、肽类催化剂、手性酮类催化剂和手性胺类催化剂。在 Liu 等人[21]的工作中，在手性胺类催化剂的催化作用下，阴离子层状双金属氢氧化物（LDH）的纳米片层促进了 α,β-不饱和醛的不对称环氧化反应。并在肉桂酸的不对称环氧化反应中得到了 76%的环氧收率和 93%的主要对映异构体。这里采用的胺是插层在LDH层间空间的氨基酸阴离子中的氨基。LDH纳米片作为氨基酸的刚性取代基，通过提供所需的碱度和提高对映选择性来提高催化活性。疏水的层间微环境和插层氨基酸阴离子的有序排列对催化效果也有贡献。较强的层间疏水性有利于对映异构体的转化和环氧化合物的生成，较好的层间阴离子排列有利于对映异构体的生成。具体的反应方程式和手性胺类的结构式如图6.14所示。

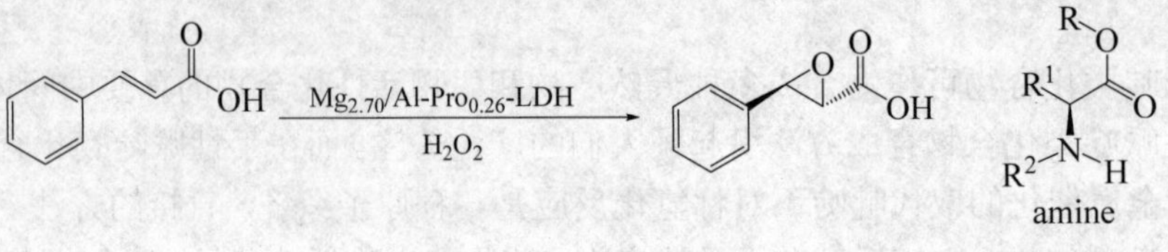

$Mg_{2.70}/Al\text{-}Pro_{0.26}\text{-}LDH$, H_2O_2; amine

图6.14　胺类催化剂催化不对称环氧化合成的反应方程式和胺催化剂的结构式

烯烃的不对称催化氧化是合成光学活性环氧化物的有力工具，光学活性环氧化物是许多生物合成中间体中常见的母体。α,β-不饱和酮的高对映选择性环氧化特别受关注，因为它是通过羰基和环氧基的选择性酰化，为许多有用的对映体富集产物提供了一条高效的合成途径。近二十年来，人们发展了几种方法来合成这类手性环氧化物，它们通常使用手性金属配合物或是使用有机催化剂。在Raheem等人[22]的工作中，以过氧化叔丁基为氧化剂，开发了用于烯酮不对称环氧化反应的过氧化锌基催化剂。通过对手性单阴离子*N,N'*-双齿配体、C_2对称双噁唑烷酸酯和C_1对称烯氨基噁唑烷酸酯的对比研究，发现C_1对称辅助配体在催化烯酮不对称环氧化反应中表现出优异的性能（产率96%，*ee* 91%）。具体的反应方程式和手性配体的结构式如图6.15所示。

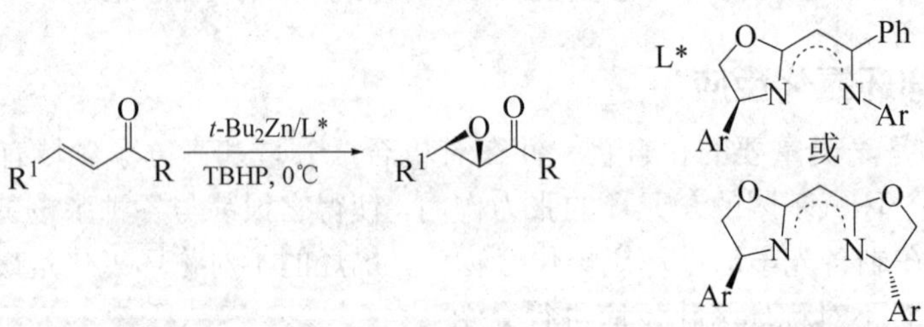

$t\text{-}Bu_2Zn/L^*$, TBHP, 0℃; L* 或

图6.15　不对称催化烯酮环氧化合成手性环氧化合物的反应方程式和手性配体的结构式

在Bohé等人[23,24]的工作中制备了光学纯的噁嗪酸盐，用这种盐进行了未功能化烯烃的不对称环氧化反应。这种高纯手性噁嗪酸盐是从相应的亚胺盐中得到的，它可以作为催化物质对烯烃进行有效的氧转移。另外，溶剂对这些氧转移反应的速率和对映选择性有明显的影响。这类去麻黄碱衍生的噁嗪酸盐可用于化学计量比氧化反式二苯乙烯，并具有中等的对映选择性（42% *ee*）。而在肟（1.3eq）存在下，以5mol%的催化量使用亚胺盐，以79%的收率和35%的*ee*得到反式二苯乙烯氧化物。具体的反应方程式和手性盐的结构式如图6.16所示。

手性含炔基醚类化合物是手性环氧化合物中的一类，是很多生物活性的天然和非天然化合物中母体结构，也是很多重要衍生物的合成中间体。双氧水具有价格便宜、原子效率高、水为唯一副产物等优点，有望成为具有竞争力的氧化剂。在已报道的文献中，在手性金属催化剂催化下，以H_2O_2为氧化剂成功对未功能化的烯炔进行环氧化反应[25]。然而，对于含缺

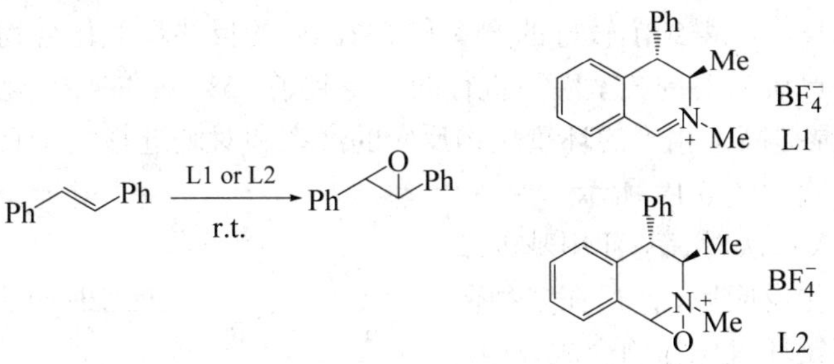

图 6.16　二苯乙烯的不对称催化环氧化反应的方程式和手性配体的结构式

电子基团的三取代烯炔的高对映选择性环氧化反应，还未见报道。在这一体系中，需要建立合适的氧化剂和催化剂来实现烯炔的环氧化反应。在 Zhang 等人[26]的报道中，通过建立手性 *N,N'*-二氧化物-钪(Ⅲ)配合物催化体系，实现了以环保型双氧水为氧化剂的缺电子炔烃的不对称环氧化反应。在 0.5%～2%（摩尔分数）催化剂存在下，最终以高产率（可达 97%）得到了多种三取代炔基环氧乙烷，*ee* 值优异（可达 99%）。具体的反应方程式和手性化合物的结构式如图 6.17 所示。

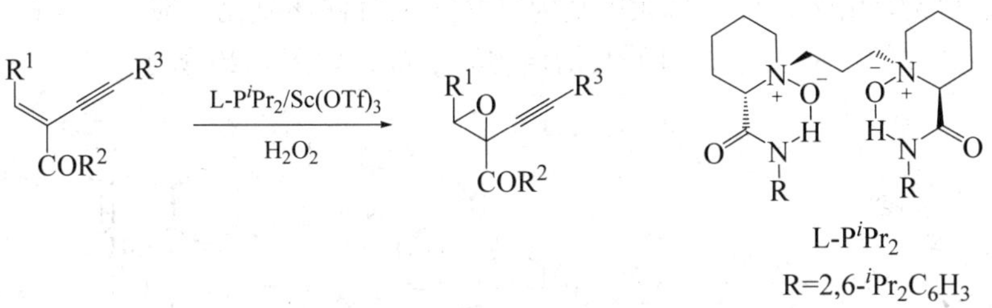

图 6.17　不对称催化合成手性三取代炔基环氧乙烷的反应方程式和手性配体的结构式

在不对称环氧化反应中，反式烯酮的不对称环氧化反应的方法很多，对于脂肪族和环烯酮和不同取代烯醛的报道较少，单取代和双取代的 α,β-不饱和酯仅有少数报道。这并不奇怪，因为这些烯烃在反应性方面都是较为困难的，要么是亲电的，要么是亲核的氧化体系，对于不对称环氧化来说都具有一定挑战性。在 Meninno 等人[27]的工作中，通过金鸡纳生物碱衍生的硫脲/叔丁基过氧化氢（TBHP）体系催化反式 α-氰基- α,β-不饱和酯的不对称环氧化反应，合成了一类新的酸酯类化合物。该酸酯类化合物具有良好的产率，具有较高的反式立体选择性。具体的反应方程式和手性化合物的结构式如图 6.18 所示。

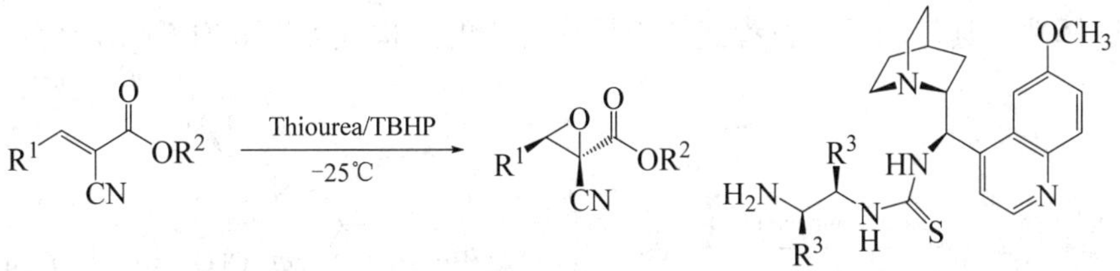

图 6.18　不对称催化合成手性酸酯类化合物的方程式和手性配体的结构式

手性环氧化物由于在合成中间体中的作用，成了一类重要的有机分子。在 Capobianco 等人[28]的工作中，作者通过反式 1-苯基-2-丁烯-1-酮、 α,α-L-二苯基脯氨醇（**1a**）和 TBHP 进行了不对称环氧化反应，得到了较好的产率和 63% *ee* 的反式环氧化合物；而反式查尔酮的环氧化反应是以正己烷为溶剂在室温下进行的，得到了 75% *ee* 的环氧化合物，空间位阻较大的催化剂 **1b** 明显提高了相应的环氧化物反应的产率和对映选择性。具体的反应方程式和手性化合物的结构式如图 6.19 所示。

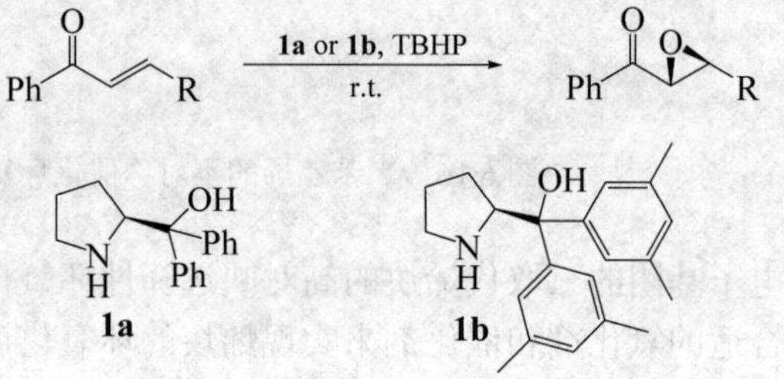

在 Sekiya 等人首次对烷基亚甲基丙二腈进行不对称环氧化反应后，而后在多种合成反应中证明了双氰环氧化物的合成效用。因此选择并使用合理的催化体系来制备双氰环氧化物衍生物具有重要意义。在近些年，酸碱功能的协同作用成为创建协同催化剂的基础，这些概念在不对称金属催化剂的开发中得到了广泛应用，该概念同样也适用于有机催化剂的开发。事实上，许多手性配体已经成功地用作有机催化剂。在 Ogino 等人[29]的工作中，手性 C_2 对称的 3,3′-双[[(*R,R*)-2-萘乙胺甲基]-(*R*)-联萘酚]作为一种高效的酸碱协同有机催化剂，用于各种烷基亚甲基丙二腈的不对称环氧化反应，并具有较高的产率和对映选择性。具体的反应方程式和手性化合物的结构式如图 6.20 所示。

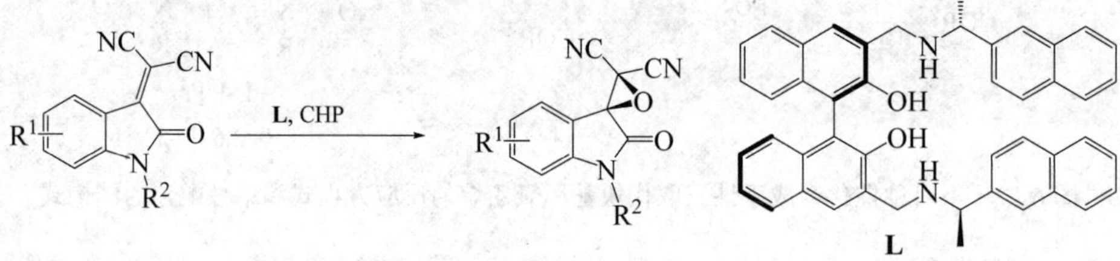

图 6.19　不对称催化合成手性环氧化物的方程式和手性配体的结构式

图 6.20　不对称催化合成手性双氰环氧化物的方程式和手性配体的结构式

光学纯手性 Salen 络合物被称为有效的不对称环氧化催化剂，但是在不对称环氧化反应中，通常需要 Mn、Ru 或 V 作为 Salen 络合物的金属中心来实现高活性。在 Kobayashi 等人[30]的工作中，他们以含氟的 Fe(Ⅲ)Salen 络合物为催化剂，通过在 Salen 络合物的配体中同时引入氟和叔丁基基团，实现了不对称环氧化反应。在这个反应中，氟既起到吸电子基团的作用，提高了对氧化的催化活性，又是形成独特的不对称立体环境的驱动力。络合物的晶相分析表明，基于分子内亲氟效应使得催化剂具有独特的伞状结构，因此产物具有较高的产率和对映选择性。具体的反应方程式和手性化合物的结构式如图 6.21 所示。

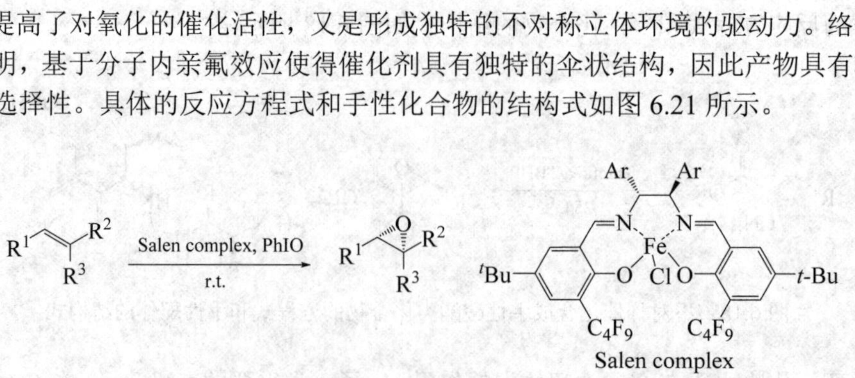

图 6.21　Salen 络合物不对称催化合成环氧化物的方程式和手性配体的结构式

6.2.3 不对称催化交叉偶联反应

通过光学活性化合物催化可以实现两种单体的交叉偶联反应，并得到具有光学活性的产物，此反应也是不对称催化有机合成反应中的一个重要的组成部分。在本节中，我们将对不对称催化交叉偶联反应进行一个概述。

金属催化的烷基亲电试剂的对映体缩合交叉偶联反应正在成为不对称合成的有力工具。在 Schwarzwalder 等人[31]的工作中，建立了一种手性镍催化剂，在简单温和的条件下，外消旋 α-卤代硅烷与烷基锌试剂偶联，可实现有机硅烷的不对称合成，这一方法为制备对映富集有机硅烷这一类重要的目标分子提供了合成路径。具体的反应方程式和手性化合物的结构式如图 6.22 所示。

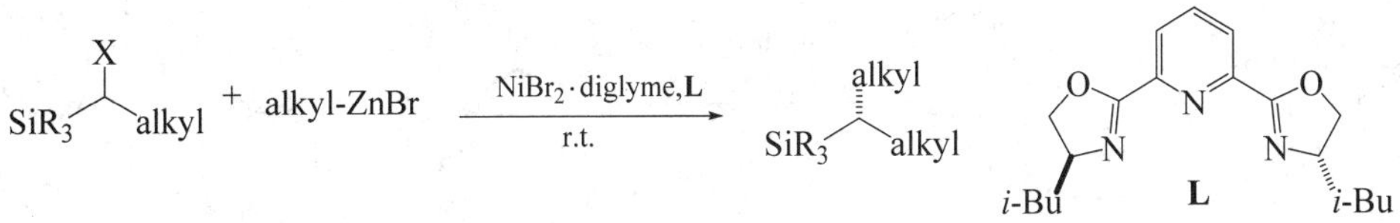

图 6.22　不对称催化合成对映富集有机硅烷化合物的方程式和手性配体的结构式

发展含氟目标分子构建的新方法对于包括药物化学在内的多种学科具有重要意义。在 Liang 等人[32]的工作中，发展了使用外消旋 α-卤代-α-氟酮的 Negishi 反应催化不对称合成叔烷基氟化物的方法，在镍/双（噁唑啉）催化剂作用下，可以实现 C—Br（或 C—Cl）键在 C—F 键存在下的选择性反应，并得到立体缩合交叉偶联产物，并由此得到了一系列对映富集的叔 α-氟酮。具体的反应方程式和手性化合物的结构式如图 6.23 所示。

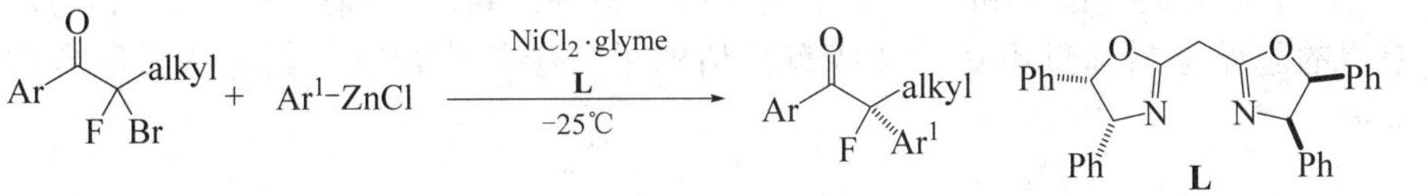

图 6.23　不对称催化合成对映富集叔烷基氟化物的方程式和手性配体的结构式

金属催化的烯丙基亲电体和烯丙基亲核体之间的烯丙基-烯丙基交叉偶合可以有效制备手性 1,5-二烯结构，同时由于很多天然萜烯类化合物含有手性 1,5-二烯结构，所以 1,5-二烯结构也是有机合成中很有价值的中间体和结构单元。然而由于支链二烯的线形、非手性和对映选择性差，使得这种烯丙基-烯丙基交叉偶合具有挑战性。在 Zheng 等人[33]的报道中，使用了的铱-(P，烯烃)磷酰胺基作为手性催化剂，该体系可以有效实现不对称烯丙基-烯丙基交叉偶合反应，且产物具有高对映选择性。具体的反应方程式和手性化合物的结构式如图 6.24 所示。

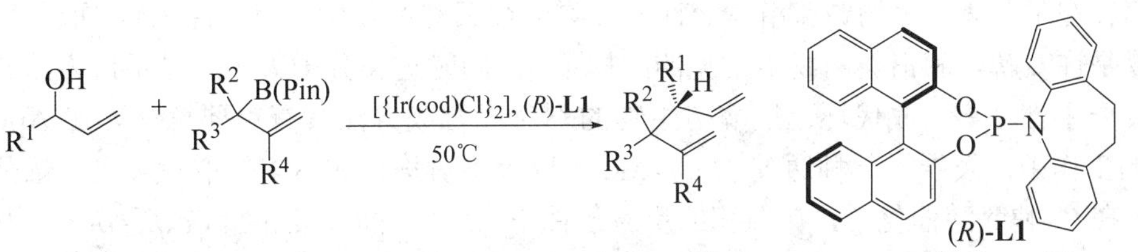

图 6.24　不对称催化合成烯丙基-烯丙基交叉偶合化合物的方程式和手性配体的结构式

轴向手性双芳基骨架普遍存在于众多的治疗剂和重要的天然产物中。同时也是不对称催化反应中很多手性催化剂和配体的骨架结构，所以制备含有手性双芳基骨架化合物对于药物合成抑或是手性催化剂的制备都有重要的作用。在 Yang 等人[34]的工作中，使用 *P*-手性单磷配体（*S,S*）-BaryPhos 作为手性催化剂，通过 Suzuki-Miyaura 偶联反应，以优异的对映选择性和产率合成了一系列具有广泛挑战性的手性四邻位取代双芳基化合物。BaryPhos 的合理设计除了增强了交叉偶合的反应活性外，还以配体与两个偶合单位之间的非共价作用参与了不对称交叉偶合的新催化模式所产生的高效立体诱导作用。具体的反应方程式和手性化合物的结构式如图 6.25 所示。

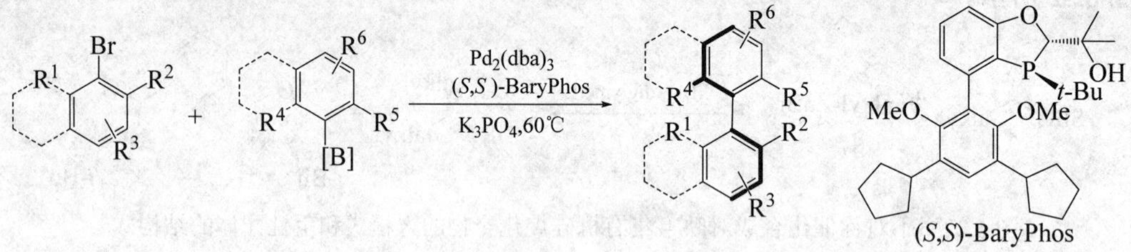

图 6.25　不对称催化合成手性双芳基骨架化合物的方程式和手性配体的结构式

仲烷基亲电试剂的催化偶联反应是构建立体选择性 C—C 键的有力方法。尽管烷基亲电试剂在有机金属偶联方面取得了一些进展，但手性、非手性底物的立体选择性反应却较少。在 Sargent 等人[35]的报道中，使用烷基甲磺酸酯与二烯衍生物反应实现了立体专一羰基偶联反应并生成对映体富集的二烯酮。该催化过程使用简单的钴催化剂，并在低压和温和条件下进行，并基于不同的甲磺酸和二烯衍生物实现了多种产物的较高产率合成，该方法可以从容易获得的起始原料通过不对称合成有价值的手性羰基化合物。具体的反应方程式如图 6.26 所示。

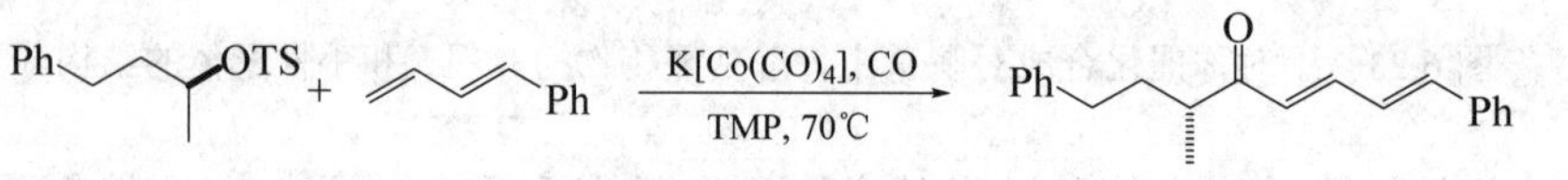

图 6.26　不对称催化合成手性羰基化合物的方程式

6.2.4　不对称 Diels-Alder 反应

不对称 Diels-Alder 反应可以有效合成光学活性的六元环化合物。原则上，这种反应可以同时形成四个相邻的不对称中心，在大多数情况下可以通过分析试剂的进攻途径，即可判断合成产物的立体构型。在本节中，将对不对称 Diels-Alder 反应进行一个概述。

取代环己烷的不对称合成是合成有机化学中最有用的研究领域之一，因为手性环己烷母体普遍存在于萜类、生物碱和甾体等许多生物活性天然产物中。而手性 3,4-二取代环己烷醛衍生物是许多解热和消炎药物中常见的结构单元，同时这类分子大多通过手性方法合成制得，因此发展手性 3,4-二取代环己烷醛衍生物的不对成合成方法具有重要意义。在 Appayee 等人[36]的工作中，发展了一种通过 Diels-Alder 反应不对称合成 3,4-二取代环己二烯醛的催化方法。在 L -脯氨酸催化下，在温和的反应条件下，对多种芳基乙醛和 $\alpha,\beta,\gamma,\delta$-不饱和醛进行了测试，得到了产率高、对映选择性好的反式非对映体产物，该方法的适用范围进一步扩展到不对称合成 3,4-二取代环己烷醛及其衍生物。具体的反应方程式和手性配体的结构式如图 6.27 所示。

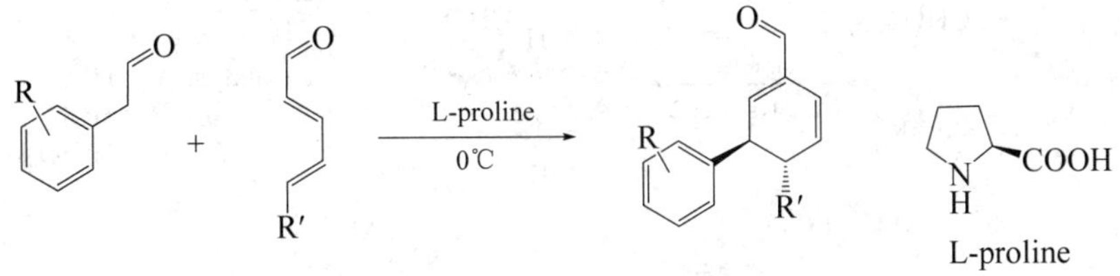

图 6.27 不对称催化合成手性 3,4-二取代环己二烯醛的方程式和手性配体的结构式

光学活性的四氢咔唑是一种广泛存在于许多天然产物和药用活性分子中的基本结构，其表现出多种生物活性，因此四氢咔唑及其衍生物的不对称合成引起了有机和药用化学家的极大关注。在已知的方法中，立体选择性 Diels-Alder 反应是构建手性四氢咔唑最有效、最快速的策略之一。在 Gu 等人[37]的工作中，设计并合成了一种新的 2,3-吲哚二烯合成物，首次将其应用于立体选择性的 Diels-Alder 反应，并合成得到了四氢咔唑类化合物。在手性仲胺存在下，以较高的产率（83%）得到了一系列对映体富集的多功能四氢咔唑衍生物，其立体选择性良好（达到> 20∶1 *dr*，98% *ee*）。具体的反应方程式和手性配体的结构式如图 6.28 所示。

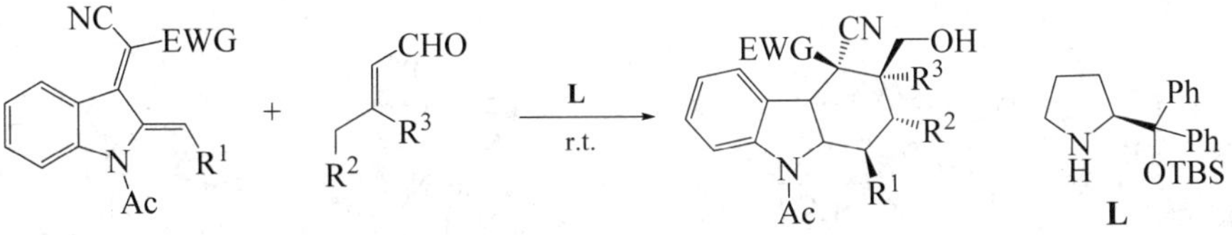

图 6.28 不对称催化合成手性四氢咔唑衍生物的方程式和手性配体的结构式

血苋烷类衍生物普遍存在于自然界中，其中许多化合物具有广泛的生物活性。如(+)-阿拉伯糖醇(+)-乙酸钠乙酰酯具有较强的杀鼠活性，而(+)-二氢扁桃苷对莱格纳西发光杆菌具有抗菌活性等。因此合成这一类天然产物具有重要意义。在 Henderson 等人[38]的工作中，在温和的 Lewis 酸 $MeAlCl_2$ 存在下，通过 Diels-Alder 反应合成了具有优异的区域选择性、立体选择性的中间产物，此中间产物易转化为 4 个血苋烷天然产物。具体的反应方程式如图 6.29 所示。

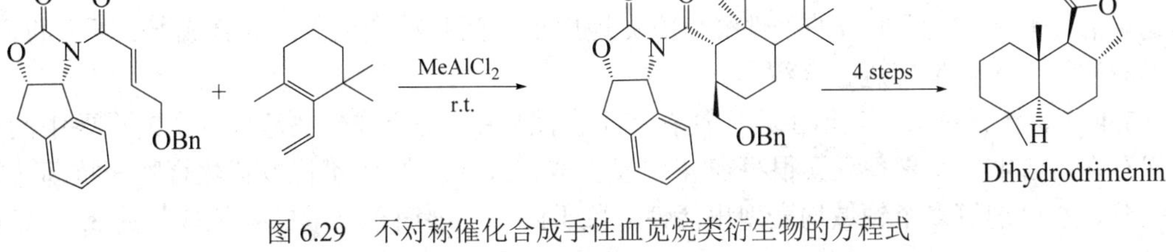

图 6.29 不对称催化合成手性血苋烷类衍生物的方程式

科研工作者在分子间 Diels-Alder 反应的对映选择性催化剂开发上开展了大量的研究工作。相比之下，很少有文献报道在分子内实现 Diels-Alder 反应的催化剂。在 Wilson 等人[39]

的工作中，通过亚胺活化策略实现了分子内 Diels-Alder 反应，该反应可以得到较高产率和立体选择性的产物。具体的反应方程式和手性配体的结构式如图 6.30 所示。

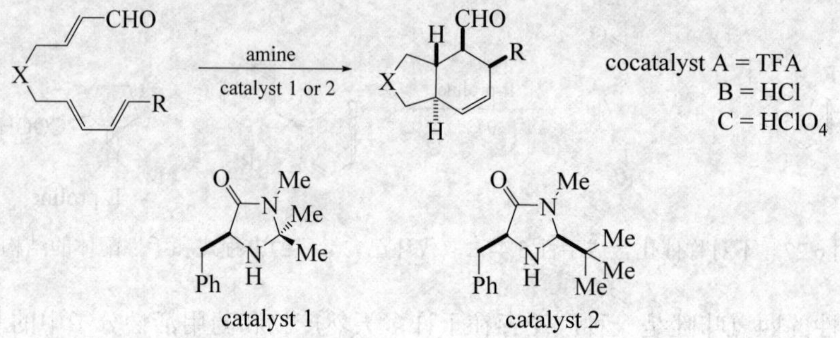

图 6.30　不对称催化实现了分子内 Diels-Alder 反应的方程式和手性配体的结构式

稠吲哚杂环是很多具有生物活性的生物碱、天然产物和药物中的核心结构。因此，发展高效、简便的方法来构建稠吲哚杂环分子受到了广泛的关注。在 Tong 等人[40]的工作中，通过 Cu^{I}/*t*-Bu-Phosferrox 配合物催化吲哚与原位形成的偶氮烯进行反电子 aza-Diels-Alder 反应，并合成了一系列四氢哒嗪杂环化合物，产率高达 97%，且产物具有较高的区域选择性和非对映选择性（>20∶1 *dr*），对映选择性高达 99% *ee*。具体的反应方程式和手性配体的结构式如图 6.31 所示。

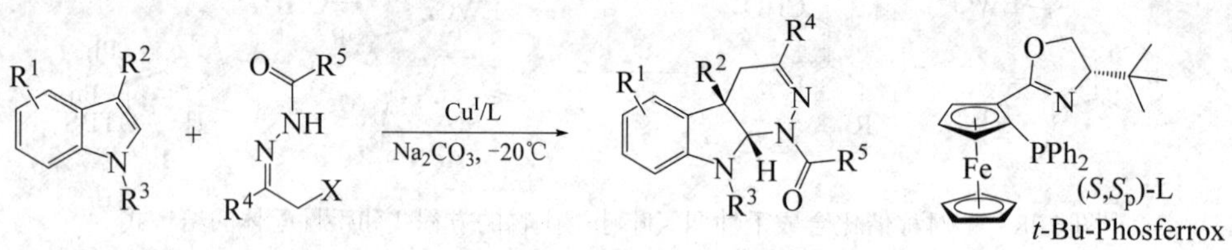

图 6.31　不对称催化合成手性四氢哒嗪杂环化合物的方程式和手性配体的结构式

6.2.5　不对称氢甲酰化反应

氢甲酰化反应在 1938 年由 Otto Roelen 发现[41]，它指在适当的催化剂下，烯烃分子与氢气和一氧化碳发生反应并生成醛，这类反应也叫作羰基合成。这类反应具有优异的原子经济性，所以这种方法也逐渐成为工业上生成羰基化学品的一类重要方法，生成的醛可方便地用于制备洗涤剂和增塑剂。此外，不对称催化氢甲酰化反应是得到光学活性醛的一种重要的方法，在手性催化剂的作用下，以烯烃、氢气和一氧化碳为原料通过简单的合成方法即可以得到光学活性醛产物，所形成的手性醛可方便地用于医药和精细化学品的合成[42]。下面我们将对不对称氢甲酰化反应进行介绍。

3,4-二氢异香豆素及其衍生物广泛存在于自然界中，是合成生物活性分子的重要中间体。天然存在的 3,4-二氢异香豆素很少在 4 位发生取代反应，但是 4 位取代化合物在抗菌药物、抗疟药、杀虫剂等多个领域均表现出活性。鉴于此，发展简单高效的 4 位取代的 3,4-二氢异香豆素的合成方法是有必要的，在 Qu 等人[43]的工作中，利用 BIBOP 型配体对苯乙烯衍生物进行不对称氢甲酰化反应生成手性醛。以对映体比例为 95.1∶4.9 的 2-乙烯基苯甲酸乙酯为原料，经不对称氢甲酰化和原位乳胶化反应合成了 4-甲基-3,4-二氢异香豆素。具体的反应方程式和手性配体的结构式如图 6.32 所示。

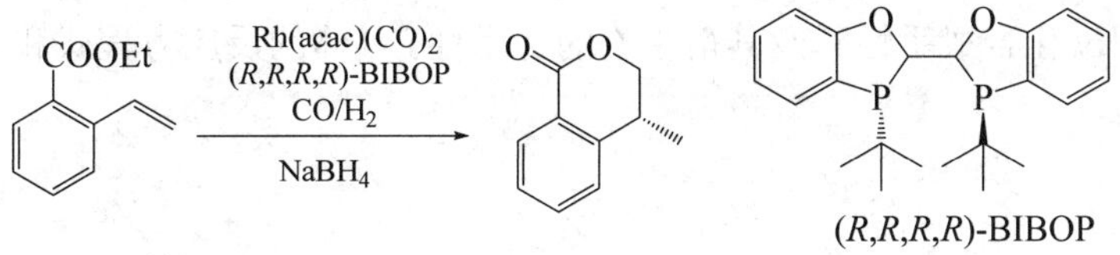

COOEt
Rh(acac)(CO)$_2$
(*R*,*R*,*R*,*R*)-BIBOP
CO/H_2
$NaBH_4$
(*R*,*R*,*R*,*R*)-BIBOP

图 6.32　不对称催化合成手性 4-甲基-3,4-二氢异香豆素的方程式和手性配体的结构式

α-芳基取代的醛是药物和生物活性分子的重要前驱物，因此开发高效的合成 α-杂芳基取代醛的方法是非常有意义的。在 Zhang 等人[44]的工作中，以手性 BINOL（1,1′-联-2-萘酚）或 NOBIN（2-氨基-2′-羟基-1,1′-联萘）为原料，以中等收率设计合成了膦-磷酰胺杂化配体 **L1**，它在 Rh 催化的苯乙烯衍生物（支化比高达 56.6，*ee* 高达 99%）、醋酸乙烯衍生物（高达 98% *ee*）和烯丙基氰化物（高达 96% *ee*）的不对称氢甲酰化反应中具有很高的区域选择性和对映选择性[图 6.33（a）]。而后，作者又对手性催化剂进行了重新设计合成，所制备的 **L2** 可以高效催化 α-杂芳基取代底物[图 6.33（b）][45]。具体的反应方程式和手性配体的结构式如图 6.33 所示。

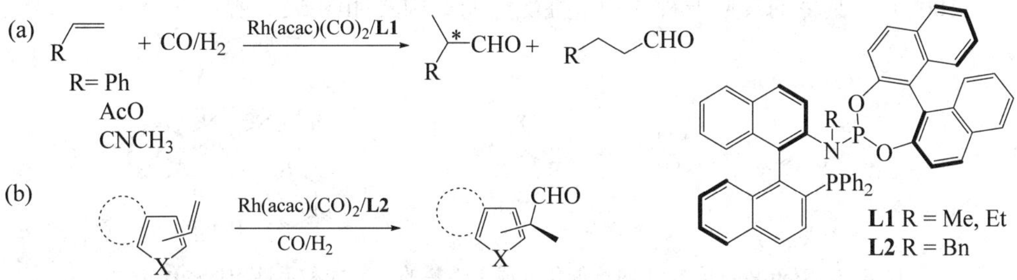

(a) R + CO/H_2 —Rh(acac)(CO)$_2$/**L1**→ R *CHO + R CHO
R= Ph
AcO
$CNCH_3$
(b) X —Rh(acac)(CO)$_2$/**L2**, CO/H_2→ X CHO
L1 R = Me, Et
L2 R = Bn

图 6.33　不对称催化合成手性 α-芳基取代醛的方程式和手性配体的结构式

膦-亚磷酸二氢苯甲酰化配体是良好的π受体，有利于催化循环中 CO 的解离，并可以加快反应速率，因此制备具有双膦骨架的磷配体有利于不对称催化氢甲酰化反应。在 Tan 等人[46]的工作中，在铑催化的各种末端烯烃的不对称氢甲酰化反应中，使用了空气稳定、可调节的手性双二氢苯并噁唑膦配体（BIBOP），所得到的产物具有优异的转化率（>99%）、中等到优秀的对映选择性（可达 95∶5 *er*）、支化比（*b*∶*l*）可达 400。具体的反应方程式和手性配体的结构式如图 6.34 所示。

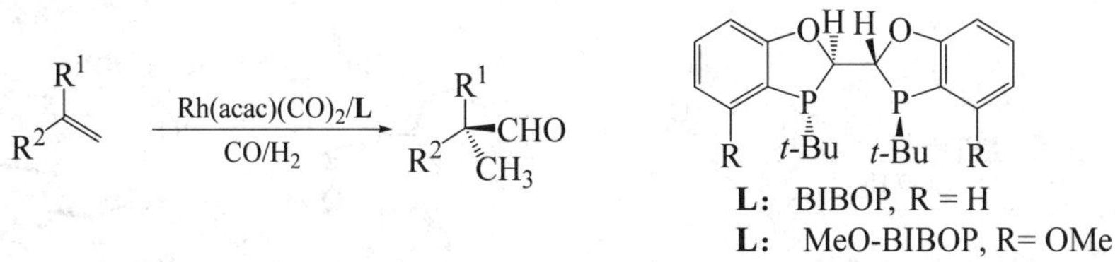

R^1, R^2 —Rh(acac)(CO)$_2$/**L**, CO/H_2→ R^1, R^2, CHO, CH_3
L：BIBOP, R = H
L：MeO-BIBOP, R= OMe

图 6.34　双二氢苯并噁唑膦配体用于不对称氢甲酰化反应的方程式和手性配体的结构式

在 Wang 等人[47]的工作中，开发了在温和条件下高对映选择性铑催化 1,1-二取代烯烃氢甲酰化反应。通过使用(*R,R*)-BenzP*，可以以高度对映选择性的方式，制备具有β-手性的线

形醛。同时，作者通过微调 CO 和 H_2 的分压来减少副反应的产生。特别是，在可接受的较低的气体压力下进行这种转换的能力，使这种方法可以适用于一般实验室。同时这一方法拓宽了不对称氢甲酰化合成手性醛及其衍生物的适用性。具体的反应方程式和手性配体的结构式如图 6.35 所示。

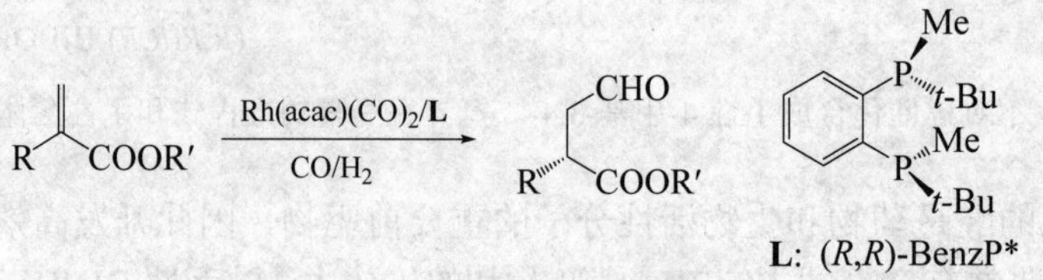

Rh(acac)(CO)$_2$/**L**, CO/H_2; **L**: (*R*,*R*)-BenzP*

图 6.35 不对称催化合成手性二取代醛的方程式和手性配体的结构式

在 Schmitz 等人[48]的工作中，合成了基于手性 Betti 碱骨架和二苯基膦苯胺衍生物的杂化双齿膦-二脒基膦配体（BettiPhos），该配体在二脒基膦上具有一个立体定向的 P 原子，其构型主要受合成路线和碱溶剂的选择控制。将 BettiPhos 应用于铑催化的乙烯基酯和乙烯基酰胺的不对称氢甲酰化反应（AHF）。得益于 BettiPhos 配体[(S_C,S_C,R_P,S_C)-4b]在苯胺氮上带有的一个额外的手性基团，使得产物获得了高达 97% *ee* 的对映选择性和优异的区域选择性（$b/l > 1000$）。具体的反应方程式和手性配体的结构式如图 6.36 所示。

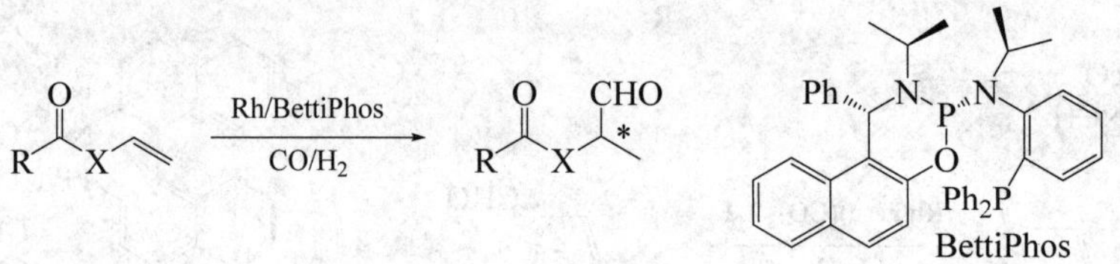

Rh/BettiPhos, CO/H_2; BettiPhos

图 6.36 BettiPhos 用于不对称催化合成手性醛的方程式和手性配体的结构式

在 Cobley 等人[49]的工作中，以(*S*)-5,5′,6,6′-四甲基-3,3′-二叔丁基-1,1′-联苯-2,2′-二氧基[(*S*)-BIPHEN]为手性助剂制备了一系列单齿和双齿亚磷酸酯，并在烯丙基氰不对称氢甲酰化反应中进行了筛选。将这些氢甲酰化结果与已有的两种手性配体 Chiraphite 和 Binaphos 进行了比较，后者在不对称氢甲酰化中的效用早已被证明。双亚磷酸酯[(*R*,*R*)-Kelliphite]具有 2,2′-双酚桥，是烯丙基氰不对称氢甲酰化反应的最佳配体，*ee* 可达 80%，区域选择性（支化比，*b*/*l*）为 20。具体的反应方程式和手性配体的结构式如图 6.37 所示。

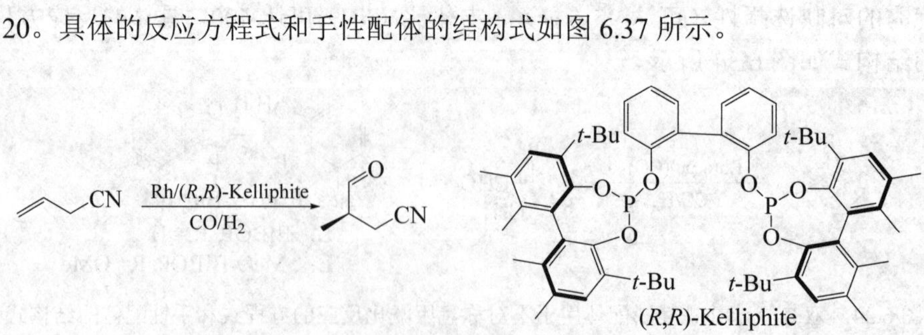

Rh/(*R*,*R*)-Kelliphite, CO/H_2; (*R*,*R*)-Kelliphite

图 6.37 (*R*,*R*)-Kelliphite 用于不对称催化合成手性醛的方程式和手性配体的结构式

6.2.6 不对称异构化反应

有机分子的不对称异构化反应，通常包括双键迁移和较为复杂的骨架重排，下面我们将对不对称异构化反应进行介绍。

氟原子对于医药和农业化学具有重要的意义，因此对含氟分子合成方法的需求迅速增加。此外，在许多具有生物活性的化合物中，三氟甲基化胺被认为比相应的甲基胺具有更好的亲脂性和代谢稳定性，这表明其在医药化学中有潜在的应用。但是手性三氟甲基胺的催化不对称合成仍面临重大挑战。*N*-苄基三氟甲基亚胺通过 1,3-质子转移催化对映选择性异构化生成相应的三氟甲基胺，是手性三氟甲基胺不对称合成的一个重要策略。在 Wu 等人[50]的工作中，发展了一种新的催化不对称合成三氟甲基亚胺的方法，实现了前所未有的高对映选择性催化异构化，适用于芳基和烷基三氟甲基亚胺。这种不对称异构化的成功发展关键是 9-OH 金鸡纳生物碱（DHQ-7f）的发现，它是质子转移催化亚胺异构化的有效催化剂。具体的反应方程式和手性配体的结构式如图 6.38 所示。

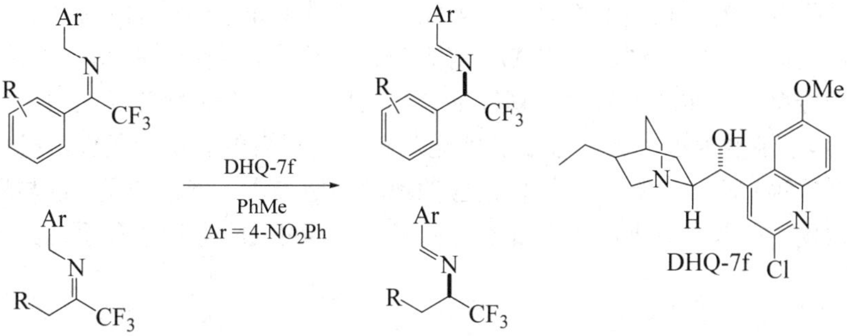

图 6.38　DHQ-7f 催化不对称异构化合成三氟甲基亚胺的方程式和手性配体的结构式

开发低环境影响的新化学反应是化学家们关注的主要问题。烯丙基醇异构化成相应的饱和羰基化合物是一个 100%原子高效的催化过程。在该方法中，过渡金属可以协助碳碳双键向烯醇和醇化合物迁移，使其发生异构化反应生成羰基化合物。然而，有几个缺点阻碍了该方法的广泛应用：反应范围有限、催化剂负载量高或温度升高、反应时间长、催化剂选择性差。近几十年来，许多过渡金属被用于催化烯丙醇的异构化反应，但钌、铑、铱络合物在不对称异构化反应中占据主导地位[51]。

选择性的、金属催化的伯烯丙基醇异构化成相应的饱和羰基化合物是合成相应醛类的原子经济性路线。1989 年，Süss-Fink 和同事[52]首次尝试将立体选择性的橙花醇和香叶醇异构化成香茅醛。为了实现这一目标，作者用(*S*)-脯氨酸修饰了三核钌团簇体系[$Ru_3(CO)_{12}$]并制备得到了 Ru 手性催化剂。具体的反应方程式如图 6.39 所示。

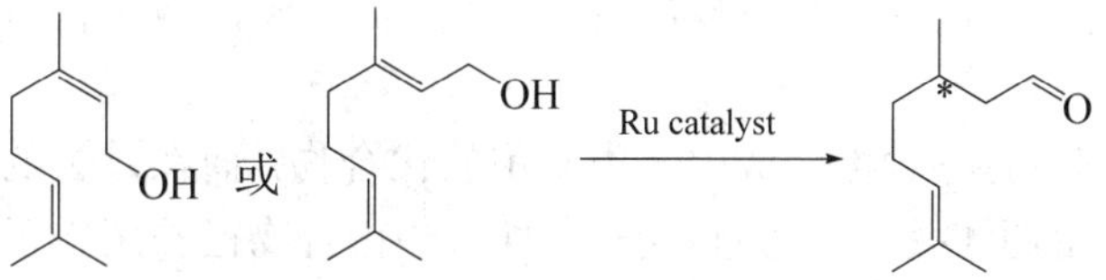

图 6.39　不对称异构化合成手性香茅醛的方程式

在 Cabré 等人[53]的工作中，开发了一类新的含手性 *P*,*N*-配体的铱络合物催化剂（Ir-

MaxPHOX），它们呈现 3 个截然不同的手性中心，因此最多可测试 4 种催化性质完全不同的双酯异构体。此外，噁唑啉环上的取代基也可以被修饰来调节空间位阻效应。Ir-MaxPHOX 可以在伯烯丙醇对映异构化反应中有所应用。具体的反应方程式和手性化合物的结构式如图 6.40 所示。

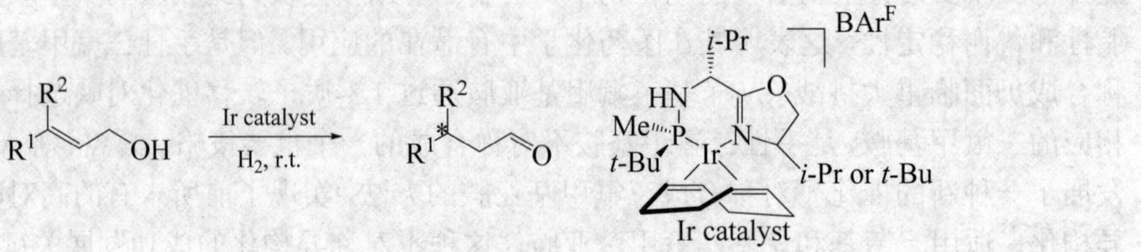

图 6.40 Ir 催化剂用于不对称异构化合成的方程式和手性配体的结构式

γ-取代的 α,β-不饱和丁烯酸内酯是许多天然产物和合成产物共有的结构母体。此外，它们是用于不对称合成的多功能手性砌块。因此，制备具有光学活性的γ-烷基 α,β-不饱和丁烯酸内酯一直是人们感兴趣的课题。在 Wu 等人[54]的工作中，利用一种新型手性有机催化剂，通过仿生质子转移催化实现了对映选择性烯烃异构化。这种不对称变换适用于含有一个或多个取代基的β,γ-丁烯酸内酯。具有较低的催化剂负载量和简单的反应条件，机理研究表明，质子化步骤是这种有机催化烯烃异构化反应的速率决定步骤。有趣的是，这与酶催化的烯烃异构化反应相反，它是速率决定的去质子化反应。具体的反应方程式和手性配体的结构式如图 6.41 所示。

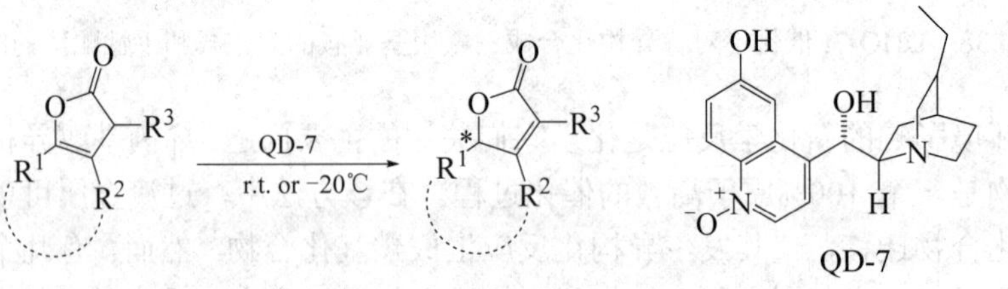

图 6.41 不对称异构化合成β,γ-丁烯酸内酯的方程式和手性配体的结构式

6.2.7 不对称相转移反应

相转移催化反应是不对称催化反应中一种常用的反应。它是指当反应底物分别在两个不相容的溶剂中，使用一种相转移催化剂使得一种底物从一相转移到另一相中，允许两种底物反应。在此，当相转移催化剂为手性结构时，反应底物可转变成光活性产物，即利用手性催化剂开展催化不对称相转移反应。

因为不对称相转移催化反应具有反应条件温和、简单和高效等特点，因此在实验室和工业上都有所应用。

手性季铵盐是公认的不对称合成中一类常用的化合物，而在过去的一段时间里，科研工作者合成了各种类型的手性季铵盐和膦酸盐。且这些化合物已被用作手性相转移催化剂，并使多种高效的对映选择性转化得以实现。在 Liu 等人[55]的工作中，报道了可以实现高对映选择性共轭加成反应的手性叔硫鎓盐催化剂的研究进展。在无碱、中性条件下，硫鎓盐可以抑制亚硫酸盐的生成。在此条件下，手性硫鎓盐催化剂能有效地促进不对称中性相转移反应，具有较高的对映选择性。在无碱、中性相转移条件下，联萘修饰的含脲基的双官能团磺酸盐是 3-取代氧化吲哚不对称共轭加成马来酰亚胺的高效催化剂。具体的反应方程式和手性配体的结构式如图 6.42 所示。

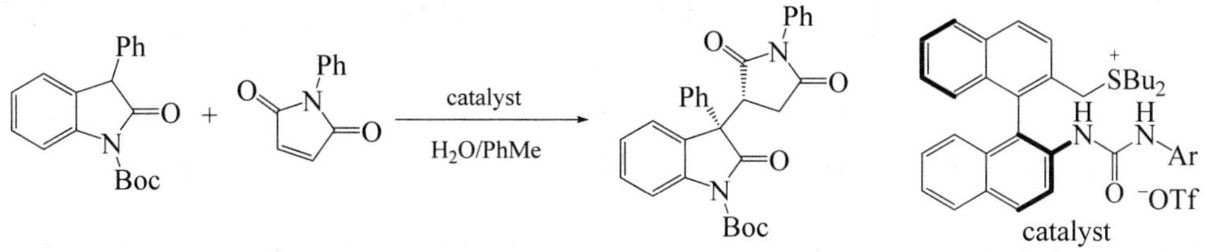

图 6.42 不对称相转移合成不对称共轭加成马来酰亚胺的方程式和手性配体的结构式

对亚甲基苯醌类化合物（*p*-QMs）以羰基与环外亚甲基对位共轭的环己二烯为结构特征，存在于多种天然产物和医药中，在许多化学、医药和生物过程中作为反应中间体。在环己二烯的环上引入合适的取代基（典型的给电子基团，且通常在 α位上），该类化合物就能稳定地分离，并且可以作为有机合成中的反应组分处理。在 Ge 等人[56]的工作中，利用手性 α-氨基酸衍生的酰胺膦盐作为双功能相转移催化剂，发展了丙二酸酯不对称 1,6-加成对亚甲基苯醌类化合物。苯环上带有各种取代基可稳定对亚甲基醌化物与丙二酸二甲酯的反应，以优异的产率和优异的 *ee* 得到功能化的二芳基甲基化物。具体的反应方程式和手性配体的结构式如图 6.43 所示。

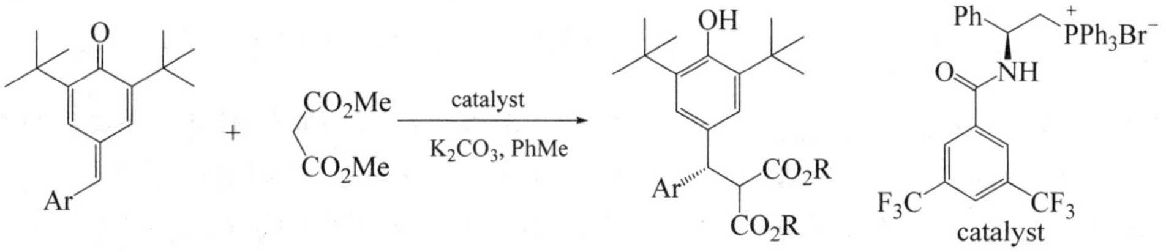

图 6.43 不对称相转移合成手性二芳基甲基化合物的方程式和手性配体的结构式

近年来，新型有机氟化物的设计因其独特的物理化学和生物学特性成为农药和化学领域的热点研究课题，并引发了大量关于氟基药物的报道。因此，世界各国的研究小组致力于开发多种合成方法，以实现氟原子或氟烷基不对称引入有机分子。在这方面，含有三氟甲硫基（SCF_3）的生物活性化合物由于其亲脂性和吸电子性，表现出了显著的改善代谢稳定性和跨膜通透性的作用。在 Sicignano 等人[57]的工作中，采用相转移催化的方法，首次将 SCF_3 基团直接固定在噁唑-(4*H*)-5-酮的 C4 位，得到了一系列具有苄基和脂肪族 α-侧链的产物，产物的产率高且对映选择性好。具体的反应方程式和手性配体的结构式如图 6.44 所示。

在上一段内容中，科研工作者研究了将 SCF_3 基团引入到噁唑-(4*H*)-5-酮的 C4 位并得到了一系列产物。但是在氟化物的研究领域中，富电子芳香族化合物的脱芳氟化研究较少。脱芳构化反应是构建三维分子的一种多用途策略，不仅在生物合成方面，而且在合成有机化学方面也是如此，因此不对称脱芳构化反应的发展被关注。在此背景下，2-萘酚衍生物有望成为脱芳氟的有用底物，因为其结构中所带有的萘酮骨架含有可转化的共轭烯酮单元，并存在于许多天然生物活性化合物中。在 Egami 等人[58]的研究中，设计合成的相转移催化剂可使 2-

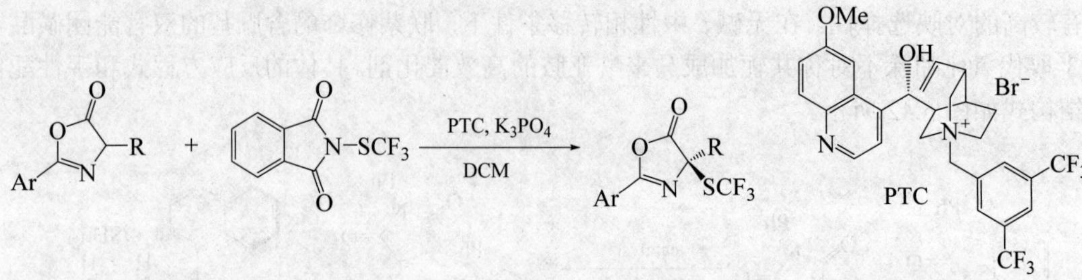

图 6.44　不对称相转移合成手性三氟甲硫基化合物的方程式和手性配体的结构式

萘酚与氟试剂 SelectFluor 在温和条件下完成不对称脱芳氟化，以高度对映选择性的方式给出相应的 1-氟萘酮衍生物。具体的反应方程式和手性配体的结构式如图 6.45 所示。

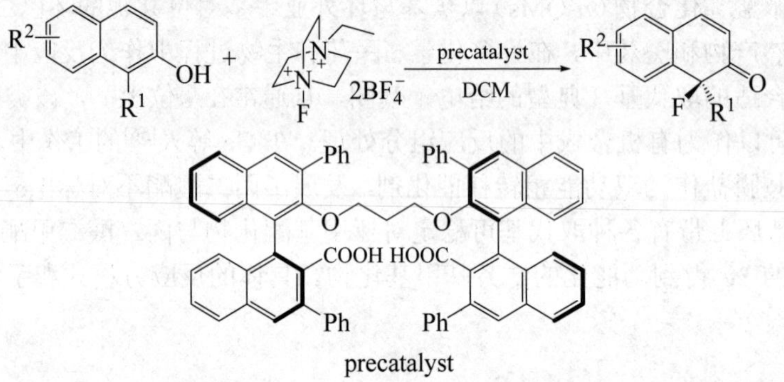

图 6.45　不对称相转移合成手性 1-氟萘酮衍生物的方程式和手性配体的结构式

在中性条件下利用手性无金属催化剂在溶剂水中进行新的催化不对称变换是目前不对称合成最理想的方法之一。在 Wang 等人[59]的工作中，发展了一种环境友好的不对称共轭胺化硝基烯烃的方法。在富水两相溶剂中，使用负载量很低的手性四烷基铵盐进行催化，成功地在中性相转移条件下，实现硝基烯烃的高效催化不对称胺化反应。具体的反应方程式和手性配体的结构式如图 6.46 所示。

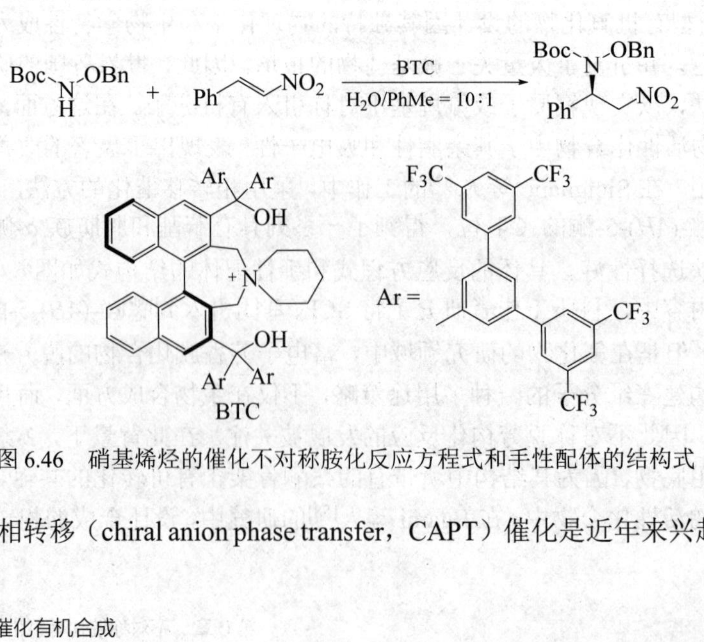

图 6.46　硝基烯烃的催化不对称胺化反应方程式和手性配体的结构式

手性阴离子相转移（chiral anion phase transfer，CAPT）催化是近年来兴起的一种有效的对映选择性催化策略。使用 SelectFluor 及其衍生物进行烯烃亲电卤代功能化反应已被证明是广泛有效的，使用此催化剂可以以高产率和优异的对映选择性提供广泛且有价值的卤代产物。受 CAPT 卤代官能化及其他氧化反应底物普适性的启发，在 Nelson 等人[60]的工作中，利用芳基二氮杂阳离子作为亲电氮源的不对称合成。这是通过一个手性阴离子相转移吡咯啉化反应实现的，该反应由简单的色胺和芳基四氟硼酸二铵形成 C3-二叠吡咯啉，目标产物收率高达 99%、*ee* 为 96%。具体的反应方程式和手性配体的结构式如图 6.47 所示。

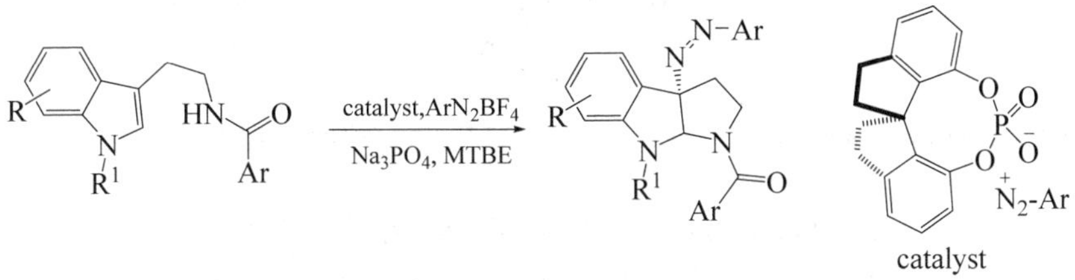

图 6.47　不对称相转移合成 C3-二叠吡咯啉的方程式和手性配体的结构式

6.2.8　不对称 Michael 加成反应

不对称 Michael 加成反应被普遍认为是有机合成中最重要的 C—C 键形成反应之一。由于许多生物活性物质都含有这类 1,4-共轭加成物，且以多个立体中心为核心骨架，因此立体选择性 Michael 加成被认为是评价设计催化剂性能的重要手段。

在 Mahato 等人[61]的工作中，吡咯烷-噁二唑酮基有机催化剂被设计合成并用于不对称 Michael 反应。研究结果表明，在较短的反应时间内，催化剂对立体选择性的 1,4-共轭 Michael 加成反应（*dr*> 97∶3，*ee* 高达 99%）具有很好的催化效果。具体的反应方程式和手性配体的结构式如图 6.48 所示。

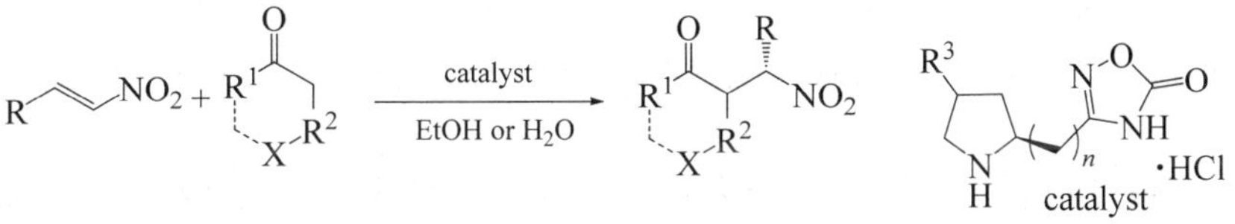

图 6.48　吡咯烷-噁二唑酮基催化剂用于 Michael 加成的方程式和手性配体的结构式

β-氨基酸及其衍生物是许多天然产物、药物和具有药理活性的化合物中的特征结构。同时它们也是制备多肽、拟肽和*β*-内酰胺的基本单元。因此，发展高效的不对称策略来构建手性*β*-氨基酸及其衍生物引起了人们的广泛关注，并报道了多种高效的策略来合成这些有趣的分子。在 Luo 等人[62]的工作中，以手性双功能硫脲-叔胺为催化剂，发展了一种有机催化的吡唑酰胺对*β*-邻苯二甲酰亚硝基乙烯的不对称 Michael 加成反应。以较高的对映选择性（最高可达 99%产率、99% *ee* 和> 20∶1 *dr*）和良好到优秀的产率得到*γ*-硝基-*β*-氨基酰胺产物，同时论证了产品的放大实验。具体的反应方程式和手性配体的结构式如图 6.49 所示。

色酮及其结构类似物是天然化合物的主要类型之一，广泛存在于各种具有重要生物活性的天然和人工合成化合物中。香豆素色酮作为色酮类化合物的重要活性骨架，因其具有生物活性而备受关注。含色酮的二烯化合物具有共轭二烯、*α*,*β*-不饱和酮等多个反应位点，在合成领域有着广泛的应用。在 Yan 等人[63]的工作中，利用手性芳酰胺，发展了 3-酰基香豆素

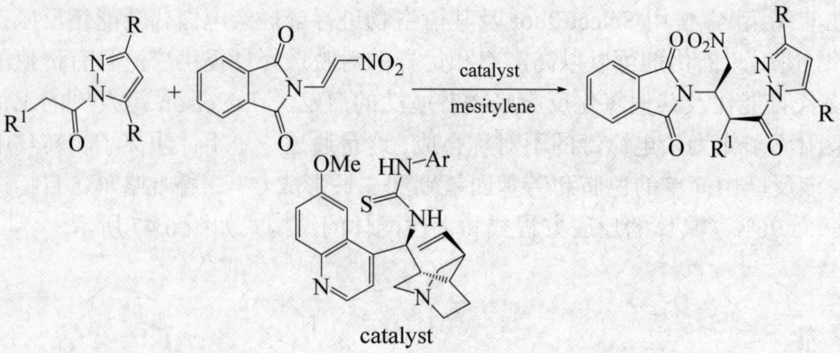

图 6.49　不对称 Michael 加成反应合成γ-硝基-β-氨基酰胺产物的方程式和手性配体的结构式

与色酮稠合二烯的不对称 Michael 反应，以中等到高收率（最高 99%）和立体选择性（最高 98∶2 *dr*，99% *ee*）合成了一系列香豆素色酮骨架化合物。具体的反应方程式和手性配体的结构式如图 6.50 所示。

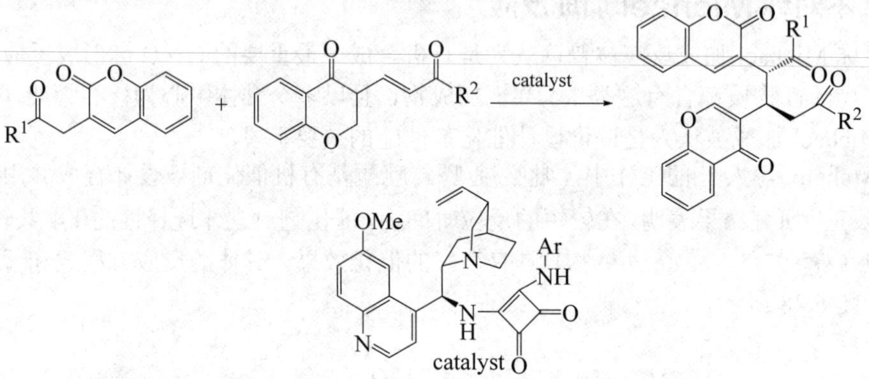

图 6.50　不对称 Michael 加成反应合成香豆素色酮骨架化合物的方程式和手性配体的结构式

Szllsi 等人[64]研究了光学纯二胺及其磺胺催化的马来酰亚胺与异丁醛的不对称 Michael 加成反应，以开发这些反应的非均相手性催化剂。使用对甲苯磺酰胺或甲磺酰胺衍生物催化剂可以得到较好的结果，即完全转化的光学纯产物。在磺酰氯功能化的载体上，通过共价键合二胺制备了手性固体材料。通过 FT-IR 光谱确证了胺的固定，将光学纯的 1,2-二苯乙烷-1,2-二胺键合到聚苯乙烯载体上制备的非均相催化剂具有很高的对映选择性，结果与可溶性磺胺衍生物接近。同时催化剂可循环使用几次仍保持有活性，随后转化率逐渐小幅下降，但仍可提供高达 97%的对映体产物。具体的反应方程式和手性配体的结构式如图 6.51 所示。

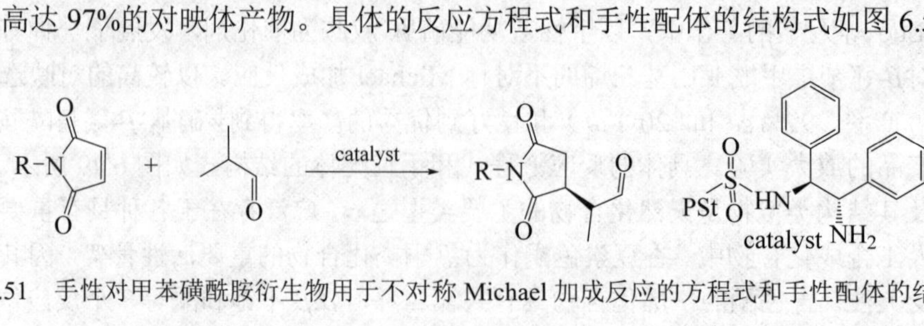

图 6.51　手性对甲苯磺酰胺衍生物用于不对称 Michael 加成反应的方程式和手性配体的结构式

6.2.9 不对称环丙烷化反应

不对称环丙烷化反应指烯烃与游离卡宾或者卡宾体反应生成环丙烷的一类反应。通过选用合适的手性催化剂，可以起到控制卡宾体立体化学结构的作用。同时烯烃键的不对称环丙烷化反应是有机合成中最重要的转化之一，因为取代环丙烷分子已被证明是合成药物、多肽和天然产物的通用中间体。

在现代有机合成中，自由基反应表现出许多独有的特征，包括对官能团的容忍性，因此可以基于此设计有机反应。为应对现有的对映选择性控制等挑战，金属自由基催化（MRC）提供了一种全新的方法，能够催化生成金属稳定的有机自由基并对其后续的自由基反应进行选择性控制。在 Xu 等人[65]的工作中，通过 Co(Ⅱ)金属自由基催化，α-甲酰基重氮乙酸酯成功应用于烯烃的不对称环丙烷化反应。D_2-对称手性酰胺卟啉的 Co(Ⅱ)络合物[Co(3,5-Di-*t*-Bu-ChenPhyrin)]是一种有效的金属自由基催化剂，能活化 α-甲酰基重氮乙酸酯并与芳香族和脂肪族烯烃生成环丙烷酸酯，具有较高的对映选择性。具体的反应方程式和手性配体的结构式如图 6.52 所示。

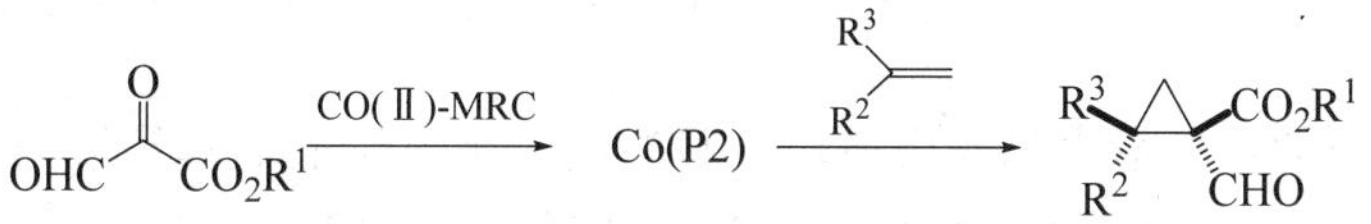

图 6.52　不对称环丙烷化合成手性环丙烷酸酯化合物的方程式和手性配体的结构式

嘧啶核苷被广泛用作治疗病毒感染和癌症的药物。嘧啶核苷衍生物中的研究热点之一是对核糖环的修饰，包括在核糖环上引入季碳中心或利用结构相似的不同碳环取代呋喃环。这些手性嘧啶核苷衍生物在生物学上具有广泛应用，因此开发一种高效的手性环丙基嘧啶碳环核苷的季铵盐中心构建方法是有意义的。在 Wang 等人[66]的工作中，通过不对称 Michael 引发的环丙烷化反应，发展了一种高效的构建具有季碳中心的手性环丙基嘧啶碳环核苷类似物的方法。在环丙基嘧啶碳环核苷类似物中观察到了轴手性，这是由于 *N*-COPh 环上的 N—C 发生了转动受限所致。以$(DHQD)_2AQN$ 为有机催化剂，以 76%~93%的产率和 73%~96%的 *ee* 合成了多样的环丙基嘧啶碳环核苷衍生物。具体的反应方程式和手性配体的结构式如图 6.53 所示。

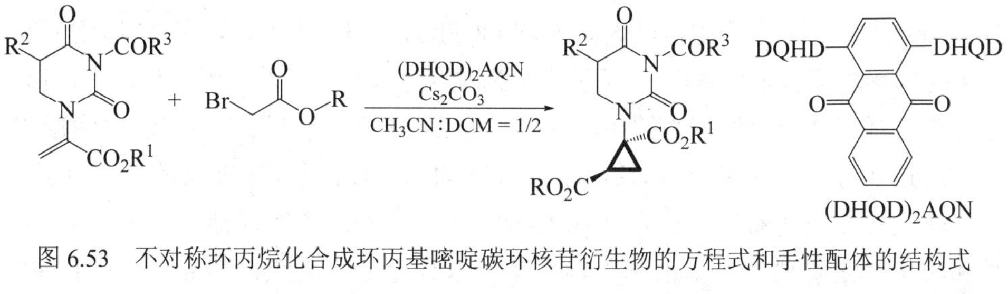

图 6.53　不对称环丙烷化合成环丙基嘧啶碳环核苷衍生物的方程式和手性配体的结构式

铁是地壳中含量最丰富的过渡金属。此外，铁价廉、易得、对环境无害。由于上述原因，铁催化在有机合成中引起了人们的极大关注。近几十年来，越来越多的铁催化有机转化得到了发展，如取代、加成、还原、氧化、环加成等。基于铁的特性，对于使用手性铁催化制备手性化合物具有重要的意义。同时基于手性双噁唑啉（BOX）配体在多种金属催化的不对称反应中的广泛应用，导致对含有不同基团的新型 BOX 配体的需求日益增加。在 Gu 等人[67]的工作中，开发了一种基于四甲基-1,1′-螺二茚环母体和双噁唑啉螯合的手性螺二噁唑啉配体（TMSI-BOX）。TMSI-BOX 相应的 Fe 络合物在重氮衍生物的不对称分子内环丙烷化反应中表现出优异的催化性能，为合成具有两个连续的季铵盐手性中心的[3.1.0]双环烷衍生物提供了高对映体纯度的多功能催化剂。具体的反应方程式和手性配体的结构式如图 6.54 所示。

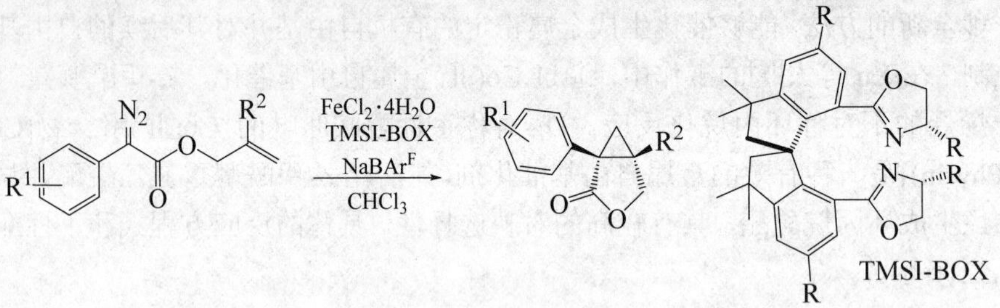

图 6.54　不对称环丙烷化合成手性双环烷衍生物的方程式和手性配体的结构式

乙酰乙酸乙酯的重氮衍生物是合成环丙基酮的一个有用的基本骨架。在 Chi 等人[68]的工作中，采用新型的 *p*-nitro-Ru(Ⅱ)-diphenyl-Pheox 催化剂，实现了重氮乙酰氧丙酮与烯烃的分子间环丙烷化反应，以良好的产率（最高可达 95%）得到相应的光学活性环丙烷衍生物，具有优异的非对映选择性（最高可达 99:1）和对映选择性（最高可达 98% *ee*）。具体的反应方程式和手性配体的结构式如图 6.55 所示。

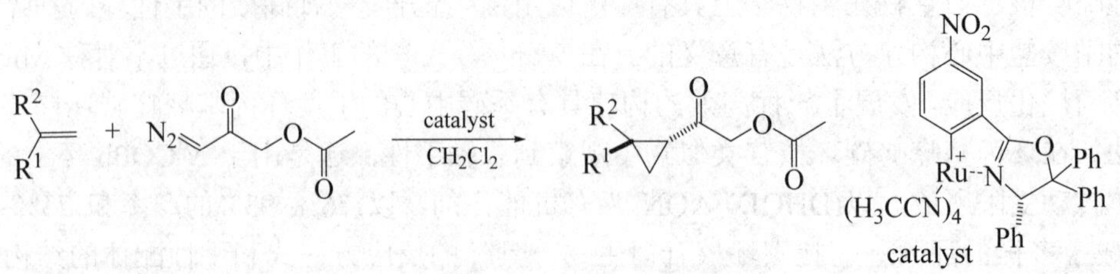

图 6.55　不对称环丙烷化合成光学活性环丙烷衍生物的方程式和手性配体的结构式

在 Huang 等人[69]的工作中，以(S_{phos},R)-SIOCPhox（**L1**）为配体，在 Pd 催化下实现了芳基取代烯丙基碳酸酯和多烯基碳酸酯与无环酰胺的高对映选择性环丙烷化反应，以 83%～99%的 *ee* 值合成了 3 个手性中心的环丙烷类化合物。产物中酰胺基易被还原为羟甲基，收率较高。通过实验、两种钯-配体烯丙基配合物的 X 射线衍射分析以及 DFT 计算，确定反应应在轨道控制下进行，亲核试剂和 Pd-烯丙基配合物与配体（活性中间体）的性质（包括键长和咬角）是重要的。烯丙基与烯丙基上取代基的共轭效应以及 L^1-Pd-L^2 的咬合角也是影响反应 *c*/*a* 选择性的重要因素。所有这些信息将对新型催化剂的设计和反应新型烯丙基底物和亲核试剂的延伸有很大的帮助。具体的反应方程式和手性化合物的结构式如图 6.56 所示。

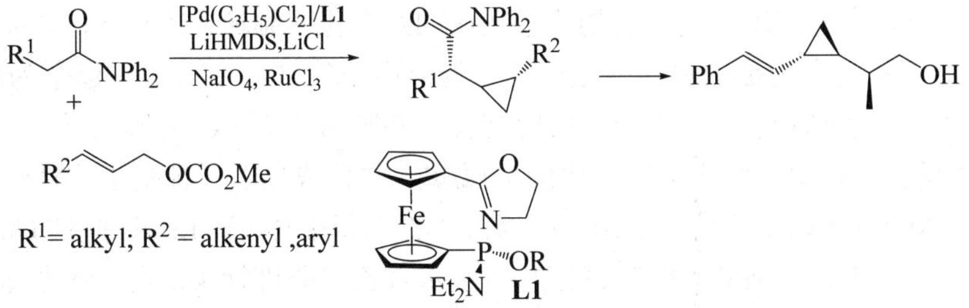

图 6.56　Pd 催化不对称环丙烷化反应的方程式和手性配体的结构式

6.2.10　不对称醛醇缩合反应

醛醇缩合又叫羟醛缩合，指的是在稀碱或稀酸的作用下，两个醛或酮衍生物发生反应，生成一分子β-羟基醛或一分子β-羟基酮。不对称醛醇缩合反应（Aldol 缩合反应）是生成手性 C—C 键的一个重要方法，在诸多领域有着重要的作用，并引起了科研工作者的极大兴趣。下面我们对不对称醛醇缩合反应做一个介绍。

脯氨酸是一种具有代表性的双功能有机催化剂，在不对称 Aldol 反应、共轭加成等反应中有所应用。但是纯的脯氨酸有可能会引发一些副反应，为了抑制这些不希望发生的副反应，人们设计合成了各种脯氨酸基有机催化剂。在 Lu 等人[70]的工作中，由市售的 L-羟基脯氨酸可以方便地制备出一类光学纯的仲氨基芳香族 Tf-酰胺类有机催化剂。通过应用于不对称 Aldol 反应，考察了这些有机催化剂的化学行为。催化剂 **L** 高效催化了环烷酮和取代苯甲醛的直接不对称 Aldol 反应，以较好的收率得到了相应的 Aldol 加合物，具有良好到优秀的对映选择性。具体的反应方程式和手性配体的结构式如图 6.57 所示。

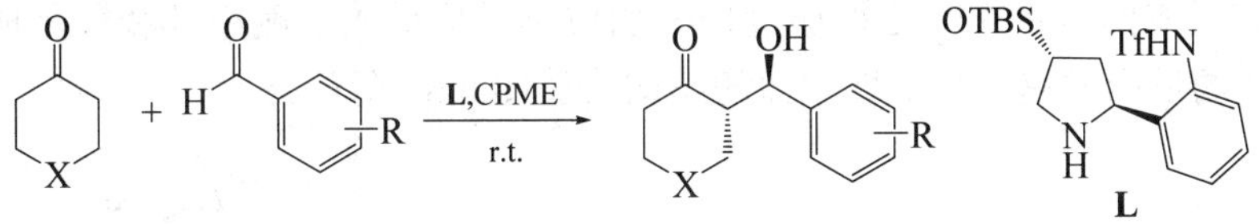

图 6.57　环烷酮和取代苯甲醛的不对称 Aldol 反应的方程式和手性配体的结构式

7-氮杂吲哚啉酰胺能与软 Lewis 酸/Brønsted 碱配合催化剂促进烯醇化反应，在 Takeuchi 等人[71]的工作中，发展了一个高效的直接不对称 Aldol 方法，用以合成含有α-乙烯基的β-羟基酰胺。采用协同酸/碱催化剂，以立体分散的方式促进了α-乙烯基 7-氮杂吲哚酰胺对芳香醛和脂肪醛的直接催化不对称羟醛加成。乙烯基的策略性使得可烯醇化的脂肪醛作为可引导的醛醇受体得以掺入，并应用于 Blumiolide C 和 Kainic acid 关键中间体的立体选择性合成。具体的反应方程式和手性配体的结构式如图 6.58 所示。

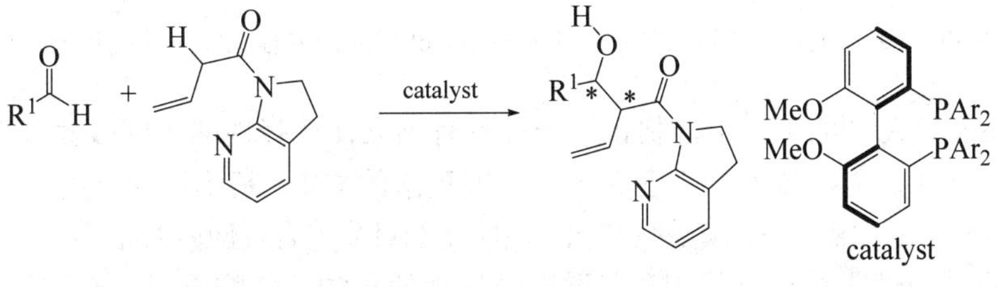

图 6.58　α-乙烯基 7-氮杂吲哚酰胺与芳香醛或脂肪醛的不对称 Aldol 反应的方程式和手性配体的结构式

含氟手性砌块广泛应用于包括药物化学在内的众多化学领域。鉴于已有的烯醇酸盐化学，α-CF_3 取代的羰基化合物是构建含三氟甲基立构碳中心的常见中间体。迄今为止，许多 α-CF_3 烯醇化物已成功地通过 α-去质子化反应制备，并应用于 C—C 键形成反应（如 Aldol 反应）。但这些反应很多都需要化学计量比的金属/碱，并且依赖于一种基于手性辅助的不对称合成方法。在 Matsuzawa 等人[72]的工作中，通过手性双膦配体、软 Lewis 酸性 Cu(Ⅰ)和 DBU 组成的手性催化剂促进了 α-CF_3 酰胺直接与芳基水合乙二醛进行不对称羟醛加成。酰胺的 7-氮杂吲哚基团促进了其烯醇化，稳定了由此生成的烯醇酸铜，并提供了对映体富集的 Aldol 反应产物。具体的反应方程式和手性配体的结构式如图 6.59 所示。

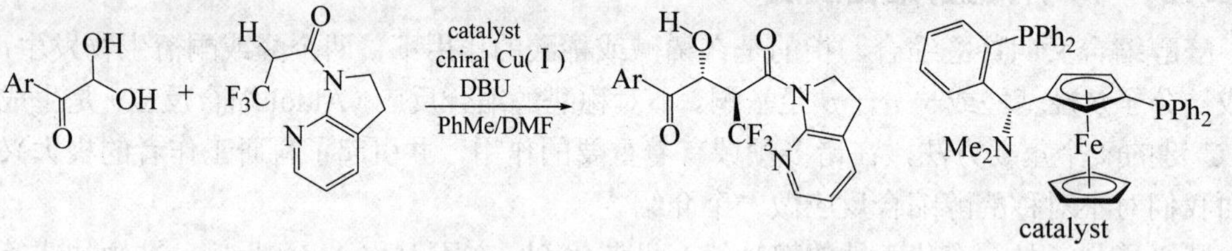

图 6.59　α-CF_3 酰胺与芳基水合乙二醛的不对称 Aldol 反应的方程式和手性配体的结构式

在特定有机小分子中引入氟原子会使得分子具有一些特殊的化学和生物学特性，这些特性促使化学家们发展新的氟化反应，而以不对称的方式在羰基 α-位引入氟化物对药物化学、有机化学等领域有着重要的作用，在 Qian 等人[73]的工作中，由 2,2-二氟-1,3-二酮化合物与靛红发生羟醛加成反应得到产物。用金鸡纳碱-硫脲双功能有机催化剂促进反应，得到不同的 3-羟基-3-二氟烷基化的吲哚青素，产物具有良好的产率和抗血栓活性。二氟烯酸盐前驱体的可再生性和反应的可扩充性使得通过羟醛加成不对称引入二氟甲基和羟基成为一种可行的方法。具体的反应方程式和手性配体的结构式如图 6.60 所示。

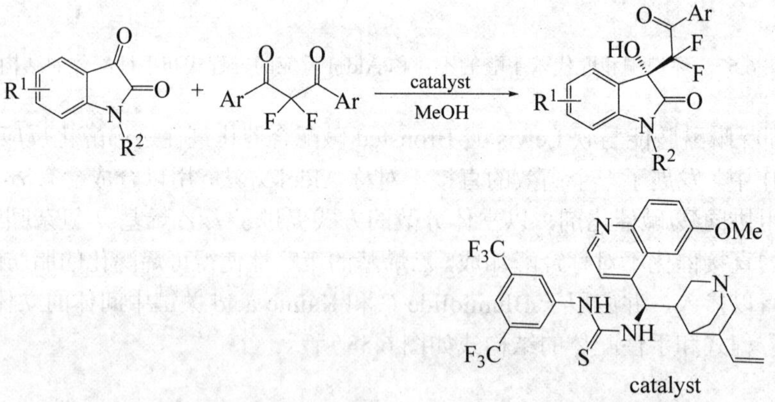

图 6.60　2,2-二氟-1,3-二酮与靛红的不对称 Aldol 反应的方程式和手性配体的结构式

在 Ishihara 等人[74]的工作中，制备了一种具有高立体选择性的可回收氟脯氨酸催化剂 **L** 用于不对称 Aldol 反应，该催化剂含有一个高度疏水的 C_8F_{17} 基团，通过丙基与 4 位相连，羧基上含有 3,5-二（三氟甲基）磺酰胺基团，该催化剂对醛缩合反应具有很高的立体选择性，因为它同时含有 4 位的大体积氟基团和磺酰胺结构中的高酸性酰胺质子。其高的立体选择性和

易于回收是通过采用多氟化物标记附着策略实现的。虽然催化剂的催化活性逐渐降低，但通过在 FluoroFlash®上吸附，可将催化剂从反应混合物中分离出来，并可以这种形式重复使用 5 次，同时保持较高的立体选择性。具体的反应方程式和手性配体的结构式如图 6.61 所示。

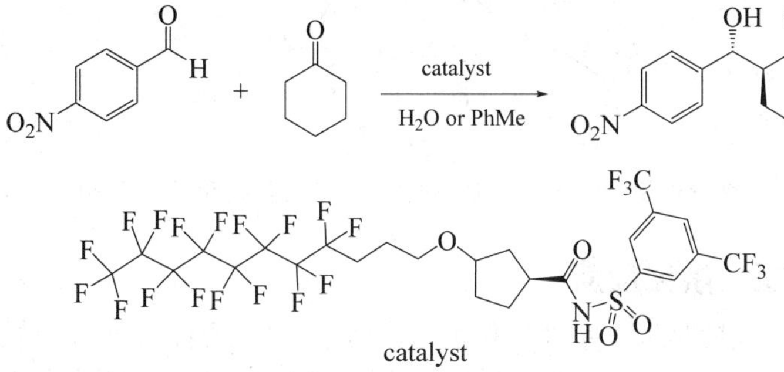

图 6.61 可回收氟脯氨酸催化剂用于不对称 Aldol 反应的方程式和手性配体的结构式

在上一个工作中，通过吸附作用可以对催化剂进行回收利用，而在 Zhang 等人[75]的工作中，同样制备了一种可以回收利用的不对称 Aldol 反应催化剂，但是他们制备得到的是一种聚合物手性催化剂，是一种含有 L-羟基脯氨酸侧基的新型的单手螺旋聚苯乙炔[poly(PA-P)]，并作为环境友好的聚合物负载催化剂用于不对称反应。poly(PA-P)可以催化环己酮与对硝基苯甲醛的不对称 Aldol 反应，在水相介质中表现出较好的可回收性和较高的对映体过量（*ee*）。poly(PA-P)的单手螺旋度明显受到水介质中含水量的影响，在 THF/H_2O（H_2O 体积分数为 25.0%）中表现出比其单体 PA-P 更高的对映选择性（*ee*=99%）。研磨处理破坏了 poly(PA-P)的单手螺旋结构后，反应的 *ee* 从 99%明显下降到 49%。这表明 poly(PA-P)的单手螺旋结构对水介质中不对称 Aldol 反应的高对映选择性起着重要作用。具体的反应方程式和手性配体的结构式如图 6.62 所示。

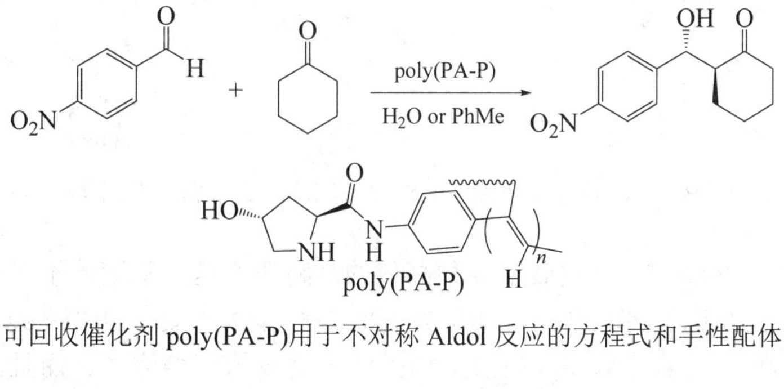

图 6.62 可回收催化剂 poly(PA-P)用于不对称 Aldol 反应的方程式和手性配体的结构式

多肽尤其是脯氨酰胺已被鉴定为优良的醇醛反应有机催化剂。在 Vlasserou 等人[76]的工作中，由焦谷氨酸衍生的 2-吡咯烷酮与普林酰胺的结合，制备得到了可以催化分子间不对称 Aldol 反应的新型有机催化剂。新催化剂在有机和水介质中均进行了试验，利用各种酮类和醛类，可以以高产率（可达 100%）得到醛醇反应产物，且产物具有优良的对映异构体（可达 97:3 *dr*）和对映选择性（可达 99% *ee*）。具体的反应方程式和手性配体的结构式如图 6.63 所示。

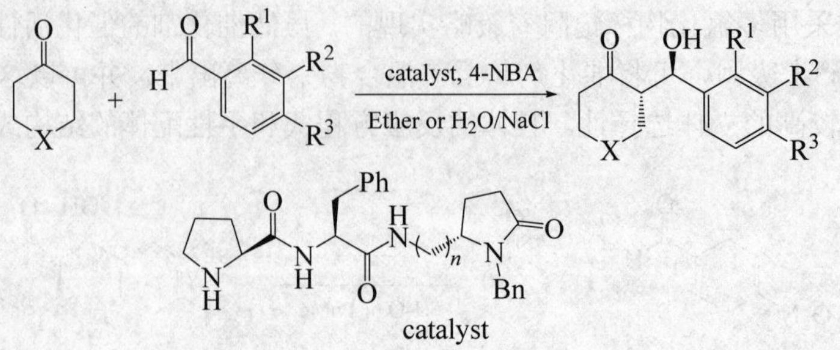

图 6.63　多肽催化剂用于不对称 Aldol 反应的方程式和手性配体的结构式

6.2.11　不对称氢硅烷化反应

不对称氢硅烷化反应是指在手性催化剂的作用下，手性酮、亚胺和烯烃等化合物通过不对称氢硅烷化生成具有光学活性的醇、胺和硅烷化合物。在小分子结构中的 Si—H 键的活性要高于氢气中的 H—H 键，因此 Si—H 在催化剂的作用下更易与不饱和键发生加成反应[77]。基于此，人们可以通过不对称氢硅烷化制备得到不同类型的手性加成产物。

自 Piers 发现 $B(C_6F_5)_3$ 催化羰基硅氢加成反应以来，这个方向至今仍在继续发展[78]。早期的研究已经表明，它是通过 $B(C_6F_5)_3$ 活化氢硅烷试剂而不是与羰基形成传统的 Lewis 对来实现的。从该步骤中产生的硼氢化物就是实际的还原剂。基于 Piers 的工作，在 Susse 等人[79]的工作中设计制备了一个轴向手性的、在硼原子上仅修饰一个 C_6F_5 基团的环状硼烷，在不借助额外的 Lewis 碱的情况下，促进了苯乙酮衍生物的高度对映选择性硅氢加成反应（高达 99% *ee*）。该反应是基于 Piers 的 $B(C_6F_5)_3$ 催化羰基硅氢加成反应后的一个前所未有的不对称变体。硼烷催化剂的 3,3′-二取代联萘骨架所带来的空间位阻以及反应性三氢硅烷作为还原剂的使用是成功的关键。具体的反应方程式和手性配体的结构式如图 6.64 所示。

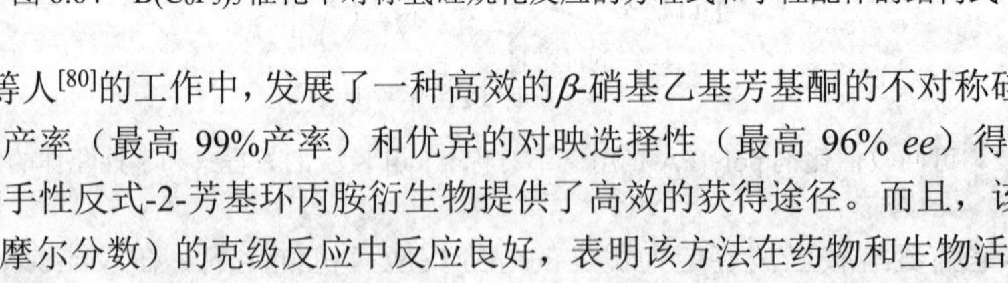

图 6.64　$B(C_6F_5)_3$ 催化不对称氢硅烷化反应的方程式和手性配体的结构式

在 Zeng 等人[80]的工作中，发展了一种高效的β-硝基乙基芳基酮的不对称硅氢加成反应，可以以较高的产率（最高 99%产率）和优异的对映选择性（最高 96% *ee*）得到相应的手性醇。该方法为手性反式-2-芳基环丙胺衍生物提供了高效的获得途径。而且，该反应在 0.3% 配体负载量（摩尔分数）的克级反应中反应良好，表明该方法在药物和生物活性化合物的合成方面具有潜在的工业应用前景。具体的反应方程式和手性配体的结构式如图 6.65 所示。

立体定向全碳四元中心的催化不对称构建被认为是特别具有挑战性。环己烷环含有立体生成的全碳四元中心，是在药剂和天然化合物中发现的具有吸引力的特征结构。因此制备手性全碳四元中心化合物具有意义。而对映选择性合成这些结构的主要方法是基于反应性环己酮的转化，这其中β-取代环己酮的对映选择性共轭加成反应是合成β位具有全碳四元中心环己酮的典型策略。在 Naganawa 等人[81]的工作中，介绍了不同γ,γ-二取代环己二烯酮衍生物的

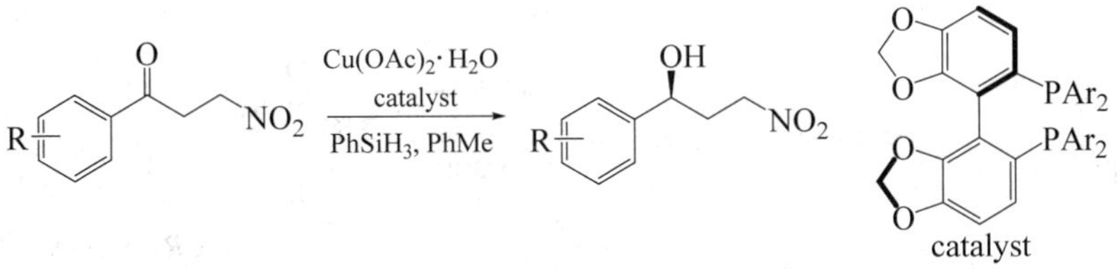

图 6.65 β-硝基乙基芳基酮的不对称硅氢加成反应的方程式和手性配体的结构式

手性拆分共轭硅氢加成反应，使相应的环己二烯酮在γ位带有一个手性全碳四元中心。手性铑-双（噁唑啉）苯基配合物是这种转化的有效催化剂。而后将此催化体系推广到螺碳环环己二烯酮的不对称转化，同样可以得到相应的高对映体比产物。具体的反应方程式和手性配体的结构式如图 6.66 所示。

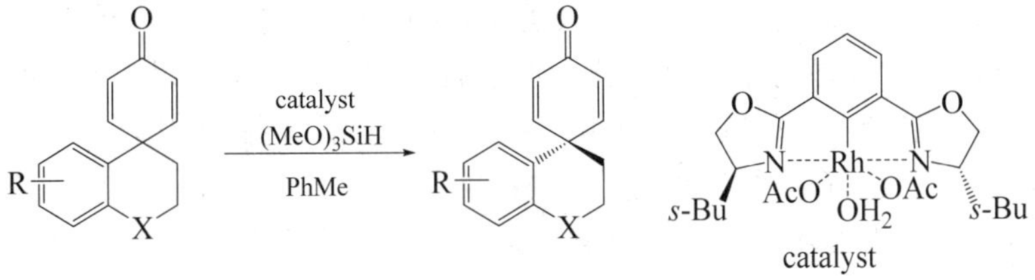

图 6.66 不对称硅氢加成反应生成立体定向全碳四元中心化合物的方程式和手性配体的结构式

亚氨基被认为是过渡金属的良好氧化还原配体。然而，目前仅有少数手性亚胺配体，如 Salen 配体，被广泛用于高对映选择性的转化。因此开发新型亚胺配合物催化剂具有重要意义。在 Chen 等人[82]的研究中，作者从市售的起始原料出发，通过三步反应设计合成了新的手性亚胺苯基噁唑啉苯胺（IPOPA）系列化合物。开发了一种高效的钴催化简单酮的不对称硅氢加成反应，催化剂 $CoCl_2$ 和 IPOPA 在负载量较低的情况下，可以得到高对映选择性的手性醇。具体的反应方程式和手性配体的结构式如图 6.67 所示。

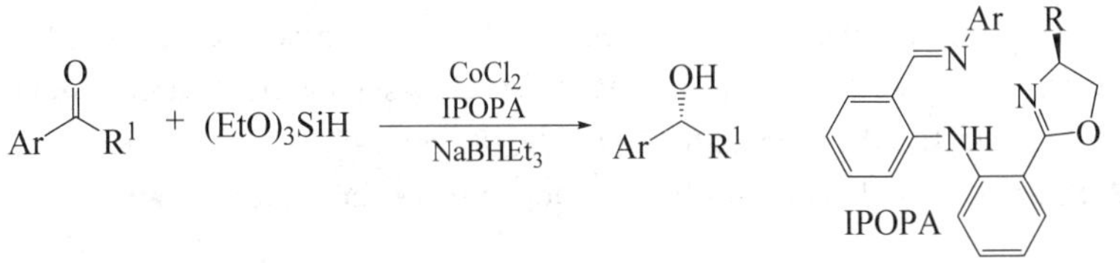

图 6.67 手性亚胺苯基噁唑啉苯胺催化不对称硅氢加成反应的方程式和手性配体的结构式

手性仲胺是许多药物和天然产物的重要合成目标物和有用的子结构。手性仲胺在医药和农用化学品生产中的特殊重要性促使实验室和大规模合成手性仲胺方法的发展。近年来，人们建立了多种催化还原双 C═N 的方法，并取得了较好的效果。在众多的方法中，不对称硅氢加成反应由于条件温和、应用安全、易操作、原料价格低廉等优点，为其他方法提供了重要的选择。在 Bezlada 等人[83]的研究中，一系列光学纯的二苯乙二胺（DPEDA）衍生的醋酸锌配合物被用作各种亚胺硅氢加成反应的对映选择性催化剂。并以(*R*,*R*)-*N*,*N*′-二苄基-1,2-二苯乙烷-1,2-二胺为原料合成了一系列 *N*-膦酰亚胺类化合物，其立体选择性高达 97% *ee*，产率高达 96%，这也是首次成功地将手性 $Zn(OAc)_2$ 配合物应用于 C═N 双键的不对称还原。具体的反应方程式和手性配体的结构式如图 6.68 所示。

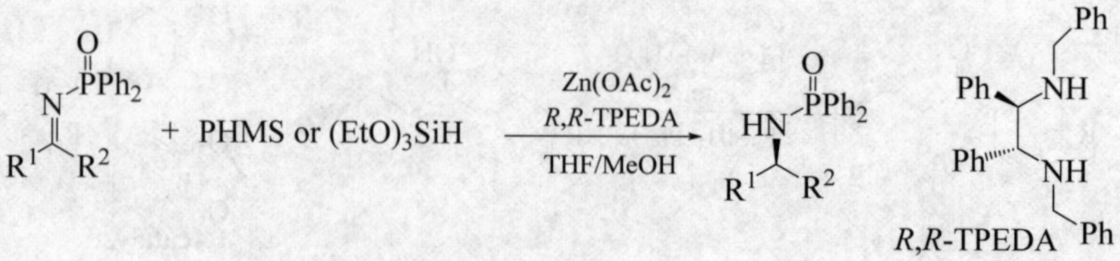

图 6.68 催化不对称硅氢加成合成手性仲胺的反应方程式和手性配体的结构式

6.3 不对称催化有机合成反应展望

在合成手性分子中，不对称催化反应是一种重要的合成方法，手性分子存在于很多天然产物和药物中，不同的手性结构会表现出不同的物理和化学特性，并在与生命体作用时会表现出不同的生物活性，针对这一情况，合成所需要的手性结构对于药物化学尤为重要。在前面我们按照不同的反应类型对不对称催化反应进行了概述，从中可以看到，科研工作者们通过制备不同的手性化试剂，可以在不同的合成进程中起到不同的催化作用。即使有了这些进展，不对称催化反应仍需在下列方面进行发展：

① 制备新颖的手性催化剂，其可以同时提高产物的产率和立体选择性；

② 大部分的手性催化剂的重复利用率受限，制备可重复利用且高效的手性催化剂是重要的研究方向；

③ 制备更为廉价的手性催化剂，这对制备大批量精细化学品具有意义；

④ 制备可以用于不同反应类型的通用手性催化剂，这有助于工业和科研上手性化合物的制备。

参考文献

[1] 唐珂. 不对称有机催化合成反应机理研究[D]. 济南：山东大学, 2011.

[2] Langenbeck W. Fermentproblem und organische katalyse[J]. Angew Chem Int Ed, 1932, 45(5): 97-99.

[3] Vineyard B D, Knowles W S, Sabacky M J, et al. Asymmetric hydrogenation. Rhodium chiral bisphosphine catalyst[J]. J Am Chem Soc, 1977, 99(18): 5946-5952.

[4] Knowles W S, Sabacky M J, Vineyard B D. L-Dopa process and intermediates: US Patent 4005127[P]. 1977-1-25.

[5] Liu Y, Yi Z, Yang X, et al. Efficient access to chiral 2-oxazolidinones via Ni-catalyzed asymmetric hydrogenation: Scope study, mechanistic explanation, and origin of enantioselectivity[J]. ACS Catal, 2020, 10(19): 11153-11161.

[6] Ling F, Nian S, Chen J, et al. Development of ferrocene-based diamine-phosphine-sulfonamide ligands for iridium-catalyzed asymmetric hydrogenation of ketones[J]. J Org Chem, 2018, 83(18): 10749-10761.

[7] Liu C, Yuan J, Zhang J, et al. Rh-catalyzed asymmetric hydrogenation of beta-branched enol esters for the synthesis of beta-chiral primary alcohols[J]. Org Lett, 2018, 20(1): 108-111.

[8] Chen J, Li F, Wang F, et al. $Pd(OAc)_2$-catalyzed asymmetric hydrogenation of alpha-iminoesters[J]. Org Lett, 2019, 21(22): 9060-9065.

[9] Zhang Z, Butt N A, Zhang W. Asymmetric hydrogenation of nonaromatic cyclic substrates[J]. Chem Rev, 2016, 116(23): 14769-14827.

[10] Liu G, Zhang X, Wang H, et al. Synthesis of chiral α-substituted α-amino acid and amine derivatives

through Ni-catalyzed asymmetric hydrogenation[J]. Chem Commun, 2020, 56(36): 4934-4937.

[11] Feng S, Tang Y, Yang C, et al. Synthesis of enantioenriched alpha, alpha-difluoro-beta-arylbutanoic esters by Pd-catalyzed asymmetric hydrogenation[J]. Org Lett, 2020, 22(19): 7508-7512.

[12] Zhao W, Zhang Z, Feng X, et al. Asymmetric transfer hydrogenation of *N*-unprotected indoles with ammonia borane[J]. Org Lett, 2020, 22(15): 5850-5854.

[13] Kong D, Li M, Wang R, et al. Asymmetric hydrogenation of β-aryloxy/alkoxy cinnamic nitriles and esters[J]. Org Lett, 2016, 18(19): 4916-4919.

[14] Yin X, Chen C, Li X, et al. Rh/SPO-Wudaphos-catalyzed asymmetric hydrogenation of alpha-substituted ethenylphosphonic acids via noncovalent ion-pair interaction[J]. Org Lett, 2017, 19(16): 4375-4378.

[15] Yin C, Yang T, Pan Y, et al. Rh-catalyzed asymmetric hydrogenation of unsaturated medium-ring NH lactams: Highly enantioselective synthesis of *N*-unprotected 2,3-dihydro-1,5-benzothiazepinones[J]. Org Lett, 2020, 22(3): 920-923.

[16] Chen M-W, Deng Z, Yang Q, et al. Enantioselective synthesis of trifluoromethylated dihydroquinoxalinones via palladium-catalyzed hydrogenation[J]. Org Chem Front, 2019, 6(6): 746-750.

[17] Li W, Zhang S, Yu X, et al. Chiral indolizidine synthesis through the Ir-catalyzed asymmetric hydrogenation of cyclic pyridinium salts[J]. J Org Chem, 2021, 86(15): 10773-10781.

[18] Ai D, Mo R, Wang H, et al. Preparation of waterborne epoxy dispersion and its application in 2K waterborne epoxy coatings[J]. Prog Org Coat, 2019, 136, 105258.

[19] Zhao Z, Bagdi P R, Yang S, et al. Stereodivergent access to enantioenriched epoxy alcohols with three stereogenic centers via ruthenium-catalyzed transfer hydrogenation[J]. Org Lett, 2019, 21(14): 5491-5494.

[20] Katsuki T, Sharpless K B. The first practical method for asymmetric epoxidation[J]. J Am Chem Soc, 2002, 102(18): 5974-5976.

[21] Liu H, An Z, He J. Nanosheet-enhanced efficiency in amine-catalyzed asymmetric epoxidation of α,β-unsaturated aldehydes via host-guest synergy[J]. Mol Catal, 2017, 443: 69-77.

[22] Raheem K A, Justyniak I, Jurczak J, et al. Quest for efficient catalysts based on zinctert-butyl peroxides for asymmetric epoxidation of enones: C_2-vs. C_1-symmetric auxiliaries[J]. Adv Synth Catal, 2016, 358(6): 864-868.

[23] Bohé L, Lusinchi M, Lusinchi X. Oxygen atom transfer from a chiral oxaziridinium salt. Asymmetric epoxidation of unfunctionalized olefins[J]. Tetrahedron, 1999, 55(1): 141-154.

[24] Day D P, Sellars P B. Recent advances in iminium-salt-catalysed asymmetric epoxidation[J]. Eur J Org Chem, 2017, 2017(6): 1034-1044.

[25] Shitama H, Katsuki T. Asymmetric epoxidation using aqueous hydrogen peroxide as oxidant: Bio-inspired construction of pentacoordinated Mn–salen complexes and their catalysis[J]. Tetrahedron Lett, 2006, 47(19): 3203-3207.

[26] Zhang H, Yao Q, Lin L, et al. Catalytic asymmetric epoxidation of electron-deficient enynes promoted by chiral *N,N′*-dioxide-scandium(Ⅲ) complex[J]. Adv Synth Catal, 2017, 359(19): 3454-3459.

[27] Meninno S, Zullo L, Overgaard J, et al. Tunable cinchona-based thioureas-catalysed asymmetric epoxidation to synthetically important glycidic ester derivatives[J]. Adv Synth Catal, 2017, 359(6): 913-918.

[28] Capobianco A, Russo A, Lattanzi A, et al. On the mechanism of asymmetric epoxidation of enones catalyzed by α, α-L-diarylprolinols: A theoretical insight[J]. Adv Synth Catal, 2012, 354(14-15): 2789-2796.

[29] Ogino E, Nakamura A, Kuwano S, et al. Chiral C_2-symmetric aminomethylbinaphthol as synergistic catalyst for asymmetric epoxidation of alkylidenemalononitriles: Easy access to chiral spirooxindoles[J]. Org Lett, 2021, 23(6): 1980-1985.

[30] Kobayashi Y, Obayashi R, Watanabe Y, et al. Unprecedented asymmetric epoxidation of isolated carbon-carbon double bonds by a chiral fluorous Fe(Ⅲ) Salen complex: Exploiting fluorophilic effect for catalyst design[J]. Eur J Org Chem, 2019, 13: 2401-2408.

[31] Schwarzwalder G M, Matier C D, Fu G C. Enantioconvergent cross-couplings of alkyl electrophiles: The catalytic asymmetric synthesis of organosilanes[J]. Angew Chem Int Ed, 2019, 58(11): 3571-3574.

[32] Liang Y, Fu G C. Catalytic asymmetric synthesis of tertiary alkyl fluorides: Negishi cross-couplings of racemic α,α-dihaloketones[J]. J Am Chem Soc, 2014, 136(14): 5520-5524.

[33] Zheng Y, Yue B B, Wei K, et al. Iridium-catalyzed enantioselective allyl-allyl cross-coupling of racemic allylic alcohols with allylboronates[J]. Org Lett, 2018, 20(24): 8035-8038.

[34] Yang H, Sun J, Gu W, et al. Enantioselective cross-coupling for axially chiral tetra-ortho-substituted biaryls and asymmetric synthesis of gossypol[J]. J Am Chem Soc, 2020, 142(17): 8036-8043.

[35] Sargent B T, Alexanian E J. Cobalt-catalyzed carbonylative cross-coupling of alkyl tosylates and dienes: Stereospecific synthesis of dienones at low pressure[J]. J Am Chem Soc, 2017, 139(36): 12438-12440.

[36] Maurya V, Appayee C. Catalytic asymmetric synthesis of 3,4-disubstituted cyclohexadiene carbaldehydes: Formal total synthesis of cyclobakuchiols A and C[J]. Org Lett, 2018, 20(13): 4111-4115.

[37] Gu B-Q, Yang W-L, Wu S-X, et al. Organocatalytic asymmetric synthesis of tetrahydrocarbazoles via an inverse-electron-demand Diels-Alder reaction of 2,3-indole-dienes with enals[J]. Org Chem Front, 2018, 5(23): 3430-3434.

[38] Henderson J R, Parvez M, Keay B A. A concise Diels-Alder strategy for the asymmetric synthesis of (+)-albicanol, (+)-albicanyl acetate, (+)-dihydrodrimenin, and (−)-dihydroisodrimeninol[J]. Org Lett, 2009, 11(15): 3178-3181.

[39] Wilson R M, Jen W S, Macmillan D W. Enantioselective organocatalytic intramolecular Diels-Alder reactions. The asymmetric synthesis of solanapyrone D[J]. J Am Chem Soc, 2005, 127(33): 11616-11617.

[40] Tong M C, Chen X, Li J, et al. Catalytic asymmetric synthesis of [2,3]-fused indoline heterocycles through inverse-electron-demand aza-Diels-Alder reaction of indoles with azoalkenes[J]. Angew Chem Int Ed, 2014, 53(18): 4680-4684.

[41] Roelen O. Chemische verwertungsgesellschaft oberhausen mbH: German Patent DE 849548 [P] 1938/1952.

[42] Chen C, Dong X Q, Zhang X. Chiral ligands for rhodium-catalyzed asymmetric hydroformylation: A personal account[J]. Chem Rec, 2016, 16(6): 2670-2682.

[43] Qu B, Tan R, Herling M R, et al. Enantioselective synthesis of 4-methyl-3,4-dihydroisocoumarin via asymmetric hydroformylation of styrene derivatives[J]. J Org Chem, 2019, 84(8): 4915-4920.

[44] Zhang X, Cao B, Yan Y, et al. Synthesis and application of modular phosphine-phosphoramidite ligands in asymmetric hydroformylation: Structure-selectivity relationship[J]. Chemistry, 2010, 16(3): 871-877.

[45] Wei B, Chen C, You C, et al. Efficient synthesis of (*S*,*R*)-Bn-yanphos and Rh/(*S*,*R*)-Bn-yanphos catalyzed asymmetric hydroformylation of vinyl heteroarenes[J]. Org Chem Front, 2017, 4(2): 288-291.

[46] Tan R, Zheng X, Qu B, et al. Tunable P-chiral bisdihydrobenzooxaphosphole ligands for enantioselective hydroformylation[J]. Org Lett, 2016, 18(14): 3346-3349.

[47] Wang X, Buchwald S L. Rh-catalyzed asymmetric hydroformylation of functionalized 1,1-disubstituted olefins[J]. J Am Chem Soc, 2011, 133(47): 19080-19083.

[48] Schmitz C, Holthusen K, Leitner W, et al. Highly regio-and enantioselective hydroformylation of vinyl esters using bidentate phosphine, P-chiral phosphorodiamidite ligands[J]. ACS Catal, 2016, 6(3): 1584-1589.

[49] Cobley C J, Gardner K, Klosin J, et al. Synthesis and application of a new bisphosphite ligand collection for asymmetric hydroformylation of allyl cyanide[J]. J Org Chem, 2004, 69(12): 4031-4040.

[50] Wu Y, Deng L. Asymmetric synthesis of trifluoromethylated amines via catalytic enantioselective

isomerization of imines[J]. J. Am Chem Soc, 2012, 134(35): 14334-14337.

[51] Cahard D, Gaillard S, Renaud J-L. Asymmetric isomerization of allylic alcohols[J]. Tetrahedron Lett, 2015, 56(45): 6159-6169.

[52] Süss-Fink G, Jenke T, Heitz H, et al. Chiral modification of trinuclear ruthenium clusters with proline and cysteine derivatives. Synthesis, crystal structure, and catalytic properties of $[(\mu_2\text{-H})Ru_3(CO)_{10}\text{-}(\mu_2,\eta_2\text{-OCHCH}_2OCH_3)]$ and $[(\mu_2\text{-H})Ru_3(CO)_9(\mu_3,\eta_2\text{-HCH}_2OCH_3)]$[J]. J Organomet Chem, 1989, 379(3): 311-323.

[53] Cabré A, Garçon M, Gallen A, et al. Iridium-catalyzed asymmetric isomerization of primary allylic alcohols using MaxPHOX ligands: Experimental and theoretical study[J]. ChemCatChem, 2020, 12(16): 4112-4120.

[54] Wu Y, Singh R P, Deng L. Asymmetric olefin isomerization of butenolides via proton transfer catalysis by an organic molecule[J]. J Am Chem Soc, 2011, 133(32): 12458-12461.

[55] Liu S, Maruoka K and Shirakawa S. Chiral tertiary sulfonium salts as effective catalysts for asymmetric base-free neutral phase-transfer reactions[J]. Angew Chem Int Ed, 2017, 56(17): 4819-4823.

[56] Ge L, Lu X, Cheng C, et al. Amide-phosphonium salt as bifunctional phase transfer catalyst for asymmetric 1,6-addition of malonate esters to para-quinone methides[J]. J Org Chem, 2016, 81(19): 9315-9325.

[57] Sicignano M, Rodriguez R I, Capaccio V, et al. Asymmetric trifluoromethylthiolation of azlactones under chiral phase transfer catalysis[J]. Org Biomol Chem, 2020, 18(15): 2914-2920.

[58] Egami H, Rouno T, Niwa T, et al. Asymmetric dearomative fluorination of 2-naphthols with a dicarboxylate phase-transfer catalyst[J]. Angew Chem Int Ed, 2020, 59(33): 14101-14105.

[59] Wang L, Shirakawa S, Maruoka K. Asymmetric neutral amination of nitroolefins catalyzed by chiral bifunctional ammonium salts in water-rich biphasic solvent[J]. Angew Chem Int Ed, 2011, 50(23): 5327-5330.

[60] Nelson H M, Reisberg S H, Shunatona H P, et al. Chiral anion phase transfer of aryldiazonium cations: An enantioselective synthesis of C3-diazenated pyrroloindolines[J]. Angew Chem Int Ed, 2014, 53(22): 5600-5603.

[61] Mahato C K, Mukherjee S, Kundu M, et al. Pyrrolidine-oxadiazolone conjugates as organocatalysts in asymmetric Michael reaction[J]. J Org Chem, 2019, 84(2): 1053-1063.

[62] Luo Y, Xie K-X, Yue D-F, et al. Organocatalytic asymmetric Michael addition of pyrazoleamides to β-phthalimidonitroethene[J]. Tetrahedron, 2017, 73(43): 6217-6222.

[63] Yan J, Zheng X, Zheng Y, et al. Asymmetric Michael reaction of 3-homoacyl coumarins with chromone-fused dienes toward enantioenriched coumarin chromone skeletons[J]. Org Biomol Chem, 2021, 19(37); 8102-8107.

[64] Szllsi G, Kozma V. Design of heterogeneous organocatalyst for the asymmetric michael addition of aldehydes to maleimides[J]. ChemCatChem, 2018, 10(19): 4362-4368.

[65] Xu X, Wang Y, Cui X, et al. Metalloradical activation of α-formyldiazoacetates for the catalytic asymmetric radical cyclopropanation of alkenes[J]. Chem Sci, 2017, 8(6): 4347-4351.

[66] Wang H-X, Li W-P, Xia C, et al. Enantioselective synthesis of chiral carbocyclic pyrimidine nucleosides via asymmetric cyclopropanation[J]. Tetrahedron Lett, 2019, 60(43): 151183-151189.

[67] Gu H, Huang S, Lin X. Iron-catalyzed asymmetric intramolecular cyclopropanation reactions using chiral tetramethyl-1,1'-spirobiindane-based bisoxazoline (TMSI-BOX) ligands[J]. Org Biomol Chem, 2019, 17(5): 1154-1162.

[68] Chi L T L, Suharto A, Da H L, et al. Catalytic asymmetric intermolecular cyclopropanation of a ketone carbene precursor by a ruthenium(Ⅱ)-pheox complex[J]. Adv Synth Catal, 2019, 361(5): 951-955.

[69] Huang J-Q, Liu W, Zheng B-H, et al. Pd-catalyzed asymmetric cyclopropanation reaction of acyclic

amides with allyl and polyenyl carbonates. Experimental and computational studies for the origin of cyclopropane formation[J]. ACS Catal, 2018, 8(3): 1964-1972.

[70] Lu H, Lv J, Zhou C, et al. Practical synthesis of high-performance amino Tf-amide organocatalysts for asymmetric Aldol reactions[J]. Asian J Org Chem, 2020, 9(2): 206-209.

[71] Takeuchi T, Kumagai N, Shibasaki M. Direct catalytic asymmetric Aldol reaction of α-vinyl acetamide[J]. J Org Chem, 2018, 83(10): 5851-5858.

[72] Matsuzawa A, Noda H, Kumagai N, et al. Direct catalytic asymmetric Aldol addition of an α-CF_3 amide to arylglyoxal hydrates[J]. J Org Chem, 2017, 82(15): 8304-8308.

[73] Qian J, Yi W, Huang X, et al. 2,2-Difluoro-1,3-diketones as gem-difluoroenolate precusors for asymmetric Aldol addition with *N*-benzylisatins[J]. Adv Synth Catal, 2016, 358(17): 2811-2816.

[74] Ishihara K, Obayashi R, Gotoh M, et al. A recyclable and highly stereoselective multi-fluorous proline catalyst for asymmetric Aldol reactions[J]. Tetrahedron Lett, 2020, 61(13): 151657-151664.

[75] Zhang C, Qiu Y, Bo S, et al. Recyclable helical poly(phenylacetylene)-supported catalyst for asymmetric aldol reaction in aqueous media[J]. J Polym Sci, Part A: Polym Chem, 2019, 57(9): 1024-1031.

[76] Vlasserou I, Sfetsa M, Gerokonstantis D-T, et al. Combining prolinamides with 2-pyrrolidinone: Novel organocatalysts for the asymmetric aldol reaction[J]. Tetrahedron, 2018, 74(19): 2338-2349.

[77] 张生勇，郭建权. 不对称催化反应：原理及在有机合成中的应用[M]. 北京：科学出版社, 2002.

[78] Parks D J, Piers W E. Tris(pentafluorophenyl)boron-catalyzed hydrosilation of aromatic aldehydes, ketones, and esters[J]. J Am Chem Soc, 1996, 118(39): 9440-9441.

[79] Susse L, Hermeke J, Oestreich M. The asymmetric piers hydrosilylation[J]. J Am Chem Soc., 2016, 138(22): 6940-6943.

[80] Zeng W, Tan X, Yu Y, et al. Copper-catalyzed asymmetric hydrosilylation of β-nitroethyl aryl ketones[J]. Org Lett, 2020, 22(3): 858-862.

[81] Naganawa Y, Kawagishi M, Ito J, et al. Asymmetric induction at remote quaternary centers of cyclohexadienones by rhodium-catalyzed conjugate hydrosilylation[J]. Angew Chem Int Ed, 2016, 55(24): 6873-6876.

[82] Chen X, Lu Z. Iminophenyl oxazolinylphenylamine for enantioselective cobalt-catalyzed hydrosilylation of aryl ketones[J]. Org Lett, 2016, 18(18): 4658-4661.

[83] Bezlada A, Szewczyk M, Mlynarski J. Enantioselective hydrosilylation of imines catalyzed by chiral zinc acetate complexes[J]. J Org Chem, 2016, 81(1): 336-342.

第7章 光催化有机化学反应

7.1 光催化概述

可见光作为一种环境友好的可再生资源，已广泛应用于生产、生活中各个领域。早在19世纪初[1]，诸多化学家就已经利用太阳光或可见光推动化学反应的进程，从而在更大程度上减少环境污染和能源消耗，使有机化学反应向着更为环保的方向发展。近十年来，通过可见光催化实现有机物的转化已发展成为一种非常温和的方法[2]。但是，大多数的有机小分子不能对可见光有较好的吸收。为了克服这个困难，科学家们通过设计可以捕获可见光的光催化剂实现了对有机小分子的活化作用。早期科研工作者使用贵金属络合物（比如说，钌和铱络合物）（图7.1），这可能是由于它们对可见光具有较宽的吸收和较长的荧光寿命[3]。此外，也有一些科研工作者开始利用有机染料代替贵金属光催化剂用于有机合成反应。

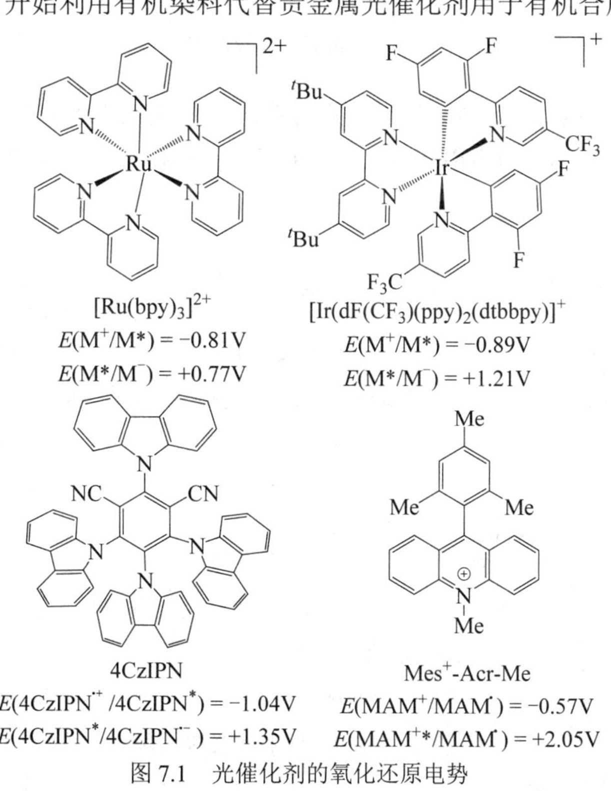

图7.1　光催化剂的氧化还原电势

其中，通过光催化剂活化有机分子的反应主要分为电子还原、电子氧化和能量转移过程[4]（图 7.2）。①光催化剂（**PC**）受光激发得到激发态的光催化剂（**PC***），之后氧化电子给体得到 **PC**$^{\cdot-}$，最后被电子受体氧化回到初始状态；②光催化剂（**PC**）受光激发得到激发态的光催化剂（**PC***），之后被电子受体氧化得到 **PC**$^{\cdot+}$，最后被电子给体还原回到初始状态；③激发态的光催化剂被能量受体猝灭得到激发态的能量受体，且光催化剂回到初始状态。不管是单电子传递的自由基过程还是能量传递过程，最终都是为了实现这些过程的高效利用，而这些应用主要表现在将所发展的策略用于潜在生物活性的核心骨架的合成。

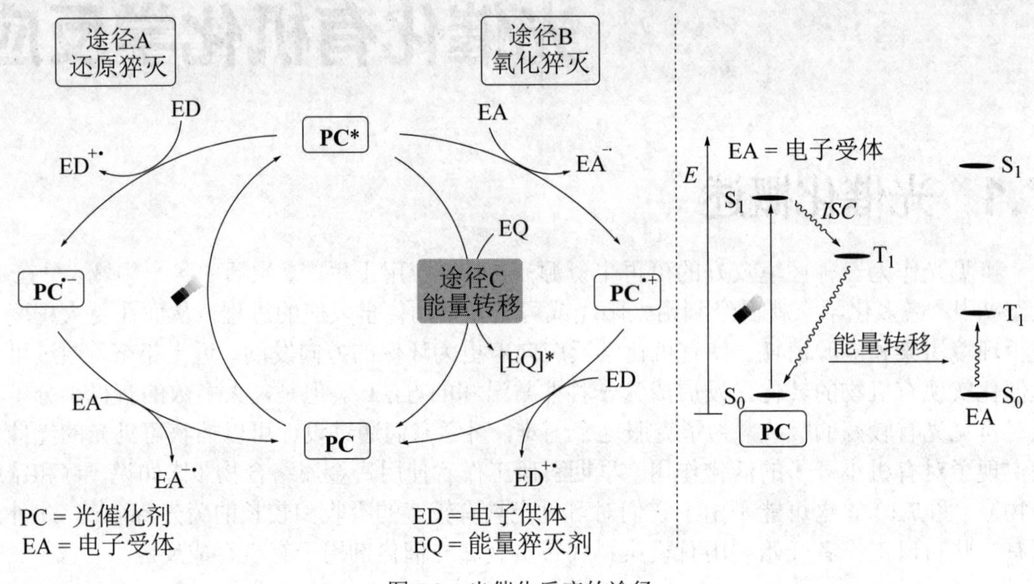

图 7.2　光催化反应的途径

接下来，以$[Ru(bpy)_3]^{2+}$为例，对其可见光诱导化合物内部的电子转移过程作简要说明[5]（图 7.3）。处于基态（S_0）的$[Ru(bpy)_3]^{2+}$是 d^6 电子结构，当可见光照射时，内部将发生电

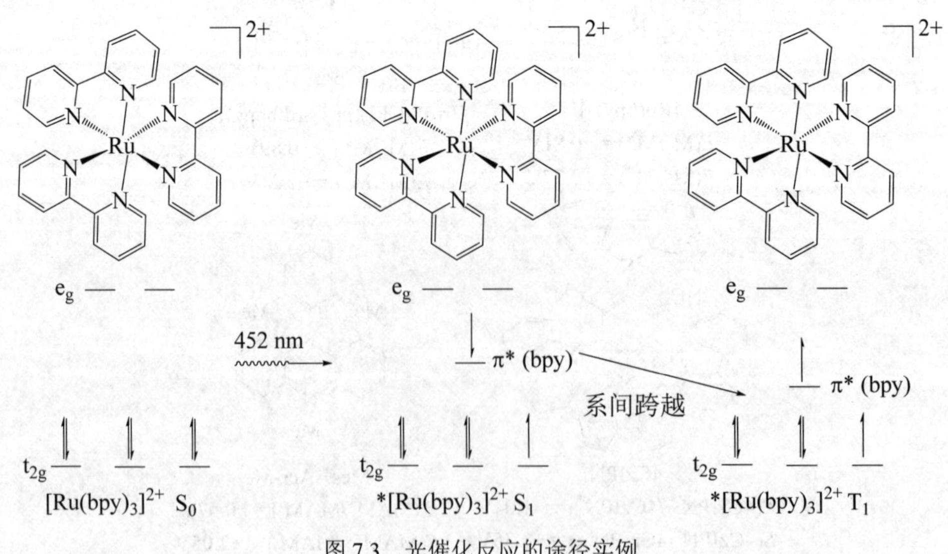

图 7.3　光催化反应的途径实例

子由金属中心向配体转移的现象，得到激发单线态（S_1）。但是该激发单线态的络合物存在寿命短暂的缺点，并不能诱导有机化学反应。之后，一些单线态的分子会再次经过系间跨越到达其激发三线态（T_1），而它的荧光寿命可以达到 1100ns，最终可以有效促进有机分子的转化。

7.2 金属络合物作为光催化剂参与的有机反应

钌和铱金属络合物的光化学活性已被广泛研究多年（图 7.1）。Ru 和 Ir 络合物以其独特的光物理和光化学性质而闻名于世，是多年来备受关注的研究物质。然而，在实际的条件下，使用这些络合物作为有机合成的光氧化还原催化剂是一个新的研究方向。

接下来，我们将以$[Ru(bpy)_3]^{2+}$为例，探索其在有机化学转化中的应用。首先，了解其相关的光化学性质[5]。如图 7.4 所示，在氧化猝灭循环中，$*[Ru(bpy)_3]^{2+}$可以将电子受体（**A**）还原得到$[Ru(bpy)_3]^{3+}$和 $\mathbf{A}^{\bullet-}$，$[Ru(bpy)_3]^{3+}$物种具有较强的氧化性，可以从电子供体（**D**）获取电子得到$[Ru(bpy)_3]^{2+}$和 $\mathbf{D}^{\bullet+}$，完成一次光催化循环。从$*[Ru(bpy)_3]^{3+}$接受电子的化合物称为光催化剂的氧化猝灭剂；常见的氧化猝灭剂有紫罗碱、多卤甲烷、二硝基苯和二氰基苯以及芳基重氮盐。在还原猝灭循环中，$*[Ru(bpy)_3]^{2+}$作为氧化剂，从电子供体（**D**）接受一个电子，生成还原态$[Ru(bpy)_3]^{+}$和 $\mathbf{D}^{\bullet+}$。Ru^{I}中间体是一种很好的还原剂（$E_{1/2}^{II/I}$ = −1.33V vs.SCE），可以向 **A** 转移一个电子生成$[Ru(bpy)_3]^{2+}$基态物质，最常见的还原剂是叔胺。值得关注的是，该催化剂的氧化-还原电位可以通过改变配体上的取代基而得到显著改变。一般情况下，配体上的给电子取代基会使复合物具有更强的还原性，而吸电子取代基会使复合物具有更强的氧化性。

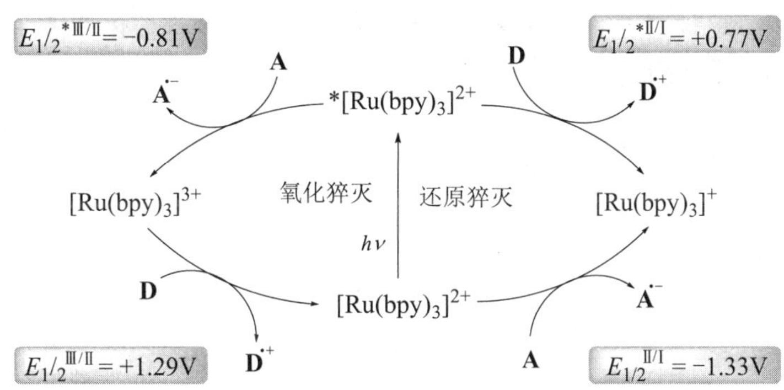

图 7.4 $[Ru(bpy)_3]^{2+}$的氧化猝灭和还原猝灭

为了确定还原或氧化淬灭循环在反应中是否起作用，我们通常采用荧光猝灭的方法进行验证。如图 7.5 所示，在没有猝灭剂的情况下，$*[Ru(bpy)_3]^{2+}$在 615nm 处会有最大发射波长，然而，随着猝灭剂浓度的逐渐增加，$*[Ru(bpy)_3]^{2+}$通过电子转移的方式逐渐失去活性，发射强度也会慢慢降低。由 Stern-Volmer 方程可得，$I_0/I=1+k_q\tau_0[Q]$，其中 I_0 和 I 分别为不存在和存在猝灭剂时的发射强度；k_q 为猝灭速率常数；τ_0 为光催化剂的激发态寿命；[Q]为猝灭剂浓度。通过绘制 I_0/I 与猝灭剂的浓度关系曲线，从而可以得到一条 y 轴截距为 1 的直线，斜率称为 Stern-Volmer 常数（K_{SV}），等于 $k_q\tau_0$。通过对猝灭剂的浓度和光催化剂的发射强度之间关系的研究，为分子与光催化剂之间进行单电子转移提供了有效的证据。

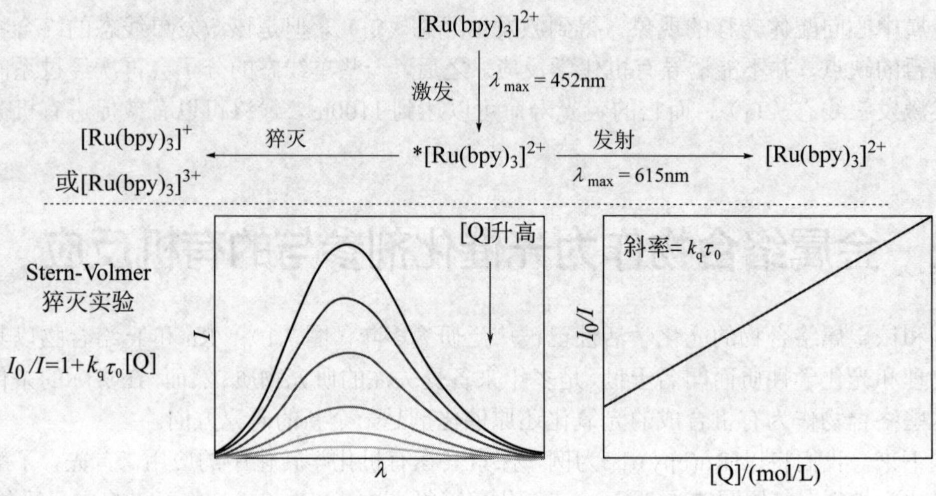

图 7.5 $[Ru(bpy)_3]^{2+}$的荧光猝灭研究

早期的研究是还原脱卤反应，将其中一个碳-卤键被还原成一个碳-氢键。在 1990 年，Fukuzumi 课题组使用$[Ru(bpy)_3]^{2+}$作为光催化剂，以 9,10-二氢-10-甲基吖啶（**7-3**）作为还原剂，在可见光的照射下，实现了α-溴代苯乙酮（**7-1**）还原反应得到苯乙酮（**7-2**）（图 7.6）[6]。首先，光照$[Ru(bpy)_3]^{2+}$得到$*[Ru(bpy)_3]^{2+}$，之后被化合物 **7-3**（$E_{1/2}^{red} = +0.8V$ vs.SCE[7]）还原得到它的自由基阳离子（**7-5**）和还原态的$[Ru(bpy)_3]^{+}$；随之，化合物 **7-1**（$E_{1/2}^{red} = -0.49V$ vs.SCE[8]）将$[Ru(bpy)_3]^{+}$氧化得到 **7-5** 和$[Ru(bpy)_3]^{2+}$，最后 **7-5** 经过质子化得到脱卤化产物 **7-2**。机理研究发现，化合物 **7-3** 可以有效猝灭光催化剂的荧光，而化合物 **7-1** 却未能使光催化剂的荧光猝灭，表明了该催化循环的可行性。有趣的是，如果向反应体系里面添加高氯酸，将明显提高脱溴反应的效率。这种通过简单改变试剂和反应条件来改变光催化循环性质的能力是光氧化还原催化的一个共同特征。

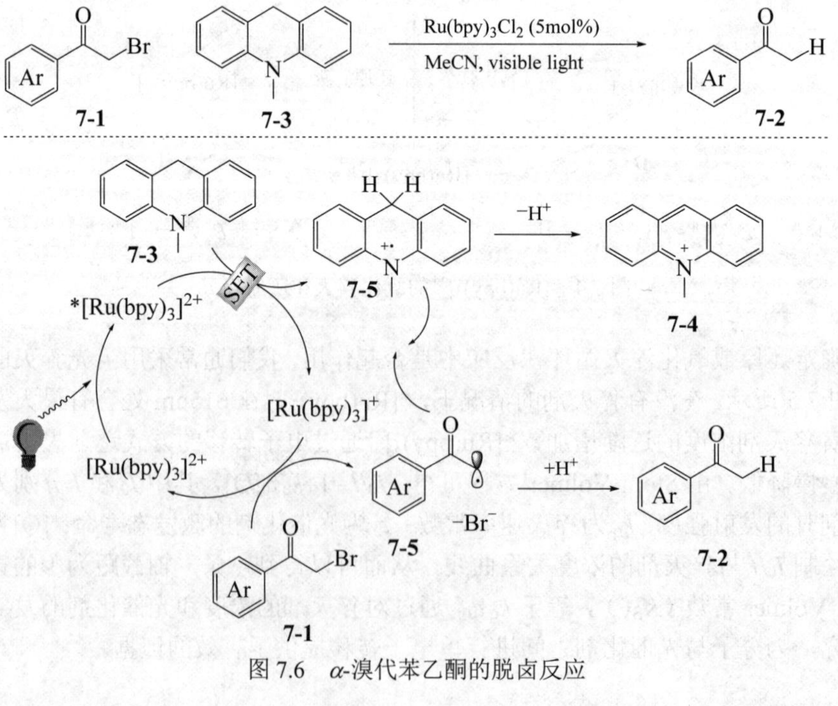

7-1 + 7-3 —— $Ru(bpy)_3Cl_2$ (5mol%), MeCN, visible light → 7-2

图 7.6 α-溴代苯乙酮的脱卤反应

此外，通过光氧化还原催化途径生成的自由基在化学反应中是构建复杂性分子的有效方法。例如，Stephenson 课题组已使用光氧化还原催化的方法来进行还原性自由基环化反应（图 7.7）[9]。首先，三乙基胺（NEt_3）将电子转移给激发态的$[Ru(bpy)_3]^{2+}$，得到 NEt_3 阳离子自由基 **7-10** 和$[Ru(bpy)_3]^{+}$；之后化合物 **7-6** 将$[Ru(bpy)_3]^{+}$氧化生成自由基物种 **7-7** 以及重新回到基态的$[Ru(bpy)_3]^{2+}$；如果该自由基被具有共轭π体系的烯烃或炔烃捕获，添加到共轭的π系统中，将会得到环化产物 **7-8**；最后经过质子化得到目标产物 **7-9**。

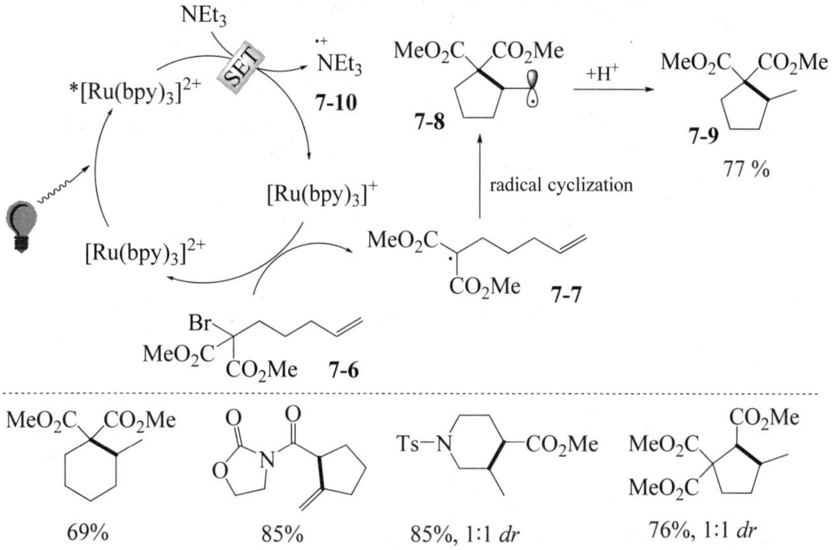

图 7.7　光催化自由基环化反应

除了上述所列的利用光催化剂实现单组分的脱卤还原反应，我们还可以利用光催化剂实现两组分的交叉偶联反应。比如说，激发态的$*[Ru(bpy)_3]^{2+}$与卤代烷烃或α-卤代羰基底物 **7-11** 通过单电子还原得到$[Ru(bpy)_3]^{3+}$和亲电子基团 **7-12**，之后与烯烃进行加成反应得到物种 **7-13**，在此阶段，可能经历以下两种反应途径。碳自由基物种 **7-13** 以自由基链形式从试剂 **7-11** 中获取卤素原子，从而得到目标产物 **7-14** 并再生自由基物种 **7-12**。此外，$[Ru(bpy)_3]^{3+}$对加成产物 **7-13** 进行单电子氧化得到碳正离子 **7-15**[$E_{1/2}^{red}$（2-丙基自由基）= + 0.47V vs.SCE[10]]，**7-15** 可能被卤素阴离子捕获得到目标产物 **7-14**。在 2012 年，Stephenson 课题组利用溴代丙二酸二乙酯（**7-16**）与 4-戊烯-1-醇（**7-17**）反应，在$[Ru(bpy)_3]^{2+}$作为光催化剂的条件下，实现了烯烃的自由基加成反应，得到相应的目标产物（图 7.8）[11]。

除了上述所描述的电子转移途径外，激发态的$[Ru(bpy)_3]^{2+}$还可以与有机底物进行能量转移得到相应的目标产物。在 2014 年，肖文精教授利用$[Ru(bpy)_3]^{2+}$作为能量转移催化剂，实现了 2-取代吲哚类化合物的合成（图 7.9）[12]。机理研究，$*[Ru(bpy)_3]^{2+}$的电势不足以氧化化合物 **7-18**（E =−1.8V vs.SCE），因此，该反应可能通过能量转移的方式进行。首先，$*[Ru(bpy)_3]^{2+}$将能量转移给化合物 **7-18**，之后，**7-18** 释放一分子氮气得到氮烯中间体 **7-20**，最后，经过过渡态 **7-22** 得到所需的产物 **7-19**。

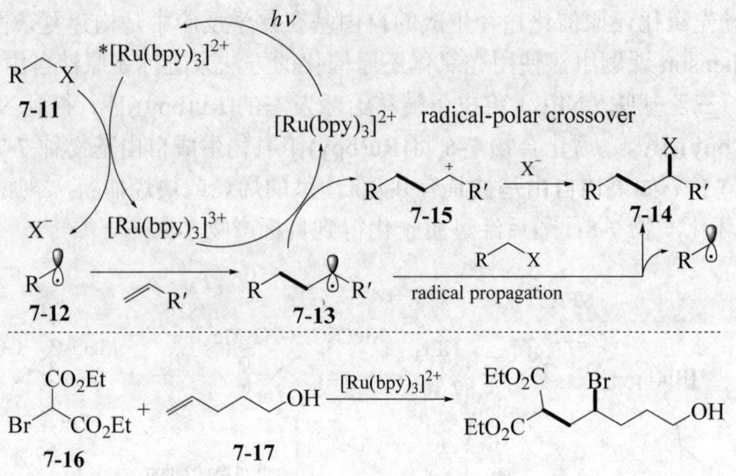

图 7.8　光催化基于自由基的两组分反应

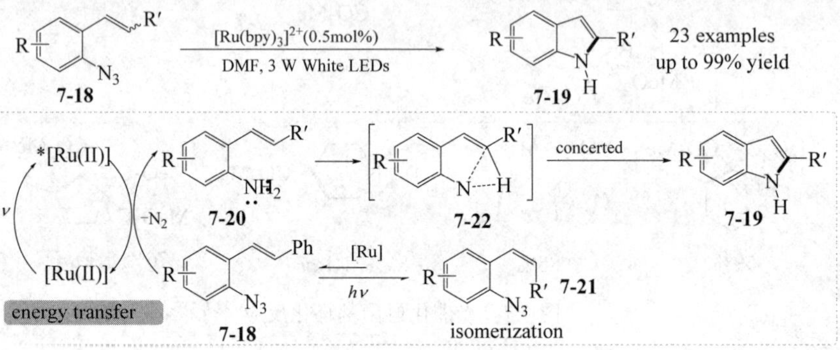

图 7.9　2-取代吲哚类化合物的合成

7.3　有机染料作为光催化剂参与的有机反应

有机染料可作为光氧化还原催化剂用于可见光诱导的有机化学反应。一些有机染料在日常使用中很常见，如食品添加剂。与贵金属络合物相比，有机染料具有廉价、易得的优势。特别需要指出的是，一些无金属有机染料的氧化还原电势与贵金属络合物相似。因此，类似的反应也可以利用有机染料作为光催化剂实现。

在 2016 年，König 课题组[13]通过研究发现，在绿光的照射下，激发态的罗丹明 6G（Rh-6G）的还原电位为–0.8V（vs.SCE），而在蓝光的照射下，激发态 Rh-6G$^{\bullet-}$（*Rh-6G$^{\bullet-}$）的还原电位为–2.4V（vs. SCE）。利用该现象，作者以绿灯作为光源，以 Rh-6G 作为光催化剂，实现了 1,3,5-三溴苯（**7-23**）与 *N*-甲基吡咯（**7-24**）的单取代反应得到 **7-25**；当使用蓝灯作为光源时，可以实现 1,3,5-三溴苯与 *N*-甲基吡咯的双取代反应得到 **7-26**（图 7.10）。该催化体系反应条件温和，操作简单，官能团耐受性大，且可以通过改变光源调控目标产物。机理研究表明，在蓝光的照射下，Rh-6G 生成激发态（*Rh-6G），之后该物种将二异丙基乙胺（DIPEA）氧化得到 Rh-6G$^{\bullet-}$和 DIPEA$^{\bullet+}$，然后 Rh-6G$^{\bullet-}$将 1,3,5-三溴苯还原得到苯基自由基 **7-27**，最后该自由基被化合物 **7-24** 捕获，再氧化和失去一个电子得到单取代产物 **7-25**。此外，Rh-6G$^{\bullet-}$

在蓝光的照射下，也可以继续激发生成*[Rh-6G•−]，之后可将化合物 **7-29** 还原得到苯基自由基 **7-30**，最后该自由基被化合物 **7-24** 捕获，再氧化和失去一个电子得到双取代产物 **7-26**。

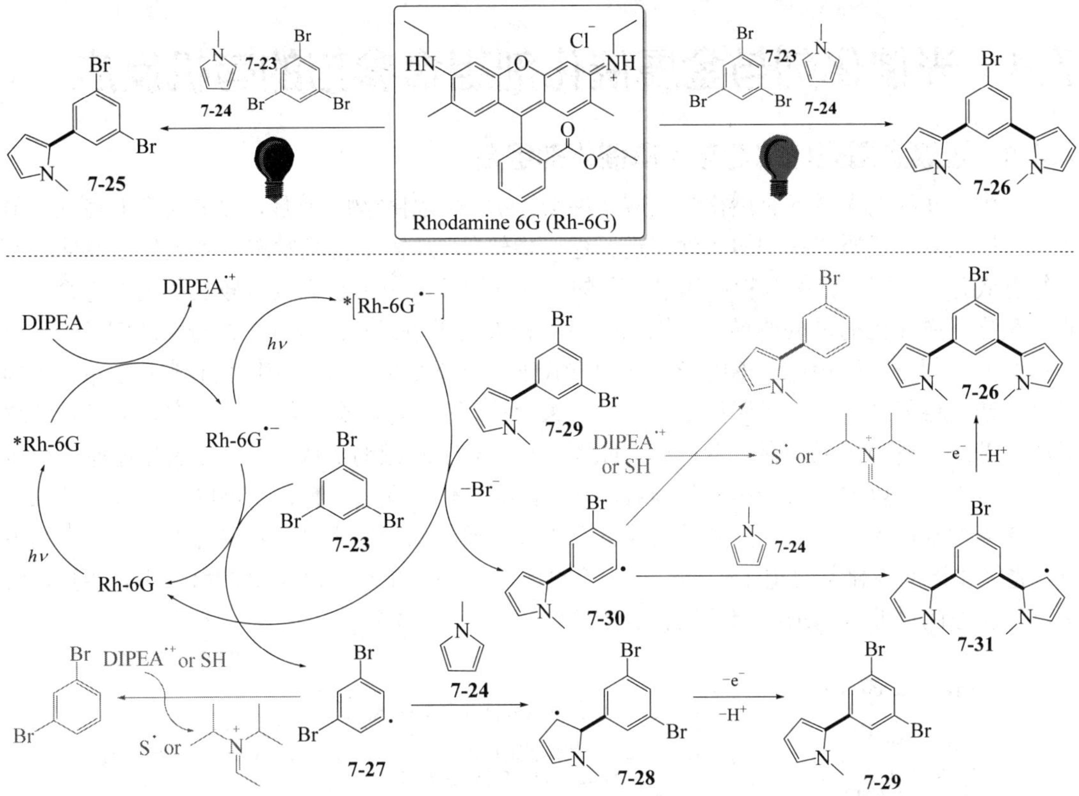

图 7.10　Rh-6G 作为光催化剂实现溴代芳烃的单取代和双取代反应

除了 Rh-6G 可以作为无金属的光催化剂外，曙红 Y（Eosin Y）、孟加拉玫瑰红（Rose Bengal）等也可以有效作为光催化剂实现有机化学反应。例如，吴杰等[14]利用曙红 Y 作为光催化剂，实现了苯乙烯类化合物的氢酰化反应（图 7.11）；König 等[15]利用该催化剂实现了烯

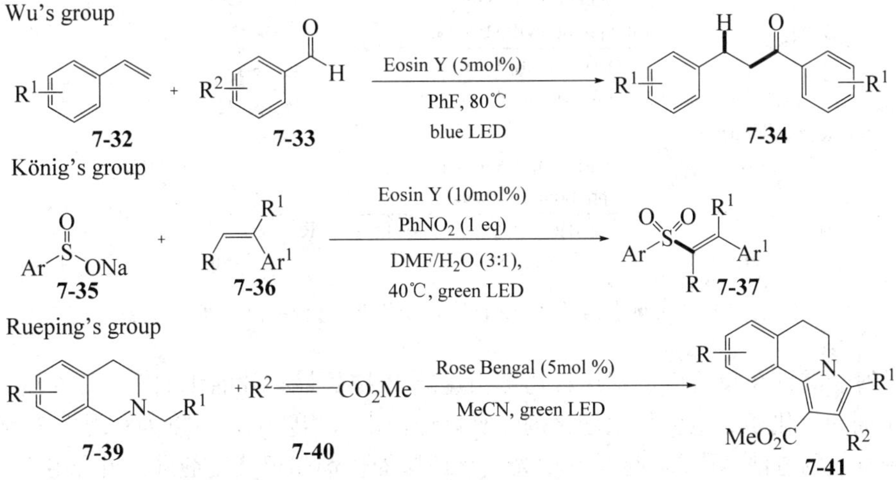

图 7.11　有机染料作为光催化剂实现的有机物转化

烃的磺酰化反应（图 7.11）；Rueping 等[16]利用孟加拉玫瑰红作为光催化剂，在绿灯的照射下，实现了四氢异喹啉类化合物与炔烃类化合物的反应。

7.4 光催化剂与金属催化剂组合参与的有机反应

7.4.1 过渡金属光催化剂与金属催化剂组合

自由基介导的光诱导有机化学反应往往会生成很多副产物。但是，大多数稳定底物不能在仅使用光氧化还原催化剂的条件下进行进一步转化，还需要将激发态的光氧化还原催化剂进行有效猝灭。钌和铱络合物作为最著名的金属络合物，由于它们具有较长的荧光寿命，因此光氧化还原催化剂可以被有效地氧化或还原猝灭用于引发后续反应。在一定时间下，光氧化还原催化剂与有机物通过单电子转移的方式进行化学反应的底物范围比较局限。那么该问题可以通过将其与过渡金属催化剂进行组合来解决，因为过渡金属催化剂允许多电子转移来形成新键或在适当猝灭剂存在下进行官能团转化。对于新键的形成，通过光氧化还原催化剂产生的自由基可以被过渡金属有效捕获，该过程叫氧化加成。过渡金属可以通过有序的双电子转移来抑制自由基的活性，然后通过还原消去步骤得到最终产品。而在官能团转变的情况下，光氧化还原催化剂将电子转移给另一个过渡金属中心上以实现更高的氧化态，并且这种更高氧化态的过渡金属最终会促进官能团的转化。

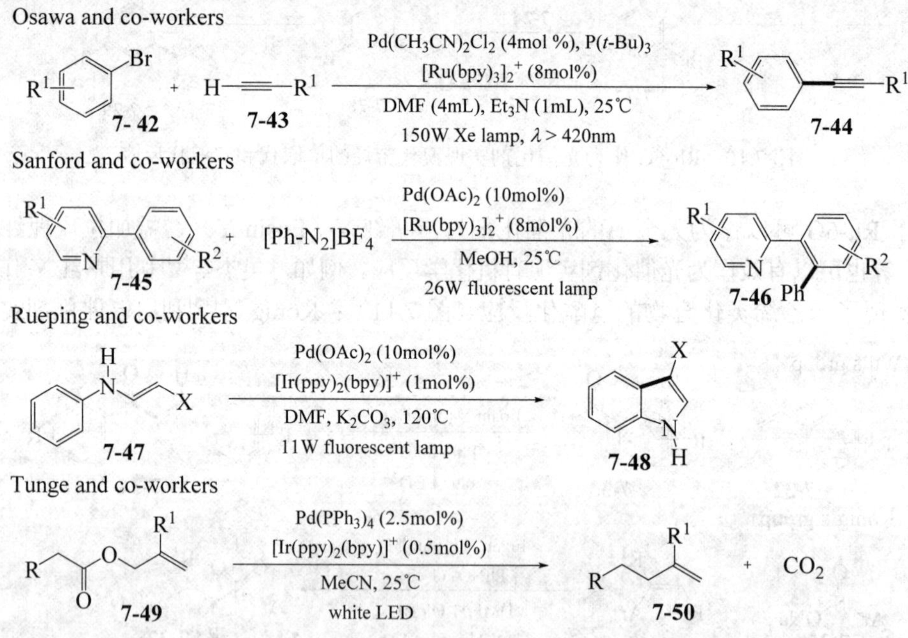

图 7.12 可见光诱导 Ru 或 Ir 络合物和 Pd 络合物协同催化反应

在过渡金属催化反应中，钯络合物是构建碳-碳键的最有效催化剂之一。通过将光氧化还原催化剂的氧化还原电势与钯催化剂的氧化还原电势相匹配，可以为实现碳-碳键的形成提供一种有效的方法。那么，这种利用光氧化还原催化剂和钯催化剂进行组合用于有机化学反应成为当今研究的重要课题（图 7.12）[17-20]。重要的是，光氧化还原催化为钯催化开辟了新途径，同时，也为过渡金属催化的反应机制提供更深刻的理解。

在钯络合物作为催化剂快速发展的同时，铜络合物作为催化剂用于有机化学反应也有一定的发展。为了满足对该领域日益增长的兴趣，通过可见光诱导钌或铱配合物与铜配合物协同催化的有机反应也获得了相当大的关注（图 7.13）[21–23]。与铜络合物催化的情况一样，光氧化还原催化剂的氧化或还原猝灭可用于促进铜的催化循环来形成最终产物。

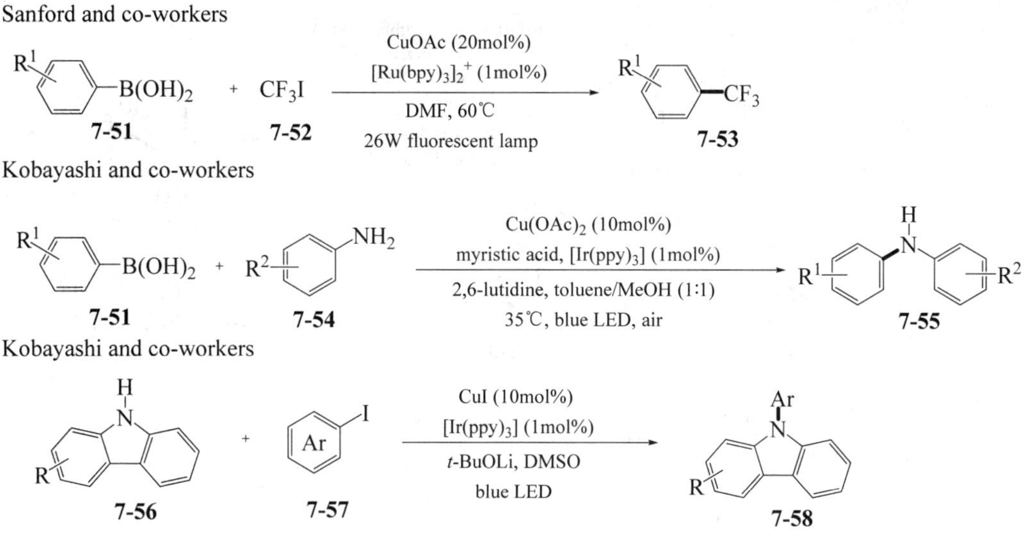

Sanford and co-workers

R^1–C$_6$H$_4$–B(OH)$_2$ (7-51) + CF_3I (7-52) → R^1–C$_6$H$_4$–CF_3 (7-53)

CuOAc (20mol%), $[Ru(bpy)_3]_2^+$ (1mol%), DMF, 60℃, 26W fluorescent lamp

Kobayashi and co-workers

7-51 + 7-54 → 7-55

$Cu(OAc)_2$ (10mol%), myristic acid, $[Ir(ppy)_3]$ (1mol%), 2,6-lutidine, toluene/MeOH (1:1), 35℃, blue LED, air

Kobayashi and co-workers

7-56 + 7-57 → 7-58

CuI (10mol%), $[Ir(ppy)_3]$ (1mol%), *t*-BuOLi, DMSO, blue LED

图 7.13　可见光诱导 Ru 或 Ir 络合物与 Cu 络合物协同催化反应

除了铜络合物作为金属催化剂之外，镍络合物也可以作为催化剂与光催化剂组合用于有机物的转化。由于与其他第Ⅷ族金属催化剂相比，镍催化剂表现出核半径小、高配位能、低电负性和低氧化还原电位的性能，使其能够稳定顺磁中间体和经历缓慢的β-氢消除过程。其中，MacMillan 和 Molander 两个课题组[24–26]在这方面做了很多优秀的工作（图 7.14）。比如说，在 2014 年，MacMillan 利用可见光催化剂与镍催化剂组合实现了卤代芳烃的烷基化反应。

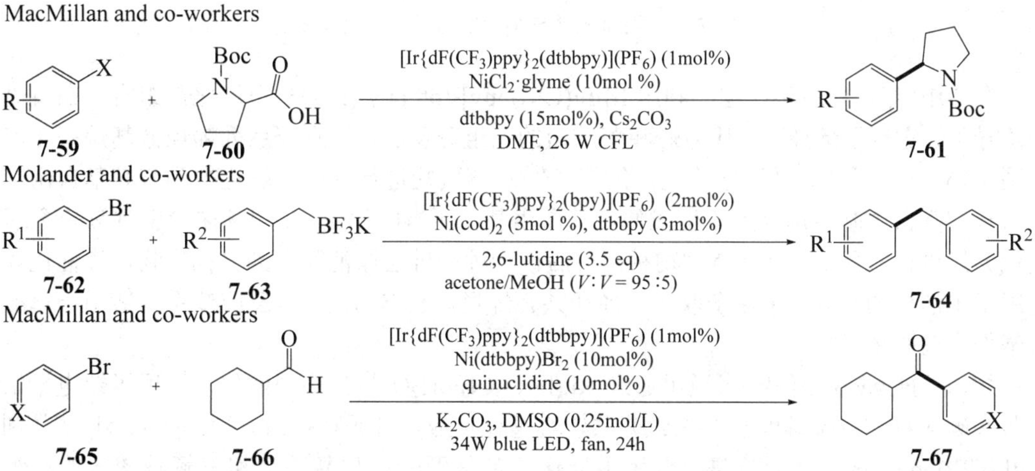

MacMillan and co-workers

7-59 + 7-60 → 7-61

$[Ir\{dF(CF_3)ppy\}_2(dtbbpy)](PF_6)$ (1mol%), $NiCl_2$·glyme (10mol %), dtbbpy (15mol%), Cs_2CO_3, DMF, 26 W CFL

Molander and co-workers

7-62 + 7-63 → 7-64

$[Ir\{dF(CF_3)ppy\}_2(bpy)](PF_6)$ (2mol%), $Ni(cod)_2$ (3mol %), dtbbpy (3mol%), 2,6-lutidine (3.5 eq), acetone/MeOH (V:V = 95:5)

MacMillan and co-workers

7-65 + 7-66 → 7-67

$[Ir\{dF(CF_3)ppy\}_2(dtbbpy)](PF_6)$ (1mol%), $Ni(dtbbpy)Br_2$ (10mol%), quinuclidine (10mol%), K_2CO_3, DMSO (0.25mol/L), 34W blue LED, fan, 24h

图 7.14　可见光诱导 Ru 或 Ir 络合物与 Ni 络合物协同催化反应

利用这种双催化剂体系不仅可以实现两组分的交叉偶联反应，而且也可以实现三组分或多组分的有机反应。近年来，开发烯烃选择性功能化的催化方法已成为有机合成中一个很有吸引力的研究课题。特别是烯烃 1,2-双官能团化反应，通过一锅法将两个官能团结合到一个碳-碳双键上，从简单现成的起始材料快速构建出复杂的分子结构，是有机合成中一种具有吸引力的化学键形成策略，并已成为一种创新的合成策略。

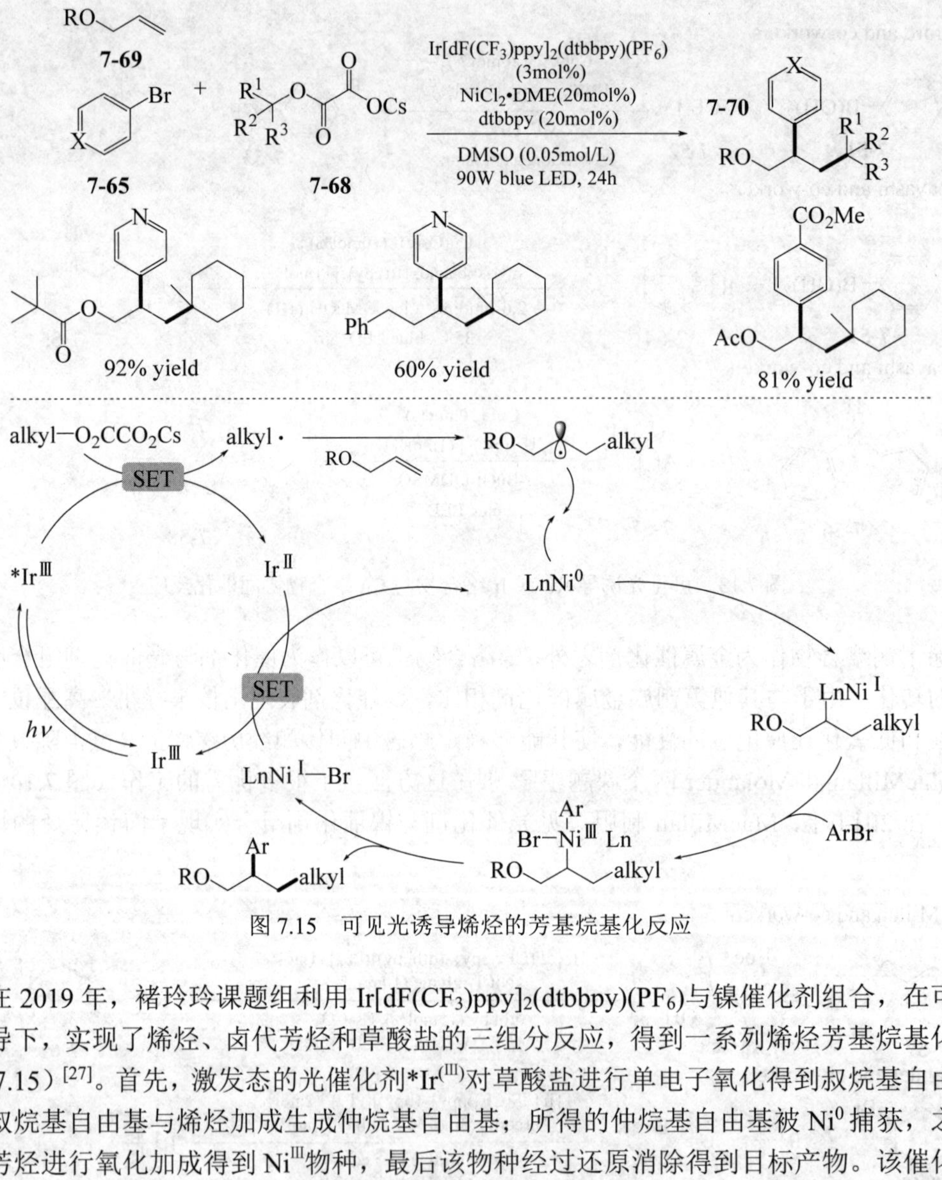

图 7.15　可见光诱导烯烃的芳基烷基化反应

在 2019 年，褚玲玲课题组利用 $Ir[dF(CF_3)ppy]_2(dtbbpy)(PF_6)$与镍催化剂组合，在可见光的诱导下，实现了烯烃、卤代芳烃和草酸盐的三组分反应，得到一系列烯烃芳基烷基化产物（图 7.15）[27]。首先，激发态的光催化剂$*Ir^{(III)}$对草酸盐进行单电子氧化得到叔烷基自由基，然后叔烷基自由基与烯烃加成生成仲烷基自由基；所得的仲烷基自由基被 Ni^0 捕获，之后与溴代芳烃进行氧化加成得到 Ni^{III}物种，最后该物种经过还原消除得到目标产物。该催化体系适用于未活化的烯烃、杂原子取代烯烃和共轭烯烃。遗憾的是，该反应体系只适用于草酸叔烷基作为前驱体。

之后，Nevado 小组[28]报道了通过 $Ru(bpy)_3Cl_2·6H_2O$ 与镍协同催化，实现了缺电子烯烃与芳基碘化物和烷基硅酸盐的三组分共轭烷基化反应。几乎在同时，Molander 小组[29]利用 $Ir[dF(CF_3)ppy]_2(bpy)(PF_6)$与镍组合用于催化乙烯基硼酸盐与芳基溴和三氟硼酸盐的三组分反应。在 2020 年，褚玲玲课题组[30]以 $Ir[dF(CF_3)ppy]_2(bpy)(PF_6)$作为光催化剂，成功实现了镍催化乙烯与烷基草酸盐、卤代芳烃的烷基化反应。如图 7.16 所示。

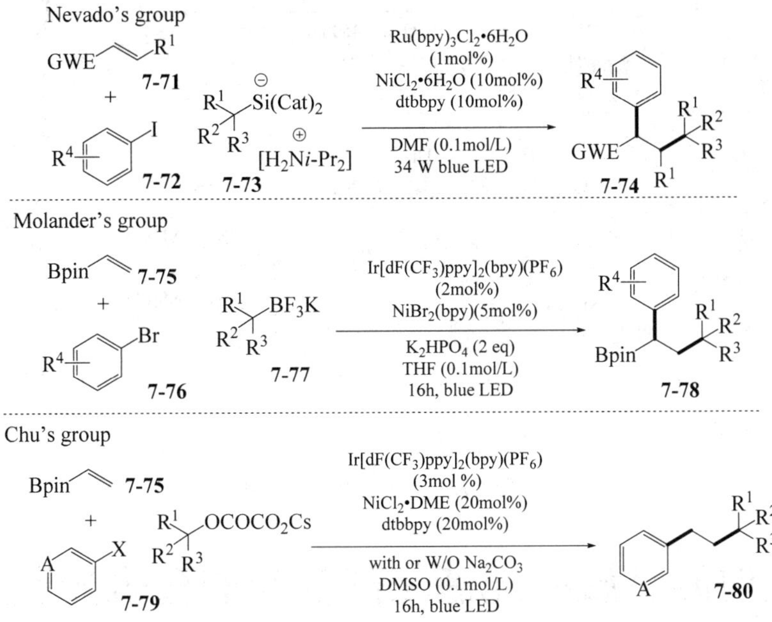

图 7.16 可见光诱导镍催化三组分反应研究

7.4.2 无金属光催化剂与金属催化剂组合

金属络合物与光催化剂的协同组合用于碳-碳键的形成也可以通过无金属有机光氧化还原催化剂作为光催化剂来实现（图 7.17）。以铁络合物 **7-91** 为过渡金属催化剂，有机染料 TMBED 为光氧化还原催化剂，在 440nm 灯的照射下，可实现甲苯类化合物的苄位氧化反应[31]。如对次苄基位置进行氧化，将得到相应的酮类化合物；如对初级苯基位置进行氧化，将得到相应的羧酸。当以有机染料 DMPZ 为可见光氧化还原催化剂，以 Rh 络合物（**7-92**）为协同催化剂，可实现醛类化合物选择性还原成相应的醇类化合物[32]。在有机染料（TBXTB）与金络合物 **7-93** 协同作用下，在可见光诱导下可实现烯烃与芳基重氮盐的分子间氧基化反应[33]。将负载在石墨烯上的 RuO_2（g-RuO_2）作为过渡金属纳米催化剂，可以促进有机染料 TBXTB 作为光氧化还原催化剂介导的无受体氧化偶联反应[34]。

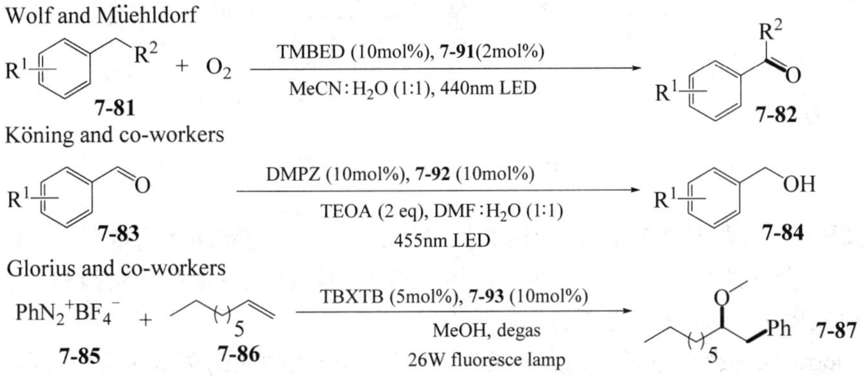

图 7.17

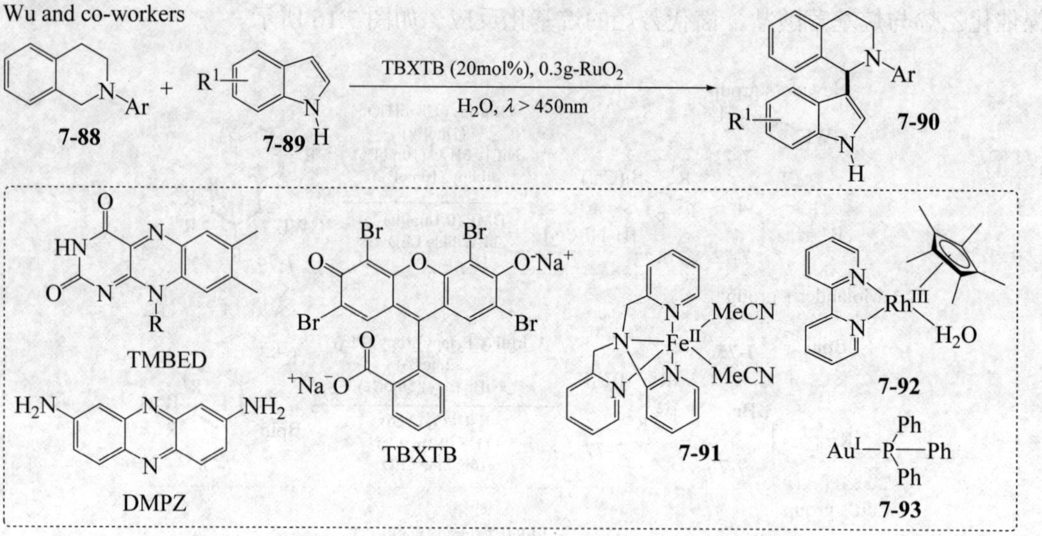

图 7.17 无金属光催化剂与金属催化剂组合实现的有机物转化

7.5 无过渡金属和光催化剂参与的有机光反应

电子供体受体（EDA）络合物在光诱导电子转移化学、太阳能转换和自然光合作用等方面的应用是当前研究的热点，因为它不依赖于使用外生的光氧化还原催化剂。该策略利用电子受体底物 **A** 和供体分子 **D**（分别为 Lewis 酸和碱）结合，在基态时形成一种新的分子聚集，称为电子供体受体（EDA）络合物[35]（图 7.18）。**A** 和 **D** 两种成分本身可能不会吸收可见光，但生成的 EDA 复合物会吸收可见光。然后，光激发引发分子内单电子转移，在温和条件下产生自由基中间体[36]。尽管自 20 世纪 50 年代以来，EDA 络合物的光物理性质得到了广泛的研究，但是，直到最近几年，它们在化学合成中的应用还很局限。尽管如此，在过去的几年里，EDA 络合物光化学性质已经吸引了越来越多的化学家进行研究，为合成化学提供了新的机会。

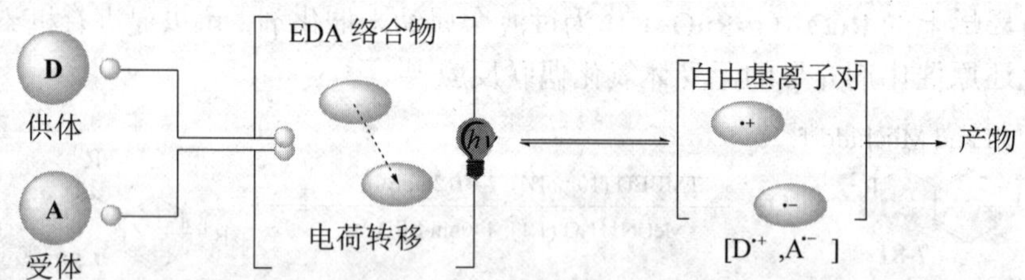

图 7.18 EDA 的反应机理

通过紫外-可见光谱（UV-vis）、核磁共振（NMR）氢谱滴定实验和密度泛函理论（DFT），证明 EDA 络合物具有弱吸收带和电子转移（ET）的特征。自由基钟实验和电子顺磁共振（EPR）也能揭示 EDA 络合物中的自由基性质。

Melchiorre 课题组报道了在无金属条件下实现 3-取代吲哚的苄基化反应（图 7.19）[37]。该反应分离出了 EDA 络合物中间体，并通过 X 射线单晶光谱分析对其进行了表征，进一步证明了该反应过程经历了 EDA 的过程。作者认为吲哚 **7-94** 作为电子给体、卤代烷 **7-95** 作为电子受体，它们之间可有效形成 EDA 络合物 **7-97**。在可见光照射下，EDA 络合物 **7-97** 转移一个电子得到中间体 **7-98**。之后脱去溴负离子得到两个自由基，最后通过自由基偶联得到目标产物 **7-96**。

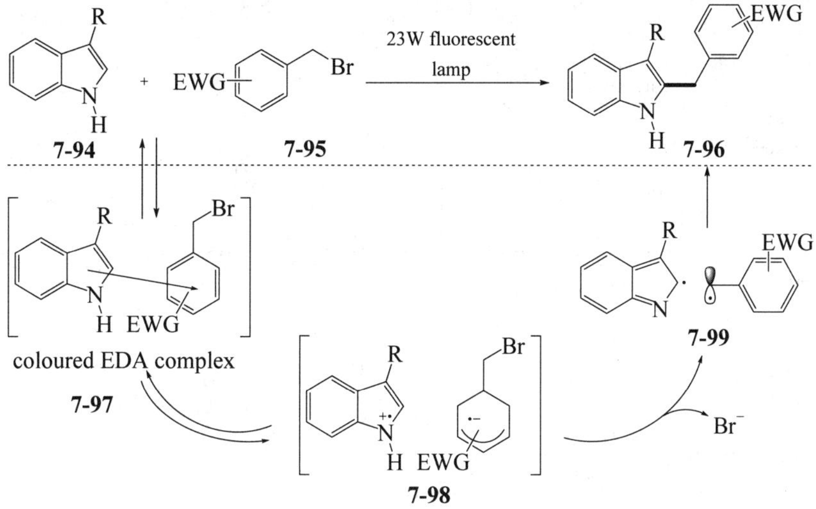

图 7.19 可见光诱导吲哚苄基化反应

C—S 键的构建对有机化学和材料化学有很大的影响。在 2017 年，Miyake 及其同事[38]报道了可见光诱导卤代芳烃 **7-100** 和芳基硫醇 **7-101** 之间的交叉偶联反应（图 7.20）。在无光氧化还原催化剂和过渡金属的情况下，以二甲基亚砜（DMSO）作为溶剂，以 Cs_2CO_3 作为碱，实现了 C—S 键的构筑。机理研究表明，在白色 LED 的照射下，碱和无氧环境对这种自由基转化机制至关重要。

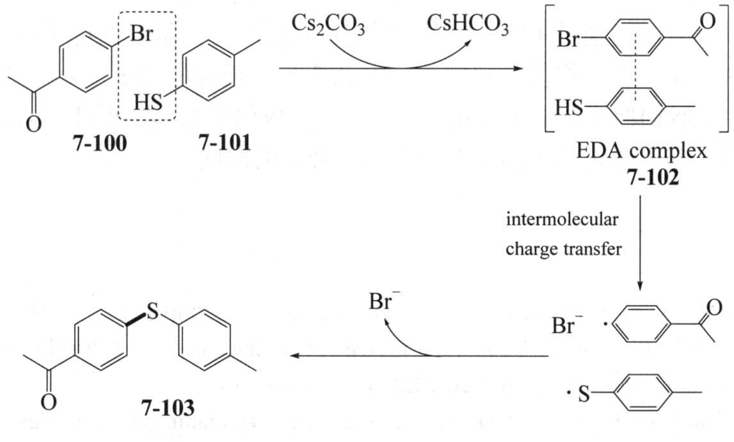

图 7.20 可见光诱导 C—S 键形成的机理

利用该策略，在 2020 年，王龙课题组[39]利用白光和热共同促进酚类和卤代芳烃的 C—O 偶联反应（图 7.21）。在 2022 年，Rueping 课题组[40]利用该策略以卤代芳烃作为电子受体、以苯硒酚作为电子供体，实现了无金属 C—Se 键的构筑，合成一系列不对称的二芳基硒化物。此外，在 2022 年，李红喜课题组[41]利用蓝光作为光源，通过 EDA 结构实现了苯酚类化合物与溴代芳烃的交叉偶联反应，得到一系列苯酚邻位芳基化产物。

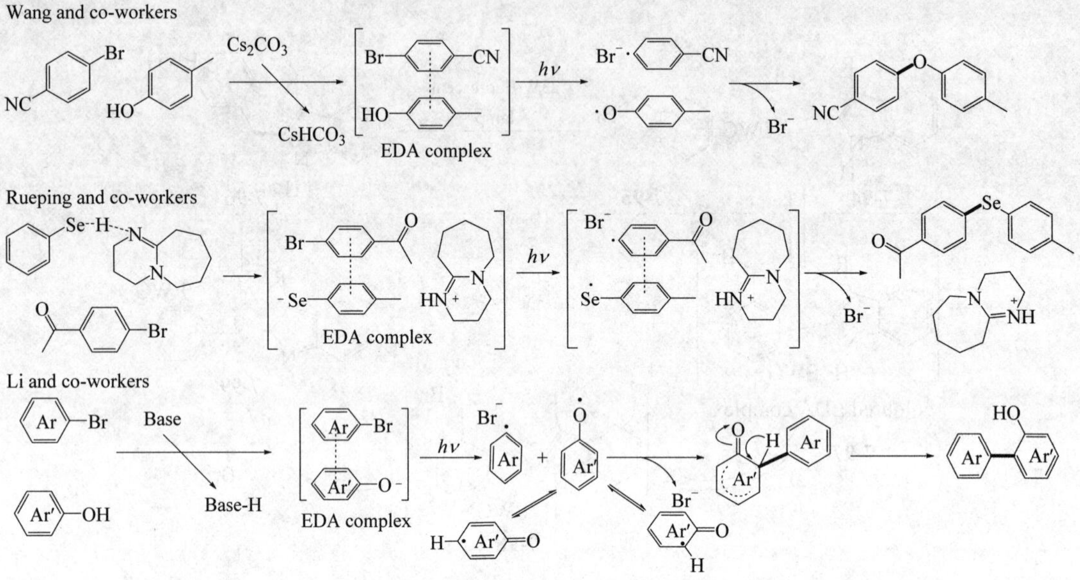

Wang and co-workers
Cs_2CO_3
$CsHCO_3$
$h\nu$
EDA complex
Rueping and co-workers
EDA complex
Li and co-workers
Base
Base-H
EDA complex

图 7.21　可见光诱导无催化剂的碳-碳键和碳-杂键的构筑

7.6　光催化有机合成化学反应的应用前景

在过去的十年里，可见光驱动的有机光化学反应已经成为合成化学一个强有力的工具。诸多化学家从不同的方面致力于该领域的发展，这不仅可以通过单一催化剂实现有机反应，也可以通过光催化剂与金属催化剂结合实现单组分、两组分或三组分反应；此外，也可以在无金属催化剂的条件下，通过 EDA 结构实现有机物的转化。尽管取得了这些进展，但在这一领域仍然存在许多具有挑战性的问题，例如，将光催化反应应用于工业产品的规模化生产，却难以有效实现。我们期待在未来光化学科学家、合成化学家和工程技术人员能合作解决这个问题，从而进一步促进可见光驱动有机光化学合成的发展。

参考文献

[1] Ciamician G. The photochemistry of the future[J]. Science, 1912, 36(926): 385-394.

[2] Yu X-Y, Chen J-R, Xiao, W-J. Visible light-driven radical-mediated C—C bond cleavage/ functionalization in organic synthesis[J]. Chem Rev, 2021, 121(1): 506-561.

[3] Zhou Q-Q, Zou Y-Q, Lu L-Q, et al. Visible-light-induced organic photochemical reactions through energy-transfer pathways[J]. Angew Chem Int Ed, 2018, 58(6): 1586-1604.

[4] Prier C K, Rankic D A, MacMillan, D W C. Visible light photoredox catalysis with transition metal complexes: Applications in organic synthesis[J]. Chem Rev, 2013, 113(7): 5322-5363.

[5] Juris A, Balzani V, Barigelletti F, et al. Ru(Ⅱ) polypyridine complexes: Photophysics, photochemistry, eletrochemistry, and chemiluminescence[J]. Coord Chem Rev, 1988, 84: 85-277.

[6] Fukuzumi S, Mochizuki S, Tanaka T J. Photocatalytic reduction of phenacyl halides by 9,10-dihydro-10-methylacridine: Control between the reductive and oxidative quenching pathways of tris(bipyridine) ruthenium complex utilizing an acid catalysis[J]. Phys Chem, 1990, 94(2): 722-726.

[7] Fukuzumi S, Koumitsu S, Hironaka K, Tanaka T. Energetic comparison between photoinduced electron-transfer reactions from NADH model compounds to organic and inorganic oxidants and hydride-transfer reactions from NADH model compounds to *p*-benzoquinone derivatives[J]. J Am Chem Soc, 1987, 109(2): 305-316.

[8] Tanner D D, Singh H K. Reduction of α.-halo ketones by organotin hydrides. An electron-transfer-hydrogen atom abstraction mechanism[J]. J Org Chem, 1986, 51(26): 5182-5186.

[9] Tucker J W, Nguyen J D, Narayanam J M R, et al. Tin-free radical cyclization reactions initiated by visible light photoredox catalysis[J]. Chem Commun, 2010, 46(27): 4985-4987.

[10] Wayner D D M, Houmam A. Redox properties of free radicals[J]. Acta Chem Scand, 1998, 52(0377): 377-384.

[11] Wallentin C-J, Nguyen J D, Finkbeiner P, et al. Visible light-mediated atom transfer radical addition via oxidative and reductive quenching of photocatalysts[J]. J Am Chem Soc, 2012, 134(21): 8875-8884.

[12] Xia X-D, Xuan J, Wang Q, et al. Synthesis of 2-substituted indoles through visible light-induced photocatalytic cyclizations of styryl azides[J]. Adv Synth Catal, 2014, 356(13): 2807-2812.

[13] Ghosh I, König B. Chromoselective photocatalysis: Controlled bond activation through light-color regulation of redox potentials[J]. Angew Chem Int Ed, 2016, 55(27): 7676-7679.

[14] Liu H, Xue F, Wang M, et al. Neutral-eosin Y-catalyzed regioselective hydroacylation of aryl alkenes under visible-light irradiation[J]. Synlett, 2021, 32(04): 406-410.

[15] Meyer A U, Jäger S, Hari D P, et al. Visible light-mediated metal-free synthesis of vinyl sulfones from aryl sulfinates[J]. Adv Synth Catal, 2015, 357(9): 2050-2054.

[16] Vila C, Lau J, Rueping M. Visible-light photoredox catalyzed synthesis of pyrroloisoquinolines via organocatalytic oxidation/[3+2] cycloaddition/oxidative aromatization reaction cascade with rose Bengal[J]. Beilstein J Org Chem, 2014, 10: 1233-1238.

[17] Osawa M, Nagai H, Akita M. Photo-activation of Pd-catalyzed sonogashira coupling using a Ru/bipyridine complex as energy transfer agent[J]. Dalton Trans, 2007(8): 827-829.

[18] Kalyani D, McMurtrey K B, Neufeldt S R, et al. Room-temperature C—H arylation: Merger of Pd-catalyzed C—H functionalization and visible-light photocatalysis[J]. J Am Chem Soc, 2011, 133(46): 18566-18569.

[19] Zoller J, Fabry D C, Ronge M A, et al. Synthesis of indoles using visible light: Photoredox catalysis for palladium-catalyzed C—H activation[J]. Angew Chem Int Ed, 2014, 53(48): 13264-13268.

[20] Lang S B, O'Nele K M, Tunge J A. Decarboxylative allylation of amino alkanoic acids and esters via dual catalysis[J]. J Am Chem Soc, 2014, 136(39): 13606-13609.

[21] Ye Y D, Sanford M S. Merging visible-light photocatalysis and transition-metal catalysis in the copper-catalyzed trifluoromethylation of boronic acids with CF_3I[J]. J Am Chem Soc, 2012, 134(22): 9034-9037.

[22] Yoo W J, Tsukamoto T, Kobayashi S. Visible-light-mediated Chan-Lam coupling reactions of aryl boronic acids and aniline derivatives[J]. Angew Chem Int Ed, 2015, 54(22): 6587-6590.

[23] Yoo W J, Tsukamoto T, Kobayashi S. Visible light-mediated ullmann-type C-N coupling reactions of carbazole derivatives and aryl iodides[J]. Org Lett, 2015, 17(14): 3640-3642.

[24] Zuo Z, Ahneman D T, Chu L, et al. Merging photoredox with nickel catalysis: Coupling of α-carboxyl sp^3-carbons with aryl halides[J]. Science, 2014, 345(6195): 437-440.

[25] Tellis J C, Primer D N, Molander G A. Single-electron transmetalation in organoboron cross-coupling by photoredox/nickel dual catalysis[J]. Science, 2014, 345(6195): 433-436.

[26] Zhang X, MacMillan D W C. Direct aldehyde C—H arylation and alkylation via the combination of nickel, hydrogen atom transfer, and photoredox catalysis[J]. J Am Chem Soc, 2017, 139(33): 11353-11356.

[27] Guo L, Tu H-Y, Zhu S, et al. Selective, intermolecular alkylarylation of alkenes via photoredox/nickel dual catalysis[J]. Org Lett, 2019, 21(12): 4771-4776.

[28] García-Domínguez A, Mondal R, Nevado C. Dual photoredox/nickel-catalyzed three-component carbofunctionalization of alkenes[J]. Angew Chem, Int Ed, 2019, 58(35): 12286-12290.

[29] Campbell M W, Compton J S, Kelly C B, et al. Three-component olefin dicarbofunctionalization enabled by nickel/photoredox dual catalysis[J]. J Am Chem Soc, 2019, 141(51): 20069-20078.

[30] Feng X, Guo L, Zhu S, et al. Borates as a traceless activation group for intermolecular alkylarylation of ethylene through photoredox/nickel dual catalysis[J]. Synlett, 2021, 32(15): 1519-1524.

[31] Mühldorf S B, Wolf R. C—H photooxygenation of alkyl benzenes catalyzed by riboflavin tetraacetate and a non-heme iron catalyst[J]. Angew Chem, Int Ed, 2016, 55(1): 427-430.

[32] Ghosh T, Slanina T, König B. Visible light photocatalytic reduction of aldehydes by Rh(Ⅲ)—H: a detailed mechanistic study[J]. Chem Sci, 2015, 6(3): 2027-2034.

[33] Hopkinson M N, Sahoo B, Glorius F. Dual photoredox and gold catalysis: Intermolecular multicomponent oxyarylation of alkenes[J]. Adv Synth Catal, 2014, 356(13): 2794-2800.

[34] Meng Q Y, Zhong J J, Liu Q, et al. Cascade cross-coupling hydrogen evolution reaction by visible light catalysis[J]. J Am Chem Soc, 2013, 135(51): 1902-1905.

[35] Crisenza G E M, Mazzarella D, Melchiorre P. Synthetic methods driven by the photoactivity of electron donor–acceptor complexes[J]. J Am Chem Soc, 2020, 142(12): 5461-5476.

[36] Rosokha S V, Kochi J K. Fresh look at electron-transfer mechanisms via the donor/acceptor bindings in the critical encounter complex[J]. Acc Chem Res, 2008, 41(5): 641-653.

[37] Kandukuri S R, Bahamonde A, Chatterjee I, et al. X-ray characterization of an electron donor–acceptor complex that drives the photochemical alkylation of indoles[J]. Angew Chem Int Ed, 2015, 54(5): 1485-1489.

[38] Liu B, Lim C-H, Miyake G M. Visible-light-promoted C—S cross-coupling via intermolecular charge transfer[J]. J Am Chem Soc, 2017, 139(39): 13616-13619.

[39] Yang Q-Q, Liu N, Yan J-Y, et al. Visible light and heat promoted C—O coupling reaction of phenols and aryl halides[J]. Asian J Org Chem, 2020, 9(1): 116-120.

[40] Zhu C, Zhumagazy S, Yue H, et al. Metal-free C—Se cross-coupling enabled by photoinduced intermolecular charge transfer[J]. Chem Commun, 2022, 58(1): 96-99.

[41] Zhu D-L, Jiang S, Young D J, et al. Visible-light-driven $C(sp^2)$—H arylation of phenols with arylbromides enabled by electron donor-acceptor excitation[J]. Chem Commun,2022, 58(22): 3637-3640.